정원 디자인 대백과

정원 디자인 대백과

편집장 크리스 영 | 번역 고은주

Encyclopedia of Garden Design

완벽한 실외 공간을 위한 설계, 시공, 식재의 모든 것

한뼘책방

차례

일러두기

- 이 책에서 설명하는 내한성 등급, 기후와 예산은 영국을 기준으로 한 것이므로
한국의 상황과는 차이가 있을 수 있습니다.
- 식물명 표기 시 '국가표준식물목록'을 주요 참고자료로 삼았습니다.

서문

정원에 그냥 멍하니 앉아서 이런저런 생각을 하다가 주위를 둘러보고 경관에 빠져들었던 적이 있나요? 특별히 어떤 것을 자세히 살펴보려고 한 건 아닌데 정원의 한구석이나 전체가 눈에 걸려서 어떻게 할까 생각하다가 혼잣말을 내뱉게 되지요. "저기에 나무 하나를 심으면 어떨까?" "저 디딤돌을 다른 데로 옮기고 나면 그 자리엔 무얼 갖다 놓지?" 이런 생각을 하고 있다는 사실을 의식했는지는 중요하지 않습니다. 나의 정원을 머릿속에 그리는 중에 나를 둘러싼 외부 세계를 더 아름답게 꾸며줄 이런저런 구상이 불현듯 떠오르니까요. 이런 생각을 처음 해보았든, 수도 없이 해보았든 아무튼 환영합니다. 이미 정원 디자인의 세계로 발을 들여놓았습니다.

정원 디자인이라는 말은 전혀 새로운 개념이 아닙니다. 사람이 처음으로 땅을 일구고 작물과 가축을 보호할 울타리를 둘렀을 때 이미 어떤 식으로 해야 땅을 최대한 활용할 수 있을지를 고심하고 있었습니다. 분명 당시에는 미적 감각 따위가 쓸모없었을 테니 그런 생각이 오늘날 우리가 디자인이라고 이해하는 개념과 다를 수 있지만, 필요에 따라 공간을 구성하고 있었습니다. 즉, 이미 매일, 또는 달마다, 철마다, 또는 해마다 자신의 필요에 맞게 환경을 설계하고 있었습니다.

그때 이후로 정원을 설계하는 방식은 양식, 유행, 기술의 발전, 특별한 능력과 업적, 풍부한 자원, 이동, 실험적인 시도, 역사에 따라 발전했지만, 이 모든 것의 중심에는 필요성이라는 애초의 목적이 차지하고 있었습니다. 본질적으로 정원을 설계한다는 것은 결국 인간이 자신을 둘러싼 환경을 어느 정도 통제하려는 노력입니다. 이것이 오늘날 정원 디자인의 전부라고 해도 과언이 아닙니다.

이 책에서 저의 동료 작가들이 언급한 것처럼 정원을 가꾸는 과정은 복잡하고 시간이 많이 소요되지만, 정원 디자인의 기본적인 출발점은 여러분 또는 여러분의 고객이 원하는 실외 공간을 창출하는 것임을 명심해야 합니다. 바로 이 생각에서 시작하여 어떤 스타일을 원하는지, 정원을 오랫동안 잘 유지하려면 어떻게 해야 하는지 등 많은 논의가 이어질 것입니다. 하지만 이 과정에서 사소한 것에 너무 많이, 또는 너무 일찍 발목 잡히는 일이 없어야 합니다. 물론 세부적인 요소가 멋진 정원의 성공 여부를 좌우하지만, 정원에 대한 본래의 구상과 기대를 유지하는 것이 정원을 가꾸는 과정 내내 가장 중요합니다. 저는 이 책이 정원을 만드는 기본 방법을 전달할 뿐 아니라 본래의 구상을 중심으로 구체화시켜나가는 데 도움이 되기를 바랍니다.

환영합니다
성공적인 정원 디자인은 개인의 요구에 맞추어 유용하고 매력적이며 조화로운 공간을 창출하는 것이다.

그런데 왜 여전히 이와 같은 백과사전이 필요할까요? 솔직히 말해서, 정원 디자인은 스스로 헤쳐나가야 하는 일이 될 수 있기 때문입니다. 책, 웹사이트, 소셜미디어, 잡지에서 사진, 전문가의 추천 정보가 끊임없이 쏟아져 나오지만, 하나의 매체에서 식물 선정, 자갈 색깔 선택, 울타리 기둥의 종류, 나무 높이까지 설계 전반을 두루 섭렵하기는 쉽지 않습니다. 많은 정보를 접해 선택의 폭이 넓어지면 디자이너, 정원사, 고객이 원래 원하던 것에서 벗어나 갈피를 못 잡게 될 수도 있습니다. 정원을 가꾸는 일은 식물에서 조경 자재에 이르기까지 다방면에서 영향을 받을 수 있기 때문에, 디자이너에게는 질문이 생기거나 문제에 부딪혔을 때 해결책을 발견할 피난처 같은 것이 필요합니다. 저는 이 책이 복잡한 정보 과잉의 세계에서 피난처가 되길 바랍니다.

자신이 바라는 정원의 청사진을 만드는 일이 정원 디자인 전 과정에서 가장 쉬운 단계입니다. 대부분의 시간은 이 비전을 현실로 바꾸어놓는 일이 차지합니다. 정원의 각 부분을 어떤 식으로 배치할지, 일 년 내내 식재를 즐기려면 어떻게 해야 하는지, 어떤 날씨에도 끄떡없는 조경 자재로 무엇을 선택할지 등을 잘 계획해야 합니다. 이 모든 일이 흥미진진하고 때로는 좌절을 안겨주기도 하지만, 집에 연결된 쓸모없는 땅을 아름다운 정원으로 탈바꿈시켜주는 과정입니다.

이 책의 각 장을 통해 정원 디자인을 한 단계씩 밟아나가게 될 것입니다. 몰랐던 것이나 막연하게 알고 있던 것을 쉽고 명확하게 이해하게 될 것입니다. 독자 여러분이 이 책을 재미있게 읽고, 최고의 정원을 만들 수 있기를 진심으로 바랍니다.

편집장
크리스 영

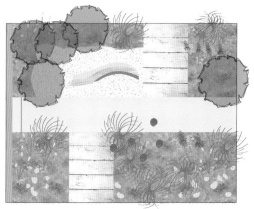

디자인 구상

정원에서 무엇을 할까?

정원은 집을 연장한 옥외 공간이기 때문에 생활의 만족감을 주는 장소가 되어야 한다.
정원을 가꾸겠다고 마음먹었다면, 공간을 현재뿐 아니라 앞으로도 어떻게 이용하고 싶은지를
반드시 곰곰이 따져보아야 한다. 계속 살피면서 가꿔야 하는 정원도 있지만, 가능한 한 손이
덜 가는 정원을 만들 수도 있다. 정원이 어떤 역할을 하길 기대하는지 자문해보자.
어린아이들을 위한 놀이터를 만들고 싶은가, 아니면 편안히 쉴 수 있는 예쁜 정원을 원하는가?

식물과 야생 생물 만나기

활동적인 정원사
땅을 파서 씨를 뿌리고 나무를 심으면 식물이
자라고 철마다 변할 때 큰 즐거움을 얻는다.
색상과 질감이 변하기 때문에 매주 새로운
볼거리가 생긴다. 식물이 새와 벌, 나비를
불러들여 화단에 생동감이 넘친다.

즐거운 놀이

외부 공간
'아웃도어룸'이라고 불리는
정원은 집의 연장선상에서
구상된다. 멋진 가구,
가림막, 장식 벽, 캐노피,
화분 등으로 통일감을
주어야 한다. 실외 공간은
사교 공간이며
아이들에게는 힘껏
뛰어노는 놀이터가 될 수
있다.

자신과 가족의 취향이 때에 따라 쉽게 바뀐다는 점, 공사가 끝난 후 나무가 자라고 나면
정원을 크게 변경하기가 훨씬 어렵다는 점을 명심해야 한다. 융통성 있게 변경할 수 있는
설계가 이상적이다. 다양한 요구를 충족시키려면 공간을 분리하거나 또 다른 숨은 공간을
찾아내 꾸며야 할 수도 있다.

경관 감상

이완과 휴식

단순한 설계
바쁜 사람의 정원은 무엇보다 유지 관리가 쉬워야
하지만, 미적 요소도 놓칠 수 없다. 단순한 설계가
답이다. 전반적으로 하드스케이프를 사용하고 꽃이
오래 피는 공간을 배치하면 여유롭게 앉아 정원을
감상할 수 있다.

평화로운 공간
정원이 주는 특별한 기쁨 중
하나는 초목의 향과
야생동물의 소리로 가득한
야외에 앉아서 졸거나 책을
읽거나, 아무것도 안 하는
것이다. 이 목적으로 설계된
정원은 일상의 스트레스와
긴장을 풀어줄 완벽한
해독제가 될 수 있다.

어떤 느낌의 정원을 원하는가?

정원은 감성을 불러일으킨다. 사람들은 어딘가에 들어서는 순간 바로 그 공간에 감응한다.
새로운 디자인을 구상할 때 기운을 북돋워줄 감각적인 자극, 다양한 색감과 질감, 특색
있는 면모로 가득 채우고 싶을 수 있다. 조용히 사색하거나 힐링할 공간이 필요하다면
상록수, 덤불, 연못이 있는 차분하고 소박한 정원을 구상할 수도 있다. 활용할 공간이
넓다면 가림막이나 높은 나무로 공간을 효과적으로 분리하여 다른 분위기를 조성할 수

신나고 즐거움

되찾은 활기

원기 충전
햇빛을 반사하는 물과
무성한 가지가 힘을 솟게
하고, 성장하고 젊어지는
느낌을 준다. 은은한 색상과
상호보완적인 자연의
재료는 분위기를
고양시킨다. 고된 하루를
보낸 후 '충전'할 수 있는
공간이다.

역동적인 정원
강렬한 색상, 가시가 있는 식물, 뾰족한 윤곽,
흥미로운 장식품, 다양한 질감, 과감한 조명이
신나고 활기찬 분위기를 자아낸다.
너무 요란하지 않도록 주의한다.

있다. 새로운 설계가 거창할 필요는 없다. 구획 정리, 통로와 공간 배치, 사소한 변화나
작은 장식만으로도 각 공간의 분위기가 바뀌고 한층 돋보인다. 색, 형태, 향, 나뭇잎도
전체적인 분위기에 영향을 주므로 이들을 이용해 밝은 기운을 불러일으킬 수 있다.

만족감

평화롭고 차분함

건강 회복
사생활이 보호되고 자극이
없는 공간이다. 향이 좋은
허브나 영양이 풍부한
과일나무, 약용 식물이
어울린다. 편안하게 긴장을
풀고 원기를 회복할 수
있다.

사색적인 분위기
시원한 색상, 물이 흐르는 모양, 은은한 향, 단순한
재료와 식재는 차분하고 평화로운 분위기를 자아낸다.
간소하되 초점 역할을 하는 요소, 폭포, 적절한 조명은
정돈된 느낌을 고조시킨다.

어떤 모습으로 꾸밀까?

정원을 바꾸고 싶을 때 다른 정원이나 묘목장을 방문하거나 전시회, 잡지, 책, TV프로그램,
소셜미디어, 웹사이트를 보면 많은 영감이 떠오를 것이다. 그런데 단순히 아이디어를
취합해서 엮어 넣는 것만으로는 성공적인 설계를 할 수 없다. 기존의 정원을 개조하든,
빈 도화지 같은 정원에서 시작하든 통일감 있는 외관을 만들겠다는 목표로 다양한
아이디어를 검토하고 편집해야 한다. 이렇게 하려면 만들고 싶은 정원의 모습을 명확하게

꽃밭

열대 휴양지

휴가 분위기

좋아하는 꽃 키우기
원예 전시장처럼 만들 수도, 좋아하는 식물만
기를 수도 있다. 이런 정원은 계절에 따라
변화하므로 꾸준히 돌봐야 한다. 색상, 질감,
구조를 전체 분위기에 맞춰야 한다.

식물 조형물
잎이 넓은 이국적인 식물을 무성하게 심으면
아열대 분위기가 난다. 토양과 기후에 맞고,
너무 크게 자라지 않을 식물을 신중하게
선택해야 한다.

다시 즐기는 여름휴가
왜 휴가는 늘 짧을까? 일 년 내내 여름휴가를
즐길 수 없을까? 여행지에서 본 아이디어를
정원에 적용해보자. 예를 들어, 프랑스 남부를
느끼고 싶다면 향기로운 라벤더 화단을
만들고 창가에 제라늄 화분을 놓는다.

정하고 통일감 있는 구성 요소, 장식, 자재, 식물을 신중하게 선택해야 한다.
메모하고, 사진을 모으고, 아이디어를 대강 기술한다. 아래에 시도해볼 만한 몇 가지 예를
제시하였다. 전통적인 것, 현대적인 것부터 창의적이고 기발한 것까지 모았다.
어떤 스타일이 나의 정원에 가장 잘 어울릴지 생각해보자.

사색의 공간

 안식처
직선, 단순한 외관, 은은한 조명, 통일감 있는
배치가 특징인 평온한 공간에서는 바쁜
일상으로부터 물러나 쉴 수 있다. 상반되는
재료를 피하고 식물을 너무 많이 심지
않아야 한다.

세련된 미니멀 스타일

산만하지 않게
조경 재료를 세 가지 이하로 제한하고
차분한 색상을 이용해 서로 어울리게 한다.
큰 인공폭포나 조형물은 절제된 디자인에
활력을 불어넣는다.

재미와 파격

창의력 발휘하기
가든쇼나 임시 시설에 어울린다. 특이한
정원은 시선을 사로잡지만 예술적 재능과
확신이 있어야 성공할 수 있다. 소극적인
사람의 취향에는 맞지 않지만 매우 흥미로울
수 있다.

얼마나 많은 시간을 투자할 수 있는가?

전체적인 디자인과 유지 관리에서 가장 중요하게 고려해야 할 사항은 매일, 매주, 또는 매월
정원에 할애할 수 있는 시간이다. 하드스케이프가 주를 이루고 상록수가 있는 매우 소박하고
관리하기 쉬운 정원이 아니라면, 철마다 해야 할 일이 있고 추운 겨울에는 일이 적다.
화단, 잔디, 과일나무, 채소밭이 혼재하는 정원은 일이 많아서 봄과 여름에 매우 바쁘다.
잔디 깎기, 생울타리 다듬기, 과일나무 가지치기와 거름주기, 씨뿌리기와 채소 옮겨심기,

매일

일주일에 한 번

정기적인 관리
작은 정원이라면 대부분
일주일에 기껏해야 두세 번
손이 가지만, 화분이 많으면
덥고 건조한 기간에는 매일
물을 줘야 한다. 잔디가 깔려
있고 식물이 다양하며 밭이
있는 큰 정원에는 시간을 더
많이 들여야 한다.

주말 일꾼
가장 일반적이다. 주말에만 여가 시간이
있는 사람을 위한 정원이다. 여름에는 매주
잔디를 깎고 생울타리를 다듬어야 하며
전체적으로 잡초를 제거해야 한다.

식물의 증식, 지속적인 재배, 이 모든 일에 시간이 든다. 이런 정원을 원하는 사람도
있지만, 이를 유지하기 위해 얼마나 많은 시간을 할애할 수 있는지 현실적으로 생각해야
한다. 정원에서 일하고, 자라나는 식물을 지켜보고, 열매에 탄복하는 것은 매우 즐겁지만,
미리 유지 관리 계획을 세우고 일을 맡길 경우를 대비해 예산을 책정해야 한다.

한 달에 두 번

일 년에 여섯 번

실용적인 관리
대부분의 관목, 덩굴식물,
다년생식물은 가끔
관리해주면 된다. 봄과
가을에 가지치기를 하고,
화단에는 잡초를 제거하고
비료를 준다. 장미처럼 꽃이
피는 식물은 정기적으로
시든 꽃을 따줘야 한다.
초원 스타일로 만들지는
선택 사항이지만 잔디는
관리 면에서 비실용적이다.

최소한의 관리
자주 돌보지 않아도 되는 정원을 구상한다면
잔디와 생울타리가 없어야 한다. 일을 '전혀 안
하겠다'보다는 '적게 하겠다'로 계획하자. 나무와
관목은 대개 일 년에 한 번만 손을 봐주고,
흙이 없는 곳은 가끔 쓸고 닦기만 하면 된다.

정원 디자인의 경향

가든쇼는 생겼다 없어졌다 하지만, 전시된 디자인의 경향이 결국에는 주류로 스며들곤 한다. 패션쇼 무대를 한번 생각해보자. 화려한 쇼에서 미리 선보이는 기이하고 환상적인 옷 중 상당수가 시간이 지나면 번화가와 온라인 소매상의 돈벌이가 된다. 물론 옷은 약간 차분한 형태로 바뀐다.

정원 디자인의 세계도 마찬가지다. 지난 수십 년 동안 새로운 조경 재료와 디자인이 수도 없이 도입되었다. 공학과 건축이 정원 디자인으로 들어오면서 철제 통로, 유리 난간, 야외 벽난로, 실외 조명, 가구용 경질 플라스틱 등이 생기고, 실내 디자인과 실외 디자인의 경계가 모호해졌다. 1960년대의 정원 디자이너 존 브룩스에 의해 전형이 된 '아웃도어룸'만큼 혁신적이고 멋있는 디자인이 일찍이 없었다.

그러면 이처럼 창의적인 디자인과 재료를 흡족하게 누리고 있는 지금, 정원 디자인에는 어떤 바람이 불고 있을까? 한 가지 분명한 건, 우리가 점점 더 지속가능성과 환경 의식을 고려한 결정을 하고 있고, 또 그렇게 결정해야 한다는 점이다. 환경에 미칠 수 있는 악영향에 대비하여 가능한 대응책을 모두 강구해야 한다. 오래된 바닥재를 파내고 나서 폐기하지 않고 다른 곳에 다시 사용할 수 있을까? 강수량이 많은 지역에 살고 있다면 물이 흘러넘치지 않도록 자갈을 더 깔거나 물이 스며드는 포장재를 사용해야 할까? 어떻게 하면 정원이 도시와 시골을 연결하고, 도시 환경과 전원 지역 사이에 야생 생물이 사는 서식처의 네트워크가 되도록 정원의 역할을 확장할까?

이 질문에 대한 답은 우리가 바라는 정원을 만들기 위해 자연에 좋은 영향을 주는 수많은 방법을 찾는 과정에서 발견할 수 있다. 그리고 디자인이 다양해진 점은 축하할 일이다. 자연 세계처럼 정원도 다양해야 한다. 정형적인 정원은 자연주의 정원만큼 중요하다. 실용적인 정원은 공간이 작아도 쓸모가 있다. 옥상은 시골의 대지만큼 소중하다. 어느 정원이든 명심해야 할 것은 정원을 만들 때 지켜야 할 원칙이다. 즉, 반드시 시공 자재의 원산지를 알아야 한다. 또 기후 변화에도 번성할 수 있을 만큼 회복력이 있는 식물을 이용하며, 야생동물이 먹이를 구하고 번식할 수 있는 환경을 많이 만들어주어야 한다.

맨 위, 위
식물이 땅에 있든, 맨 위의 사진에서처럼 지붕 위에서 자라든, 외부 공간에 푸른 잎과 다채로운 색이 많을수록 좋다.

미적 요소만 고려하지 않고 온종일 이용할 수 있는 공간을 만드는 것이 현대 정원 디자인의 경향이다.

지속가능성과 환경

지속가능성과 환경 의식을 바탕으로 정원을 조성하는 경우,
이런 원칙은 어떤 방식을 통해 총체적인 디자인 결정 과정에 영향을 줄까?

여러 종류의 식물을 심는다

뻔한 말이지만 우리는 단지 예쁜 모습을 보겠다고
식물을 기르지 않는다. 식물은 여러 방식으로 몸과
마음을 치료하거나 위로할 수 있다. 야생 생물에게는
진귀하고 소중한 서식지를 제공하며, 먹이를 구할 수
있는 시기를 연장시켜 생물 다양성을 증가시킨다.
또한 도시 생활에서 겪는 스트레스를 가라앉히고
온화한 분위기를 만들 수 있다. 이 식물을 어디에서
구매할지 생각해보자. 가능하면 인근에서 구해서
배송 거리를 줄여야 한다. 그리고 이탄이 함유되지
않은 배양토에서 자란 식물을 사야 한다. 어느 식물을
길러야 할지 잘 모른다면 그냥 좋아하는 식물을
심으면 된다.

부엌 뒷문 앞 위
몇 가지 식용식물을 다양한 화분에 심어 드나들기 쉬운
뒷문 근처에 놓는다.

다년생식물이 주는 안식처 위 오른쪽
다년생식물의 줄기는 일 년 내내 아름답고, 야생동물에게는
은신처가 되어준다.

꽃가루 매개자를 위한 호텔 맨 오른쪽
꽃가루를 제공하는 식물 사이에 놓은 곤충 호텔은 곤충이
편안히 살 수 있는 보금자리다.

섞어 심기
나무, 채소, 허브, 꽃 등 다양한 종류의 식물을 함께 기르면
공간을 빈틈없이 사용할 수 있다.

식용 겸 관상용 식물을 심는다

정원이 좁다면, 땅을 조금도 남김없이 최대한
활용하고 싶을 것이다. 그렇게 하기 위한 새로운
방법이 '에디멘탈(edimental)'이다. '식용(edible)'과
'관상용(ornamental)'을 합쳐 만든 말이다. 이 말은
새로운 교배종을 만든다는 뜻이 아니다! 미적 가치가
있으면서 먹거리도 제공하는 식물을 반드시 심자는
말이다. 이제 화단에 관목 대신 보기도 좋고 꽃이
피고 열매도 맺는 까치밥나무를 심는 것이 어떨까?
중간 크기의 초점 식물을 원한다면 관상용
식물보다는 대황을 심는 것이 좋다. 이렇게 생각하기
시작하면 식재할 때마다 식물 선택에 고민거리가
늘어나겠지만, 결국에는 더 흥미로운 화단이
만들어질 것이다.

에디멘탈 식재
여러 가지 식물을 섞어 심으면
식용작물이 형형색색의 식물들 사이에서
잘 자란다.

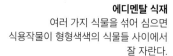

땅을 사랑한다

일부 정원사들이 우리가 한때 일반적인 지식이라고
여겼던 것의 상당 부분을 뒤엎고 있다. 바로 땅을 파지
않는 것이다! '무경운 정원'은 전 세계적인 추세다.
특히 채소를 기를 때 배양토로 두껍게 멀칭을 해주면
땅을 파서 훼손하는 일이 줄어든다. 잡초가 골치
아프게 만들면 골판지를 덮어준다. 묘목과 작은
식물은 땅 위에 2-3센티미터 정도 덮은 배양토에
바로 심는데, 그곳에서 아무 방해를 받지 않고 잘
자란다. 땅을 파지 않으면 현재 토양에 함유된
탄소가 그대로 유지되고, 빛이 차단되어 숨어 있는
잡초가 자라지 못한다. 그리고 토양의 건강과 균근
관계(토양의 균류와 식물의 공생 관계)의 경이로운
세계가 유지된다. 솔직히 말해서 땅을 파지 않는 건
정원사가 가장 반긴다.

고민할 것도 없이 땅을 파지 말자
비트(오른쪽 위) 같은 작물은 어릴 때 무경운
정원에 심으면 쉽게 뿌리를 내린다.
'카볼로 네로' 케일(오른쪽)처럼 키가 큰 식물을
다른 작물과 섞어 지으면 공간을 효율적으로
활용할 수 있다.

플라스틱 사용을 줄인다

플라스틱이 이제껏 다방면으로 사용된 놀라운
소재임을 인정할 수밖에 없다. 플라스틱으로 매우
많은 것이 만들어졌으니, 정원에서 플라스틱을
전혀 사용하지 않을 수 없다. 고품질 플라스틱으로
된 물통, 호스, 외바퀴 손수레는 저렴한 가격에 살
수 있고 수십 년도 끄떡없다. 소비자가 바로 바꿀 수
있는 행동은 일회용 플라스틱으로 만든 화분, 퇴비
봉투, 쇼핑백, 포장지 등을 이용하지 않는 것이다.
되도록이면 플라스틱을 재사용하거나 재활용하고,
코코넛 화분, 나무, 대나무, 생분해성 화분과 상자
등 일회용 플라스틱을 대신할 수 있는 것을 찾아야
한다. 마지막으로 인조 잔디나 조화를 사지 않는다.
세월이 지나면 플라스틱이 분해되어서 잘게 부서진
미세 플라스틱이 된 다음 수로와 드넓은 환경으로
방출되기 때문이다.

종이의 중요성 왼쪽 위
종이 재질의 포트에서 모종을 기르는 것은
플라스틱 사용을 줄이는 좋은 방법이다.
휴지심을 이용할 수도 있다.

여전히 유용한 플라스틱 왼쪽
정원에서 플라스틱을 전혀 사용하지 않을
순 없다. 퇴비통과 빗물통 정도는 플라스틱
제품을 사용한다. 내구성이 강해서 수년
동안 유용하게 쓸 수 있다.

장기적인 안목으로 구매한다

사회 전반적으로 많은 이들이 멋있고 튼튼한 고급 제품을 사려고
한다. 정원 용품을 구매할 때에도 같은 마음이다. 잘 만들어진 가구,
서리가 내려도 깨지지 않고 부서지지 않는 바닥 포장재, 녹슬지
않는 금속 제품 등을 사고 싶을 것이다. 물론 거의 모든 사람이
예산을 무시할 수 없는데, 예산이 허락하는 한에서 잘 만들어지고
내구성이 좋은 제품을 사는 것이 좋다.

내 취향에 따라 디자인한다

정원에 '딱 맞는' 디자인은 없다. 정원 주인이
원하는 디자인만 있을 뿐이다. 정보를 전달하고
영감을 주고 흥분시키는 이미지, 영상, 소리는
우리를 쉬지 않고 자극한다. 무수한 선택과 온갖
혼선을 거치는 내내 원하는 스타일을 고수해야
한다. 핀터레스트 같은 온라인 사이트나 구식
스크랩북에서 고른 사진들을 정리하고 엄선한다.
그리고 마음에 드는 디자인을 선택한다. 다른
사람의 취향에 맞지 않을 수도 있지만, 분명히
정원 주인은 아름답게 느낄 것이다.

밖으로 나온 실내 공간 위
유리 등을 사용하는 글레이징 기술 덕분에
실내외 공간을 통합하는 건축으로 빠르게
변화하고 있다.

개인의 취향 아래
디자인에 옳고 그름은 없다. 토피어리를
어떤 사람은 아름답다고 느끼지만, 어떤
사람은 관리하기 힘든 골칫덩어리라고
생각할 수 있다.

강우 대비 계획 맨 위
물 관리는 향후 몇 년 안에 중대한 과제가 될 것이다.
식재와 수공간을 통해 다양한 수준의 강우 강도를
감당할 수 있어야 한다.

녹색 지붕 위
지붕에 식재를 하면 빗물을 흡수해서 물이 주요 배수
설비로 흘러 들어가는 속도를 줄인다.

자연의 혜택을 누린다

요즘 사람들이 가장 관심을 갖는 말 중 하나인
'웰빙'과 '마음 챙김'은 건강한 몸과 마음에 매우
중요하다. 사람마다 행복을 추구하고 마음을
챙기는 방식이 다르지만, 자연과 계절과 자라나는
식물 사이의 관계가 신체적·정신적 건강을
개선하는 데 도움이 된다는 건 명백한 과학적
사실이다. 이런 점을 더 많이 고려할수록 우리의
건강, 그리고 물론 자연의 건강도 증진하는
방향으로 외부 공간이 변화할 것이다.

자연과 하나 되기
자연과 웰빙 사이의 관계는 과학적으로 증명되었다.
집 밖에서 즐기는 공간은 모든 정원 디자인에 반드시
필요하다.

넓게 바라본다

지구의 기후 변화가 한계점에 도달했다는 사실에
의심의 여지가 없다. 이 사실 앞에서 우리는
속수무책으로 무력감을 느끼지만, 아직 할 수 있는
일이 많다. 야생 생물의 생존을 뒷받침하고, 생물
다양성을 늘리며, 각 개인이 할 수 있는 일을 잠깐
생각해보는 것, 이 모두가 더 나은 환경을 만드는 데

이바지한다. 시간을 갖고 이런 일을 깊이 생각해보면
전체적으로 넓게 바라보는 눈이 생긴다. 자신의
정원을 갖는 삶을 즐기고 자기 몫의 할 일을 알아보자.
식물을 많이 기르고, 토양을 돌보고, 우리가 환경에
미치는 악영향을 줄여나간다면, 지금보다 더 많은
정원이 우리의 미래에 중요한 역할을 할 것이다.

모든 공간을 품고 있는 정원
정원은 다면적이다. 앉고 쉴 수 있는 공간, 야생 생물의
서식처, 기후 변화의 영향을 상쇄하는 곳, 아름답고
예술적인 공간, 그리고 물론 아름다운 식물을 기르는
공간이다.

정원 스타일에 관하여

맞은편 사진,
왼쪽 위부터 시계 방향으로

자유분방한 자연주의 식재
초원 스타일 식재는 자연을 모방하여 드넓은 대지에 띠 모양으로 다채로운 구획을 만드는 방식이다.

놀이 공간
이 정원은 개방적이고 식재가 최소한으로 구성되어 융통성 있게 다용도로 사용할 수 있다.

여러 디자인의 합
다양한 디자인 요소를 결합하면 부분의 합, 그 이상의 공간이 만들어진다.

무성하게 우거진 식재
다채롭고 근사한 잎이 달린 식물이 현대적인 정원에 울창한 아열대숲의 느낌을 더한다.

아이디어 수집
정원 스타일은 적용하기 쉬운 아이디어와 영감을 전 세계에서 얻어 재창조한 것이다.

현대적 표현
현대적인 소재, 강렬한 선, 절제된 식재를 통하여 대담하고 세련된 테두리를 만들었다.

디자인 용어에서 스타일이란, 이해하고 감상할 수 있는 작품을 만들어내기 위해 아이디어를 표현하고 재료와 식물, 색상, 장식물을 구성하는 방식을 의미한다. 잠시 지나가는 유행에 불과한 정원 스타일도 있지만, 어떤 스타일은 각각 고유의 목적과 동기를 지닌 주요 동향을 드러낸다. 예를 들어, 고전주의의 영향을 받은 정형적인 디자인은 질서, 반복, 대칭이 사용되어 시각적·공간적으로 엄격한 균형을 이룬다. 이런 스타일은 아주 오래전부터 있었고, 현대의 정원에서 재해석되는 경우에도 디자인의 기본 원리는 여전히 적용된다. 정형적인 디자인이나 고전적인 디자인에 모더니즘적 해석을 입히면 정말 흥미롭고 세련되며 개성이 강한 정원이 만들어질 수 있다. 한편, 오늘날 경험하는 생물 다양성의 감소와 기후 변화와 같은 문제의 해결책으로 대두되는 자연주의 정원에는 지속가능성을 고려하여 야생 생물의 서식지를 만들고, 자연에서 영감을 받은 식재를 설계한다. 이런 정원에는 자연적인 풍경과 식물이 가장 중요한 특징이라서 마치 정원사의 손이 가지 않은 것처럼 보인다.

외부의 영향

정원 스타일은 흔히 문화와 역사로부터 영감을 얻어서, 문화와 역사가 부여하는 특정한 주제가 스타일에 반영된다. 정원 스타일의 목표는 실제를 있는 그대로 표현하는 것이 아니라, 실제에 대한 정형화된 해석을 만들어내는 것이다. 예를 들어 일본을 주제로 한 정원은 본래의 철학적·종교적 의미가 결여되어도 일본의 분위기를 낸다. 마찬가지로, 전통적인 코티지 정원은 장인의 단순한 디자인을 매우 낭만적인 관점에서 표현한 것이다.

과거보다 다양해진 주제와 생활양식의 변화 또한 정원 스타일을 형성하는 데 일조했다. 외국 여행이 빈번해지자 정원사들은 지중해 지역 등에서 볼 수 있는 실외 생활을 맛보고, 이국적인 식재를 많이 경험하였다. 그래서 요즘에는 미기후가 조성되어 다양한 식물을 기를 수 있는 도시 정원에서 이국적인 식물을 많이 식재하고 있다. 한편, 환경에 대한 우려가 커짐에 따라 우리의 행동이 장차 환경에 미칠 영향을 고려하여, 지속가능한 자재를 홍보하고, 야생 생물의 생존을 돕는 방식으로 정원을 관리하고 있다.

정원의 기능

정원의 '일'이라는 개념은 정원의 역사에서 오래전부터 반복적으로 등장했다. 정원 일의 초점은 식탁에 올려놓을 먹거리를 재배하는 것이다. 요즘 건강한 음식을 찾는 유행에 힘입어 다시 가정의 농산물이 정원의 중심을 차지하는 한편, 오늘날 정원의 역할에 대하여 기대는 더 높아졌으며 정원은 개인의 생활양식을 밀접하게 반영하고 있다. 예를 들어 여가, 놀이, 사교를 위한 공간을 원하는 가정이 대다수지만, 일상의 스트레스에서 벗어나 편히 쉴 수 있는 조용한 공간이 필요한 정원사도 있다.

앞으로 나아갈 방향

인구 밀도가 증가함에 따라 도시에는 정원이 유례없이 설 자리를 잃어가고 있다. 면적은 줄었지만 가치는 올랐다. 100년 전에는 1,000평 정도의 대지를 아주 작다고 생각했지만, 지금은 사람들이 발코니, 옥상 테라스, 손바닥만 한 정원을 통통 튀는 아이디어로 채우고, 크고 넓은 공간을 멋지게 활용하는 시골의 정원과 완전히 다른 새로운 분위기를 연출하고 있다.

정원 형태와 기능의 변화에 따라 새로운 스타일도 개발되고 있다. 정원 주인의 개성을 표현하는 스테이트먼트 정원에 인공적인 요소를 즐겨 사용해서 인상적이고 때론 기발한 정원을 만들기도 한다. 이들 중에는 재치 있거나 별난 정원도 있고, 철학적이고 깊은 의미를 담은 정원, 임시로 전시하는 정원이나 영구적으로 이용되는 정원도 있다. 이런 개념적인 공간이나 기존과 다른 공간을 설계하는 디자이너는 설계지침서를 저 멀리 던져버리고, 미래 세대를 겨냥한 스테이트먼트 정원을 만들고 있다. 이런 디자인 중 대다수가 문화와 긴밀하게 관련되어서 사회적인 논의를 제시하거나 현대 사회를 반영한다. 어떤 디자이너는 옛것과 새것을 융합한 스타일을 창작한다. 예를 들어, 코티지 스타일 식재를 최신 모더니즘 정원 배치도에 짜 넣거나, 최근의 재료, 조형물, 기술을 정형적이고 대칭적인 레이아웃에 적용하곤 한다.

여러 스타일과 기존의 형식이 융합하면서 혁신적인 아이디어, 새로운 가능성, 참신한 표현 양식이 발달한다. 정원 디자인이 한때 보수적이고 정해진 대로 반복하는 일처럼 보였지만, 이제는 활기가 넘치고 변화를 반기는 영역이 되었다. 게다가 건축과 예술의 새로운 연결이 형성되면서 정원 디자인은 이제 변화무쌍하고 사회적으로도 중요한 분야로 자리매김하였다.

맞은편 사진,
왼쪽 위부터 시계 방향으로
꿈의 코티지 정원
각양각색의 꽃이 심어진 화단과 풍성한 식재 디자인이 비정형적인 코티지 정원 스타일의 전형이다.

야생 생물의 서식지
작은 연못과 웅덩이까지도 다양한 야생 생물에게 멋진 서식지가 된다.

도시의 생활
실외 공간이 점점 줄어들고 있어서 정원사와 디자이너는 새로운 해결책을 창의적으로 개발해야 한다.

작지만 생산적인 땅
좋아하는 채소와 허브는 공간에 구애받지 않고 어느 정원에서나 쉽게 키울 수 있다.

자유로운 발상
현대 정원 디자이너는 지속적으로 한계를 허물며 새로운 재료, 질감, 조합을 망라한다.

정형적인 틀
파르테르가 정형적인 정원 스타일의 대칭과 기하학적 구조를 보여준다.

정형적인 정원

자연에 대한 인류의 지배를 표현하는 정형적 정원에서는, 정원의 특징과 자연의 요소가 엄격한 기하학적 구조 안에 들어간다. 이런 아이디어는 고전주의 건축과 디자인에서 유래했으며, 역사적으로 중요한 정형적인 정원은 프랑스와 이탈리아에서 많이 볼 수 있다.

잘 건축된 정형적 정원은 보통 대칭을 이루고, 평면도나 패턴이 분명하게 드러나서 균형 잡힌 디자인을 보여준다. 정형적인 설계는 중심축이나 중앙 통로를 중심으로 구성하기 때문에, 집의 위치에서 정원을 가로지르며 바라보는 주요 경관이 초점이 될 수 있다. 큰 정원에는 공간이 충분해서 중앙 통로를 가로지르는 여러 통로를 만들 수 있고, 이 통로가 다른 축을 이루며 더 넓은 경관으로 이어지기도 한다. 종종 조형물, 분수, 장식적인 바닥재를 이용해 이 통로들의 교차 지점을 강조한다. 현대의 정형적 정원, 특히 도시의 정형적 정원에서는 대칭을 사용하지 않고 외양에 덜 치중하기도 하지만, 세심한 균형, 깔끔한 선, 윤곽이 뚜렷한 평면 설계는 여전히 중요한 특징이다. 정형적인 정원의 기하학적 구조는 명확하게 두드러지기 때문에 규모와 균형 잡힌 비율을 가장 중요하게 고려해야 한다.

시공 재료는 최소한의 범위에서 선택하곤 해서 자갈과 포장을 가장 흔히 사용한다. 그러나 조약돌과 벽돌 같은 장식적인 재료의 인기도 여전하고, 코르텐강, 콘크리트, 석회암, 합성 바닥판 같은 현대적인 재료의 수요도 높아지고 있다. 물 장식으로는 분수나 풍경을 반사시키는 잔잔한 수면 등이 있다.

잔디밭과 생울타리가 전통적으로 정형적인 정원의 주된 식재 특징이다. 생울타리는 공간의 경계를 표시하고, 화단의 테두리를 두르고, 파르테르를 만들고, 매듭 정원을 조성하는 데 쓰인다. 현대적으로 재해석한 정원에서는 가지를 다듬은 나무나 나뭇가지를 엮어 모양을 만든 나무로 정원에 높이를 더하고 초점을 형성한다. 현대적인 정원에서도 여전히 절제되고 제한된 식물 팔레트를 사용한다. 대개 나뭇잎이 가장 중요하고, 꽃이 피는 식물은 일 년 내내 짜임새 있는 구조를 형성하는 상록수 사이에 반복적으로 조금씩 사용한다.

맨 위, 위
역동적인 분수가 동적인 효과를 준다.

정형적인 정원에서 중심축에 대한 대칭은 조형물이나 분수 같은 초점에 관심을 집중시킨다.

정형적인 정원이란?

정형적인 정원 스타일은 그리스와 이탈리아의 고전주의 건축과 직접적으로 관련되어 있지만, 현대 정원에서의 정형적인 스타일은 약간 다르다. 질서정연한 정원은 본래 유럽 전역에서 부자나 권력자가 사는 저택의 배경이 되었으므로 저택과 비슷하게 대칭 형태를 취했다. '파워 가드닝'이라고 알려졌다시피, 정형적인 스타일은 통제력을 구현하는 정원 디자인의 극치로 여겨졌다. 베르사유처럼 유명한 정원은 규모가 거대하지만, 이 스타일의 전통적인 해석은 정원의 규모와 상관없이 적용될 수 있다. 심지어 도시의 작은 정원에도 정연하고 균형 잡힌 디자인이 잘 어울린다. 중심축에 대한 대칭은 정원의 초점을 돋보이게 하는 데 중요한 역할을 한다. 식재와 건축은 기하학적이고 단순하다. 잔디밭, 가지를 다듬은 생울타리, 정돈된 가로수길, 난간, 계단, 테라스, 넓은 자갈길이 모두 함께 어우러져 공간 전체에 통일감을 준다.

전통적인 정형적 정원의 구조

고전적인 정형적 디자인에는 축 또는 중심선이 필요한데, 이것이 정원 설계의 기초이다. 통로나 잔디밭, 심지어 중앙 화단까지도 중심이 될 수 있다. 일반적으로 축은 조형물이나 조각상, 장식물 같은 두드러진 요소를 초점으로 만든다.

공간이 넓다면 교차하는 축을 만들 수 있다. 일부 큰 정원에서는 교차로가 다양해서 직선, 대각선의 경관이 만들어진다. 식재와 포장이 대부분 단순해서 규모와 비율에 대한 감각이 출중해야 한다. 이것이 많은 모더니스트가 정형적 스타일을 높이 평가하고 재해석하는 이유 중 하나다.

공간을 반이나 4분의 1로 나눈다. 정원이 크면 더 나눌 수 있지만, 기다란 통경, 또는 일정한 간격으로 심은 나무가 주는 효과를 극대화하려면 각 구획이 상당히 커야 한다. 파르테르, 연못, 넓은 잔디밭은 고전주의의 정형성을 드러내는 특징이다. 현대 디자이너가 설계한 정형적인 정원은 장식적인 화단을 만들어 정원의 구조를 부드럽게 보이게 하는 특징을 보인다. 이에 반해서 모더니즘적으로 재해석한 정원은 이런 방식에 도전하여 비대칭을 도입하고, 심지어 장식을 피하기도 한다.

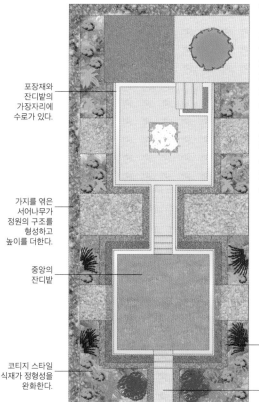

현대적 변환
디자이너 찰리 알본이 기존의 정형적 스타일을 현대적으로 바꾸었다. 층진 회양목 화단이 대칭적인 평면 설계의 윤곽을 나타내고, 코티지 스타일 식재는 각진 선을 부드럽게 보이게 한다. 가지를 엮은 서어나무가 늘어선 길은 정형적인 시골 정원에서 볼 수 있는 것이지만, 현대식 가구와 파빌리온, 코르텐강 수로는 최신 디자인이다.

포장재와 잔디밭의 가장자리에 수로가 있다.

가지를 엮은 서어나무가 정원의 구조를 형성하고 높이를 더한다.

중앙의 잔디밭

코티지 스타일 식재가 정형성을 완화한다.

다듬어진 회양목 생울타리가 대칭을 이룬다.

중심축

디자인의 영향

초기 이슬람 정원 중에 레이아웃이 정형적이고, 수로로 4등분된 정원이 있었지만, 이 스타일이 굳어지는 데에는 고전주의와 르네상스의 영향이 결정적이었다. 정형적 정원의 수석 정원사였던 앙드레 르 노트르는 일개 정원사에서 디자이너로 전환하여 루이 14세가 통치하던 프랑스에서 큰 명성을 얻었다. 그가 남긴 작품 중 베르사유와 보르비콩트에서 디자인한 정원이 가장 유명하다. 두 정원에서 볼 수 있는 유사 원근법, 높이의 변화,

풍경을 반사하는 연못이 그의 디자인에 항상 등장하는 특징이며, 이것으로 그는 왕의 총애를 얻었다.

르 노트르의 작품에서 볼 수 있는 생울타리, 널따란 잔디밭, 연못, 다듬은 회양목 생울타리로 구성된 파르테르, 색 자갈 장식이 이후의 모든 정형적 정원의 분위기를 조성했고, 전망과 원근법을 이용하여 최고의 극적인 효과를 만들어냈다.

앙드레 르 노트르가 디자인한 보르비콩트

주요 디자인 요소

1 대칭
정원의 규모와 상관없이 전통적인 정형적 디자인에서 볼 수 있는 대칭적 균형을 만들 수 있다. 여기에서는 올리브나무와 파르테르가 원 안에 초점을 만들고, 자갈과 포장석이 깔린 중앙 통로가 원을 가로지른다.

2 조각상
정형적인 정원에 설치된 조각상의 주요 소재는 신화에 나오는 신과 생물이었다. 현대적인 디자인에서는 현대 조형미술과 추상적인 작품이 초점 역할을 한다.

3 토피어리
잘 다듬은 회양목이나 주목의 상록 생울타리가 공간을 구획하는 데 쓰인다. 토피어리는 건축 공간의 경계에 쓰이고, 키 작은 회양목 생울타리는 전통적인 파르테르 안에 패턴을 만든다.

4 장식
크고 화려한 단지를 주추나 난간 위에 놓아 초점으로 만들거나, 통로의 끝임을 알린다. 현대의 정형적인 정원에도 동일한 기법을 사용하지만 정교한 장식은 훨씬 적다.

5 자연석
포장석은 통로와 테라스에 까는 건축 재료이다. 자르고 연마한 자연석판으로 규칙적인 패턴을 만들거나, 잔디밭과 자갈길의 가장자리를 마감한다.

현대의 정형적 스타일

정형적 스타일은 한눈에 정형적 정원이라고 판단되는 것에 국한되지 않고 훨씬 더 다양하다. '정형적'이라는 단어는 다양한 역사적 실례를 떠올리는 데 사용되곤 했지만, 모더니즘 정원을 포함한 많은 현대식 정원을 정확하게 기술하는 데 쓰이기도 한다. 식재는 정형적 정원에서 건축적 요소이자 구성의 일부지만, 정원을 조성하는 주된 목적은 아니다. 잘 다듬은 생울타리, 관상수, 큰 식재 블록이 단순하지만 조형물 같은 벽면이나 가림막이 되어 목재, 석재, 콘크리트, 또는 물로 된 넓은 수평 공간을 보완한다. 목표는 아름답고 멋진 공간이 만들어지도록 전체를 구성하는 것이다. 정형적 스타일은 규모나 위치와 상관없이, 도시의 안뜰에서 호젓한 시골 정원에까지 두루 적용할 수 있다. 대칭이 두드러진 디자인도 있고 참신한 비대칭 디자인도 있지만, 일반적으로 여가와 실외 생활을 중시한다.

현대의 정형적 디자인의 구조

정형적 디자인은 정원의 크기에 상관없이 어디에나 어울리지만, 전통적인 정원은 조각상과 토피어리 같은 장식물을 반복적으로 이용하는 데 비해, 현대의 정원은 크기와 비율을 중시하며 극적인 효과를 만들고, 개방적이고 깔끔한 공간을 구성해 실외 생활에 적합한 환경을 조성한다.

대부분의 정형적 정원은 기하학적 레이아웃의 일부 형태가 바탕이 되고, 직사각형의 수평선이 생동감을 준다. 이 역동적인 선은 나무, 생울타리, 벽의 수직선과 대조를 이루고, 공간을 수평으로 갈라서 정원의 서로 다른 영역에 통일감을 준다. 모더니즘적으로 해석한 디자인은 비대칭을 사용하지만, 전통적인 해석은 대칭을 선호한다.

바닥재는 표면의 질감을 기준으로 선택한다. 데크, 유광 콘크리트, 석회암, 자갈로 넓은 바닥을 만들고, 분수나 관상수가 간간이 배치된다. 이런 재료를 다룰 때는 고급스러운 마감과 정밀한 시공이 필요하다. 멋진 잔디밭, 다듬은 생울타리, 단순한 식재는 과거와 현대의 정형적 정원에 공통된 요소지만, 현대의 디자이너는 때때로 복잡한 식물 팔레트를 이용한다.

두드러지는 색상 대비
짙은 녹색과 대비되어 두드러지는 연한 색상 때문에 정형적인 공간이 깔끔하고 정돈되어 보인다.

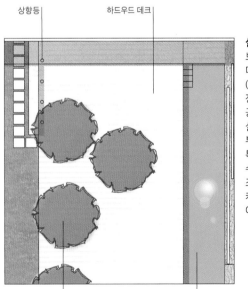

상향등   하드우드 데크

최소한의 식재

주변 환경을 반사하는 수영장이나 무릎 깊이의 연못

실내 같은 외부 공간
브라질의 마르시오 코간이 디자인한 미린디바 하우스 (오른쪽). 가장 큰 테라스를 정원으로 확장하여 아늑한 공간을 만들었다.
실내 장식과 실외 장식이 부분적으로 어우러진 것이 특징이다. 길고 좁은 수영장은 석벽을 반사하고, 조명이 벽면과 나무 캐노피를 장식해서 어두워지면 운치가 있다.

재건축된 빌랑드리성의 정원

17세기 프랑스에서 건축된 정형적인 정원은 한 세기 전 이탈리아 르네상스 정원의 영향을 받아 질서와 조화의 개념을 설계의 기본 바탕으로 했다. 대칭과 기하학적 구조가 중요해서 정원사들이 대규모 팀을 이루어 화단을 완벽하게 정비했다. 정원을 잘 감상할 수 있도록 높은 곳에서 내려다볼 수 있는 테라스를 설치하곤 했다. 오늘날 프랑스의 정형적인 정원으로 가장 유명한 것은 루아르 계곡 인근 빌랑드리성에 있는 정원들이다. 이들은 대부분 20세기 초에 과거의 스타일을 대대적으로 되살린 작품으로서, 수생 정원, 꽃밭, 장식적인 채소밭 등이 속해 있다. 9개의 정사각형 격자가 있고, 각각의 내부는 서로 다른 레이아웃을 갖추고 있으며, 낮은 회양목 울타리 안에 다양한 채소를 심어 대조적인 색상을 보이는 것이 인상적이다.

프랑스 빌랑드리성에 있는 정형적인 채소밭

주요 디자인 요소

1 기하학적 레이아웃
전통적인 정형적 정원에서는 중심축을 흔히 볼 수 있지만, 다른 디자인에서는 거의 볼 수 없다. 직사각형의 잔디밭, 연못, 바닥 포장, 식재가 서로 맞물려 경계는 명확하게 보이지만 불규칙적인 무늬가 만들어졌다.

2 고급 자재
직선으로 된 강철, 콘크리트, 유리, 목재 등은 정밀하게 시공해야 한다. 포장 연결부를 최소화하고 조명이 은은하게 비춰 외관이 고급스럽게 보인다.

3 제한된 식물 팔레트
수종을 제한하고, 흔히 군집 식재를 한다. 사이사이에 심은 그래스와 다년생식물이 반짝이며 변화를 만든다.

4 건축적 가구
정원용 가구는 고전적인 스타일이 많은데, 현대의 클래식이 된 바르셀로나 의자는 조형물에서 영감을 받아 만들었다. 그것을 떠올리게 하는 우아한 안락의자가 단순한 테이블 세트와 잘 어우러진다.

5 반사하는 수면
연못의 매끈한 수면이 빛을 반사한다. 현대 기술을 이용해 연못에 물을 가득 채우거나 넘치게 만들면 수면이 드넓은 하늘과 맞닿아 매우 인상적이다.

정형적인 정원의 재해석

정형성의 규칙이 단순하고 명확하기는 해도 융통성을 발휘할 여지도 많다. 완벽한
대칭과 축이 있는 레이아웃을 구성해도 되고, 아니면 몇 가지 디자인 요소만
골라도 된다. 예를 들어, 한 축을 다른 축보다 두드러지게 하거나, 일련의 균형 잡힌
직사각형 화단을 부드럽고 아름다운 식재로 가리는 방법이 있다. 여러 시도를
해보다가 전통적인 스타일을 선택하거나 최신식의 정형적 디자인을 만들 수도 있다.

대조적인 요소 맨 위
물이 흘러넘치는 분수가 알함브라 궁전의 한쪽 구석에 있는
파르테르의 중앙에 초점을 만든다. 정형적인 식재에
역동적인 느낌을 가져왔다.

현대적인 질서 위
단순한 직사각형 잔디밭, 가지런하게 가지를 엮은 서어나무,
옅은 색 바닥재가 절제된 정형성을 보여준다. 세 기둥과
은은한 조명이 눈길을 끈다.

도시 정원의 정형성 오른쪽 위
석회암 포장 때문에 잔디밭의 가장자리가 반듯하고 경계가
명확해졌다. 가지를 엮은 라임 나무는 도시 공간에서
사생활을 보호해준다.

장식적인 생울타리 오른쪽
소용돌이 문양의 파르테르가 빛, 그늘, 질감으로 정원을
화려하게 장식한다. 패턴은 2층에서 볼 때 제일 잘 보인다.

"정형성의 기하학적 규칙을 설정한 다음, 어느 규칙을 벗어날지 결정한다."

수공간의 대칭 맨 왼쪽
중심축에 조형물과 분수가 배치되었다. 두 인공 연못과
이를 연결하는 수로가 이 정형적인 배치의 초점이다.
식재는 대칭을 이룬다.

조형물 같은 나무 왼쪽
깔끔하게 다듬어진 토피어리가 축이 있는 레이아웃을
보강한다. 길에 낀 이끼가 엄격한 정형성을 벗어났고,
잔디도 투박한 포장재의 가장자리를 부드럽게 에워싼다.

부드러운 분위기의 식재 왼쪽 아래
강철 테두리가 격자 패턴의 정원에 정형적인 느낌을 주고,
연하고 눈부신 그래스, 다년생식물 등과 강한 대조를
이룬다.

방문해볼 만한 정원

보르비콩트, 프랑스 센에마른
유사 원근법과 축이 있는 구조를 이용하여
르 노트르가 디자인했다.
vaux-le-vicomte.com

베르사유, 프랑스 이블린
앙드레 르 노트르의 작품 중 가장 유명한 정원.
chateauversailles.fr

빌라 감베라이아, 이탈리아 세티냐노
집을 중심으로 산책로가 뻗어 있고, 정원은
엄격하게 구획되어 있다. villagamberaia.com

알함브라 & 헤네랄리페, 스페인 그라나다
디자인의 중심 주제가 물이다. 이슬람 문화가
유럽의 정형적 디자인에 영향을 끼쳤음을
보여주는 증거다. alhambra.org

덤바턴오크스, 미국 워싱턴 DC
본래 일련의 정형적 공간과 통경을 연결한
설계지만, 일부 자연풍경식 식재가 있다.
doaks.org

정형적인 정원 설계

다음의 전통적인 정원과 현대적인 정원은 정형적 스타일의 주요 요소를 그대로 포함하고 있다. 모든 정원에서 기하학적 선과 고급 조경 자재를 볼 수 있다. 데클란 버클리의 정원은 식물이 무성해서 앤디 스터전의 미니멀리즘 디자인과 대조를 이룬다. 모든 정원에서 색상 팔레트는 제한적이다. 예를 들어 매트 카이틀리의 정원에선 녹색 나뭇잎을 맑고 깨끗한 수면이 보완한다. 샬롯 로웨의 디자인에서 알 수 있듯이 정원의 크기는 문제가 되지 않는다.

층을 이루는 식재

디자이너 데클란 버클리의 정원이다. 포장재의 형태가 정형적이고 기하학적이다. 포장재와 연못 주위로 풍성한 식재가 겹겹이 배치되었다. 반사하는 수면이 질감의 효과를 배가시킨다. 개방된 밝은 테라스와 좁은 통로가 상당히 대조적으로 보인다.

주요 구성 요소
1 오죽
2 사철나무
3 팔손이
4 이대
5 쥐손이풀
6 아스텔리아
7 서양회양목
8 소철

데클란의 인터뷰:
"옥상 테라스에서 화분 식물을 키웠는데, 수년 후 옮겨 심을 정원이 생겨서

다행이었습니다. 땅이 긴 직사각형이고 5층 집에서 내려다보이는데, 식물의 큰 잎이 층층이 겹쳐 바닥을 가려주고 사생활을 보호해줍니다. 이와 반대로, 집의 끝부분 벽은 단단한 판유리라서 연못부터 연못 건너편의 화려한 식재까지 볼 수 있습니다."

"런던의 따뜻한 기후 덕분에 잎이 부드럽고 특이한 수종이 잘 자라서 저는 질감과 형태를 기준으로 식물을 선택했습니다. 꽃과 색상은 두 번째 문제입니다. 뚜렷하고 단순한 구조에 잎으로 온화한 분위기를 연출하는 것이 이 디자인의 핵심입니다."

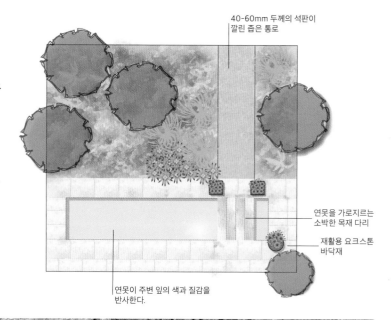

40-60mm 두께의 석판이 깔린 좁은 통로

연못을 가로지르는 소박한 목재 다리

재활용 요크스톤 바닥재

연못이 주변 잎의 색과 질감을 반사한다.

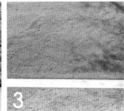

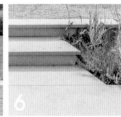

전통과 현대의 조화

디자이너 매트 카이틀리가 정형적인 스타일을 갖춘 현대적인 도시 정원을
디자인했다. 전통적인 스타일을 유지하면서도 기발하게 대칭과 비대칭을 모두 담았다.
장식이 화려하고 나무가 우거져 있지만, 재료와 색상이 제한적으로 사용되었다.

주요 구성 요소

1 가지를 엮은 생울타리
2 양치식물, 엽란, 기타 관엽식물
3 잔디밭
4 미장으로 마감한 가림막
5 반구형으로 다듬은 로즈마리
6 석회암 바닥 장식

우아한 모더니즘

이 우아하고 정형적인 정원은 모더니즘의
이상에 부합한다. 개방된 넓은 잔디밭,
깔끔하고 정돈된 선, 고급 자재를 이용했다.
식재 디자인은 절제되어 있는데, 주로
잎으로 구성되었다. 여기서 디자이너의
식물 팔레트의 일부를 볼 수 있다.

언뜻 보면 레이아웃이 대칭인 것 같지만,
자세히 들여다보면 조각처럼 다듬은 나무,
가림막과 좌석 같은 많은 요소가 중심에서
약간 벗어나 있고, 자갈, 가지를 엮은 나무,
다듬은 상록수 같은 전통적인 요소는
과거의 정형적 정원의 특징을 생각나게
한다.
　자갈로 둘러싸인 중앙의 잔디밭이
중심이다. 잔디밭이 정원의 너비를
강조하여 정원이 더 넓어 보이고,
한가운데에 정돈된 공간이 생겼다.
잔디밭의 각 모서리에 반구형 로즈마리를
배치하여, 현대적인 공간에서 이탈리아의
정형성이 느껴진다.

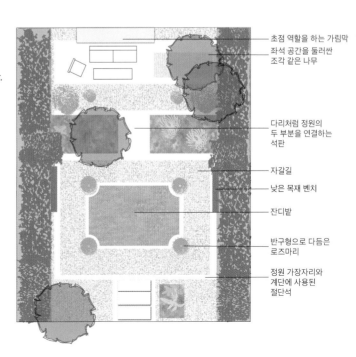

초점 역할을 하는 가림막

좌석 공간을 둘러싼
조각 같은 나무

다리처럼 정원의
두 부분을 연결하는
석판

자갈길

낮은 목재 벤치

잔디밭

반구형으로 다듬은
로즈마리

정원 가장자리와
계단에 사용된
절단석

고전적인 선

샬롯 로웨가 디자인한 이 작은 공간은 전통적인 정형성을 갖추고 있으며, 소박한 디자인이 잘 어울린다. 화단에는 몇 가지 종만 섞어 심었다. 화분과 쥐똥나무 토피어리 덕분에 정원의 구조가 높아지고 정원의 크기를 가늠할 수 있다. 중심축에 있는 수국이 멋진 초점이 되었다.

주요 구성 요소
1 쥐똥나무
2 수국
3 은쑥
4 제라늄

샬롯의 인터뷰:
"저는 켄싱턴에 위치한 이 앞마당을 지역 보존지구의 규제에 따라 단순하고 절제된 스타일로 설계했습니다. 집 외관의 세부 장식과 어울리도록 그와 비슷한 요크스톤과 벽돌을 사용했고, 사생활 보호를 위해 상록수로 가렸으며, 전체적으로 단순하게 디자인하고 적은 재료를 사용했습니다."

"저는 루이스 바라간과 댄 킬리와 같은 모더니스트 디자이너의 영향을 받았기 때문에, 이런 고전적인 형식 안에서 세심한 감각을 발휘하는 일을 좋아합니다. 저는 하드스케이프 재료를 정원의 뼈대라고 생각하고, 여기에 식재로 부드러운 분위기와 매력을 더해줍니다."

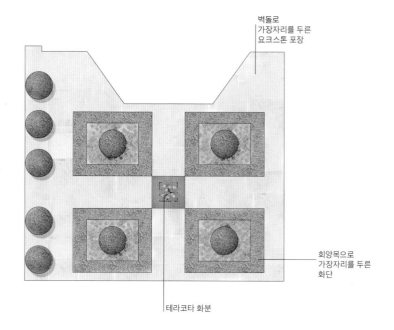

벽돌로 가장자리를 두른 요크스톤 포장

회양목으로 가장자리를 두른 화단

테라코타 화분

옥상 정원

앤디 스터전의 옥상 정원은 좁은 도시 공간에서 실외 공간을 잘 이용한
예를 보여준다. 관리에 손이 덜 가는 디자인이다. 여유로운 공간이
생기고, 고급 자재는 초점이 되며, 단순한 식재는 외부 시선을 가려
사생활을 보호한다.

주요 구성 요소
1 파르게시아 루파
2 이로코 벤치
3 아스텔리아
4 가스 조명

앤디의 인터뷰:
"이 공간은 친구들과 어울리기
좋아하는데 가드닝에는 별로 관심이 없는
젊은 고객에게 맞추어 설계했습니다."

"물이 정원의 초점이 되었습니다.
옥상이 받는 하중을 줄이기 위해 매우 얇게
만들었지만, 반사면이 황홀하고 들뜬
분위기를 연출합니다. 조명이 어우러지면
디테일이 상당히 복잡해집니다."

"저는 보통 넓은 공간을 디자인하지만,
이 프로젝트는 고객의 취향과 옥상이라는
장소를 고려했습니다. 저는 새로운 과제에
도전하는 것을 좋아합니다. 고객이 날씨나
계절과 상관없이 밖에서 앉을 수 있게
해달라고 요청해서 캐노피, 물, 조명,
벤치를 구성했습니다."

"저는 상점 진열장부터 현대 미술에
이르기까지 광범위한 분야에서 영감을
얻었으며, 이런 정원이 도시 환경에
유용하다고 생각합니다."

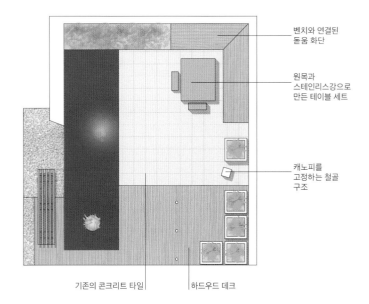

벤치와 연결된
돋움 화단

원목과
스테인리스강으로
만든 테이블 세트

캐노피를
고정하는 철골
구조

기존의 콘크리트 타일

하드우드 데크

사례 연구

블록 구조

이 정원은 선이 단순하고 깔끔하다. 정형적이고 현대적인 디테일을
중시하는 엄격한 디자인이다. 윤곽이 뚜렷한 식재 블록, 포장,
수공간의 비대칭적인 구성을 평면도에 옮겨놓으면 강한 인상을 주는
디자인 원리가 드러난다.

시각적인 움직임

질감과 형태의 대비를 이용하면
극적인 효과를 낼 수 있다. 매끄러운
바닥재, 납작한 자갈이 깔린
수공간의 반사하는 성질, 잘 다듬은
너도밤나무 생울타리, 가지 많은
목서가 한데 어우러져 뚜렷한
시각적 효과를 만든다.

정돈된 공간

이 정원의 공간은 직사각형의 바닥재,
식재, 수공간으로 구성되었다.
일부 구역은 개방적이고 일부는
폐쇄적인데, 이동해서 들어가면
보이지 않던 공간이 드러난다.

디자이너 **마커스 바넷**

비대칭형 설계

이 돌벽은 몬드리안의 그림에서 영감을 받아 만들었다. 시원하고 깔끔한 선과 엄격한 기하학이 비대칭형 설계와 결합하여 모더니즘 디자인의 원칙을 완벽하게 구현하며, 이 정형적인 정원에 생동감을 불어넣었다.

꽃의 대비

각양각색의 꽃들이 대조를 이루며 도드라진다. 노란 데이지 같은 도로니쿰 꽃이 작은 유포르비아 위로 우뚝 솟아서 빨간 튤립이나 파란 수레국화와 대조적인 색과 형태를 보인다.

선명한 색상

절제된 색상 팔레트가 정형적 디자인의 일반적인 특징이다. 녹색이 많은 부분을 차지하고 그 사이에서 빨강, 파랑, 노랑의 원색이 빛난다.

비정형적 정원

가장 일반적이고 쉽게 볼 수 있는 여러 정원이 이 스타일에 해당한다. 코티지 정원, 시골풍 정원, 초목이 가득한 정원 등이다. 이곳에서는 정원의 외관보다 자라나는 식물에 중점을 둔다. 대개 식물을 매우 좋아하는 사람들이 비정형적 정원을 조성한다. 수년에 걸쳐 조성되는 이 정원은 설계를 거의 하지 않은 것처럼 보이지만, 식물을 사고 재배해서 가꾼 결과다.

풍부한 식재 디자인과 평온한 자연적 경관이 특징인 코티지 정원은 전통적으로 레이아웃이 단순하고 규칙적이며, 문으로 가는 통로가 있고 통로 양편에 화단이 있다. 전원 지역에서는 원래 정원을 텃밭으로 이용했기 때문에 꽃보다는 먹거리에 중점을 두었다.

전통적인 코티지 정원은 유명한 가든 디자이너인 거트루드 지킬이 더욱 발전시켰다. 지킬은 19세기 말에 코티지 정원을 바탕으로 미술공예운동 식재 디자인을 고안했다. 이 스타일은 많은 시골풍 정원으로 이어졌고, 단순하고 정형적인 레이아웃을 바탕으로 풍성한 비정형적 식재를 갖춘 정원도 만들어져 코티지 정원 스타일이 세련되게 발전한 형태로 여겨졌다.

비정형적 정원의 규모는 일반적으로 좁고, 심지어 초목이 풍성하게 자란 나머지 통로로 밀려나와 이동하기 불편한 곳도 있다. 바닥재 사이에서도 식물이 자랄 수 있으므로 자연 파종이 잘 이루어진다. 생울타리로 정원을 구획하면 각기 다른 식재 디자인과 분위기가 있는 폐쇄된 공간들이 이어지는 시골풍 정원이 만들어진다. 깔끔한 정형적 생울타리와 장식용 토피어리가 부드럽고 다채로운 식물과 어우러져 이루는 대비 효과가 이 디자인의 멋이다. 정원이 크다면 집에서 멀리 떨어진 곳에 야생의 느낌을 주는 초원 식재와 천연의 생울타리를 만들 수 있다.

비정형적 정원에 가장 적합한 하드스케이프 재료는 자연석이나 벽돌이다. 고풍스럽고 신비로운 외관 때문에 낡은 재료나 재활용 재료의 인기가 높다. 자갈도 통로에 사용되는데, 쉽게 자연 파종이 되는 이점 때문이다. 기둥으로 만든 단순한 울타리 또는 피켓 펜스도 이 자연스러운 디자인에 잘 어울린다.

맨 위, 위
풍화된 돌담에 매달린 보석 같은 아우브리에타

실용 정원에 색을 더하는 장식적인 농작물

비정형적 정원이란?

비정형적 디자인의 풍성함과 낭만적 분위기가 코티지 정원이나
시골풍 정원에 적용될 때 유독 전 세계 디자이너가 마음을 빼앗기곤
한다. 이는 주로 색과 질감을 이용한 울창한 식재와, 편안함을
중시하는 전형적인 영국 스타일의 갖가지 식물종 때문이다.
사실 비정형적 식재 디자인은 아무렇게나 심는 것이 아니다.
작은 구획이나 여러 공간 안에 주제와 관련 있거나 서로 조화를
이루는 색상의 꽃과 잎을 사용한다. 이런 식재는 영국의 시싱허스트
캐슬 가든이나 히드코트 매너 가든에서 큰 효과를 보여준다.

코티지 정원과 시골풍 정원 스타일

코티지 정원과 시골풍 정원의 비정형적 레이아웃은 보통 단순하고
기하학적이지만, 여기에서 이리저리 변형한 디자인도 다양하다. 통로가 좁은
경우에는 식물이 길의 일부를 가리는 일이 있다. 이 낭만적인 식재 디자인은
레이아웃을 흐릿하게 해서 아늑한 분위기를 만들고, 향기와 질감, 휘황찬란한
색을 가까이에서 즐길 수 있다. 현대의 많은 비정형적 정원이 이런 요소를
이용하여, 약간 흐트러진 레이아웃이나 형태가 비정형적인 구역 안에
식물을 무성하게 심곤 한다.

　바닥에 벽돌, 자갈, 포석, 조약돌을 깔면 포장재의 이음새와 바닥에서 이끼,
지의류, 덩굴식물이 자라난다. 큰 정원에는 주로 석판을 깐다. 단순한 좌석,
낡은 우물, 연못, 펌프, '우연히 발견한' 조경 재료가 흥미로운 초점이 되거나,
예상치 못한 독특한 장식이 된다. 생울타리나 담장, 격자 구조물 등으로 분할된
각 공간의 입구는 정자나 아치로 장식한다.

　잔디밭은 풍성하고 색상이 화려한 초목과 달리 평온하게 보인다. 과일과 채소를
기르는 실용 정원은 초기 코티지 정원과 같이 단순한 기하학적 구조로 만들고,
통로는 디딤돌이나 벽돌을 깔거나 흙길을 다져 만든다.

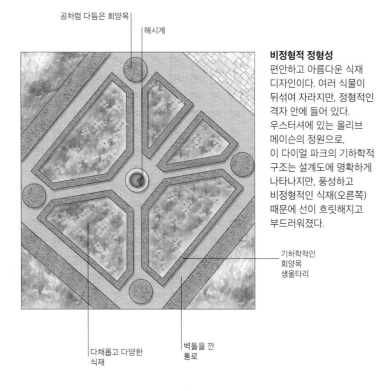

공처럼 다듬은 회양목
해시계
기하학적인
회양목
생울타리
다채롭고 다양한
식재
벽돌을 깐
통로

비정형적 정형성
편안하고 아름다운 식재
디자인이다. 여러 식물이
뒤섞여 자라지만, 정형적인
격자 안에 들어 있다.
우스터셔에 있는 올리브
메이슨의 정원으로,
이 다이얼 파크의 기하학적
구조는 설계도에 명확하게
나타나지만, 풍성하고
비정형적인 식재(오른쪽)
때문에 선이 흐릿해지고
부드러워졌다.

여름 정원의 색감
올리브 메이슨의 정원은 다양한 잎의 질감, 뒤죽박죽 헝클어진 덩굴식물,
다채로운 다년생식물, 향이 좋은 꽃들이 일 년 내내 흥취를 돋운다. 봄에는
녹색과 흰색의 잎이 뒤덮고, 사이사이에 수선화, 튤립, 히아신스, 물망초가
은은하게 빛난다. 초여름이 되면 장미, 제라늄, 델피니움, 클레마티스,
수레국화가 피어 따뜻한 분홍색과 연보라색으로 물든다.(위) 여름이 지나
가을로 접어들면서 과꽃, 플록스, 다알리아, 투구꽃의 선홍색, 진한 파랑과
보라색으로 식물 팔레트가 더욱 짙어진다. 겨울에 모두 지고 나면 회양목
생울타리의 단순한 패턴만 드러나고, 앙상한 화단에는 바크 멀칭이 펼쳐진다.

주요 디자인 요소

1 집단 식재
복잡하게 식재된
비정형적 정원을 관리하려면
많은 수고가 든다. 식재
전문가와 협력하고, 지나치게
두드러지는 종을 골라서
손질하는 것이 관건이다.

2 투박한 가구
정원 목재 가구는 시간의
흐름에 따라 고색으로 변한다.
식물이 가구 사이로 이리저리
빠져나온 모습이 자연스럽게
보이지만, 실제로는
인위적으로 가꾼 것이다.

3 장미 정자
정자가 예쁜 쉼터를
마련해주고, 여러 영역을
이어주는 역할도 한다.
정원을 거니는 동안 분홍색
장미의 강렬한 색상과 그윽한
향이 오감을 깨운다.

4 낡고 닳은 길
통로에 깔린 벽돌,
화강암 블록, 자갈의 질감이
길 양쪽의 풍성한 식재를
돋보이게 한다. 또 식물이
길과 화단 사이에 씨를 뿌려
경계선이 자연스러워진다.

5 채소와 허브
비정형적 정원에 종종
텃밭을 만들어 절화용 꽃이나
허브를 함께 키운다. 이런
조합이 볼거리를 더해서
텃밭이 기능적으로만 보이지
않으며, 해충도 방지한다.

비정형적 디자인의 영향

거트루드 지킬이 디자인한 먼스테드 우드

코티지 정원의 현대적인 해석을 일반적으로
비정형적 정원이라고 말한다. 이는 상당 부분
거트루드 지킬과 그녀의 건축가 파트너 에드윈
루티언스의 작품을 바탕으로 한다. 이들은
1890년대에 영국의 미술공예운동(Arts and
Crafts Movement)의 영향으로 뛰어난
디자인을 다수 창작했다. 지킬은 서리 주변의
코티지 정원에서 영감을 얻어 식재 디자인을
했으며, 지중해 여행 중에 얻은 소재와 순수

미술 교육 과정에서 개발한 색 이론을 함께
활용했다.
　지킬과 루티언스는 화려하고 낭만적인
스타일로 거대한 화단을 설계하고 식재했는데,
부호 가문인 에드워드가의 교외에 만든 코티지
정원이 그 예이다. 시대를 초월한 그들의
디자인은 다음 세기의 영국 정원에 새로운
주제를 던져주었다.

비정형적 정원의 재해석

비정형적 정원에 어울리지 않는 것은 거의 없다. 어떤 정원은 단순한 기하학적 레이아웃을 갖추고 있고, 어떤 정원은 풍성한 자연주의 평면 설계를 바탕으로 한다. 규범에 얽매이지 않는 것이 비정형적 정원의 특징이다. 대다수가 전통적이고, 다소 소박한 느낌이며, 정원사의 손이 닿지 않은 것처럼 보인다. 디자인보다는 정원에 심는 식물이 가장 중요하다. 이런 정원은 열렬한 애호가들이 만들곤 한다. 정원의 각 구역을 서로 다르게 만들려면 각 구역에 특정 식물이 번성하는 미기후를 갖추어야 한다.

가을 단풍 맨 위
소박한 화로가 있어서 가을 단풍이 떨어지기 시작하는 때에도 이 한적한 구석에서 즐거운 시간을 가질 수 있다.

풍성한 식재 위
오래된 벽 옆의 미기후 환경에서 식물이 번성한다. 화분뿐 아니라 풍성한 수국과 그래스 때문에 바닥재의 가장자리가 잘 보이지 않는다. 낡은 식탁은 선인장을 잠시 모아두는 곳으로 이용하고, 벽걸이 거울은 공간에 깊이감을 더한다.

자연스러운 편안함 왼쪽
자연의 서식지를 연상시키는 비정형적 스타일에서 편안한 느낌의 식재가 가장 중요한데, 넓은 지역에서 그 느낌을 연출할 수 있다. 여기에서는 삼잎국화와 에키나시아가 뒤섞인 초원이 자연을 그대로 옮겨놓은 듯하다.

잔디밭이 없는 정원 왼쪽
잔디밭은 비정형적 디자인에 꼭 필요하진 않다. 잔디밭을 대신하여
벽돌 원 안에 만든 자갈밭은 유지 관리에 손이 덜 가고, 주변의 무성한
초목이 부드러운 분위기를 조성한다. 금속으로 만든 멋진 연못이
초점이 되었다.

수변 식재 아래
연못이 있으면 열정적인 정원사는 물을 좋아하는 식물을 기르고
싶어 한다. 식물이 자연적으로 자란 것처럼 보이지만
비정형적 디자인의 일부인 경우가 많다.

도시의 비정형적 정원 위
도시의 작은 정원에서도 전원의 느낌을 효과적으로 낼 수 있다. 돋움 화단과 가려진
좌석에서 수국과 부드러운 그래스 같은 소박한 느낌의 식물이 흐드러져 넘친다.

이국적인 분위기 왼쪽
아열대 식물로 정원을 꾸미는 경우, 식물이 크고 화려하고 빠르게 자라 서로 겹치기
때문에 비정형적 디자인이 최선의 방법일 수 있다.

식재가 가장 중요하다

현대의 식재 디자인은 전통적인 혼합 식재에서
벗어나 절제된 식물 팔레트를 사용하는 방향으로
가고 있다. 자크 워츠는 구조미가 강조된 생울타리와
단일 식재를 특징으로 삼았고, 피트 아우돌프나
제임스 히치모의 작품은 색의 변화를 꾀하는
방향으로 나아갔다. 이 디자이너들은 반짝이며
흔들리는 그래스와 꽃송이의 생장을 중시하여
오랜 기간 동안 아름다운 풍경이 펼쳐지게 한다.

꽃으로 물들인 정원 맨 위
크리스토퍼 로이드가 서식스에 있는 자신의 그레이트 딕스터 정원에서
강렬한 색상을 실험했다. 그는 당시의 전통적인 색 이론을 따르지 않고
서로 충돌하는 분홍색과 빨간색을 섞었다.

가지각색의 꽃으로 둘러싸인 정자 위
비정형적 정원의 전형적 요소인 정자와 퍼걸러를 설치했다. 덩굴식물이
울타리와 담장을 타고 올라 정원의 주인공이 되었다.

가을의 장관 오른쪽
널따란 화단에 녹색, 은색, 갈색 그래스와 다년생식물이 무리 지어
자라는데, 이를 배경으로 하여 속단의 적갈색 마른 꽃송이가 돋보인다.

무성한 화단 왼쪽
화사한 색의 꽃이 안개 같은 식재를 장식하고,
시선을 하늘 방향으로 이끈다. 그래스와
다년생식물이 앞을 가리지만 속이
들여다보여 낭만적인 분위기가 조성되었다.

비정형적 디자인과 정형적 디자인 아래
그레스가스 홀의 모습으로, 벽에는
덩굴식물이 풍성하게 늘어지고 연못가
테라스의 식물은 야생에서 자란 듯
흐드러졌다. 한편, 더없이 깔끔한 잔디밭과
생울타리의 정형적인 분위기가 대조를
이룬다.

햇빛이 가득한 공간 오른쪽
빛의 변화가 있는 밝은 좌석 공간 주위로
황금빛 깃털 같은 그래스와 눈길을 사로잡는
붉은빛 큰꿩의비름이 어우러졌다.

대가의 식재 아래 오른쪽
피트 아우돌프가 디자인한 정원으로, 다양한
색상의 그래스를 무리 지어 심어 부드러운
초원처럼 보인다. 파도 모양으로 다듬은
주목 울타리는 건축 양식과 대비된다.

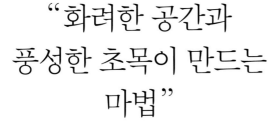

"화려한 공간과
풍성한 초목이 만드는
마법"

방문해볼 만한 정원

보드 힐, 영국 웨스트서식스
워터 가든을 비롯하여 다양한 정원 스타일과 식재
스타일이 있다. bordehill.co.uk

그레이트 딕스터, 영국 이스트서식스
색상을 창의적으로 사용하여 활기를 불어넣는
정원. greatdixter.co.uk

헤스터콤, 영국 서머싯
에드윈 루티언스와 거트루드 지킬의 공동작품이자
18세기 자연풍경식 정원. hestercombe.com

키츠게이트 코트, 영국 글로스터셔
유명한 20세기의 정원. kiftsgate.co.uk

루샴 파크 하우스, 영국 옥스퍼드셔
윌리엄 켄트가 설계한 18세기 초 걸작.
rousham.org

스캠프스톤 홀, 영국 요크셔
피트 아우돌프가 벽을 화려하게 디자인한 정원이
있다. scampston.co.uk

비정형적 정원 설계

수목이 풍성하고 다양한 형태, 질감, 색상이 가득하며 하드스케이프의 비중이 작은 것이 비정형적 정원의 특징이다. 가브리엘라 파프와 이사벨 반 그뢰닝엔의 디자인에서는 생기 넘치고 부드러운 수목이 다채로운 색을 뿜내고, 지니 블룸은 따뜻한 색상을 몇 가지만 골라 분홍색과 붉은색 꽃으로 장식했다. 나이젤 더넷과 제임스 바턴의 현대식 정원은 수목이 풍성하지만, 뚜렷한 선이나 형태와 잘 어울린다.

무성한 나무와 꽃

가블리엘라 파프와 이사벨 반 그뢰닝엔은 다양한 다년생식물을 실험한 육종가 칼 푀르스터에게 경의를 표하며 이 정원을 디자인했다. RHS 첼시 플라워쇼에 전시된 이 정원 안에 있으면 나뭇잎과 꽃 사이에서 유영을 하는 것만 같다.

주요 구성 요소
1 디기탈리스 푸르푸레아 '알바'
2 풍지초 '아우레올라'
3 비비추 '섬 앤드 서브스턴스'
4 꽃꼬리풀 '셜리 블루'
5 작약 '뒤셰스 드 느무르'
6 금매발톱꽃
7 비비추 '로열 스탠다드'
8 꽃톱풀 '문샤인'

이사벨의 인터뷰:
"이 레이아웃은 독일 포츠담에 있는 칼 푀르스터의 정원을 기반으로 만들어서 기존의 우리 작품과 다릅니다. 하지만 영국 스타일의 식재에서 영향을 받아 형형색색의 매트릭스 식재 디자인을 포함했고, 무리 지어 심은 꽃과 나무는 에드워드가의 삼림 정원을 연상시킵니다. 이런 주제는 우리의 작품에도 많이 쓰입니다."

"우리는 다양한 디자인에서 영향을 받았고, 서로 의견을 나누며 해결책을 찾아갑니다. 주로 비타 색빌웨스트, 제프리 젤리코, 찰스 웨이드 같은 영국 정원 디자이너로부터 영향을 받았습니다. 우리는 기존의 요소에 맞추어 정원을 설계하기도 합니다."

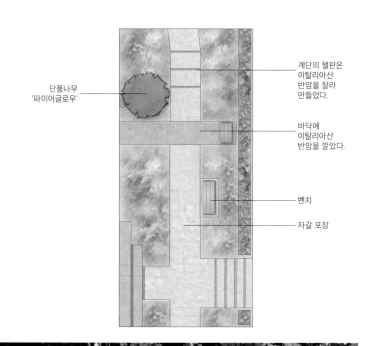

단풍나무 '파이어글로우'

계단의 챌판은 이탈리아산 반암을 잘라 만들었다.

바닥에 이탈리아산 반암을 깔았다.

벤치

자갈 포장

절제된 색상 선택

지니 블롬이 디자인한 정원이다. 단순하고 정갈한 포장을 비롯한 모더니즘 디자인이 정원의 여기저기에서 타오르는 듯한 붉은 계열 색상의 식물과 멋진 대조를 이룬다. 코티지 스타일에서는 무질서하고 빽빽하게 보일 식물 무리가 질서 정연한 레이아웃의 분위기를 부드럽게 만든다. 자갈을 깔면 자연 파종이 되어, 저절로 자라난 식물이 무작위적 패턴을 만든다. 그래스와 꽃송이, 구근의 잎이 서로 어우러져 바닥을 가린다.

주요 구성 요소
1 흑자작나무
2 으름덩굴
3 제라늄 '브렘팻'
4 장구채산마늘
5 버들마편초
6 큰개기장 '헤비메탈'

지니의 인터뷰:
"이 경관은 한 층만 보여줍니다. 여러 층으로 된 이 정원은 각 부분이 통행로와 계단으로 연결되어 전반적인 디자인의 흐름이 멋집니다. 고객이 젊은 가족이어서 아이들이 자유롭게 뛰어놀 수 있는 견고한

디자인이 필요했습니다."

"내구성이 강한 자재로 시공하고, 아름다운 식재로 부드러운 느낌을 더하자고 의견을 모았습니다. 나무가 다 자라서 원했던 결과가 나온 것 같습니다. 최근에는 주목 생울타리를 추가하여 겨울에 볼거리를 만들었습니다."

"이탈리아 건축가 카를로 스카르파의 작품에서 영감을 받았습니다. 동선과 시각적인 자극을 설계할 때 그의 작품이 매우 큰 영향을 주었습니다."

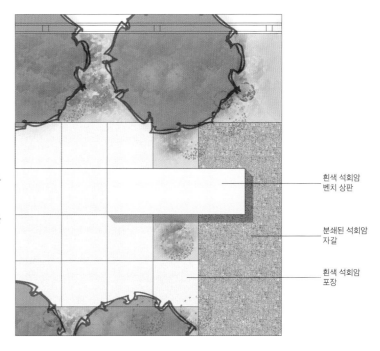

흰색 석회암 벤치 상판

분쇄된 석회암 자갈

흰색 석회암 포장

가르침을 실천한 정원

나이젤 더넷은 셰필드대학교의 교수이자 조경 디자이너이다. 그는
지속가능한 식재와 도시의 배수 시스템에 관한 연구로 유명하다.
여기 소개하는 작은 비정형적 정원은 북향 경사면에 자리
잡았는데, 더넷은 자신의 연구 결과를 현실로 옮겨놓았다.

주요 구성 요소
1 유포르비아 팔루스트리스
2 숲제라늄
3 더치인동 '세로티나'
4 녹색 지붕
5 화살나무 '콤팍투스'
6 한라노루오줌 '푸르푸란즈'
7 동의나물
8 창포

나이젤의 인터뷰:
"인근 전원 지대와 이어지고, 빽빽하게
심은 자작나무가 가벼운 캐노피를 이루는
숲속 쉼터를 만들고 싶었습니다. 가지를
다듬은 서어나무 생울타리가 줄지어 있는
부드러운 초목과 더불어 담장 역할을 해서
정원의 구조를 형성합니다."

"다년생식물이 지표면을 조밀하게
덮어서 잡초가 잘 생기지 않습니다.
식물 중 절반은 자생식물이고 절반은
재배식물인데, 이들 모두 일 년 내내
정원을 다채롭게 장식합니다. 포장된
바닥에서 흘러내려간 빗물이 연못을
채우는데, 정원의 배수 관리에 도움이
되어 여러 면에서 성공적입니다."

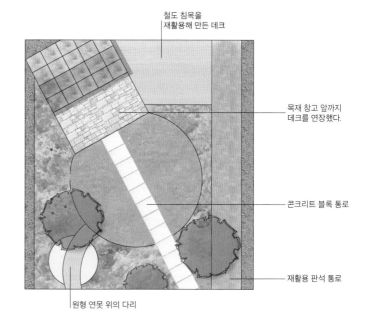

철도 침목을
재활용해 만든 데크

목재 창고 앞까지
데크를 연장했다.

콘크리트 블록 통로

재활용 판석 통로

원형 연못 위의 다리

지속가능한 비정형성

제임스 바턴 박사와 그의 아내는 독일 베스트팔렌에서 수년 동안 지속가능한 비정형적 정원 디자인을 개발했다. 정원이 그다지 크지 않지만, 아주 다양한 식물이 있다. 자생식물과 관상용 식물이 뒤섞여 있는데, 자생식물과 잘 어울려 자라고 취향에 맞는 관상용 식물을 골라 심었다. 식물에 가까이 다가갈 수 있게끔 통로를 조성했다.

주요 구성 요소

1 수련
2 시베리아붓꽃
3 유럽너도밤나무
4 노르웨이당귀
5 유럽서어나무
6 갈기동자꽃

제임스의 인터뷰:

"원래 여기는 가족 정원이었지만, 아이들이 집을 떠난 후로 다른 곳으로 변했습니다."

"우리는 새로운 아이디어가 생길 때마다 공간을 바꾸었지만 구획을 나눈 기본적인 레이아웃은 그대로입니다. 너도밤나무와

회양목 생울타리, 또는 펜스로 공간의 구조를 만들고, 소박한 좌석을 다양하게 만들어서 정원을 여러 방향에서 바라볼 수 있게 했습니다. 대체로 다년생물과 관목을 이용했고, 일년생식물을 약간 심어서 화사한 색을 더했습니다."

"영감을 얻으러 주로 네덜란드와 영국 남부에 있는 야외 정원들을 방문했습니다. 무엇보다 독일의 한 가정을 방문했을 때 그 집의 작은 정원이 영감의 원천이 되었습니다. 집주인은 다년생식물을 사랑하는 사람들의 모임인 다년생식물협회 회장이었지요."

재활용 나무로 만든 벤치

통로에 깐 화강암은 인근 지역의 거리에서 쓰던 것을 재활용했다.

연못 주변의 조밀한 초목에서 야생 생물이 서식한다.

현대의 비정형성

이 정원은 식물로 그득한 시골 정원을 현대적인 방식으로 재현했다.
초목은 풍성하지만, 전반적인 식물 팔레트가 절제되었고
꽃의 색상도 제한적이며 잎의 초록색이 지배적인 색상이다.

두드러진 식재 디자인

덩굴식물인 털마삭줄 등 상록 식물이
무성하게 우거지고, 향긋하고 하얀
여름꽃이 함께 피어 있다. 정원에
들어서면 생명력 있는 요소가 제일
먼저 눈에 띄고 경탄을 자아낸다.

틈새 식재

포장 이음새에 물방울풀을 심어,
구역과 재료를 분리시켰다. 풍성한
식재 디자인과 더불어 단단한
하드스케이프를 부드러워 보이게
하고 오래된 집이라는 인상을 준다.

디자이너 **매트 카이틀리**

층을 이룬 수목

줄기가 여럿인 단풍나무 아래에
반구형 주목과 그늘을 좋아하는 하얀
디기탈리스를 심었다. 이처럼 나무
아랫부분의 잔가지를 잘라주면
같은 공간에서 더욱 다양한 식물이
자랄 수 있다.

디테일 더하기

가끔은 화분 하나를 놓는 것만으로
정원에 사랑스러운 느낌이 더해진다.
야외 가구의 색상과 같은 색상의
화분에 오레가노를 심었다. 꽃이
정원의 녹색을 배경으로 두드러진다.

접의자

좁은 공간에 야외용 가구를 놓으면
어수선하게 보일 수 있다.
손님을 초대하는 경우 가벼운 접의자를
이용해보자. 아름다운 정원이
친구를 만나 즐길 수 있는
편안한 장소도 될 수 있다.

가족 정원

20세기 중반 들어 여가가 늘어나면서, 정원의 개념은 멀리서 탄복하며 바라보는 정형적인 공간이나 단순히 채소와 과일을 기르는 장소에서 벗어나 가정생활에 중점을 둔 공간으로 바뀌었다. 휴식, 아이들의 놀이, 식사를 즐기기 위한 공간이 더욱 늘어났고, 오늘날 이런 공간을 본보기로 삼아 대개의 가족 정원을 디자인한다.

가족 정원에는 흔히 여러 스타일이 혼재되어 있다. 직사각형이나 곡선으로 레이아웃을 구성하고, 아이들이 성장함에 따라 달라지는 요구를 충족시켜줄 수 있도록 아이들용 공간을 융통성 있게 디자인한다. 놀이기구의 색이 디자인에 화려함을 더하고, 다양한 야생 생물이 서식하는 식재 공간은 어린이들에게 즐거움을 제공한다.

무엇보다도 영유아의 안전이 중요하다. 수공간을 만든다면 개방된 연못보다는 수조가 땅속에 있는 폭포나 물이 뿜어져 나오는 설비가 낫다. 하지만 아이들이 크다면 자연을 모방한 연못이 적당하고, 연못에 서식하는 수생식물과 야생동물도 볼거리가 된다.

식사 테이블이나 앉는 공간의 바닥에는 나무 데크나 재활용 합성 데크, 자연석을 많이 사용한다. 바크나 기타 탄성이 있는 재료는 놀이 공간의 바닥에 깔면 좋다. 큰 정원에서는 아이의 공간과 어른의 공간을 분리하여 만들면 관리가 쉽다. 하지만 작은 정원이라면 밤에는 놀이기구를 치우고 어른이 이용할 수 있는 등 융통성 있는 디자인이 필요하다. 조명은 어른들이 밤에 정원에서 즐길 수 있게 색다른 분위기를 연출하는 데 도움이 된다.

가족 정원의 식재는 튼튼하고 유지 관리가 쉬워야 한다. 독성이나 가시가 있는 식물은 제거하고, 아이들이 뛰어놀 수 있는 개방된 공간을 만드는 것이 중요하다. 그리고 잘 죽지 않는 잔디를 심는 것이 가장 좋다.

맨 위, 위
자연환경을 활용하여 놀이터를 만들 수 있다.

수영장에서는 큰 아이들이 즐거운 시간을 보낸다.

가족 정원이란?

가족 정원은 시합을 할 수 있는 너른 공간, 뛰어놀며 즐길 수 있는 공간, 식사하는 공간 등 어떤 스타일이든 될 수 있다. 정원이 작으면 모래밭이나 그네를 설치해보자. 정원이 크면 어른용 구역과 어린이용 구역을 따로 만들 수 있다.

가족 정원의 구조

아웃도어룸이라는 개념은 즐거운 가정생활을 떠올리게 한다. 테라스는 식탁 세트를 놓을 만큼 커야 하고, 바비큐를 굽는 공간이나 아웃도어 키친을 설치할 공간도 있어야 한다.

놀이 공간은 두 가지 방식으로 디자인한다. 구조물을 설치하는 놀이터는 아이가 자라면서 원하는 바가 달라지기 때문에 융통성 있는 구조가 중요하다. 예를 들어, 아이가 어릴 때는 작은 모래밭을 집 옆에 만들어서 부모가 쉽게 지켜볼 수 있게 한다. 아이가 더 자라면 정원으로 내려가 대담하게 놀기 때문에, 그네, 미끄럼틀, 정글짐 등을 설치한다.

구조물이 필요 없는 놀이에는 은신처 만들기, 연못에서 하는 물놀이, 나무 오르기, 야생 생물 관찰 등이 있다. 이런 놀이에는 흥미롭고 풍부한 환경이 제공되어야 아이들에게 모험심이 생긴다. 디자인에 세심한 주의가 필요하고, 부모는 호기심이 왕성한 아이들의 욕구를 우선시하며 애써 가꾼 정원을 아끼겠다는 마음은 조금 버려야 한다.

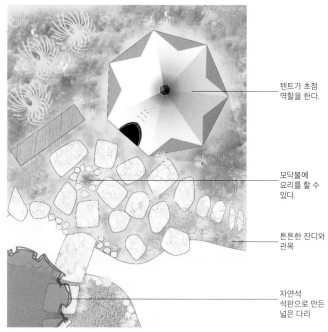

텐트가 초점 역할을 한다.

모닥불에 요리를 할 수 있다.

튼튼한 잔디와 관목

자연석 석판으로 만든 넓은 다리

자연의 놀이터
히든 가든사의 디자이너인 척 스토퍼가 디자인했다. 큰 아이들을 위해 만든 이 정원(오른쪽)에서 아이들이 재미있는 놀이를 하며 소중한 시간을 보낸다. 나무 뒤에 숨겨진 텐트, 모닥불, 연못이 만드는 자연환경에서 아이들은 위험을 무릅쓰고 주변을 탐구한다.

놀이 공간이 있는 1950년대의 가족 정원

가족 정원 디자인의 영향

정원을 가족의 편의 시설로 이용하기 시작한 것은 최근의 일이지만, 온 가족이 야외에서 식사하는 문화는 지중해 국가의 오랜 전통이다. 1955년에 출간된 토머스 처치의 『사람 중심의 정원 (Gardens Are For People)』이 정원에 대한 인식을 바꾸었는데, 일하는 정원에서 벗어나 아웃도어룸으로 발전해나가는 디자인 동향을 시사했다. 이 아이디어는 이후에 존 브룩스가 자신의 디자인과 1969년에 출간한 『룸 아웃사이드: 새로운 정원 설계 방식(Room Outside: A New Approach To Garden Design)』 에서 발전시켰다. 오늘날, 정원은 가족이 함께 놀이와 교육을 하고 즐거움을 나누는 공간이다.

주요 디자인 요소

1 놀이 기구
그네나 정글짐 같은 커다란 놀이 기구는 어린이용 공간에만 있는 요소이다. 정원이 좁다면 퍼걸러 등 비슷한 구조물을 이용하여 일부만 설치할 수 있다.

2 다채로운 조경 재료
밝은 원색의 화사함은 가족 정원에서 빠질 수 없다. 식재, 놀이 기구, 하드스케이프를 통해 화려한 색을 입힐 수 있다.

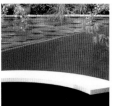

3 은신처와 텐트
어린이들은 은신처를 좋아한다. 은신처는 상상력을 펼치며 놀 수 있는 자신들만의 공간이다. 집에서 볼 수 있는 곳이나 눈에 띄지 않는 구석에 설치한다.

4 튼튼한 식물
식물은 아이들과 반려동물이 마구 밟고 다녀도 잘 죽지 않고 보기에도 좋아야 한다. 상록수와 계절마다 색이 달라지는 식물을 가까운 곳에 조금씩 섞어 심어야 쉽게 돌볼 수 있다.

5 야생 생물
생물이 접근하기 좋은 경사면에 있는 연못, 새집, 고슴도치가 숨을 수 있는 집, 벌과 나비를 모으는 식물은 모두 가족 정원에 이상적인 요소이다.

6 관리하기 쉬운 좌석
좌석에는 어린이와 성인이 모두 앉을 수 있어야 한다. 일 년 내내 덮개를 씌우지 않아도 되고 최소한의 관리를 요하는 가구가 실용적이다.

가족 정원의 재해석

가족 정원 디자인은 공간을 잘 나누는 것이 중요하다. 식사 공간이 사교의
장이므로 이를 중심으로 디자인이 전개된다. 식탁 바닥에는 포장재나 데크를
깔고, 테라스는 잔디밭이나 놀이 기구가 있는 놀이터로 이어진다.
큰 아이들이 노는 수영장이나 연못은 정원 중앙에 위치해서 주변 환경을
반사한다.

다목적 공간 위
커다란 체스판은 디자인적 요소이자 가족이 게임을 즐기는
공간이다. 잎의 질감이 독특한 식물들로 둘러싸인, 한적한
휴식처가 만들어졌다.

시선을 끄는 정원의 주인공 아래 오른쪽
이 현대적인 정원 디자인의 가운데에 있는 청록색 수영장은
장식적인 역할도 한다. 필요한 경우 안전 덮개나 울타리를
설치해야 한다.

비밀 은신처 맨 오른쪽
울창하게 우거진 구석 자리에 버드나무와 덤불을 엮어
은밀한 장소를 만들었다. 어른들의 눈에서 벗어나
마음껏 모험과 탐험을 즐기는 장이다.

모험을 즐기는 놀이터 맨 왼쪽
다리를 통해서만 플레이하우스에 들어갈 수 있다. 다리가 아이들에게는 재미있지만 어른들에게는 위험할 수 있어서, 아이들은 플레이하우스 방문객을 통제할 수 있다.

야생 생물의 천국 왼쪽
큰 연못과 가장자리의 갈대숲이 야생 생물에게는 좋은 서식지다. 둑 주변에 서식지를 관찰하기 좋은 지점이 여럿 있다.

안전한 놀이터 아래
이 모래밭은 집과 가까워서 부모가 늘 주시할 수 있다. 한편, 주위를 둘러싼 식물이 새로운 세계를 만들어준다. 천막을 설치해 비바람을 막을 수 있다.

"가족을 더 가깝게 이어주는 것이 정원의 가장 중요한 역할이다."

흥미진진한 오락 공간 위
현대식으로 디자인된 이 화려한 공간에서 요리, 식사, 휴식이 모두 가능하다. 온 가족이 갑갑한 집에서 벗어나 야영을 하며 즐겁게 보낼 수 있다.

트리하우스 오른쪽
아이들의 은신처이자 훌륭한 장식물이 되는 트리하우스는 이곳의 자랑이다. 아이들이 잠자리에 들면 어른들의 은신처가 되기도 한다.

방문해볼 만한 가족 정원

안윅 가든, 영국 노섬벌랜드
분수대와 웅장한 트리하우스가 있는, 어린이들을 염두에 둔 디자인. alnwickgarden.com

캠리 스트리트 자연공원, 영국 런던 킹스크로스
연못과 초원이 있고, 체험학습을 할 수 있다.
wildlondon.org.uk

캠던 어린이 정원, 미국 뉴저지주 던든
가족이 함께 즐길 수 있는 16,000제곱미터 규모의 정원. camdenchildrensgarden.org

밀레니엄 공원, 미국 시카고
가족 행사와 워크숍을 위한 프로그램이 있다.
millenniumpark.org

융통성 있게 변화하는 공간

가족을 위해 설계한 정원이 집에서 가장 많이 이용되는 공간이 될 수 있다. 때에 따라 각자의 관심사에 맞게 활용될 수 있어야 한다. 낮에는 야외 놀이 공간, 운동장, 자연 보전 구역이나 휴식 공간이 되어야 한다. 밤이나 주말에는 어른들이 가족이나 친구와 함께 편안하게 즐길 수 있는 야외 라운지, 주방, 식당이 되기도 한다. 가족 구성원이 늘어나거나 나이가 들어갈 때 변화하는 요구에 맞추면서도 일 년 내내 안전하고 밝고 아름다운 공간이 되어야 한다.

쾌적한 잔디밭 오른쪽
개방된 잔디밭에서 놀거나 게임을 하거나 소풍을 즐길 수 있다. 일광욕을 하기에도 좋은 공간이다.

식사와 놀이 맨 위
밝은 색상의 가구가 식욕을 돋운다. 깔끔하게 조화를 이루는 놀이터가 옆에 있어 아이들이 놀기 좋다.

고요한 안뜰 위
바닥에 돌과 자갈을 깔아 다용도로 활용할 수 있고 기능적이다. 지붕 아래 좌석이 있어서, 비가 오거나 여름의 태양이 작열해도 도시의 오아시스 같은 야외에서 휴식을 취할 수 있다.

다목적 공간 위
지나칠 만큼 단순한 이 다목적 정원에서는 실내외에서 앉아서 쉬거나 식사할 수 있다. 개방된 잔디밭에서는 게임을 할 수 있고, 파릇파릇하고 다양한 식물로 둘러싸인 연못에는 야생 생물이 산다.

"가족을 위해 설계된 정원은 모두가 즐겁게 이용할 수 있는 공간이어야 한다."

안전한 서식처 왼쪽
아이들은 자연에 푹 빠져들기 때문에 야생 생물이
모여드는 자연 요소는 가족 정원의 디자인에서 매우
중요하다. 이 단순한 목재 구조물이 겨울을 나는
곤충에게는 서식처가, 어린이들에게는 자연 세계를
탐험하는 공간이 된다.

치밀하게 계획한 공간 맨 위
트램펄린이 잔디밭과 잘 어울리게 설치되어, 작은
정원에서도 두드러지지 않는다. 나중에 원형 수영장으로
바꿀 수 있다.

울긋불긋한 색상 위
햇살이 가득한 아담한 공간에 화려한 색상이 그득하다.
테라코타 벽이 머리 위 부겐빌레아의 빨간색과 대조를
이루고, 부겐빌레아는 야외 식탁에 그늘을 드리운다.

가족 정원 설계

다음의 다양한 사례는 가족 정원에 관한 여러 가지 해석을 보여준다. 앞의 두 정원은 휴식에 중점을 두고 북새통 같은 일상에서 벗어나 편안히 쉬고 사색할 수 있는 공간을 조성했다. 세 번째 정원에는 잔디밭과 초지 옆에 채소를 기르는 공간이 있다. 네 번째 정원은 손님을 접대할 수 있는 깔끔한 데크와 어린이 놀이터가 특징이다.

울창하고 한적한 공간

캐서린 맥도널드가 디자인한 선큰 가든이다. 부드럽고 질감이 있는 식물로 둘러싸인 좌석에서 평온하게 쉴 수 있다. 꽃과 잎의 따뜻한 색조가 회색빛 목조부와 대비되어 두드러진다.

주요 구성 요소
1 나래새와 셀리눔 왈리키아눔
2 식물과 비슷한 색상의 쿠션을 놓은 의자
3 파란색 에린기움
4 키가 큰 에레무르스와 꽃톱풀 '테라코타'

평온한 쉼터
화려한 색상의 식물로 둘러싸인 멋진 좌석에 앉으면, 조용히 사색에 잠기거나 잠시 마음을 가라앉힐 수 있다. 여름에 꽃톱풀과 셀리눔처럼 곤충이 좋아하는 다년생식물이 자연주의적 식재 안에서 꽃을 피우면 마치 아름다운 초원에 파묻힌 것만 같다. 목조부를 회색으로 통일해 서로를 잇는 느낌을 만들었다. 가장자리에 돋움 화단을 만들어, 높이에 구애받지 않고 화단을 가꿀 수 있음을 보여준다. 쿠션에 강조점을 두어 주황색이 두드러진다.

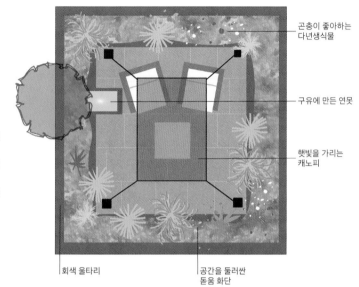

곤충이 좋아하는
다년생식물

구유에 만든 연못

햇빛을 가리는
캐노피

회색 울타리

공간을 둘러싼
돋움 화단

살아 있는 예술

매기 주디키의 집에 있는 정원이다. 명상을 즐기기 위한 곳으로서
물고기가 가득한 연못이 사색의 초점이다. 바위, 장식품, 식재가 연못
주위에 정갈하게 배치되었고, 가로로 엮은 바자울의 틈으로 들어온 빛이
수면에 반짝인다. 사사프라스와 자작나무의 잎이 부딪어 바스락거린다.

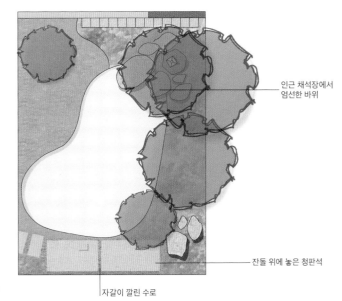

인근 채석장에서
엄선한 바위

잔돌 위에 놓은 청판석

자갈이 깔린 수로

주요 구성 요소
1 꽃단풍
2 사사프라스
3 대나무 바자울
4 비비추 '프란시'
5 버들잎개야광나무 '놈'
6 일본식 목욕 의자
7 사르코코카 후케리아나
8 자크몽자작나무

메기의 인터뷰:
"여기는 저의 정원입니다. 몇 년 동안 계속
공사 중입니다. 제가 원래 돌 조각가이기
때문에 단단한 재료를 쉽게 이용하고 이해할
수 있었습니다. 우선 단단한 재료를 시공하고
식재로 외관을 부드럽게 만들곤 하지요."

"저에게는 좌석도 중요합니다. 저는 일본식
목욕 의자를 좋아해요. 여기에 앉아서
비단잉어에게 먹이를 주면 명상에 잠기게
됩니다. 잉어가 만드는 움직임과 살아 있는
예술에 매혹되기도 합니다. 연못은 집에서도
볼 수 있고, 계속 경관이 변합니다.
각 고객에게 맞는 공간을 꾸민다는 점에서
정원 설계도 제가 하는 일과 일맥상통합니다."

정원사의 휴식처

제인 브록뱅크가 디자인한 가족 정원은 세 구역으로 분할되었다. 파티오와 집에서
제일 가까운 곳은 테두리가 각진 잔디밭이다. 중앙에는 온실과 목재 돋움 화단
같은 실용적인 공간을 만들었다. 화단이 높아서 허리를 많이 구부리지 않고
과일과 채소를 쉽게 재배할 수 있다. 그 너머의 구역은 꽃가루 매개자가 좋아하는
식물이 펼쳐진 여유로운 풀밭이다.

주요 구성 요소
1 벽돌과 자갈을 깐 길
2 온실
3 엉겅퀴 '아트로푸르푸레움'
4 돋움 화단
5 풀밭
6 잔디밭

현대식 가정 정원
정원 디자이너 제인 브록뱅크는 이 정원의
실용적인 구역을 드러내고 싶었다. 과일과
채소를 재배하는 화단을 정원의 중앙에
배치해야겠다고 생각해서 집 앞의 잔디밭과
정원 맨 뒤쪽의 자연주의 스타일 구역 사이에
놓았다. 단순한 연결 통로에는 집을 짓는 데
사용한 피터슨 벽돌을 깔아서 시각적으로
통일감을 주었다. 키 큰 그래스와 자연주의풍
식재로 꾸민 넓은 구역은 이스트 앵글리아
지역에 있는 늪지의 식물군에서 영감을 받았다.

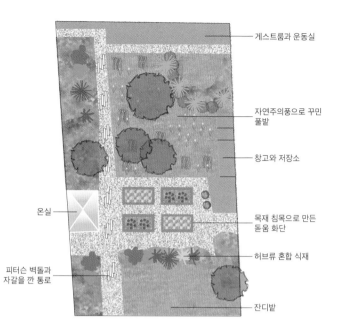

게스트룸과 운동실

자연주의풍으로 꾸민 풀밭

창고와 저장소

온실

목재 침목으로 만든 돋움 화단

허브류 혼합 식재

피터슨 벽돌과 자갈을 깐 통로

잔디밭

모퉁이의 정원

클레어 미는 이 가족 정원을 설계하면서 우아한 테라스에 식탁을 놓아
세련된 외관을 연출했다. 마당 끝에 있는 퍼걸러에 그네를 설치해
놀이터를 만들었다. 올리브나무로 공간을 나누어 사생활을 보호하고,
정원에 높이감을 더했다. 높이 솟은 나뭇가지는 캐노피가 되어 멋진
그늘을 만들고, 은빛 잎사귀는 빛을 받아 반짝인다.

주요 구성 요소
1 올리브나무
2 하드우드 데크
3 알리움 '퍼플 센세이션'
4 등심붓꽃
5 바크 조각
6 오레가노 '아우레움'

클레어의 인터뷰:
"이 정원은 도시의 모퉁이에 자리하고
있어서 대지 모양이 특이합니다. 이 집의
건물, 인테리어 디자인, 실내장식을 보고
디자인을 구상했습니다. 저는 호텔,

레스토랑, 바의 인테리어에서 아이디어를
얻어서 다양한 소재를 활용하곤 합니다."

"창문이 넓어서 정원 끝까지 내다볼 수
있습니다. 올리브나무의 가지 사이로
경관을 바라볼 수는 있지만, 밖에서는
집 안이 보이지 않습니다. 또한, 부드러운
식재와 건축물의 대비 효과가 마음에
듭니다. 고객이 프렌치도어 밖의 테라스를
집의 바닥과 같은 높이로 만들길 원해서,
대형 목재 데크로 집과 이어지게
설계했습니다.(집에 습기가 올라오지
않도록 하려면 외부 바닥을 집보다 낮게
깔아야 한다.)"

검은 석회암 바닥재

티크목 벤치

폴리스톤(유리 섬유와
수지의 합성물) 화분

하드우드
퍼걸러와
어린이 놀이터

하드우드 데크

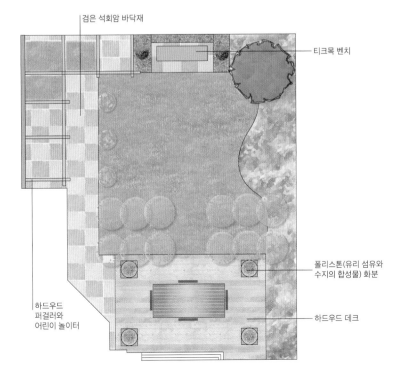

사례 연구

가족의 가치 기준

가족 정원은 아이들이 자유롭게 탐험하고 안전하게 놀 수 있으며
즐거움으로 가득한 공간이어야 한다. 어린이와 어른을 모두
만족시키는 것이 성공적인 디자인이다. 어린이는 즐겁게 놀고,
어른은 편안히 쉬며 경치를 감상할 수 있어야 한다.

그늘을 드리우는 캐노피

자작나무의 흰 줄기가 흰색 꽃들과 잘
어우러지는 동시에, 아래쪽 녹색 잎과는
대조를 이룬다. 위로 곧게 뻗은 밝은색
기둥이 디자인을 강조하고, 나무
캐노피는 시원한 그늘을 드리워
아이들을 따가운 햇빛으로부터
보호한다.

부드러운 식물

가족의 공간에는 관리하기 쉽고
부드러운 식물이 이상적이다.
그늘을 좋아하는 다년생식물,
관목, 상록 양치류가 무성하게
지면을 덮고, 벽을 뒤덮은
털마삭줄의 작은 꽃은 향기를
내뿜는다.

디자이너 **닉 버스와 클레어 올로프**

흥미진진한 여정

구부러진 길의 화려한 색상이
시각적인 흥미를 자아내고, 흰색과
녹색의 식물 사이에서 초점이 된다.
바닥에 깔린 작은 벽돌의 독특한
질감이 세부 장식이 되며, 타일로
만든 사각 스툴과 잘 어울린다.

거품 튜브

가족 정원에 안전한 수공간을
만드는 멋진 방법은 맑고 색이 있는
물이 채워진 '거품 튜브'를 설치하는
것이다. 소리와 움직임은 아이들의
마음을 사로잡고, 보고 있으면
마음이 차분해진다.

숨바꼭질

속에 구멍이 난 나무 기둥과 버드나무를
엮어 만든 플레이하우스(맨 왼쪽)가
정원 디자인에 동화 같은 요소를 가져와
상상력을 자극하고, 아이들은
숨바꼭질하며 놀 수 있다. 이런
자연주의적 구조물은 식재 및 전반적인
디자인과 조화를 이룬다.

자연주의 정원

자연주의 정원은 새로운 것이 아니다. 18세기부터 21세기까지 영향력 있는 여러 디자이너가 다양한 방식으로 자연 세계를 모방하려고 노력했다. 오늘날 이 스타일은 주로 지속가능성에 중점을 두고 있어서, 점차 줄어드는 천연자원을 소모하지 않는 식물과 조경 재료가 디자인에 포함된다. 자연주의 정원에는 일반적으로 재활용 재료와 재생 가능한 재료, 야생동물에게 먹이와 서식지를 제공하는 다양한 식물이 사용된다.

20세기 말에 피트 아우돌프와 같은 원예가들이 '새로운 여러해살이풀 심기 운동(New Perennial movement)'을 지지하며 자연주의 정원 스타일에 관한 관심을 일으켰고, 많은 디자이너에게 영향을 주었다. 이 스타일은 야생식물 군락의 외관을 모방해서 강인한 다년생식물과 그래스를 섞어가며 장소에 적합한 식물을 심기 때문에, 관리를 거의 해주지 않아도 잘 자란다. 최근 영국, 네덜란드, 독일에서 진행된 지속가능한 식물 군락에 관한 연구도 자연주의 정원 디자인이 나아갈 새로운 방향을 설정했다.

일반적으로 자연주의 정원은 소박한 시골풍이어야 한다고 생각하지만, 반드시 그래야 하는 건 아니다. 세련된 현대식 디자인을 하면서도 지역에서 구할 수 있는 자재, 인증 받은 조림지에서 생산된 목재와 같은 재생 가능한 재료, 불순물이 섞인 재활용 재료를 이용하는 경우가 많다.

자연주의 정원을 가꾸는 사람들은 대부분 해충 및 질병 방제를 위해 유기농적 전략을 채택하여 화학적 살충제보다는 생물학적 방제법을 이용한다. 또 균형 잡힌 생태계를 조성하여 해충을 저지한다. 토착종을 보존하고 생물 다양성을 높이는 서식지를 조성하는 것이 이 디자인에서 가장 중요하지만, 자연주의 정원에 토착종만 고집하진 않는다. 유익한 곤충과 야생동물을 유인하면서 토착 생물 다양성을 위협하지 않는 외래종도 디자인에 독특한 색을 더하고 일 년 내내 흥취를 돋우어서 매우 유용하다.

큰 규모의 자연주의 정원에는 대초원이나 초원 스타일로 식재한다. 자연 서식지의 모습을 재현하지만 재배식물도 일부 포함한다. 야생화와 벌이 좋아하는 종은 작은 공간에서도 쉽게 재배할 수 있으므로 작은 정원에서도 다양한 서식지를 만들 수 있다. 연못과 녹색 지붕도 자연주의 디자인에서 빼놓을 수 없는 요소다.

맨 위, 위
길게 자란 풀 사이로 점점이 반복된 색이 자연스러우면서 통일감을 준다.
야생 생물이 살기 좋은 연못을 설계했다.

자연주의 정원이란?

자연주의 스타일의 정원을 디자인할 때, 인위적인 개입을 줄이거나 최소화하면서 안정적인 생태계와 비슷하게 만드는 것이 중요하다. 이런 접근 방식이 자연주의 정원과 전통적인 정원의 다른 점이다. 자연주의 정원에서 서식지를 조성하는 데에 생태학적 원칙이 중요한 역할을 하기 때문에, 자연을 모방해서 만든 식물 군락이 번성하고 균형 잡힌 생존경쟁이 이루어질 수 있다. 식물은 전반적인 토양과 기후 조건에 맞는 것을 잘 골라야 한다.

자연주의 정원의 구조

자연주의 정원에 사용되는 재료는 일련의 기준에 따라 평가한다. 재활용 제품을 사용하는 건 새로운 자원 개발을 줄이므로 좋은 아이디어이지만, 그중에는 간혹 탄소 발자국이 높은 것도 있다. 때로는 잘 관리되고 재생 가능한 현지 조림지에서 생산된 새 목재를 구매하는 것이 더 나은 선택일 수 있다.

고려해야 할 기타 요소에는 하드스케이프 표면의 투수성이나 배수 문제가 있다. 투수성 있는 바닥재를 깔면 지하수가 채워지므로 이상적이다. 또는 빗물이 수집 장치나 빗물통으로 흘러 들어가게 설계하면 물 공급에 대한 부담이 줄어든다.

자연주의 정원에서는 식재가 가장 중요하고, 야생 생물의 서식지가 다양해야 한다. 현재의 환경에서 잘 자라고 서로를 보완할 수 있는 식물을 선택하면 해충과 질병의 발생을 줄이는 데 도움이 된다. 토양 개량제를 손수 만든 퇴비로 만들면 지속가능성을 높일 수 있다.

로즈마리 바이세가 디자인한 뮌헨 웨스트파크의 정원

자연주의 디자인의 영향

순전한 관상용 식재에서 식물 군락 조성으로 변화된 것은 윌리엄 로빈슨 (1838-1935)이 자생식물과 귀화식물을 같이 식재하자고 주장하면서부터 시작되었다. 그는 이것을 '야생 식재'라고 불렀다. 로빈슨의 아이디어에 호응하여 1920년대와 1930년대에 미국에서 옌스 옌센이 옹호한 대초원 형태의 식재가 발달했다. 이후 유럽에서는 '새로운 여러해살이풀 심기 운동'이 계속되었는데, 뮌헨에서 로즈마리 바이세가 디자인한 정원과 같이 그래스와 다년생식물을 대규모로 무리 지어 심는 형태가 전형적이다.(282-283쪽 참조) 영국 셰필드대학교 조경학과에서는 지속가능한 대초원과 초원 식재에 관한 의미 있는 연구를 수행했다.

주요 디자인 요소

1 녹색 지붕
녹색 지붕 시스템은 빗물 배수를 관리하고 단열 효과를 낸다. 기존의 지붕에 돌나물로 만든 매트를 깐다. 새로운 구조물에 정교한 서식지가 만들어질 것이다.

2 야생 생물을 위한 환경
자연주의 정원에서는 생물 다양성을 높이는 것이 가장 중요하므로 야생 생물의 서식지를 효과적으로 조성해야 한다. 낡은 통나무 꿀벌 호텔, 곤충이 좋아하는 식재 등 서식지가 많을수록 생물 다양성이 높아진다.

야생 생물의 안식처

왼쪽 사진은 자연주의 스타일의 지속가능한 정원으로, 스티븐 홀이 설계했다. 이 아름다운 디자인은 물과 야생 생물 같은 소중한 자원이 어떻게 유지되고 보호될 수 있는지를 보여준다. 이 정원에는 희귀한 딱정벌레, 작은 포유류, 개구리와 두꺼비처럼 월동하는 양서류가 살 수 있는 썩은 통나무 더미와 나무 그루터기 등 다양한 서식지가 있다. 지속가능성을 고려하여 생산된 삼나무로 전통적인 스타일의 집을 지었고, 돌나물 매트가 깔린 녹색 지붕이 특징이다. 연구에 따르면 녹색 지붕은 단열 효과가 있어서 기온이 올라가도 건물을 시원하게 유지해주기 때문에, 난방이나 에어컨을 덜 사용할 수 있다. 또한 돌나물꽃이 필 때 유익한 곤충을 끌어들이는 효과도 있다.

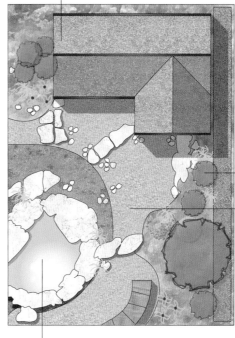

단열 효과가 있는 녹색 지붕을 올린 친환경 건물

조화로운 디자인

자갈길이 스티븐 홀의 정원을 가로지르고 연못가를 둘러싸고 있어서 방문객은 다양한 식물과 조경 요소를 가까이에서 볼 수 있고, 자연을 모방한 환경이 완벽하게 하나로 어우러진다.

꿀이 풍부한 식물은 유익한 곤충을 끌어들인다.

자갈, 조약돌, 바위가 자연주의 스타일에 어울린다.

연못이 곤충, 새, 작은 포유류를 유인한다.

3 빗물 수집
빗물통은 작아도 상관없다. 빗물을 받아서 저장하기에 좋은 방법이다. 용량이 커야 한다면, 지하에 저장하고 펌프로 끌어올리는 방법이 있다.

4 소박한 정원 가구
가능하다면 집 근처 장인에게 가구 제작을 의뢰해서 지역 경제에 보탬이 되게 한다. 모든 상품은 원산지가 분명히 표시된 천연 소재로 만들어야 한다.

5 재활용 시설
유기 폐기물로 퇴비를 만들어 재활용하는 것은 매우 중요하다. 퇴비통이 여러 개 있어야 돌아가며 퇴비를 일정하게 공급할 수 있다. 정기적으로 이용해야 하므로 퇴비통 위치를 신중하게 정하라.

6 자연풍경식 연못
경사진 면에 있는 연못은 야생 동물이 다가가기 쉽고, 연못가의 식물은 덮개가 되어 수생 생물, 새, 잠자리 같은 곤충의 자연 서식지가 된다.

자연주의 스타일의 특징

자연주의 스타일은 되도록 정원사의 손이 닿지 않은 것처럼 보여야 한다는 독특함이 있다. '자연주의' 디자인은 식재 스타일에만 나타날 수도 있고, 정원 전반에 적용할 수도 있다. 집 가까이에는 테라스나 좌석 공간 같은 정형적이거나 실용적인 요소를 배치하고 현대적인 감각을 가미하곤 한다. 집에서 먼 쪽은 주로 비정형적으로 디자인하여, 연못이나 초원 스타일 식재 공간 같은 자연주의 요소를 주로 구성하고 조형물을 비롯한 인공적인 요소를 가미한다. 이 공간들은 통로로 연결되고, 통로를 따라가면 초점, 조망하는 영역, 휴식 공간에 이른다. 정원의 경계는 정원 너머의 자연 풍경과 이어져 불분명한 경우가 많다.

경계와 관점

자연주의 정원의 경계를 만들 때 깊이 생각해야 한다. 예를 들어, 울타리 패널과 벽돌 벽은 대개 자연주의 분위기와 어울리지 않는다. 넓은 시골 정원에서는 방풍림을 우선적으로 사용하지만, 방풍림은 경관을 가릴 수 있다. 절충안을 찾다 보면 넓은 풍경을 제한적으로 보게 된다. 이런 제한으로 인해 디자이너는 전망과 여러 관점을 주의 깊게 평가해야 하고, 이것이 극적 효과를 높이기도 한다. 생울타리는 좋은 해결 방안이다. 작은 도시 정원에 특히 잘 어울린다. 부드러운 분위기를 조성하고, 내부 공간을 나누거나 가림막 역할도 한다. 개암나무 울타리나 자연석을 쌓아 만든 벽은 작은 규모에서 소박하게 만들 수 있는 대안이다. 단순한 형태의 나무 기둥과 난간, 세련된 금속 울타리는 큰 정원에 어울린다.

집 주위에는 일반적으로 단단한 바닥재를 사용하고, 정원을 가로지르는 길에는 자갈을 깐다. 식재 디자인은 편안한 느낌을 주는 넓은 영역에 적합하고, 자연의 식물 군락이라는 인상을 주어야 한다. 짧게 깎은 잔디밭도 괜찮지만, 풀을 베어내 만든 길 또는 초원을 모방한 식재가 더 자연스러운 질감과 계절 색감을 보여준다.

자연주의 디자인의 영향

1870년대에 영국의 디자이너 윌리엄 로빈슨이 자생식물과 귀화식물을 섞어 심는 유연한 자연주의 식재 디자인을 도입해 정원 설계 방식에 혁명을 일으켰다. 그가 쓴 책과 그래비티 저택의 정원 디자인은 거트루드 지킬, 비타 색빌웨스트, 베아트릭스 패랜드 같은 유명한 디자이너에게 영향을 미쳤다.

이후에 토마스 처치와 댄 킬리는 공간을 더 많이 활용하고 넓은 경관으로 이어지게 디자인했다. 그들은 주로 기존의 식물이나 자생식물을 이용하여 훨씬 단순한 식물 팔레트로 조화로운 디자인을 만들곤 했다.

윌리엄 로빈슨의 자연주의 스타일

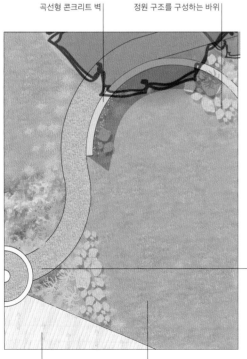

곡선형 콘크리트 벽 　정원 구조를 구성하는 바위

자연스러운 대비

앤디 스터전이 영국 남동부에 현대적인 자연주의 스타일로 디자인한 정원이다. 콘크리트, 데크, 자갈길을 이용해 높이가 달라지는 곳을 부드럽게 연결했다. 부드러운 식물로 구성된 초원을 배경으로 커다란 바위가 두드러지고, 무성한 화단에서 그래스가 바람에 흔들리며 반짝인다. 경계 울타리가 넓어서 이웃집의 시야를 가려준다.

자갈길이 정원을 구불구불하게 가로지른다.

통로에 깔린 데크의 질감이 두드러진다.　식재와 길을 잇는 잔디밭

주요 디자인 요소

1 자연주의 식재
화단이 넓어서 주변 경관과 어우러지는 초원 스타일로 식재할 수 있다. 나무 아래의 공간에 여러해살이를 심으면 보기도 좋고, 야생동물이 잘 모여든다.

2 큰 연못과 개울
연못과 개울은 천연 샘에서 비롯하지만, 인공적으로 조성할 수도 있다. 반사하는 수면, 야생 생물의 서식처, 새로운 수생식물의 식재가 가능하다.

3 자연으로 이어지는 경관
정원이 주변 경관으로 이어지면 정원에서 느끼는 즐거움이 더욱 풍부해진다. 정원 너머 저 멀리 이어진 드넓은 자연의 전경이 장관을 이룬다.

4 잔디밭과 그래스
잔디밭은 실용성이 있을 뿐 아니라, 자생 구근과 야생화가 뒤섞인 초원 지대의 키 큰 그래스와 완벽하게 대비된다. 잔디 손상을 줄이기 위해 잔디밭 통로를 되도록 넓고 개방적인 형태로 만든다.

5 생울타리와 가림막
생울타리는 공간을 구획하고 시야를 차단하는 완벽하고도 자연스러운 방식이다. 주목은 어둡고 밀도가 높아서 다채로운 화단의 배경으로 완벽하고, 혼합 생울타리는 규모가 큰 정원에 잘 어울린다.

6 천연 바닥재
요크스톤처럼 풍화되어 표면의 질감이 풍부한 석재는 전통적인 시골 정원에서 자주 볼 수 있다. 콘크리트와 데크를 부분적으로 사용해서 현대적인 느낌을 낼 수 있다.

자연주의 정원의 재해석

자연주의 정원에 사용되는 고급 하드스케이프 재료는 대부분 식재를 보조하는 역할을 하고, 식재가 레이아웃의 중심을 차지한다. 많은 자연주의 디자인에 어느 정도 현대적인 느낌이 있다. 구조물에는 깔끔하고 단순한 선을 적용해 자연의 풍성함을 보완하거나 조형적 특징을 더해 초점을 만든다. 자연주의 스타일의 패턴은 비정형적이라서 야생의 식물 군락을 떠올리게 하고, 주로 재배식물, 야생화, 그래스를 섞어 심어 편안하고 태평한 느낌을 준다.

여름의 절정 맨 위
톱풀, 삼잎국화, 마편초, 그래스가 한여름에 절정을 이룬다. 반면에 자갈과 돌을 깐 독특한 길과 천연 목재가 현대적인 분위기를 조성한다.

녹음이 우거진 풍경 위
무성하고 파릇파릇한 식재 아래에 묻혀 있는 하드스케이프 요소가 질서와 실용성, 흥미로운 대각선 요소를 더한다.

새의 안식처 위
모이통과 새 모이판이 야생 조류를 끌어들여 역동적인 재미를 더하는데, 특히 먹이가 부족한 혹독한 겨울에 새가 더 많이 모인다.

"자연주의 정원은
식재가 주를 이루지만,
조경이 공간의 특징을 보여준다."

계단 오르기 위
단순하지만 멋지고 소박한 계단 주위로 초원이
펼쳐져 있다. 가장자리에 늘어선 둥근 회양목이
너도밤나무 울타리 안의 둥근 '창문'과 좌석으로
시선을 유도한다.

재미있는 아이디어 왼쪽
형태와 소재가 자연스러우면서도 매력적인 달걀 모양
좌석이 매달려 있고 그 아래의 식재 디자인은 자연을
모방했다.

프로방스 풍경 맨 위
길에 깔린 하얀 석회암의 넓은 이음매가 패턴을
만들고, 그 사이로 백리향이 자랐다. 유일하게 꽃을
피운 라벤더의 보라색이 돋보인다.

기획된 단순성

자연주의 정원이 얼핏 단순하게 보인다. 마치 아무도 가꾸지
않은 것만 같다. 하지만 이것이 자연주의 스타일이다.
사실 이런 정원도 야생적이고 아름다운 모습을 유지하려면
다른 정원만큼 많은 설계와 지속적인 관리가 필요하다.
자연의 조합을 모방해 인공적으로 조성한 식물 군락도
계속 변화하고 상황에 맞게 저절로 적응한다. 예를 들어 볕이
내리쬐던 곳에 나무와 관목이 자라서 그늘을 드리우기도 한다.
식물과 환경 사이의 관계를 안정적으로 유지하려면
깊이 생각해야 한다.

야생의 삼림지 맨 위
자연주의 스타일을 약간 가미하기는 쉽다. 잔디가 자라게
그냥 놔두면 새로운 분위기가 만들어지는데, 경계를
깔끔하게 만들면 더 두드러진다.

현대적인 초원 위
목재로 외벽을 마감한 현대적인 집 앞에 삼잎국화와
그래스가 무성한 초원이 펼쳐져 있다. 테라스가 집 옆에
있는데 그것만 빼면 매우 자연스럽게 보인다.

양귀비의 매력 왼쪽
양귀비, 수레국화, 데이지 등 일년생식물은 매우 오랫동안
즐길 수 있고, 여유로운 전원의 느낌을 연출한다.

투박한 파빌리온 왼쪽
녹색 지붕이 돋보이는 좌석 공간으로,
천연 목재로 만들어 자연스럽게 고색이
짙어졌으며 야생을 모방한 식재와 아름답게
어울린다.

작은 자연 보호 구역 아래 왼쪽
불란서국화와 갈기동자꽃 같은 야생화를
심었지만, 전통적인 화단과 다름없는
인상적인 분위기가 난다. 곤충 호텔이
친환경적인 느낌을 더한다.

장미의 미래 아래
장미와 같이 재배에 공을 들이는 식물은
야생화 무리 속에 있으면 더 로맨틱하게
보인다.

무성한 그래스 맨 아래
가느다란 질감의 그래스가 늘어서 있는 화단
사이로, 바구니 패턴으로 깐 길이 구불구불
이어진다. 아치형으로 뻗은 풍지초
'아우레올라'가 가을에 따뜻한 오렌지색을
더한다.

자연주의 정원 설계

자연주의 스타일에도 규범이 있지만 그다지 엄격하진 않다. 조 톰슨의 정원은 작고 그늘진 공간에도 삼림 분위기를 연출할 수 있다는 것을 보여준다. 케임브리지에 있는 제인 브록뱅크의 정원은 그보다 넓고 개방된 공간이다. 초원처럼 식재하여 야생의 느낌이 난다.

숲속의 구석

조 톰슨이 디자인한 작은 정원의 초점은 원형 벤치다. 실용적인 좌석 공간이면서 식물에게는 옹벽이 된다. 자작나무는 무성하게 자란 고사리와 비비추 위에 얼룩덜룩한 그늘을 드리우고, 몇 가지로 제한된 색상의 화려한 꽃들이 나뭇잎 사이에서 밝게 빛난다.

주요 구성 요소
1 자작나무 줄기
2 제라늄, 알케밀라 몰리스, 꿩의다리 등 그늘을 좋아하는 다년생식물
3 그래스가 있어서 포근해진 좌석 공간
4 주황 뱀무가 더해진 색상

조 톰슨의 정원:
작지만 다목적으로 활용되는 이 정원은 자연주의 스타일을 멋지게 보여준다. 최소한의 조경으로 최대한의 효과를 보았다. 식물이 가장자리로 밀려났지만 여전히 이 공간에서 중요한 특징이며, 일 년 내내 즐길 수 있고 쉼터와 가림막 역할을 한다. 야생식물과 재배식물을 섞어 심어 층을 이룬 식재가 벽돌로 된 담장을 가리지만, 자작나무 가지가 가볍게 드리우기 때문에 무겁거나 위압적인 느낌이 들지 않는다. 조형물처럼 커다란 풍경이 감각적이고 매력적으로 조경을 완성한다.

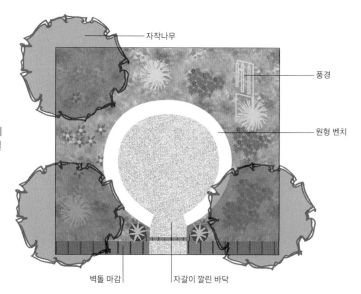

자작나무

풍경

원형 벤치

벽돌 마감

자갈이 깔린 바닥

야생 초원 사이의 길

제인 브록뱅크는 자연주의 스타일의 가족 정원을 만들면서 길, 초원, 자연주의 식재 등 몇 가지 뚜렷한 요소를 포함하여 영리하게 디자인했다. 이 모든 요소가 매끄럽게 어우러져 정원의 뒷공간을 차지하는 가든 룸을 가린다.

주요 구성 요소
1 아스트란티아와 디기탈리스
2 유럽오리나무
3 엉겅퀴가 있는 자연주의 식재 화단
4 초원의 그래스와 야생화
5 벽돌과 자갈이 깔린 길의 흐릿한
  가장자리
6 과실수와 불란서국화

제인 브록뱅크의 정원:
자연주의 스타일로 심어진 부드럽고 굽이치는 여러해살이풀로 정원의 왼쪽을 채우고, 관상용 그래스를 광범위하게 심어 야생화, 자작나무, 과실수가 있는 오른쪽 초원지대와 자연스럽게 연결했다. 길에 깔린 피터슨 벽돌이 무작위로 놓인 것 같아도 질서와 리듬이 있어서, 식물 사이를 통과하면 가든 룸에 이른다. 현대적인 느낌의 검게 그을린 목재 외장재와 미니멀리즘 디자인 때문에 구조물이 수수하게 보이고 초원은 돋보이며, 그늘진 숲속으로 들어가는 것만 같다.

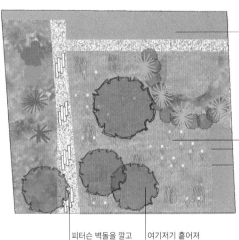

검게 그을린 목재 파사드가 있는 가든 룸

야생화와 키 큰 그래스를 심어 초원 같은 느낌이 난다.

피터슨 벽돌을 깔고 자갈을 채운 길

여기저기 흩어져 있는 과실수

뜨거운 태양 아래 휴양지

이 자연주의 디자인은 지중해 스타일의 영향을 받았다. 강인한
내건성 식물이 햇살이 내리쬐고 탁 트인 중앙 공간과 물이 졸졸
흐르는 배수구 등 전통적인 디자인 요소의 무미건조한 느낌을
덜어준다. 식재가 이목을 집중시킨다.

소중한 물

물은 거의 모든 지중해식 정원의
구성 요소다. 담장 배수구에서
청량하고 생기를 돋우는 물이
배출되어 소리와 운동감을 더한다.
바닥에 깐 비정형적 석재가 공간을
분리하는데, 콘크리트 벽과 색상이
비슷해서 연결된 느낌을 준다.

색상의 태피스트리

자연에서 영감을 받은 식재
스타일이다. 은쑥, 톱풀, 빨간
패랭이꽃, 하얀 켄트란투스 등
고온과 가뭄에 강한 다년생식물을
절묘하게 섞어 여러 색상과 질감을
짜놓은 것처럼 보인다.

디자이너 **클리브 웨스트**

갈라진 영역

지중해 연안의 암석 지형을 본떠
불규칙적인 석재 바닥을 만들었다.
돌 사이를 연결하는 모르타르가
빗물이 땅속으로 천천히 스며들게
하여 사용할 수 있는 물의 손실을
막는다.

형태와 그늘

중앙의 회화나무와 뒤에 있는 주목
생울타리가 이 정원에 꼭 필요한
그늘을 드리우고 자연스러운 구조를
만들어 디자인을 완성한다. 폐쇄감을
주어 개인적인 휴식 공간을
만들어주기도 한다.

고대 유적의 분위기

콘크리트와 테라코타로 만든
독특한 질감의 기둥이 고대
사원의 유적을 연상시킨다.
디자인의 맥락을 만들고 영속적인
느낌을 연출하여 무대 장치처럼
보인다.

작은 정원

오늘날 새로 만들어지는 정원은 점점 작아지고 있다. 특히 대도시와 교외 지역은 땅값의 부담이 그 어느 때보다도 크다. 그런데 동시에 웰빙과 건강을 생각하며 실외 공간이 필요하다는 인식 또한 확산하고 있다. 간단히 말해서 정원은 크기에 상관없이 중요하다. 작은 공간은 공을 들이거나 투자할 가치가 없다고 생각하던 시대는 오래전에 지나갔다. 공간이 좁더라도 잠재력은 매우 크기 때문이다.

작은 정원도 아주 재미있고 신나고 활기찬 장소로 만들 수 있다. 개인 맞춤형으로 만들거나 빠르게 다른 공간으로 바꾸기도 쉽지만, 식물도 들이고 유지 관리도 필요하다. 좁은 공간에서는 각각의 요소가 제 가치를 충실히 해야 한다. 마감의 완성도만큼이나 세부적인 요소가 지극히 중요하다.

스타일을 정할 때 선택의 폭이 매우 넓다. 단순하고 정형적인 레이아웃이 효과적이지만, 작은 텃밭이나 형식에 얽매이지 않는 코티지 정원을 꿈꿀 수도 있다. 미니 정글을 만들거나, 온 가족을 위한 다목적 아웃도어룸으로 바꿀 수도 있다. 선이 깔끔한 모던한 느낌을 원하는가? 아니면 계속 변화하는 요소들이 복잡하게 구성된 정원을 선호하는가? 그저 조용히 쉴 수 있는 공간을 원할 수도 있다. 작은 공간에서도 모든 것이 가능하다.

조경 재료와 식물을 선택할 때, 정원은 매일 보는 공간이므로 모든 것을 충분히 생각해야 한다는 점을 명심하라. 기본에 충실해야 한다. 즉, 모든 하드스케이프가 통일감이 있고 품질이 좋은지 확인하고, 바닥 포장 이음매와 목공일 같은 세부적인 부분은 완벽하지 않으면 눈에 거슬리므로 신경 써야 한다. 식물을 선택할 때도 매우 신중해야 한다. 가능한 한 오랫동안 보기 좋고 여러 계절 동안 눈길을 끄는 식물이 좋다.

공간이 좁다면 오래 지속되는 디자인을 하겠다는 생각이 많은 한계에 부딪힐 수 있다. 큰 정원에서보다 융통성 있게 변화되는 공간을 만들어야 한다. 식물은 옮길 수 있는 화분에 심고, 계절이나 특별한 때에 맞게 장식과 가구의 배치를 바꿀 수 있게 한다. 갖가지 방식으로 오래 머물고 싶고 즐겁게 보낼 수 있는 공간을 만들어보자.

맨 위, 위
이 폭포처럼 수직적인 면은 좁은 공간을 최대한으로 활용한다.

화분에서 식물을 기르면 아름다운 공간을 융통성 있게 바꿀 수 있다.

작은 정원이란?

오늘날 정원은 식재, 휴식, 놀이, 오락 등등 여러 기능을 해야 하는 공간이다. 높은 땅값 때문에 정원의 규모가 작아지자 작은 공간을 활용하는 새로운 아이디어가 등장했다. 방법은 다양하지만, 대부분 기능적인 공간이나 녹색 오아시스에 중점을 둔다. 둘 다 숨 가쁜 일상에서 벗어난 개인적인 탈출구나 휴식처가 되어준다. 기능적인 공간은 단단한 바닥이 대부분을 차지하고, 다목적 공간으로 활용된다. 담장, 가구, 수공간을 건축적으로 구성하면 멋진 '방'이 만들어지고, 날이 어두워진 뒤 조명이 켜지면 실내 같은 실외 공간이 펼쳐진다. 녹색 오아시스에서는 식재가 주를 이루고 오락이나 놀이를 위한 공간도 있다. 열정적인 정원사라면 텃밭을 만들어 수확의 기쁨을 맛볼 수도 있다.

작은 정원의 구조

작은 정원은 대개 단순하고 깔끔한 기하학적 구조가 적합하다. 식재 디자인에 여전히 세심하게 신경 써야 한다. 한 계절에만 빛을 발하는 종은 적게 심고 건축이나 조형물의 아름다움을 이용하는 추세지만, 작은 공간에 장관을 이루는 커다란 식물을 심는 것도 효과적일 수 있다.

많은 도시의 정원에서 슬라이딩 도어나 폴딩 도어를 설치해 옥내실과 옥외실을 매끄럽게 이어지게 함으로써 거실을 확장한다. 포장하거나 데크를 깐 바닥은 다목적으로 이용하기 좋다. 이때 바닥재는 실내장식 마감재와 어울리는 것을 선택하여 집 안팎에 통일감을 준다. 퍼걸러나 나뭇가지를 엮은 나무는 외부의 시선을 가려주고, 나무를 빽빽하게 심으면 자연주의 정원과 같은 효과를 얻을 수 있다.

조형물은 연못보다는 대개 분수나 폭포를 함께 설치하여 초점을 이룬다. 붙박이 좌석은 건축적으로 적절하지만, 정원을 융통성 있게 이용하는 데 제약이 될 수 있다. 세련된 가구와 한 줄로 늘어선 같은 모양의 화분이 극적 효과와 리듬감을 더한다.

석판 사이를 메운 자갈 단순한 형태의 벤치 가지를 엮은 나무

점판암 석판 일렬로 늘어선 화분

도시의 정원
가든 디자이너 필립 닉슨이 단순하지만 장식적인 설계를 했다. 목재로 마감된 외벽이 가구와 조화를 이루고, 폴딩 도어는 밖으로 열린다.(오른쪽) 다년생식물, 그래스, 상록수를 섞어 심고, 가지를 엮은 커다란 서어나무로 경계를 둘러 꼭 필요한 가림막을 만들었다.

작은 정원 디자인의 영향

초기의 도시 정원은 시골 정원을 생각나게 할 만큼 식물이 무성했고 레이아웃이 복잡했다. 요즘의 도시 정원은 훨씬 단순해졌다.

스코틀랜드의 식물학자이자 정원 디자이너, 정원 잡지 편집자였던 J.C. 루던은 1839년에 자신의 책 『교외 정원사와 빌라 집사(The Suburban Gardener and Villa Companion)』에서 도시가 늘어남에 따라 정원의 규모가 작아지는 문제를 해결하고자 했다. 이 책에서 그는 유지 관리가 편한 디자인을 포함하여 작은 도시 정원에 적합한 여러 디자인 방식을 분류했다.

한 세기가 지난 후, 존 브룩스도 루던처럼 작은 대지에 맞는 디자인을 소개하고 '아웃도어룸'에 관하여 고찰한 베스트셀러 시리즈를 출간했다.

최근에는 일본인들이 작은 야외 공간 디자인 분야에서 선두를 달리고 있다. 인구 밀도가 높은 일본의 도시에는 식물을 심을 수 있는 곳이라곤 발코니나 채광정밖에 없는 경우가 많다.

존 브룩스가 디자인한 런던 가든

주요 디자인 요소

1 인상적인 화분
점토, 석재, 금속 화분을 반복적으로 놓으면 작은 공간에 통일감이 생긴다. 가지를 다듬은 식물도 좋고, 부드럽고 비정형적인 풍경을 원하면 다년생식물이나 그래스를 심는다.

2 가구 조형물
맞춤형 붙박이 벤치, 테이블 세트, 안락의자 등 예술적으로 설계된 가구는 작은 정원의 초점이 되고 기능적인 역할도 한다.

3 조명
저전압 및 LED 시스템이 생기면서 조명이 정교해졌다. 조명을 이용해 작은 정원의 윤곽과 식물을 돋보이게 한다.

4 가지를 엮은 나무
밖에서 들여다보이는 도시의 정원에서는 가지를 엮은 나무가 바닥 공간은 적게 차지하면서 생울타리 역할을 하며 사생활을 보호한다. 피나무, 서어나무, 호랑잎가시나무를 이용한다.

5 세련된 조경 재료
제한된 공간을 최대한 활용하기 위해 여러 소재를 섞어 질감과 흥미를 극내화한다. 천연 소재뿐 아니라 콘크리트, 유리, 강철 같은 인공 소재가 모두 흔히 사용된다.

작은 정원의 재해석

땅이 한정되어 있어서 이용할 수 있는 공간이 줄어들기 때문에 새 주택의 정원이 점점 작아지고 있다. 발코니든 안뜰이든 실외 공간을 이용하는 방법이 변하고 있다. 이제 집주인들이 실외 공간을 별도의 방으로 여기거나 쉬고 즐기는 장소로 이용하고 있다. 작은 공간에 어울리지 않는 스타일은 거의 없다. 즉, 하나의 스타일이나 디자인으로 규정할 수 없지만, 상당히 개성 있고 오밀조밀한 공간이 될 수 있다. 작은 공간을 설계할 때 중요한 건 분명한 주제를 선정하고, 어떤 유형의 공간을 만들고 싶은지 파악하고, 너무 다양한 재료를 사용하지 않는 것이다. 양보다는 질을 우선해야 한다.

화분이 어울리는 공간 왼쪽 위
작은 공간은 융통성 있게 이용할 수 있어야 한다. 때에 따라 화분을 옮겨 거실의 가림막으로 이용하거나, 실외 식사 공간을 꾸밀 수 있다.

일본식 정원 왼쪽
작은 공간에는 일본 스타일이 어울린다. 단 몇 가지 요소만 있으면 된다. 신중하게 배치하고, 세부적인 요소에 세세하게 신경을 쓰는 것이 중요하다.

도시의 오아시스 맨 위
세세한 장식이 많은 이 작은 개인 공간에서 잔잔한 연못이 주변을 반사하고, 식물은 무성하게 자랐지만 정돈되고 깔끔한 인상을 준다.

옥상의 풍경 위
옥상 정원은 힘든 과제지만 전망을 생각하면 멋진 기회다. 식물은 화분에 심고 바람을 막게 배치한다. 덩굴식물은 부피를 많이 차지하지 않으면서 높은 곳까지 초록으로 물들인다.

예쁜 좌석 공간 왼쪽
가지가 많은 티베트벚나무가 살아 있는 조형물
역할을 하며 여름에 그늘을 드리우고, 단순하지만
세련된 소파와 잘 어울린다.

작은 연못 아래
작은 공간에도 쉽게 연못을 만들 수 있다. 시원하고
잔잔한 수면이 빛을 반사하며 시선을 사로잡는
초점이 된다.

물놀이 공간 맨 아래
수영장이 정원의 대부분을 차지하지만 세련되고
특이한 디자인이 무성한 식물과 균형을 이룬다.
입수하기 쉽도록 수영장의 계단을 낮게 만들었다.

"작은 공간에 어울리지 않는 스타일은
거의 없다. 그래서 하나의 스타일로
표현할 수 없다."

식재의 중요성

작은 정원은 실외 활동을 위해 단단한 바닥재로
대부분을 구성하는 경우가 많아서, 이를 보완하는
식재의 역할이 매우 중요하다. 단순하고 강렬한 조형미를
갖춘 식물을 선택하면 세련되게 보이고 유지 관리가
쉽다. 저녁에 공간을 돋보이게 하려면 조명을 효과적으로
배치한다. 식재를 조밀하게 한다면 바닥 마감은 단순하게
하여 잎의 질감과 색상을 돋보이게 한다.

오감을 만족시키는 공간 맨 위
야외 식사 공간의 깔끔하고 단순한 선이 세련된 느낌을
준다. 파릇파릇한 돋움 화단과 화분이 식탁을 둘러싸고
있어 식물 안에 묻혀 식사하는 기분이 든다.

간단히 만드는 연못 위
통으로 작은 연못을 만들면 아주 작은 정원이나 발코니,
테라스에서 수련 같은 수생식물을 즐길 수 있다.

오락 공간 위
돋움 화단이 벽난로 옆에서 좌석이 되기도 한다. 관상용
그래스와 알리움이 섞인 화단이 두 영역 사이를 흐릿하게
가려준다.

"공간이 부족할수록
도시의 정원은 점점 더
소중한 자원이 되어간다."

멋진 화분 왼쪽
대담한 식재가 작은 공간에서 인상적일 수
있다. 키 큰 테라코타 화분에 목서를 심은 뒤
조명을 설치했고, 수크령과 억새가 풍성하게
늘어진 통과 나란히 배치했다.

숨겨진 좌석 공간 위
위에 매달린 캐노피가 앉는 공간에 멋을 더하고
외부의 시선을 가려준다. 식재는 최소한으로 하여
화분에만 심었으며, 벤치의 쿠션은 비슷한
색상으로 맞췄다.

마음을 달래주는 안식처 왼쪽
수직 식재나 플랜트월은 좁은 공간을 최대한
활용하는 방식이며 부드러운 분위기를
조성해준다. 요철이 있는 현무암 패널 위로
물이 흐르면 소리가 난다.

모더니즘 디자인

작은 정원은 어수선하거나 요란하지 않은 모더니즘 디자인이 잘 어울린다. 선이 깔끔한 기하학적 레이아웃이 핵심이라서 주요 요소의 비율을 잘 파악할 수 있다. 조경 재료와 식물 팔레트를 최소화하고, 디테일에 특별히 신경 써야 한다. 설비를 보이지 않게 숨기면 외관이 매끄럽게 이어진다.

옥상의 안식처 위
바닥재와 가구뿐 아니라 부드러운 식물을 심은 큰 화분의 소재가 모두 나무라서 통일감이 있다. 여기에 돌나물 매트가 깔린 지붕이 참신한 대각선 요소를 더해준다.

대나무 가림막 오른쪽
데크는 표면이 차갑지 않고 촉감이 좋고 가벼워서 도시 정원이나 옥상 정원에 이상적이다. 오른쪽 사진에서는 단순한 상자형 화분에 심은 대나무가 사생활을 보호하는 가림막이 되었다.

> "작은 공간은
> 절제된 방식으로 디자인할 때
> 성공하기 쉽다."

대조적인 색상 아래
질감, 색상, 형태가 조화로운 작은 정원이다. 황토색 벽돌이 따뜻한 느낌의 테라코타 벽 표면과 대비되고, 다듬어진 상록수와 그래스, 붓꽃이 자연스럽게 보인다.

질감의 구성 아래
연마된 석회암, 건식 돌담, 강철 수조 안의 반사하는 수면이 서로 다른 질감으로 극적인 인상을 주지만, 뒤편에 붓꽃과 나래새를 빽빽하게 심어 분위기를 누그러뜨렸다.

전형적인 구조 위
작은 정원 안에 네모난 연못, 데크, 통로를 배치했는데, 이를 낮은 생울타리와 단순하되 무성하게 자란 식물이 보완한다.

방문해볼 만한 정원

RHS 첼시 플라워쇼, 영국 런던
5일간 열리는 이 플라워쇼에는 도시 환경에 적합한 작은 정원을 주제로 한 구역이 있다.
rhs.org.uk/chelsea

국제 가든 페스티벌, 프랑스 쇼몽쉬르루아르
현대적인 스타일의 작은 정원이 다수 있다.
domaine-chaumont.fr

아펠턴 정원, 네덜란드
도시적인 스타일 등 각종 정원이 있다.
appeltern.nl

국가 정원 정책
3,500개 이상의 개인 정원을 소개하는 영국의 자선 단체. ngs.org.uk

페일리 파크, 미국 뉴욕 53번가
뉴욕의 유명한 포켓 공원.
tclf.org/landscapes/paley-park

기하학적 디자인 왼쪽
이 정원에서는 건축 구조가 가장 중요하다. 전망창의 크기에 맞춰서 직사각형 연못을 만들었고, 발코니 위에 일렬로 늘어선 코르딜리네는 화려한 조형물 같다.

작은 정원 설계

상당수의 작은 정원이 단순한 기하학적 레이아웃과 균형 잡힌 디자인을 갖추고 있다. 조형적 식재와 고급 조경 재료에 주안점을 두지만, 디자인은 고객의 요구에 따라 달라진다. 블라디미르 주로비치가 만든 단순한 미니멀리즘 정원의 초점은 깔끔하고 복잡하지 않은 선이다. 앤드류 윌슨이 설계한 모더니즘 정원은 격자무늬를 바탕으로 하고, 높이의 변화와 강렬한 식재가 재미를 선사한다. 나이젤 더넷의 자연주의 디자인은 다소 소박한 느낌이다.

최대한으로 활용한 공간

이 정원은 블라디미르 주로비치가 디자인했는데, 식재 공간은 좁고 마감재와 질감이 가장 돋보인다. 기발한 조명 디자인 때문에 바닥재와 같은 재료로 만든 낮은 벤치와, 떠 있는 것처럼 보이는 조명 갓으로 시선이 쏠린다. 조명 갓은 테라스의 거대한 초점이 되었다.

주요 구성 요소
1 연필향나무 테이블
2 단풍나무
3 조명
4 표면을 연마한 천연 석재

블라디미르의 인터뷰:
"이 정원은 휴식을 취하는 공간으로 만들어졌습니다. 이용할 수 있는 공간이 상당히 좁아서, 설계할 때 공간이 실제보다 넓어 보이게 하는 데 역점을 두었습니다."
　"고객의 요구 사항이 많았습니다. 집에 있을 때 실외에서 생활하길 원해서 정원에

이를 반영해야 했습니다. 요리, 식사, 휴식, 사교 등을 위한 공간을 갖춰야 했죠."
　"지형이 좁은 데다 집이 여러 층으로 되어 있어서 공간을 연결하고 나누기가 더 어려웠습니다."
　"결국 전형적인 제 작품이 만들어졌습니다. 아무리 작더라도 기억에 남을 만한 공간을 만드는 것이 저의 목표입니다. 저는 자연에서 영감을 얻고, 제 작품에서 사람들이 자연 세계를 가깝게 느끼길 바랍니다."

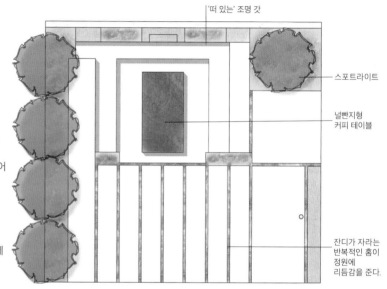

'떠 있는' 조명 갓

스포트라이트

널빤지형 커피 테이블

잔디가 자라는 반복적인 홈이 정원에 리듬감을 준다.

격자무늬 디자인

이 정원의 주인은 앤드류 윌슨에게 유리로 된 긴 커튼월이 있는 진녹색의 증축 부분을 보완하기 위해, 이용 공간을 최대한 넓히고 세미인더스트리얼풍으로 디자인해줄 것을 요청했다.

주요 구성 요소
1 자작나무
2 큰나래새
3 좀새풀
4 천수란
5 쥐똥나무

앤드류의 인터뷰:
"증축한 부분의 길고 낮은 지붕의 선이 바닥재, 낮은 담장, 계단과 나란하게 맞추었습니다. 주로 소나무와 자작나무로 구성된 나무들이 수직으로 우뚝 서서 대조를 이루며 모더니즘 디자인의 전형적인 특징을 드러냅니다."

"정원 바닥에 깐 컬러 콘크리트가 인피니티풀을 따라 떠 있는 것처럼 보입니다. 짙은 색의 미장 벽은 가림막이사 상향등의 배경이 되어 밤에 은은한 빛이 번집니다."

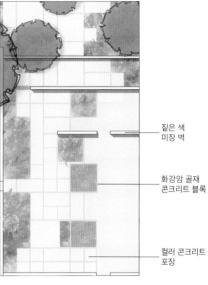

짙은 색 미장 벽

화강암 골재 콘크리트 블록

컬러 콘크리트 포장

 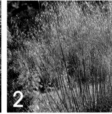   

자연을 모방한 정원

이 작은 정원은 나이젤 더넷이 디자인했다. 정원의 중앙에 놓은 컨테이너를 개조하여 정원 사무실로 이용한다. 편안하고 다채로운 식재, 주변을 반사하는 연못, 한적한 좌석 공간, 조형물 같은 건식 돌담이 있어서 전반적으로 자연주의 분위기이다.

주요 구성 요소
1 자크몽 자작나무
2 녹색 지붕
3 곤충 호텔
4 곤충 호텔이 있는 건식 돌담
5 뱀무 '프린세스 줄리아나'

통합된 디자인
좁은 공간 안에 몇 가지 독특한 요소를 깔끔하게 통합했다. 편안한 느낌의 식재 디자인이 모든 것을 융합한다. 좌석 공간을 둘러싼 자작나무는 비바람을 막아주고 정원의 경계를 불분명하게 만든다. 파란색 페인트로 칠한 사무실에는 녹색 지붕이 있어서 정원과 잘 어우러진다. 조형물 같은 곤충 호텔이 야생 생물 친화적인 초점 역할을 하며, 곤충 호텔이 내장된 낮은 돌담은 공간을 분리한다. 자연주의적으로 식재한 여러해살이식물은 화려한 꽃을 오랜 기간 피우며 꽃가루 매개자를 끌어들인다.

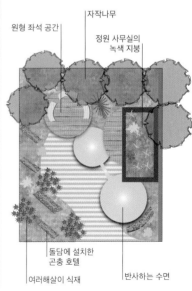

원형 좌석 공간

자작나무

정원 사무실의 녹색 지붕

돌담에 설치한 곤충 호텔

여러해살이 식재

반사하는 수면

  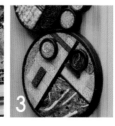  

옥상의 안식처

아담한 옥상의 테라스가 편안하고 울창한 공간으로 변신했다.
각이 지고 주위보다 높은 레이아웃이 주변 도시 경관과 비슷해서
현대적인 분위기를 연출한다. 유리 패널로 인해 시야가 탁 트이고
평면도가 단순한데도 공간감이 느껴진다.

꽃탑

푸른색 꽃이 핀 에키움 피니나나가
넓은 대지에 우뚝 선 고층 건물 같은
모습으로 화려한 초점 식물이
되었다. 이년생식물이지만, 꽃이 진 뒤에
씨앗을 맺고 발아하여 어린 식물이
얕은 흙에서도 잘 자란다.

적합한 환경

꽃이 빨간 그레빌레아와 은쑥 같은
식물이 얕은 토양과 바람을 견디며
환경에 잘 적응했다. 즐길 수 있는
기간이 길고 유지 관리도 쉽다.

디자이너 **앨러스데어 캐머론**

사생활 보호

작은 나무는 작은 테라스에서 잘
자라고 개방된 옥상에서 보호막
역할도 한다. 네군도단풍이 적합하다.
잎이 떨어지고 나면 겨울바람에
휘둘리지 않으며, 정기적으로
가지치기를 하면 무성하면서도
작은 크기로 관리할 수 있다.

가벼운 이동식 가구

등나무 의자와 목제 가구는 가벼워서
사용하지 않을 때는 다른 데로 옮겨
덮개를 씌워놓을 수 있다. 의자의 멋진
형태가 식물들 사이에서 조형적 요소를
더하고 현대적인 정원 디자인에
어울리는 세련된 느낌을 준다.

햇살이 넘치는 꽃

밝은 노란색의 향기로운
꽃을 흩뿌린 듯한
스파르티움 융케움은 강한
햇빛을 좋아하고 노지에서도
잘 자라기 때문에 옥상의
관목으로 제격이다.

실용적인 정원

식용식물 식재 디자인이 초창기부터 정원 디자인의 일부였지만, 실용적인 정원이 멋진 예술로 한 단계 올라선 것은 19세기 빅토리아 시대였다. 저택에 사는 사람들이 큰 담장으로 둘러싸인 정원에서 일 년 내내 다양하고 이국적인 과일과 신선한 채소, 절화를 수확했고, 겨울에는 온실을 이용했다. 하지만 그들이 처음으로 과일, 채소, 꽃을 한 공간에 섞어 재배한 사람들은 아니었다. 중세 수도원의 정원은 대개 작은 허브밭과 채소밭으로 나뉘었고 장식용 식물이 조금 섞여 있었다. 르네상스 시대에는 프랑스 정원의 근사한 파르테르에 관상용 농산물이 특별히 포함되었고, 이를 '포타제'라고 했다. 이 용어는 오늘날에도 매력적이고 실용적인 정원을 가리킬 때 사용된다.

제2차 세계대전 중에 '승리를 위해 땅을 파자(Dig for Victory)'는 캠페인이 영국 가정에서 농산물을 키우는 붐을 일으켰지만, 전쟁이 끝난 후 부가 축적되면서 이런 열기도 시들해졌다. 오늘날, 양질의 건강한 음식에 관한 요구와 수입품의 탄소 발자국에 관한 우려가 늘어나면서 비록 작게나마 텃밭을 일구려는 바람이 다시 일고 있다.

실용적인 정원은 대부분 화단을 기하학적으로 정렬하고, 그 사이로 길을 만들어 쉽게 들어가 돌볼 수 있게 한다. 일반적으로 식물을 이랑에 줄지어 심어 수확과 관리를 쉽게 하고, 해충이나 날씨의 해를 덜 받게 한다. 해충과 질병이 증가하지 않도록 매년 작물을 돌려가며 짓기도 한다.

오늘날 정원 디자인에는 작은 공간도 포함된다. 과일과 채소가 파티오나 발코니의 화분, 심지어 창가의 화단에서 자유롭게 자란다. 바닥재는 실용성을 우선하여 선택한다. 콘크리트 슬래브나 벽돌을 깔거나 땅을 다지는 것 모두 실용적인 방법이고 보기에도 좋다.

과일나무와 덤불은 항시적인 구조를 형성하고 철따라 각각의 식물이 제 역할을 한다. 종종 쓰러지거나 마구 번지는 허브를 가두기 위해 낮은 울타리를 만들기도 한다. 물을 대는 데 필요한 빗물은 물통이나 기타 재활용 용기에 받아서 모은다.

맨 위, 위
허수아비가 소중한 작물을 지켜준다.

돋움 화단은 주변보다 높아서 농산물을 수확하기 쉽다.

실용적인 정원이란?

규모가 큰 실용 정원은 레이아웃과 바닥재가 기능적인 편이고 정돈되고 풍성한 느낌을 주는 반면, 작은 정원에서는 빽빽하게 심은 화분을 이리저리 옮기며 자유롭게 공간을 이용하곤 한다. 전통적인 디자인은 초기 수도원 정원이나 약초 재배원의 영향을 받았는데, 기하학적 화단으로 구획을 나누어 허브와 채소를 심고, 월계수나 표준 장미 같은 키가 큰 초점 식물을 가운데 간간이 심었다.

이런 단순한 디자인은 현대의 텃밭에도 이용되고, 화단의 크기는 작은 도시의 대지에 맞게 작아졌다. 과일과 채소를 쉽게 돌볼 수 있게 벽돌이나 돌, 자갈을 깔아 길을 만들고, 다채로운 작물과 열매를 맺는 식물을 줄지어 심고, 휴식기에 사이심기를 하면 식탁이 풍성해질 뿐 아니라 보기에도 좋은 정원이 만들어진다.

실용적인 정원의 구조

20세기가 저물어가는 즈음, 실용적인 식물은 정원의 가장자리로 밀려나고 꽃, 관목, 나무가 중요한 자리를 차지했다. 그런데 오늘날 이런 방식이 변화하고 있다. 집에서 먹거리를 기르면 단순히 재미를 넘어서 상점에서 살 수 없거나, 라즈베리나 블루베리처럼 비싼 과일과 채소를 즐길 수 있기 때문이다.

실용적인 정원은 관리하기 편하도록 세심하게 설계해야 한다. 작물을 심을 때 각각의 작물을 해마다 다른 밭에 심어야 토양을 통해 번지는 해충과 질병의 증식을 막을 수 있다. 작은 정원이나 파티오, 테라스에서는 토마토, 고추, 가지, 잎이 무성한 녹색 채소처럼 공간을 적게 차지하는 작물을 화분이나 큰 상자에 심어 잘 기를 수 있다. 냉상, 온실, 햇볕이 잘 드는 창문턱을 이용하면 재배 기간이 늘어난다. 라벤더, 꽃이 피는 다알리아처럼 벌이 좋아하는 식물은 화려함을 더하고 꽃가루 매개자를 유인하여 작황을 좋게 한다.

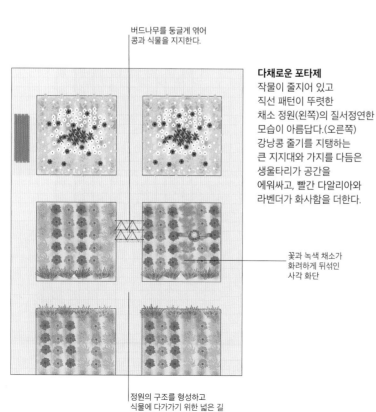

버드나무를 둥글게 엮어
콩과 식물을 지지한다.

다채로운 포타제
작물이 줄지어 있고
직선 패턴이 뚜렷한
채소 정원(왼쪽)의 질서정연한
모습이 아름답다.(오른쪽)
강낭콩 줄기를 지탱하는
큰 지지대와 가지를 다듬은
생울타리가 공간을
에워싸고, 빨간 다알리아와
라벤더가 화사함을 더한다.

꽃과 녹색 채소가
화려하게 뒤섞인
사각 화단

정원의 구조를 형성하고
식물에 다가가기 위한 넓은 길

실용적인 정원 디자인의 영향

담으로 둘러싸인 전통적인 키친 정원

현대의 실용적인 정원은 여러 스타일이 섞여 있지만, 일부는 여전히 영국 대저택에 있는 키친 정원의 규격화된 정형성을 보여준다. 빅토리아 시대의 귀족은 이국적인 온실 농산물을 손님에게 대접하며 부를 과시했지만, 정원의 주된 기능은 온 가족에게 신선한 음식을 공급하는 것이었다.

작물은 기하학적 화단에 질서정연하게 배치하고, 가장자리는 회양목으로 둘렀으며, 그 사이에 자갈을 깔거나 흙, 온실 보일러의 재를 다져 길을 만들었다. 연한 과일나무는 보호막이 필요하므로 열을 방출하는 남향 담을 따라 가꾸고, 과실이 열리는 관목은 그물망 아래에서 길러 새가 먹지 못하게 하였다.

벽이 있는 구조물 안에 난방이 되는 큰 온실을 지어서 복숭아나 살구 같은 연한 농산물을 재배하거나 조기 수확을 하기도 했다.

주요 디자인 요소

1 돋움 화단
돋움 화단은 원래 배수를 개선하기 위해 설치했는데, 질서정연한 느낌도 준다. 높이를 1미터까지 높이면 허리를 굽히기 힘든 사람도 정원을 쉽게 관리할 수 있다.

2 넓은 통로
정원을 쉽게 돌아다니려면 통로의 폭이 적어도 1미터는 되어야 한다. 벽돌, 콘크리트, 석판, 자갈을 깐 바닥은 매일 무거운 것이 왔다 갔다 해도 견딜 수 있을 만큼 단단해서 이상적이다.

3 소박한 오벨리스크
장식적인 요소는 언제나 잘 활용된다. 격자 구조물과 목제나 철제 오벨리스크는 높이 솟아서 정원에 리듬감을 주고, 강낭콩이나 완두콩 같은 덩굴식물을 지지하는 역할도 한다.

4 줄지어 심기
줄지어 심은 작물은 기록하고 돌보고 수확하기 쉽고, 작물 사이의 공간으로 들어가 풀을 뽑기도 좋다. 화단의 기하학적 레이아웃이 인상적이다.

5 실용적인 화분
작은 정원이나 파티오, 테라스에 화분을 놓고 다양한 먹거리를 기를 수 있다. 커다란 화분에는 흙과 물을 더 많이 담을 수 있어서 작은 화분보다 손이 덜 간다.

실용적인 정원의 재해석

과일과 채소에 관한 관심이 꾸준한 가운데 일부 사람들이 새로운 관심을
기울이면서, 실용적인 정원에 대한 열망이 지금처럼 유행한 적은 없었던 것 같다.
정원이 자그마해도 예쁘고 실용적인 공간을 다용도로 사용하며 일 년 내내 수확의
기쁨을 누릴 수 있다. 작물을 쉽게 가꿀 수 있게 화단을 주위보다 높게 만들고,
단순하고 정형적으로 배치한다. 덩굴식물이 타고 오를 높은 구조물도 만든다.
허브와 관상용 꽃을 함께 기르면 먹거리를 얻는 동시에 볼거리가 생기고,
곤충에게도 매력적인 곳이 된다.

네 개의 상자
대형 나무 화분 네 개가 다양한 작물을
재배하는 돋움 화단이자, 높은 아치형
퍼걸러의 버팀대가 되었다. 나중에 강낭콩이나
호박 덩굴이 퍼걸러를 타고 올라갈 수 있다.

먹을 수 있는 화려한 색상 맨 위
색이 선명하고 맛있는 줄기가 달린 적근대, 잎이 화려한
케일, 식용 꽃을 피우는 한련 등 채소를 재배하는
실용적인 정원이 깜짝 놀랄 만큼 멋지다.

풍성한 수확 위
페인트칠을 한 판자, 화분을 얹은 중앙의 주추, 각 화분
상자의 가장자리를 따라 줄지어 심은 차이브가 텃밭의
정형적인 레이아웃을 두드러지게 한다.

마감 오른쪽
화단을 몇 센티미터만 높여도 배수가 개선되고 개량된
흙을 유지하며 정형적인 레이아웃이 만들어진다.
모서리의 마감이 정형적인 느낌을 주고 호스와
농산물이 부딪히지 않게 해준다.

돌려짓기 왼쪽
화단을 분리하면 돌려짓기를 할 수 있다. 같은 농산물을 해마다 다른 화단에서 기르면 작물이 건강하고 해충과 질병이 덜 발생한다.

양동이 화분 아래
고추와 같은 일부 작물은 화분에서 잘 자란다. 화분을 양은 양동이 안에 넣으면 여름에 수분을 빼앗기지 않고 보기에도 예쁘다.

풍작 위
담으로 둘러싸인 정원의 구석에 형형색색의 맛있는 작물이 가득하다. 담은 연한 과일을 기르는 구조물이자 과일나무의 보호막이 되고, 둥근 구조물은 강낭콩 줄기가 타고 자라는 지지대가 된다. 주황색과 노란색 금잔화가 꽃가루 매개자를 끌어들이고, 금잔화 꽃잎은 먹을 수 있다.

실용적인 식용 작물 오른쪽
돋움 화단의 딸기는 흙에 닿지 않아서 잘 자란다. 열매를 썩게 하는 해충과 습기로부터 떨어져 있기 때문이다. 잎이 해를 가리지 않으면 열매가 더 빨리 익는다.

정형적인 방식과 자유로운 방식

과일과 채소를 기르는 정원을 설계할 때, 일정 간격의
통로를 갖춘 정형적인 디자인을 선택할 수도 있고, 화분을
자유롭게 줄지어 놓는 방식을 선택할 수도 있다. 낮은
울타리나 돋움 화단은 큰 정원의 화단에 통일감을 주고,
콩, 옥수수, 과일나무는 정원의 구조를 높인다. 유익한
곤충을 끌어들이는 꽃이나 식용 꽃을 심으면 화단이
화려해진다.

결실을 본 발코니
화분에 토마토를 심어 수직으로 지지대를
받쳐주고 햇볕이 잘 드는 작은 발코니에
놓아보자. 발코니에는 연한 작물에 적합한
따뜻한 미기후가 형성된다.
토마토는 열매를 많이 맺지만 바닥 공간은
적게 차지해서 좌석 공간도 마련할 수 있으므로
이상적이다.

"집에서 기른 농산물은 원예 생활에서
느끼는 또 하나의 즐거움이다."

창가의 식용 화분 왼쪽
현대적인 스타일의 창가 화분에 한련,
금잔화 등 식용 꽃과 함께 딸기를 심었다.
금잔화는 감귤 향미가 나고 한련은 매운
맛이 난다.

도시의 키친 정원 아래
도시의 작은 안뜰이 미니 채소밭으로
변모했다. 바구니와 기발하게 설계된
식탁이 샐러드 채소, 허브, 꽃의 화분이
되었다.

화분 속 녹색 채소 오른쪽
좁은 공간에 적합한 목제 화분에
샐러드 작물과 허브를 함께 심었다.
토마토나 딸기를 심어도 좋다.

시선을 사로잡는 조롱박 아래
실용적인 식물을 정원 주요부에 심을 수
있다. 이 사진에서 조롱박이 장식적인
덩굴식물로 쓰여서 좌석 공간을
가려주었다. 아래쪽에 있는 분홍색
다알리아는 늦여름을 물들인다.

양상추와 허브
목제 화분이 높아서 허브와 샐러드 채소를 쉽게
가꿀 수 있다. 화분의 테두리를 두르고 있는 거친 밧줄은
민달팽이와 달팽이의 공격을 막는 역할을 한다.

방문해볼 만한 정원

브로그데일, 영국 켄트
영국 국립 과일 컬렉션의 본고장.
brogdalecollections.org

헬리건의 잃어버린 정원, 영국 콘월
전통 품종을 많이 재배하는 정원.
heligan.com

웨스트 딘, 영국 웨스트서식스
아름답게 복원된 에드워드 시대의 키친 정원.
westdean.org.uk/gardens

RHS 위슬리 가든, 영국 서리
허브, 과일, 채소 정원이 있다.
rhs.org.uk/wisley

빌랑드리성, 프랑스
정형적인 르네상스 양식의 키친 정원.
chateauvillandry.fr

실용적인 정원 설계

실용적인 정원에서는 일반적으로 기능이 스타일보다 중요하지만, 이 둘이 서로 배타적이진 않다. 다음의 세 정원은 맛있는 식용식물로 그득히 채워져 있는데, 각각의 아름다움이 있다. 글로스터셔에 있는 록클리프 가든의 화단에 농산물이 풍성하다. 버니 기네스의 채소 정원에서는 돋움 화단으로 정형적인 구조를 만들었다. 영국의 시에서 대여하는 할당 채원지는 작은 공간에 허브, 꽃, 채소를 함께 심었다.

전형적인 텃밭

가지런한 채소밭에 전형적인 요소를 갖추어 매우 풍성한 공간이 되었다. 가지를 엮은 생울타리가 바람을 막아준다. 자갈길이 있어서 화단에 외바퀴 손수레를 밀고 화단에 접근할 수 있다.

주요 구성 요소
1 온실
2 줄지어 심은 작물
3 박하를 심은 빈티지 구리 화분
4 해안꽃케일을 위한 식물 재배기
5 절화용 코스모스
6 일년생 덩굴식물이 타고 오르는 구조물

록클리프 가든:
줄지어서 또는 이랑에 직접 파종하는 방식은 솎아서 적절한 간격을 유지할 수 있으므로 실용적이고 보기에도 좋다. 또는 온실에서 모종을 키운 후 밖에 내다 심기도 한다.
스위트피 같은 일년생 덩굴식물에 필요한 구조물을 양쪽 구석에 배치했고, 오래된 구리 화분에 박하를 심어 간단한 장식물이 되었다. 절화용 꽃도 재배하면 이 질서정연한 공간이 보기 좋아진다.

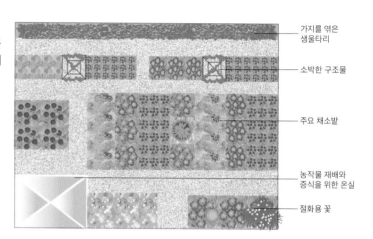

가지를 엮은 생울타리

소박한 구조물

주요 채소밭

농작물 재배와 증식을 위한 온실

절화용 꽃

채소 정원

버니 기네스가 디자인한 이 정원의
기하학적 레이아웃에는 생산적인
공간에 필요한 요소들이 세심하게
갖추어져 있다. 채소를 재배하는 돋움
화단은 통로와 접해 있어서 관리하기
쉽다.

주요 구성 요소
1 적화강낭콩
2 양파
3 당근
4 비트
5 포도

버니의 인터뷰:
"이 정원은 원래 제멋대로 자란
레일란디측백 생울타리로 뒤덮여
있었습니다. 측백을 제거하고 나자,
공간이 탁 트이고 자생식물의 배경이
드러났습니다. 그래서 유연하게 디자인할
수 있었습니다."

　"저는 주로 이처럼 공간의 활용도를
높이는 방식으로 디자인합니다. 정원의
주인이 바비큐를 매우 좋아해서, 바비큐와
빌트인 싱크대를 갖춘 접객 공간과 작은
온실도 만들었습니다."

　"함께 일하는 건축가의 의견과
돌아다니며 본 새롭고 재미있는
아이디어에서 영감을 받곤 하지요."

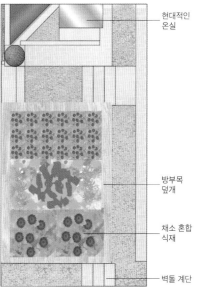

현대적인
온실

방부목
덮개

채소 혼합
식재

벽돌 계단

할당 채원지

이 정원은 RHS 태튼 파크 플라워쇼에
전시하려고 만든 맨체스터 할당 채원지
협회의 작품이다. 일반 가정의
정원에서 몇 가지 작물을 함께 기르는
것이 얼마나 쉬운지 보여준다.

주요 구성 요소
1 벌집 모양 퇴비통
2 야생화
3 바질 및 기타 허브
4 가지
5 페포호박

바질, 회향, 세이지, 파슬리 등 다양한
허브를 목제 돋움 화단과 그 사이의 작은
채소밭에 조밀하게 심었다. 만수국은
허브 사이에 섞여 색감을 더하고
날아다니는 해충을 쫓아준다.

　가지와 토마토 같은 연한 작물도 있다.
이들은 햇볕이 잘 들고 비바람이 치지 않는
곳에서 잘 자라고 여름 막바지에 익는다.
밭 뒤쪽에서는 호박 덩굴 두어 줄기가
지지대를 타고 올라간다.

　하얀 벌집 모양 퇴비통은 장식적이면서
실용적인 초점이다. 야생화가 있어서
가루받이 곤충이 열매를 맺는 채소로
몰려든다.

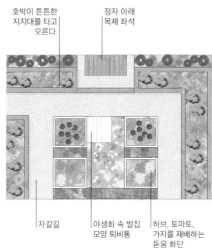

호박이 튼튼한
지지대를 타고
오른다.

정자 아래
목제 좌석

자갈길

야생화 속 벌집
모양 퇴비통

허브, 토마토,
가지를 재배하는
돋움 화단

여유로운 텃밭

이 작은 정원에 채소, 과일, 허브, 관상용 식물을 재배하며 잘 활용하고 있다.
일정한 간격으로 돋움 화단을 놓아서 작물을 돌보기 수월하다. 색색의 허브가
햇볕이 내리쬐는 자갈길에 부드러운 분위기를 조성하고, 반그늘이 지는 곳에서는
라즈베리가 잘 자란다.

주요 구성 요소

1 마조람
2 백리향
3 한련
4 왜성 강낭콩
5 라즈베리

풍성한 채소밭

식용식물과 관상용 식물을 함께 심어 허브
화단에서 여러해살이가 아름다운 꽃을
피운다. 만개한 꽃이 화단의 가장자리에서
넘쳐흘러 살짝 닿기만 해도 기분 좋은 향을
내뿜고, 가루받이 곤충을 끌어들인다.

수확을 앞둔 왜성 강낭콩이 중앙의 화단에
가득 심겨 있다. 고양이나 사람이 실수로
모종을 밟지 못하게 격자 구조물을 설치했다.
실용적이면서 초점 역할을 하는 단순한 창고
옆에는 화분 몇 개를 놓아 생기를 불어넣었다.
울타리에 격자 구조물을 붙여서 덩굴식물은
타고 올라가고, 위에 걸려 있는 식물은 끈으로
쉽게 고정할 수 있다.

정원의 왼쪽과 오른쪽에 있는 마편초는 키가
크고, 점점이 색을 더하여 정원의 경계를
장식하는 테두리가 되었다. 앞줄에 심은 한련은
꽃과 잎을 모두 먹을 수 있을 뿐만 아니라,
눈길을 끄는 매력도 있다.

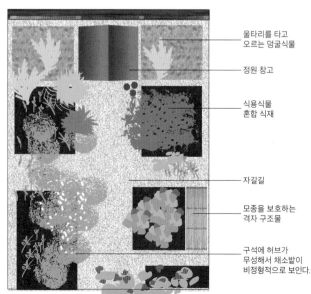

울타리를 타고
오르는 덩굴식물

정원 창고

식용식물
혼합 식재

자갈길

모종을 보호하는
격자 구조물

구석에 허브가
무성해서 채소밭이
비정형적으로 보인다.

수직 식물 재배기

수직 식물 재배기가 출시되자 아주 작은 공간도 생산적이고 아름다운 공간으로 탈바꿈했다. 허브와 샐러드 작물은 공간을 적게 차지하고 빠르게 자라기 때문에 식물 재배기에서 기르기 좋다.

주요 구성 요소
1 적화강낭콩
2 백리향
3 차이브
4 적상추
5 아삭한 청상추
6 야생 딸기

다목적 공간
햇볕이 잘 들고 비바람이 들이치지 않는 벽에 수직 식물 재배기를 설치하여 작은 공간을 최대한 활용했다. 가볍고 설치가 수월하므로 발코니나 작은 테라스, 옥상 정원이 있는 아파트에 안성맞춤이다. 자동 급수 장치를 추가하면 특히 여름에 매일 돌보지 않아도 되고, 바쁜 도시인에게는 이상적이다.

건물의 목재 외장재와 완벽하게 어우러지는 통에 배양토를 담고 채소와 허브를 가득 심었다. 여기에서 상추를 수확하는 방법은 두 가지다. 통째로 뽑거나, 필요한 만큼 잎사귀를 딴다. 허브와 딸기는 꽃과 향기와 열매를 제공한다. 강낭콩 두어 줄기를 심은 화분 하나만 있어도 뒷문 옆을 화려한 꽃으로 장식하고 맛있는 콩을 조금 수확할 수 있다.

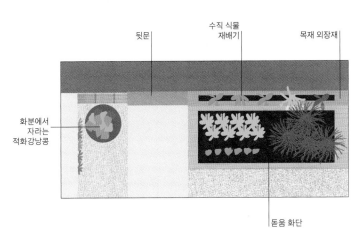

뒷문   수직 식물 재배기   목재 외장재

화분에서 자라는 적화강낭콩

돋움 화단

사례 연구

먹거리 천국

실용적인 정원은 크기나 형태에 상관없이 가꿀 수 있다. 이 작은 대지에도 디자이너가 다양한 식용식물을 돋움 화단과 좁은 화단 안에 꽉 채워 넣었다. 벌을 비롯한 꽃가루 매개자를 끌어들이는 꽃도 함께 심어 아름답고 풍요로운 공간을 만들었다.

근사한 수확물

소박한 조경 재료와 채소, 허브, 꽃이 어우러져 코티지 스타일을 보인다. 비트와 상추부터 천막을 타고 올라가는 콩까지 각 화단이 식용식물로 그득하지만, 전체적으로 화려하고 정돈된 모습이다.

실용적인 포장

붉은 벽돌 길은 전통적인 디자인과 찰떡궁합이다. 실용적이고 장식적이면서 고풍스러운 느낌을 준다. 농산물을 재배하고 수확할 수 있는 단단한 바닥은 손수레를 끌 만큼 널찍하다.

디자이너 **닉 윌리엄스 엘리스**

초점이 되는 허브

정원의 한가운데 서 있는 월계수를
로즈마리, 파슬리, 백리향 등 요리용
허브들이 둘러싸고 있다. 가지를
다듬은 월계수는 아름답고 향기로운
초점이 되고, 신선한 월계수 잎은
요리용 허브로 사용된다.

가까이 관찰하기

돋움 화단의 넓은 테두리가 작업
공간이자 좌석도 된다. 테두리에
앉아 작물을 가까이 관찰하면
해충이나 질병이 있는지 빠르게
발견할 수 있다.

별도의 화분 식물

작은 정원에서는 재배 공간을
늘리기 위해 화분이나 통에 소형
작물을 기른다. 이런 식으로 기른
토마토가 무성하게 자라 맛있는
열매가 가득 열렸다.

스테이트먼트 정원

스테이트먼트 정원은 주로 예술이나 기타 창의적인 산업의 영향을 받았다. 그래서 디자인의 규칙이 깨지고, 디자이너들은 자신만의 규칙을 마음껏 만들곤 한다. 아이디어나 테마를 바탕으로 한 콘셉트 정원이 이 범주에 들어가고, 전 세계의 다양한 페스티벌에서 그 예를 볼 수 있다. 전통적인 스타일에 딱 들어맞지 않는 현대적인 정원이면 어느 것이나 스테이트먼트 정원에 속한다.

이런 디자인은 새로운 기술이 요구되고, 콘크리트, 철, 고무, 섬유, 유리, 아크릴 같은 인공적인 재료를 이용해 강한 인상을 주며 시각적인 흥미를 유발한다. 조명도 큰 효과를 낸다.

식재가 성공적인 스테이트먼트 정원의 필수 요소는 아니지만, 디자인이 표현하고자 하는 바를 뒷받침하는 역할을 한다. 식재는 조형적 특징을 보여주고 색상, 질감, 운동감을 강조하기도 한다. 어떤 디자이너는 생태계나 환경에서 영감을 얻어 특정 장소나 서식지를 연상시키는 식재 디자인을 한다.

디자인은 즉흥적으로 구상해도 되지만, 정원과 정원의 위치, 소유주의 성격 간의 관계, 정원의 역사와 문화적 의미를 반영할 때 최선의 결과가 만들어진다.

최신 디자인의 주요 인물인 조경가 마사 슈워츠와 캐서린 구스타프슨이 조성한 정원은 획기적이다. 대지 예술도 스테이트먼트 스타일의 발전에 지대한 영향을 미쳤다. 그 예로 리처드 롱과 앤디 골드워시의 작품이 있다. 이들은 자연경관 속에서 자연물로 진한 감동을 주는 작품을 만드는 것으로 유명하다.

맨 위, 위
구조적인 역할을 하는 잎과 꽃이 초점이 되었다.
인공적 재료가 자연의 요소와 어우러졌다.

스테이트먼트 정원이란?

여러 가지가 혼합된 이 스타일은 우연히 이루어질 적도 있지만, 대개는 치밀하게 계획하고 다양한 장르의 경계를 허물며 만들어진다. 실험적인 디자인을 짧은 기간 동안 전시하는 가든쇼는 다양한 창작물을 선보이고, 디자이너가 혁신적인 아이디어를 자유롭게 펼치는 장이다. 색상, 조형물, 정원 예술이 초점이 되고 흥미를 끄는 반면, 식재는 주로 구조적 요소로 쓰이고, 조명은 극적인 분위기를 고조시킨다.

스테이트먼트 정원의 구조

이 스타일에서는 표면을 가공한 벽을 흔히 볼 수 있다. 전시하는 예술품이나 조각의 배경이 되기 때문이다. 색상도 중요하다. 주로 강렬하고 선명한 색을 사용해 생동감 있고, 때로는 서로 충돌하는 분위기를 자아낸다. 다양한 조경 재료가 쓰여서 어떤 정원에서는 그 조합이 상당히 복잡할 수 있다. 콘크리트와 목재, 돌과 강철처럼 인공적인 소재와 천연 소재를 섞어 외부를 마감하기도 하는데, 이때 전체적으로 단순하게 설계하면 이들 소재의 질감이 뚜렷한 대비를 보인다.

가구는 특정 건축 양식이나 스타일을 표현하는 데 주로 사용되고, 개성 있는 색을 입힐 수도 있다. 큰 식물이나 인상적인 느낌을 주는 식물을 심고, 반복적으로 배치해 아이디어를 강조하기도 한다. 흔히 형형색색의 식재 디자인을 하고, 화분을 사용해 스타일의 테마를 보강하곤 한다.

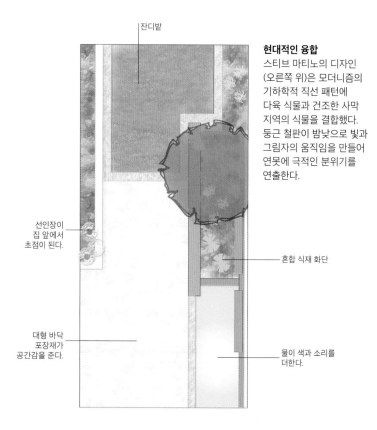

잔디밭

현대적인 융합
스티브 마티노의 디자인 (오른쪽 위)은 모더니즘의 기하학적 직선 패턴에 다육 식물과 건조한 사막 지역의 식물을 결합했다. 둥근 철판이 밤낮으로 빛과 그림자의 움직임을 만들어 연못에 극적인 분위기를 연출한다.

선인장이 집 앞에서 초점이 된다.

대형 바닥 포장재가 공간감을 준다.

혼합 식재 화단

물이 색과 소리를 더한다.

스테이트먼트 정원의 영향

이 스타일은 다양한 아이디어에서 탄생한다. 여행, 날로 좁아지는 지구촌, 인터넷이 정글 식물에서 일본 자갈까지, 모더니즘 스타일에서 지중해 스타일까지, 정형적 스타일에서 개념적 스타일까지, 다양한 식물과 재료를 접하고 여러 스타일의 영향을 받을 수 있는 기회를 활짝 열어주었다. 마이클 슐츠와 윌 굿맨이 디자인한 이 정자는 아르 데코와 포스트모더니즘의 색채를 입힌 일본식 정자이다. 이 결과물이 정통 일본식 정자를 원하는 사람의 마음에는 들지 않을 수 있지만, 스테이트먼트 정원 스타일에서 가장 중요한 것은 규칙을 깨는 것이다.

슐츠와 굿맨이 디자인한 허스트 가든

주요 디자인 요소

1 현대적인 재료
유리, 강철, 아크릴 등
과거에는 정원에서
사용하지 않던 재료를
사용하고, 직선을 부드럽게
만드는 식재를 한다.

2 조형물 같은 식물
다양한 식물이
사용되는데, 대부분 조형적
특징을 갖고 있다. 그래스
종류, 유카, 아스텔리아가
대표적이고, 높이감이
필요할 때 야자수를
이용한다.

3 폭포와 분수
앱으로 제어되는 폭포,
분수, 워터 블레이드가 멋진
볼거리를 연출한다.
움직임과 분위기, 소리를
조성한다.

4 조명 효과
조명은 핵심 장치이다.
건축물의 세부 요소, 관상용
식물, 장식적인 토피어리를
집중 조명할 수 있다. 조명
기술과 LED의 발달로
장관을 연출하고 화려한
색을 입힐 수도 있다.

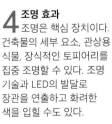

5 복합적인 평면도
여러 스타일이
합쳐지면 레이아웃이
재미있고 복잡해진다.
현대적인 디자인에 자갈을
깔고 가뭄에 강한 식물을
심으며, 정형적인 디자인에
일본식 정원의 비대칭성을
결합했다.

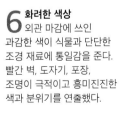

6 화려한 색상
외관 마감에 쓰인
과감한 색이 식물과 단단한
조경 재료에 통일감을 준다.
빨간 벽, 도자기, 포장,
조명이 극적이고 흥미진진한
색과 분위기를 연출했다.

스테이트먼트 정원의 재해석

스테이트먼트 정원 디자인은 새로운 규칙을 만들어보는 자유롭고 재미있는 경험이다. 진하고 강렬한 색상을 이용하여 조경 재료와 식물을 연결할 수 있다. 또는 하드스케이프에 투명한 유리나 아크릴을 사용하거나 불규칙한 형태를 만들어 대담하고 독특한 디자인을 시도할 수 있다.

기반암 디자인 위
붉은 사암의 각진 층이 연못 위로 솟아오른 모습이 지질학적 현상처럼 보인다. 여러 지중해 식물을 나란히 배치했고, 연한 녹색 잎이 어우러져 조화를 이룬다.

단단한 좌석 왼쪽
인테리어 디자인을 아웃도어 테라스로 가져왔다. 콘크리트 좌석과 테이블을 놓고 식재 디자인으로 부드러운 분위기를 조성했다. 쿠션을 놓으면 편안한 가구가 된다.

각 요소의 재미있는 활용 오른쪽
조각 같은 석회암이 있는 정원에서 안개가 신비한 느낌을 주는 장치로 이용되었다. 안개에 가려진 돌이 차례로 형태를 드러낸다.

황갈색 안뜰 맨 오른쪽
자갈이 깔린 안뜰에 인상적인 색상과 짙은 그림자가 통일감을 준다. 로부스타워싱턴야자 숲도 현대적인 멕시코 건축물과 멋진 조화를 이룬다.

진파랑
블루 스틱 가든은
히말라야푸른양귀비에서 영감을
받아 만들었다. 각 스틱의 두
면은 파란색이고 두 면은
빨간색이라서 다양한 효과를
연출한다.

"최신 디자인은 기존의
여러 가지 아이디어를 뒤섞고
정원 제작의 규칙을 뒤엎는다."

물과 흙 위
캔틸레버식 선반에서 물이 부드럽게 흘러내려
사막 정원에 오아시스가 만들어졌다. 모래를 연상시키는
황토색이 햇빛을 받아 반짝인다.

블록과 파도 모양 왼쪽
하얀 콘크리트 블록이 정원을 가로지르며 구불거리는
잔디와 대조를 이룬다. 집 벽의 삭막한 분위기를
누그러뜨리는 조형물 역할을 한다.

방문해볼 만한 정원

RHS 햄프턴 코트 궁전 가든 페스티벌, 영국
테마 정원 부문에 전시된다.
rhs.org.uk/hamptoncourt

오스트레일리안 드림 가든, 오스트레일리아 캔버라
리처드 웰러와 블라드미르 시타가 디자인한 정원.
nma.gov.au

가든 페스티벌, 프랑스 쇼몽쉬르루아르
domaine-chaumont.fr

코너스톤, 미국 캘리포니아 소노마
혁신적인 디자인을 주기적으로 바꿔가며 전시한다.
cornerstonesonoma.com/gardens

실용적인 아름다움

스테이트먼트 정원에서 안 되는 건 거의 없다. 구상하고 지을 수 있으면 된다. 정해진 규칙은 없다. 오랫동안 멋지고, 흥미롭고, 복합적인 공간이 되려면 실용성과 내구성이 훌륭해야 한다.

식재, 좌석, 경계, 포장 등 기본적인 구성 요소가 있지만 재구성되고 재창조된다. 조형물을 비롯한 추상적인 예술품은 이 디자인에서 상당히 중요한 기능을 한다.

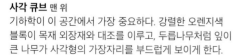

사각 큐브 맨 위
기하학이 이 공간에서 가장 중요하다. 강렬한 오렌지색 블록이 목재 외장재와 대조를 이루고, 두릅나무처럼 잎이 큰 나무가 사각형의 가장자리를 부드럽게 보이게 한다.

나무 길 위
반구형 주목 사이로 특이하고 매력적인 목재 길이 구불구불 이어지며 수로를 가로지른다. 스테이트먼트 정원에서 재료는 특이한 방식으로 사용된다.

막대에 가려진 생활 맨 위
긴 막대로 하얀 자갈 위에 데크를 깔고 수직의 가림막을 만들었다. 절제된 식재가 완고한 분위기를 누그러뜨린다.

한계가 없는 예술 위
코르텐강에 동양적인 대나무 디자인을 레이저로 새기니 단순한 울타리가 예술 작품이 되었다.

매력적인 구성 위
녹슬고 삐죽삐죽한 대들보에 큰못이 박힌
모습이 예술 작품 같고, 무성한 초목이
대조를 이룬다. 스러진 옛 산업을 연상시키는
디자인이다.

분위기를 완화하는 식재 왼쪽
조형물이 서늘한 잎 사이로 뚫고 나오며
신록이 우거진 구석에 역동적인 느낌을
가져온다.

스테이트먼트 작품 위
시선을 사로잡는 예술 작품은 스테이트먼트 정원에서
중요하다. 이온이라는 이 눈부신 조형물은 지구의 평형을
유지하는 힘을 상징한다.

스테이트먼트 정원 설계

스테이트먼트 정원은 매우 다양해서, 종종 생각지도 못한 요소나 아주 평범한 요소를 참신하고 혁신적인
방식으로 이용한다. 다음에 소개하는 정원 중 로버트 마이어의 해안 정원, 사라 에벌리의 숲가 정원, 안토니 왓킨스의
열대 정원에서는 식재가 주된 역할을 하고, 콤 조셉의 정원에서는 조경 재료와 기능적 형태가 공간을 주도한다.

해안의 휴양지

로버트 마이어가 디자인한 이 정원의 내건성 식재는 지중해 해안의 풍경을
연상시킨다. 소나무와 위성류가 뒤쪽에 시원한 그늘을 드리우고, 앞에는 키 작은
식물을 심었다.

주요 구성 요소
1 세슬레리아 니티다
2 켄트란투스 루베르,
  켄트란투스 루베르 '알부스'
3 야시오네 몬타나
4 스파티움, 꽃케일, 켄트란투스

느긋한 해안의 풍경
이 스테이트먼트 정원에서 자연주의 식재가
가장 중요한 역할을 한다. 해안 식물 군락을
일부 가져다 놓은 듯하다. 이 쾌적한 구성은
식물 애호가와 모더니즘 정원을 선호하는

사람을 만족시킨다. 벤치로도 쓰이는 석재
조형물은 매력적인 초점이 되었다.
시멘트벽에 칠한 연보라색이 내건성 높은
식물의 은빛 잎과 조화를 이루고, 붉은색
켄트란투스, 베르바스쿰, 살비아,
야시오네는 강렬한 색상을 뽐낸다.
  흰색 바닥재가 햇빛을 반사해서 햇살이
내리쬐는 풍경을 연상시킨다. 전체적인
느낌은 부드럽고 편안하지만, 식재 사이로
난 돌길은 인공적인 구조물이라는 느낌을
물씬 풍긴다.

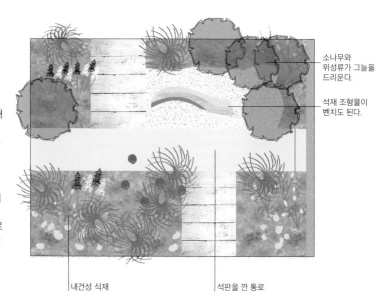

소나무와
위성류가 그늘을
드리운다.

석재 조형물이
벤치도 된다.

내건성 식재   석판을 깐 통로

현대적인 안뜰

콤 조셉은 이 작은 안뜰을 새로 증축한 부분과 완벽하게 어울리게 디자인했다. 집과 가든 오피스를 연결하는 통로도 만들었다. 결과적으로 정원에는 볼거리가 가득하다. 선이 뚜렷하지만 안정감을 주는 공간이 집의 서로 다른 부분에 통일감을 주고, 중앙의 연못, 단순하지만 효과적인 식재, 고급 자재 덕분에 즐겁게 쉴 수 있는 멋진 장소가 되었다.

주요 구성 요소
1 부엌 창에 설치한 코르텐강 루버
2 사과나무 '루돌프'
3 수풀을 이룬 하부 식재
4 코르텐강 판
5 코르텐강 물통
6 중앙 연못
7 물막이 판자를 댄 가든 오피스
8 콘크리트 포장

절제의 멋

이 안뜰은 사시사철 멋지게 보인다. 연못을 이용해 중앙에 관심을 집중시킨 방식이 비결이다. 집과 정원을 연결하는 코르텐강과 콘크리트가 차분한 분위기를 연출한다. 콘크리트는 집 안과 외부 바닥, 정원 가구 등 구조적인 요소에 사용했다.

물막이 판자와 너도밤나무 같은 자연 소재로 경계를 만들어 단순하고 부드럽게 보인다. 식재는 안정감을 준다. 사과나무 아래에 제라늄과 고사리를 심었고, 지면블 넓은 프라티아 앙골리디는 가장자리를 부드럽게 만들어준다.

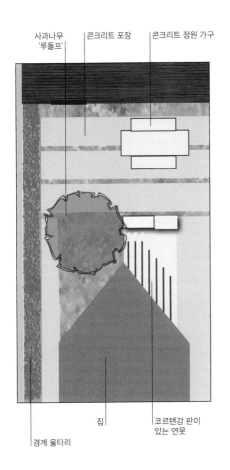

사과나무 '루돌프' · 콘크리트 포장 · 콘크리트 정원 가구

집 · 코르텐강 판이 있는 연못

경계 울타리

숲가에서 영감을 받은 정원

사라 에벌리가 디자인한 정원은 숲가를 표현했다. 지속가능성을 염두에 두고 고안했고, 일부는 자연의 암석층에서 영감을 받았다. 초목이 무성해서 시원하고, 자생식물과 귀화식물이 있어서 아일랜드의 삼림을 생각나게 한다. 가운데에서 시선을 사로잡는 폭포가 인상적이다. 파릇파릇한 벽이 배경을 이루고, 석재로 가장자리를 두른 연못에 폭포 물이 떨어진다.

주요 구성 요소

1 라임 나무
2 연못가 식재
3 수직 지층처럼 보이는 목재 외장재
4 작은 폭포
5 그늘을 드리우는 나무 캐노피
6 통로 및 연못가

울창한 쉼터

식재를 염두에 두고 이 정원을 구상했다. 무성한 나무 캐노피가 외부의 시선을 가려주어 드넓은 세상에서 벗어난 휴식처가 되었다. 아래에서 자라는 키 작은 식물들은 각진 모서리를 부드럽게 보이게 한다.

꽃보다는 잎이 멋진 식물로 수종을 제한했다. 화려한 꽃은 필요 없다. 도깨비부채, 두릅나무처럼 잎이 큰 식물과 양치류, 침엽수가 구조를 형성하고 질감의 대비를 이룬다. 숲의 분위기를 밝혀주는 담황색 길을 배경으로 초목이 두드러진다.

중앙의 건축물은 지속가능한 목재를 이용해 암석층 모양으로 만들었다. 이 건축물은 녹색 벽을 뒷받침하고, 녹슨 대들보 세 개에서 물이 떨어진다.

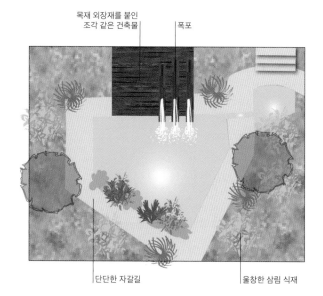

목재 외장재를 붙인 조각 같은 건축물
폭포
단단한 자갈길
울창한 삼림 식재

뒤뜰의 오아시스

멋진 나무가 들어찬 이 도시 정원은 안토니 왓킨스가 디자인했다. 다 자란
야자수와 기타 이국적인 식물이 느긋한 아열대 휴양지를 연상시킨다. 좌석 공간,
다양한 식물이 그득한 돋움 화단, 한적한 가든 룸을 갖추었고, 다양한 바닥재,
구조를 구성하는 식재, 가림막을 이용해 구획했다.

주요 구성 요소
1 당종려
2 잎이 자주색인 칸나
3 좌석 공간
4 부채야자
5 브라헤아 아르마타
6 털마삭줄

열대 지역의 은신처
휴양지의 느낌이 나는 이 정원에는 특이한
식물이 울창하다. 이국적인 이 나무들은
내한성이 약해서 서리가 거의 내리지 않는
도시의 미기후에서 잘 자란다.

여기에서 식물이 가장 중요한 역할을
하는데, 레이아웃을 보면 기능별로 구획을
나누어 공간을 노련하게 활용했음을
알 수 있다. 집 인근의 파티오에는 타일을
깔고 식탁을 놓았으며, 멀리 떨어져 있는
좌석 공간은 야자수, 올리브나무, 칸나로
둘러싸여 편안해 보인다.
　돋움 화단을 만들고 화분을 같은
종류끼리 모아 놓아서 밝은 색상의 식물을
재배하기 쉽다. 통로가 굽어 있고 나뭇잎이
커서 정원 전체가 한눈에 보이지 않는다.
구석진 곳에 있는 가든 룸은 지붕을 덮고
주방을 갖추어서 여름 휴가지로 완벽하다.

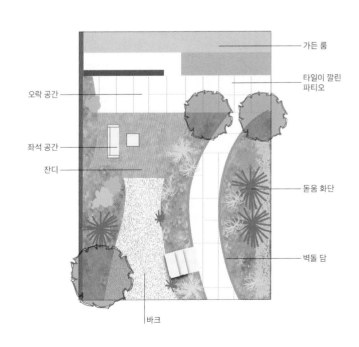

가든 룸
타일이 깔린 파티오
오락 공간
좌석 공간
잔디
돋움 화단
벽돌 담
바크

디자인의 융합

지중해식 정원부터 모더니즘 정원까지 다양한 스타일을 융합한
이 스테이트먼트 정원은 쥐라기 시대에서 얻은 영감을 조화로운
디자인 안에 엮어 구성했다. 스테고사우루스의 등쪽 골판을
연상시키는 커다란 금속 구조물이 공간의 경계를 명확하게 나타낸다.

자연의 구조물

지중해의 호랑잎가시나무와
우네도딸기나무를 비롯한 상록수가
구조를 구성하고 영속적인 느낌을
준다. 잎이 섬세하게 갈라진
단단하고 이국적인 나무는 부드러운
분위기를 연출한다.

선사시대 지각판처럼

대충 만든 것 같은 바닥 설계와
불규칙한 모양의 포장석이 디자인의
규칙을 벗어나 있다. 지구의 지각판이
충돌하여 새로운 지형이 형성되는
모습처럼 울퉁불퉁하다.

디자이너 **앤디 스터전**

계곡을 잇는 다리

통로에 단을 하나 올려 시내를 건너는 다리가 만들어졌다. 물은 오래전부터 흘렀고 다리는 새로 놓은 것처럼 보인다. 석판 모양의 벤치는 고대의 암반층을 연상시킨다.

강철 가림막

청동 도금된 강철판이 우뚝 서 있다. 공룡의 등쪽 골판과 비슷한 모양으로 만들어 정원의 가장자리에 초점을 형성했다. 화로를 돋보이게 하고 후미진 구석에서 호기심을 유발한다.

예술적인 식재

식재가 비정형적으로 보이며 어떤 곳에는 덤불이 우거지기까지 했지만, 실제로는 신중하게 계산된 식재다. 코로키아 비르가타의 검은색 줄기가 뒤엉켜, 강렬한 주황색 캥거루포우를 비롯한 다채로운 다년생식물과 서로 밀치고 나오는 듯하다.

어떻게 디자인할까?

정원 평가

정원 대지가 빈 도화지가 아니라면, 재설계에 착수하기 전에 기존에 무엇이 있는지를 세심하게 살펴봐야 한다. 방금 이사를 왔다면 어떤 식물이 나오는지, 사계절 동안 정원이 어떻게 변화하는지를 지켜보며 기다릴 필요가 있다. 오래된 정원을 개조할 때 비용도 고려해야 하고, 좋아하는 구성 요소는 그대로 두거나 일부를 이용할 수도 있다.

정원의 토양을 조사하고, 일조량과 강수량도 확인한다. 그래야 특정한 환경에서 어떤 식물이 번성할지 알 수 있고, 식물을 잘못 사는 실수를 피할 수 있다. 모래를 파서 배수 환경을 개선하거나 척박한 토양에 영양분을 많이 뿌리면 식물 선택의 폭이 넓어질 것이다.

경사지가 약점으로 보일 수도 있으나 테라스, 계단, 돋운 단, 데크를 활용하여 장점으로 바꿀 수 있다. 이런 요소를 도입하면 오래된 정원에 새로운 활기를 불어넣고 정원의 수명을 연장할 수 있다. 습기가 많다는 단점이 있는 곳도 습지 정원이나 연못으로 바꾸면 물을 좋아하는 다양한 식물과 그 식물을 좋아하는 야생 생물을 즐길 수 있다.

사생활 보호가 중요하지만, 경계를 크게 고칠 때에는 이웃의 입장을 고려해야 한다. 키가 크고 왕성하게 자라는 침엽수 생울타리는 주변 시선을 차단하지만, 이웃집 파티오에 온종일 긴 그림자를 드리울 수 있다. 갈등이 생길 수 있으므로 설계를 마치기 전이나 경계 주변의 공사를 시작하기 전에 미리 협의를 거쳐야 한다.

가장 마음에 새겨야 할 점은 정원을 재설계하고 새 조경을 시작하기 전에 여유 있게 시간을 갖는 것이다. 공사를 하는 동안 수목이 없는 곳이나 보기 싫은 곳을 가려야 한다면 화분을 놓는 것이 가장 빠르고 효과적이다.

맨 위, 위
토양을 살펴보고 척박하면 영양분을 준다.
중요한 첫 단계는 토지에 적합한 식물을 선택하는 것이다.

토양의 성질과
정원의 방향 파악하기

정원을 설계할 때 정원 부지를 최대한 많이 파악해야 한다. 주변 환경과 토양의 특성,
배수 환경을 간과하면 부적합한 식물을 사서 헛돈을 쓰거나, 바람길인지도 모르고
좌석을 설치하거나, 잔디밭이 겨울에 연못이 되는 일이 생긴다.

토양의 종류와 개량

정원의 토양은 끈적한 점토질부터 물이 잘 빠지는
모래까지 다양하다. 점토질은 겨울에 침수되고,
여름에 바짝 마른다. 반면에 모래질 토양은 이른
봄부터 생기를 뿜어내지만, 여름에 수분이 유지되지
않는다. 점토질은 비료와 모래를 섞어주면 매우
비옥한 토양이 된다. 모래는 대개 척박하며, 거름을
주거나 멀칭을 하지 않으면 수분과 영양분을
보유하지 못한다. 이상적인 '양토'에는 점토와 모래,
유기물이 적당히 섞여 있다. 유기물이 들어 있어서
짙은 색을 띠고 비옥하며, 괭이로 뒤집으면
부스러기같이 되는 약한 구조이고 보수력이 좋다.
식재 설계를 하기 전에 토질을 검사한다.(오른쪽 위)
양토는 굴리면 뭉쳐져서 공이 되고, 누르면
부스러진다.

점토질 토양 테스트
점토 함량이 높으면 공이나
소시지, 링을 만들 수 있다.

모래질 토양 테스트
살짝 누르면 부서지고 공을
만들 수 없으며 모래 같다.

모래는 배수를 개선한다
흙의 상층에 괭이 깊이까지 굵은 모래를 섞으면 찰진 흙의
배수가 개선된다. 물에 잠긴 흙에는 배수가 필요하다.

잘 부패한 거름은 모든 토양에 이롭다
거름을 주면 미세한 점토 입자가 잘 뭉치고, 토양의 구성과
배수가 개선된다. 또한 모래질 토양에는 물과 영양을
보유하게 해주는데, 이때 섞지 말고 위에 덮어준다.

산도 측정

토양의 pH는 산성과 알칼리성의 정도를 나타내는 수치다. 7은
중성이고, 7 이하는 산성, 7 이상은 알칼리성이다. 산성 토양은
철쭉과 식물에 적합하고, 지중해의 허브, 관목, 고산 식물은
석회질이 많은 알칼리성 토양에서 잘 자란다. 주변을 살펴 어떤
식물이 잘 자라는지를 알아본다면, 내 집의 토양에 대한 단서를
얻을 수 있다. 토양의 유형은 정원 곳곳마다 다를 수 있으므로,
전자식 산도 측정기나 간단한 화학 물질 진단 장비(오른쪽)를
이용하여 여러 번 측정해본다.

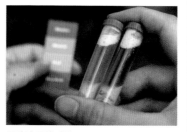
토양의 유형 파악
정원 곳곳에서 샘플을 채취해 진단 장비로
산도와 알칼리도를 확인한다.

정원의 방향 확인

정원이 향하고 있는 방향은 정원에 들어오는
햇빛과 바람의 양에 큰 영향을 준다. 정원의 방향을
파악하려면 집을 등지고 서서 앞이 향하는 방향을
나침반으로 확인한다.

　일반적으로 남향과 서향 대지는 따뜻하고 햇볕이
잘 든다. 북향과 동향 대지는 서늘하고 그늘이 진다.
(135쪽 참조) 개방된 곳에서 강풍을 막아주면
풍속냉각효과가 감소해서 구조물과 식물에 대한
피해가 줄어든다. 해발고도가 높은 곳은 기온이
낮은 반면, 도시 지역에서는 난방 장치를 이용해
인공적으로 정원을 따뜻하게 유지할 수 있다.

바람이 많은 곳
개방된 환경은 식물의 선택뿐 아니라 정원의 이용에도
제약이 된다. 낙엽수 울타리로 가리면 난기류를 만들지
않고 바람의 속도를 줄일 수 있다. 또는 통기성이 있는
바람막이를 이용한다.(227쪽 참조)

서리 포켓
경사지에서는 차가운 공기가 가장 낮은 지점으로
내려오다가 경로가 막히면 그곳에 고인다. 여기에서
내한성이 낮은 식물은 서리 피해를 입을 수 있다.

아침

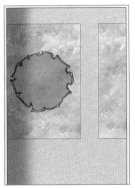

집

남향 정원
여름날 동쪽 끝에서부터 정원을 가로지르는 부드러운 햇살이 비추면, 서쪽의 파티오에서 쾌적하게 아침 식사를 할 수 있다.

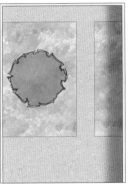

집

북향 정원
동쪽에서 뜬 아침 해가 바로 집 뒤로 사라진다. 서리를 녹이는 아침 햇살에 민감한 식물이나 동백나무는 그늘진 동쪽에 심는다.

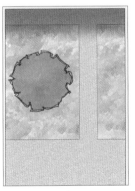

집

동향 정원
파티오에서 아침식사를 즐길 수 있다. 하지만 서리를 녹이는 아침 햇살에 민감한 관목은 여기에 심어선 안 된다. 차가운 동풍에 부드러운 잎이 시든다.

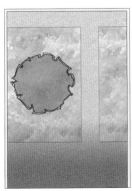

집

서향 정원
집 근처의 공간은 아침 내내 대부분 그늘이 져서 더운 날씨에는 시원하다. 이른 아침의 햇살을 받으려면 정원의 끝에 좌석을 마련하라.

한낮

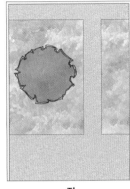

집

남향 정원
한여름에는 벽이 태양열을 반사하고 정원 전체가 햇빛에 노출되어 있으므로, 그늘막을 설치하지 않으면 사람과 식물이 탄다.

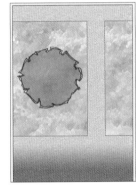

집

북향 정원
집과 가까운 공간에 완전히 그늘이 진다. 정원이 길다면 맨 끝에는 볕이 들 수 있어서, 좌석이나 햇빛을 좋아하는 식물을 배치하기 좋다.

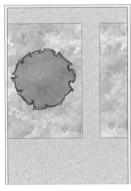

집

동향 정원
햇빛이 남쪽에서 정원을 가로질러 들어오다가 오후에 집 뒤로 사라진다. 한낮이 지나면 서늘해서 그늘이 필요한 온실에는 좋다.

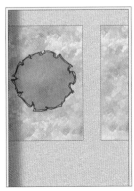

집

서향 정원
정원 전체에 한낮의 햇살이 가득한데, 여름에 특히 그렇다. 집과 북쪽, 남쪽 담장에 부드러운 관목이 번성한다. 남쪽의 파티오에는 그늘이 진다.

저녁

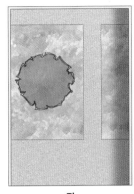

집

남향 정원
벽에서 나오는 열 때문에 밤에도 파티오가 따뜻하다. 정원 대부분이 종일 따뜻해서 서리에 약한 식물에 이상적인 환경이다.

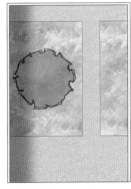

집

북향 정원
서쪽에서 드는 부드러운 햇볕이 수풀에 이상적이다. 동쪽에 있는 파티오에서 여름 저녁의 햇살을 즐길 수 있다.

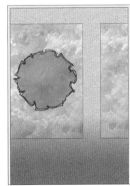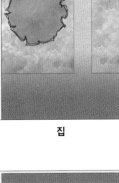

집

동향 정원
집 옆의 공간에 그늘이 진다. 낮 동안 벽이 열을 흡수하지 않았으므로 앉아 있으면 춥게 느껴진다. 저녁 햇볕을 쬐려면 정원의 맨 끝에 파티오를 설치한다.

서향 정원
집 옆의 식사 공간에서 늦은 저녁 햇볕을 쬘 수 있는데, 그늘이 필요할 수도 있다. 벽이 열을 흡수해서 여름에는 밤에도 공간을 따뜻하게 해준다.

경사지의 배수 관리

물이 어디로 이동할지, 어떻게 물의 방향을 바꿀 수 있을지 예측하는 것이 배수 설계의 기초다. 기본적으로 바닥을 만들 때마다 경사가 지게 해서 물이 건물 밖으로 흘러나가게 해야 한다. 대부분의 경우 물은 테라스나 계단 같은 단단한 면을 타고 흘러 흙에 흡수된다. 하지만 굴곡이 있거나 묵직하고 밀도가 높은 토양이 있는 부지에는 배수가 잘되지 않을 수 있으므로, 물이 고이거나 넘치는 문제가 없도록 전문가의 도움을 받아야 한다.

배수 문제

지붕과 포장된 길 등 방수 공사를 한 표면에는 자연 배수가 되지 않으므로 주의를 기울인다. 물은 하수구나 배수구멍으로 흘러나가야 하고, 소량이라면 직접 화단으로 들어가도 된다. 토양의 유형도 배수에 영향을 준다. 물이 잘 빠지는 모래, 자갈, 사양토보다 점토와 토사 같은 무거운 토양에 문제가 많이 생긴다.

경사지에서는 물이 낮은 곳을 찾아 빠르게 흘러내려서 결국 매설관, 겉도랑, 개울로 들어간다. 흙이 드러나 있거나 식물이 드문 곳으로 물이 흘러가면 도랑이 생기거나 침식이 일어날 수 있으므로 특별히 관심을 기울인다. 토지가 평평하지 않거나 후미지다면 물이 옴폭한 곳에 모이거나 늪이나 연못 같은 커다란 습지가 만들어지므로 배수관이 필요하다.

부지가 까다롭다면 지하수면을 알아봐야 한다. 배수관이나 배수구의 위치를 결정하는 데 영향을 주기 때문이다.

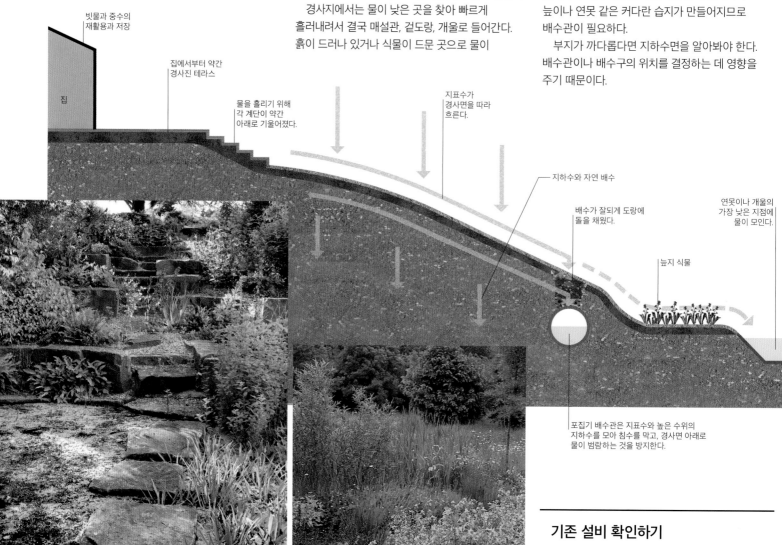

빗물과 중수의 재활용과 저장

집

집에서부터 약간 경사진 테라스

물을 흘리기 위해 각 계단이 약간 아래로 기울어졌다.

지표수가 경사면을 따라 흐른다.

지하수와 자연 배수

배수가 잘되게 도랑에 돌을 채웠다.

연못이나 개울의 가장 낮은 지점에 물이 모인다.

늪지 식물

포집기 배수관은 지표수와 높은 수위의 지하수를 모아 침수를 막고, 경사면 아래로 물이 범람하는 것을 방지한다.

비탈진 정원
정원에 내리는 빗물은 모두 가장 낮은 바닥이나 연못으로 흘러 들어간다. 넘치는 물을 지하 배수관이나 지표 배수구로 보내려면 물길이 필요하다.

물을 좋아하는 식물
지하수는 문제가 되기도 하지만, 좋은 환경이 되기도 한다. 본래 지하수면이 높거나 방수 시설을 갖춘 습지 정원은 물을 좋아하는 식물을 기르기에 이상적이다.

기존 설비 확인하기

연못을 만들거나, 경사를 변경하거나, 배수관을 설치할 때 땅을 파면 수도관, 가스관, 전기선 같은 기존의 설비를 건드릴 수 있다. 바로 아래에 무엇이 있는지 모르는 채로 파선 안 되고, 도시계획 도면에 나와 있는 위치에 설비가 있을 것으로 추측해서도 안 된다. 천천히 문제를 확인하고, 확실히 파악하지 못하면 전문 측량 기사에게 의뢰하라.

빗물 수집
건조한 시기를 어느 정도 버틸 수 있을 만큼 빗물을
받아놓을 수 있는 재활용 통이다. 정원의 외관에 매력을
더해준다.

범람 방지 대책

배수가 세심하게 관리되지 않는 곳에서는 큰비가
내려 배수 능력보다 더 많은 빗물이 유입되면 나의
정원은 물론, 인근 전역에 물난리가 날 수 있다.
영국에는 앞마당 포장에 관한 규정이 있으므로
재설계 전에 확인해야 한다. 범람을 방지하려면
지속가능한 도시 배수 시스템(SuDS)을 설치하여
빗물이 모여서 땅으로 천천히 흡수될 수 있는
공간을 만든다. 식재 공간은 많은 양의 물을 흡수할
수 있어서 홍수 완화에 도움이 된다. 움푹해서
때때로 연못이 되는 곳에는 습하든 건조하든 잘
자라는 식물을 심어두면 좋다. 빗물 관리의 목표는
정원에 내리는 모든 빗물을 저장하는 것이다.
빗물받이통을 설치해 빗물을 식재에 사용하면 좋다.

수생식물

물의 흐름
침수 지역이 아니라면 넘치는 지표수는
배수나 연못으로 흘러간다. 지하수면이
높다면 전문가에게 의뢰해 지하 배수
설비를 설치해야 한다.

비정형적인 연못
넘치는 빗물을 가두어 만든 습지가 수생 동식물의 완벽한
서식처가 될 수 있다.

설계에서 고려해야 할 사항

정원이 경사지에 있다면 쓸모 있도록 평평하게
만들어야 할 수 있다. 그러려면 건설 공사가 필요하며,
계획을 세울 때 예산과 공사 기간, 공사 부지의
전체적인 규모와 형태, 토공 장비가 접근 가능한지
살펴야 한다. 경사가 가파르거나 불안정한 경우,
특별히 넓은 면적을 고르게 해야 하는 경우 해결책이
복잡해진다.

데크와 플랫폼

기존의 지면에 최대한 손을 대지 않으면서 평평한
플랫폼과 통행로를 만들려면 목재를 사용하는 것이
가장 좋다. 토공 장비가 접근하기 어려운 곳, 경사가
변경할 수 없을 만큼 너무 가파른 곳, 습지 주변의
울퉁불퉁한 곳에 데크가 특히 유용하다. 하지만 다른
자재에 비해 데크는 내구성이 떨어진다.

계단식 플랫폼을
계단으로 연결한다.

데크는 견고하게
시공해야 하므로
전문가에게 의뢰한다.

본래의 경사면을
그대로 둔다.

목재 지지대의
기반이 견고해야
한다.

계단식 화단

경사지에 계단식으로 작은 규모의 단을 만들면
평평한 화단이 될 수 있다. 옹벽을 하나씩 위로
설치하여 틀을 만든 다음, 옹벽 뒤를 경사면에서
깎아낸 흙으로 채운다. 이 작업은 손이나 굴착기로
할 수 있다. 계단의 규모가 커지면 전문적인
디자이너와 엔지니어의 도움이 필요하다.

본래의 경사

식재, 잔디,
파티오를 위한
평면

경사면에서 파낸
흙으로 옹벽 뒤를
채운다.

벽돌, 목재 침목, 금속
패널로 만든 옹벽

완만한 경사 만들기

기복이 심한 땅은 평평하게 만들거나 경사를 완만하게
만든다. 흙이나 경골재가 남으면 다른 곳으로
운반하기도 하고 모자라면 실어오기도 하는데, 두 경우
모두 비용이 발생한다. 어떤 변화든 기존의 초목을
훼손하기 때문에, 유지하고 싶은 나무가 있다면
시행하기 어렵다.

이 흙을 파서 메운다.

본래의 기복

옆에서 깎아낸
흙으로 구멍을 메워
경사를 완만하게
만든다.

정원의 구성 요소에 관한 평가

정원 재설계를 계획하고 있다면 우선 어느 요소를 유지할지, 어느 요소가 마음에 들지 않는지를 자문해본다.
다음으로 예산을 고려한다. 이 예산으로 새로운 요소를 추가하고 기존의 정원을 개조할 수 있을까?
아니면 아예 대대적인 조경 공사를 하고 식재 디자인도 새롭게 바꿀까? 예산이 빠듯하더라도 참신한 방식으로
몇 가지 아이디어를 더하면 식상해진 정원에 새 활기를 불어넣을 수 있다.

얼마나 변화시킬까?

설계를 시작하기 전에 완전히 새로운 모습을 원하는지, 파티오나 연못처럼 새로운 요소를 추가할지, 레이아웃은 그대로 유지하면서 식재를 단장하고 싶은지를 생각해보자. 정원이 작거나, 여러 공간이 연결된 모습이 아닌 단 하나의 공간으로 보인다면, 전체 공간을 바꿔보고 싶을 수 있다. 대지가 크면 전부 재설계하기에는 시간과 돈이 많이 든다. 중요하게 여기는 요소를 기록하고, 아이들이 성장한다든지 앞으로 변화하는 상황에 따라 필요한 것이 달라질 수 있음을 염두에 두어야 한다.

완전히 새로운 모습

대대적인 변화는 상상하기 어려울 수 있고, 기존의 구조물과 큰 나무(성목)를 제거하는 일이 포함될 수도 있다. 하지만 정원에서 완전히 다른 일을 해볼 수 있고, 개인에게는 획기적인 공간을 만드는 기회가 된다.

장점
• 빈 도화지에 원하는 대로 만들 수 있어서 흥미진진하다.
• 기존의 요소와 타협할 필요가 없어서 완성된 정원은 통일감 있는 모습을 갖출 수 있다.

단점
• 구조를 만드는 데에 교목과 관목이 필요하다.
• 새로운 식물이 다 자라기까지 시간이 걸린다.
• 상상한 대로 결과가 나오지 않을 수 있다.
• 야생동물이 잠시 서식지를 잃는다. 새로운 디자인에 따라 나중에 돌아올 수도 있다.
• 완전히 빈 도화지에서 시작하는 일이 기존의 레이아웃을 개조하는 일보다 더 힘들 수 있다.

비용
• 하드스케이프에 비용이 많이 들고, 나무가 자라길 기다릴 수 없어서 성목을 심는다면 비용이 늘어난다.

기존 정원의 개조

가장 흔한 방법이다. 기존의 요소를 보존하면서도 새롭게 단장할 수 있다. 계속 놔둘 요소를 목록으로 정리한다. 춥거나 경사진 정원은 현장 조사가 필요할 수 있다.

장점
• 전체를 바꾸는 것보다 시간과 돈이 절약된다.
• 단계적으로 시공하고, 여러 영역을 순서대로 손볼 수 있다.
• 기존의 식물을 이용하므로 다 자랄 때까지 기다릴 필요가 없다.

단점
• 결과물에 통일감이 부족하다. 추가하는 요소가 기존의 요소를 보완하는지 확인하는 것이 중요하다.
• 기대한 만큼 극적인 효과가 나타나지 않을 수 있다.

비용
• 현재의 레이아웃을 바탕으로 시공하는 것이 완전히 바꾸는 것보다 비용이 덜 든다. 돈이 있을 때마다 단계적으로 개조하는 경우에 적합하다.

새로운 요소의 추가

정원의 한 부분만 변경하는 게 제일 간단한 방법인데, 새로운 요소가 이질감 없이 융화되도록 주의한다. 기존의 디자인과 잘 어울리는 소재와 색상 선택에 특별히 신경 써야 한다.

장점
• 새로 한 가지 요소를 추가하는 일은 관리하기가 쉽다.
• 새로운 요소를 설치하는 동안 정원의 나머지 부분을 사용할 수 있다.
• 한 프로젝트에만 집중하기 때문에 세세한 부분까지 신경 쓸 수 있다.

단점
• 새로운 요소가 정원의 나머지 부분과 잘 어울리는지 확인하기 어렵다.
• 마음껏 상상의 나래를 펼칠 수 없다.
• 새로운 요소를 시공하는 동안 정원의 다른 영역이 손상될 수 있다. 특히 잔디와 기존의 식물이 망가지기 쉽다.

비용
• 매우 화려한 것을 계획하지 않는다면 비용이 가장 적게 드는 방법이다. 예산을 세우기가 비교적 쉽다.

사례: 한 가정의 새로운 정원

정원 점검을 시작할 때 몇 가지 질문을 던져보자. 마음에 드는 것과 마음에 들지 않는 것을 목록으로 정리했더라도, 중요한 구성 요소를 유지할 때와 제거할 때의 장단점을 고려해야 한다. 예를 들어, 성목이 여름에 녹음을 드리워서 뽑아버릴 생각이라면, 단점이 장점보다 덜 중요한지 돌아본다. 성목은 바람을 막거나 이웃집을 가려서 사생활을 보호해준다. 또는 정원 구조에서 높이감을 준다. 보존령에 따라 보호받는 나무가 아닌지 확인하는 것도 중요하다.

정원을 잘 알고 있다면 결정을 내리기 쉽다. 처음 경험하는 정원이라면, 정원에 큰 변화를 주기 전에 인내심을 갖고 계절을 몇 번 지내보면서 어떤 변화가 나타나는지 확인하는 것이 좋다.

여기에서 한 가정의 정원을 재설계한 사례를 논의한다. 아래 사진은 정원 주인이 원하는 변화의 정도에 따라 선택할 수 있는 사항 중 일부를 보여준다.

본래의 정원 대지
가족 정원의 이용 방식과 정원에서 보내는 시간은 아이들이 성장함에 따라 달라질 수밖에 없다. 아이들에게 맞는 놀이 공간을 설계해야 한다.

추가적인 요소

구조
통로, 파티오, 담 같은 새로운 하드스케이프는 즉각적인 효과가 있다.

놀이 공간
적절한 공간에 배치하고, 나중에 마음대로 변경할 수 있는 기구를 추가한다.

야외 거실
정원에 식사, 오락 및 휴식 공간을 만들어 생활공간을 넓힌다.

개조할까 없앨까

화단
식재 공간에 새로운 관목과 다년생식물을 추가하여 변화를 주거나, 완전히 새롭게 식재한다.

연못
큰 아이들이 놀기에는 매우 좋지만, 어린아이의 안전을 염려한다면 안전망을 설치해야 한다.

보기 흉한 파티오
화분과 야외용 가구가 있는 테라스에 볼거리가 없다.

유지할 요소

부속 건축물
온실처럼 튼튼하고 유용한 구조물은 새로운 디자인에 통합될 수 있다.

성목
느리게 자라는 성목은 가능한 한 베지 말고 나머지를 개조한다. 성목은 정원의 구조와 높이를 담당한다.

다년생식물
환경에 적응해 잘 자라고 있는 식물 군락은 유지한다.

정원 경계 디자인

실외 공간의 틀을 담당하는 경계는 정원에서 매우 중요한 요소다. 법적인 소유권을 표시하고, 미기후를 형성하며 사생활을 보호한다. 이웃 간에 경계를 둘러싼 분쟁이 흔히 발생하고, 경계를 결정하는 법 규정도 많다. 그러므로 경계를 변경하기 전에 우선 누가 우리 정원의 경계를 소유하고 있는지 확인하라. 이웃에게 소유권이 있다면 제일 먼저 이웃에게 변경해도 되는지 상의해야 차후의 갈등을 피할 수 있다.

사생활 보호에 문제가 없을까?

경계를 바꾸기 전, 특히 높이거나 없애는 경우라면 이런 변화가 나와 이웃의 사생활 보호와 일조량에 영향을 주는지 세심하게 평가한다. 모든 문과 창문, 특히 2층 창문에서 지금은 무엇이 보이는지, 변화가 생긴 후에는 무엇이 보일지를 확인한다. 겨울에 낙엽수의 잎이 떨어지면 이로 인해 일조량이 늘고 정원의 개방감이 좋아지는 점을 염두에 둔다. 데크 등으로 지면을 높이면 이웃의 사생활을 침해할 수도 있다.

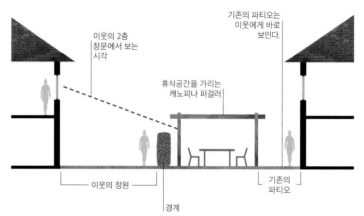

이웃의 2층 창문에서 보는 시각

기존의 파티오는 이웃에게 바로 보인다.

휴식공간을 가리는 캐노피나 퍼걸러

이웃의 정원

경계

기존의 파티오

이웃의 시야

정원의 구조물을 잘 설치하면 높은 담이나 생울타리 없이도 내 공간을 가릴 수 있다. 파티오나 휴식 공간의 경우 캐노피나 퍼걸러로 이웃의 시야를 가리면, 양쪽으로 빛을 차단하지 않고도 사생활을 보호할 수 있다.

사생활 보호 장치

담을 지나치게 높이는 것은 불법이 될 수 있으므로, 우선 인근 설계사무소에 문의해본다. 하지만 경계 자체를 변경하지 않고 정원 내에서 사생활 보호를 강화하는 방법도 있다. 새로운 나무를 전략적으로 배치하는 것이 도움이 될 수 있지만, 다 자라려면 시간이 걸린다. 키가 크고 빠르게 자라는 상록수 생울타리는 불편을 초래할 수 있고 유지 관리에 돈과 노력이 많이 들기 때문에 피해야 한다. 덩굴식물의 지지대가 되고 공기는 통과시키며 비바람은 막아서 미기후를 만들 수 있는 격자 울타리를 고려해본다.(227쪽 참조) 가장 좋은 방법은 이웃집에서 건너다보이지 않는 공간을 정원 안에 만드는 것이다.(위 그림 참조)

퍼걸러 덮개

덩굴식물이 어우러진 퍼걸러는 사생활 보호를 해주면서도 나머지 부분의 빛은 차단하지 않아서 멋진 방법이다.

잘 가려진 공간

식재를 잘 배치해서 한적한 휴식 공간을 만들었다. 파라솔이 사생활을 보호하고 그늘을 제공한다.

임시 가림막

이와 같은 임시 덮개는 필요할 때마다 비바람을 막아주는 휴식 공간을 만들고, 이동이 간편하다.

이웃과 사이좋게 지내려면

누구나 개인의 자유를 원하지만, 이웃과 좋은 관계를 맺는 것 역시 중요하다. 파티오 주변에는 큰 가림막을 놓고, 다른 곳엔 낮은 울타리를 설치해서 대화를 나눌 수 있게 한다. 정원을 설계할 때 이웃의 기분을 상하게 하는지, 이웃의 공간을 침범하는지, 빛을 차단하는지 살펴봐야 한다.

　　한편 공동 정원은 교류와 협력을 다지기 위해 설계한다. 세심하게 설계하고, 정원을 서로 어떻게 관리할지도 의논해야 한다.

다정하게 공간 나누기
오른쪽 위
울타리가 낮으면 이웃 간에 만나서 소통하기 쉽고, 양쪽 정원에 일조량이 많아진다.

공동 공간 오른쪽
공동 정원은 공동체라는 느낌을 주고, 관리 책임이 나뉜다면 잘 이용할 수 있다.

경계 규정

고속도로나 보도 옆에 높이 1미터 이상의 울타리나 담을 설치하거나 기타 경계에 2미터 이상의 울타리나 담을 설치하는 경우, 건축 허가가 필요할 수 있다. 그러므로 제일 먼저 설계사무소에서 확인해봐야 한다. 울타리 기둥이 내 정원 안에 있어야 울타리가 이웃의 정원을 침범하지 않는다. 생울타리는 경계에서 적어도 1미터 안쪽으로 심어야 한다. 지적도에 정원 경계의 위치가 표시되어 있을 것이다.

이웃집의 일조권

개인의 일조권에 관한 여러 법률이 있다. 정원의 구조와 잘못된 건물 배치가 그림자를 만들기도 하지만, 대부분의 빛은 정원의 나무가 차단한다. 손수 법을 찾아보기 전에 전문가의 자문을 구하는 것이 좋다. 거슬리는 나뭇가지를 치거나 합의를 통해 경계를 바꿈으로써 이웃집에 빛이 많이 들게 할 수 있다. 내 정원을 바꿀 계획이라면 그 변화가 현재, 그리고 앞으로 일 년 내내 시시각각으로 이웃의 일조권에 어떤 영향을 주는지 고려해야 한다. 특히 나무와 생울타리가 이에 해당하는데, 나무의 키가 커지면 문제가 생길 수 있다.

보안 문제

경계가 사생활을 보호해주지만, 정원을 폐쇄된 공간으로 만드는 것과 외부에 개방하는 것 사이에서 균형을 맞추는 것이 가장 좋다. 경찰이 권장하는 집 앞의 울타리, 담장, 생울타리의 높이는 1미터 이하이다. 그래야 거리에서 창문과 문을 볼 수 있다. 조명을 사용해 정원을 밝게 하되, 이웃집에 투광등을 비춰선 안 된다. 피라칸타, 호랑가시나무, 가시자두처럼 가시가 있는 상록관목은 침입자를 막아주는 멋진 장벽이 된다.

가시 담장 아래 왼쪽
피라칸타는 도둑 방지에 적합하지만, 자라는 데 시간이 걸린다. 간단한 기둥과 철조망을 함께 설치하고 높이는 2미터 이하로 유지한다.

보안용 자동문 아래
전자식 자동개폐문은 큰 집의 보안을 강화하거나 절도 범죄가 빈번한 곳에 적합하다. 투박한 디자인이 많으니 정원과 어울리는 예쁜 문을 잘 찾아본다.

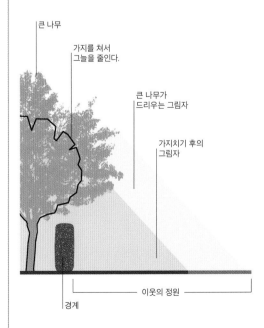

큰 나무

가지를 쳐서 그늘을 줄인다.

큰 나무가 드리우는 그림자

가지치기 후의 그림자

이웃의 정원

경계

일조량을 늘리는 방법
경계나 정원의 구성 요소가 이웃집 정원에 그늘을 얼마나 드리우는지 알아본다. 위 그림처럼 가지치기를 하면 옆 정원에 더 많은 빛이 들어간다.

정원 디자인의 기본 원칙

정원 디자인은 계속 해결책을 찾아가는 일이다. 처음에는 어려워 보이지만 원하는 것과 실제로 필요한 것을 분명하게 정하고 시작하면, 바로 기본 디자인이 모양새를 갖춰나갈 것이다.

우선 잡지, 사진, 온라인 자료를 보고 원하는 것을 한데 모아서 책이나 폴더를 만든다. 좋아하는 식물이나 경관 외에 선망하는 가구나 예술품도 있을 수 있다. 그런 다음 생각을 구체화하기 위해 식탁, 좌석, 아이들 놀이터 등 다양한 공간을 구분해 표시하는 간단한 버블 다이어그램을 만든다.

통로, 구조의 형태, 각 요소 사이의 공간이 모두 디자인의 외관과 느낌에 영향을 주기 때문에 충분히 숙고한 후 최종 설계도를 그려야 한다. 예를 들어, 구불구불한 길과 유기적인 형태가 결합하면 편안하고 비정형적인 디자인이 되는 반면, 직선 경로와 대칭적인 레이아웃은 딱딱한 분위기를 연출한다.

어느 대지든 각기 특별한 문제가 있다. 가파른 경사지라서 계단형 축석 공사를 해야 하는 곳도 있고, 너무 좁거나 모양이 이상한 곳도 있다.

어떤 문제가 있든 선, 형태, 높이, 구조, 전망을 이용하는 법을 알면 도움이 된다. 작은 정원이라면 착시 현상을 이용하거나 특정한 것에 주의를 집중시키는 등 눈길을 끌거나 눈을 속이는 다양한 방법을 이용할 수 있다.

분위기를 연출할 때 색상, 패턴, 질감이 큰 영향을 준다. 색상은 정원의 크기와 공간에 대한 인상에도 영향을 준다. 차가운 파란색과 흰색은 더 커 보이게 만드는 반면 따뜻한 붉은색과 노란색은 생동감을 주면서도 작아 보이게 한다. 연한 색과 흰색은 어둠침침한 공간에 빛을 반사한다. 질감을 이용한 효과도 있다. 거친 것과 매끄러운 것, 광택이 있는 것과 없는 것을 결합하면 재미있는 대비 효과가 만들어진다.

원하는 정원의 모습이 명확하고, 여기에 올바른 정원 설계 원칙까지 갖춘다면 꿈꾸는 정원을 현실로 만들 수 있다.

맨위, 위
패턴이 강렬하면 재료가 달라도 통일감을 준다.
설계도를 그려 아이디어를 정리할 수 있다.

지속가능한 조경 재료

지속가능성에 대한 관심은 일상에서 점점 더 중요한 일이 되어가고, 정원을 만들고 유지하는 방법에도 영향을 주는 필수 조건이 되었다. 식물, 배양토, 화분, 건축 자재, 그 무엇이든지 간에 새로운 물건을 사게 되면 많은 비용이 들고, 제품의 생산과 운반 과정 모두가 환경에 상당한 영향을 준다. 재료를 재활용하고, 기발하게 디자인하고, 현장이나 인근에 있는 재료를 이용하여 환경에 미치는 악영향을 최소한으로 줄이면서도 분명 최고의 정원을 만들 수 있다.

재활용과 재사용

새것을 사기보다 오래된 재료와 물건의 새로운 용도를 발견하는 것이 지속가능성을 높이는 좋은 방법이며, 비용 대비 만족도가 크다. 중고품 상점, 매립장, 길가의 쓰레기통(내용물을 가져가도 되는 경우)에서 훌륭한 조경 재료를 찾을 수도 있지만, 이미 가지고 있는 물건을 다시 사용한다면 두말할 나위가 없다. 함석 쓰레기통을 화분으로 사용하는 경우처럼 재활용품은 개조가 필요 없거나, 약간만 개조하면 된다. 어떤 재료는 내후성을 강화하는 등 약간의 작업이 필요하다. 무작위적이고 제각각인 것처럼 보이지 않으려면 한 가지 주제를 꾸준하게 유지해야 한다. 예를 들어 목재 방부제는 같은 색을 사용하고, 화분은 비슷한 금속 화분을 골라 쓴다. 재활용품을 잘 고르면 개성 있는 정원을 만들고, 자연 환경에 미치는 악영향도 줄이는 일거양득의 효과를 볼 수 있다.

세련된 팔레트 왼쪽 위
나무 팔레트도 환골탈태할 수 있다. 선반 재료와 작은 화분을 더하면 쳐다보지도 않던 구석에 활기를 불어넣는 다용도 장식장이 된다.

멋스러운 변신 왼쪽
소쿠리는 물이 빠지는 구멍이 있어 벽걸이 화분으로 완벽하다. 업사이클하여 열매를 떨구는 딸기나무의 멋진 보금자리가 되었다.

향미 가득한 화분 맨 위
오래된 함석 양동이가 임시로 허브 정원이 되었다. 허브를 심기 전 바닥에 배수 구멍이 있는지 확인한다.

오래된 재료, 새로운 정원 위
오래된 나무 바닥재를 가공하면 길에 까는 데크로 재탄생된다. 철제 골판 외장재는 효과적이고 매력적인 울타리가 되었다.

빗물 수집

지속가능한 정원을 만드는 가장 간단한 방법은
빗물을 모으고 저장하는 물통을 설치하는 것이다.
(177쪽 참조) 저장한 물은 물이 많이 필요한 봄과
여름에 사용한다. 빗물이 식물에 더 좋고, 값비싼
자원인 소중한 식수 낭비를 막는다. 빗물받이통은
집, 온실, 창고의 수직 홈통과 연결한다.
빗물받이통을 여러 개 연결하면 가뭄에 적절히
대처할 수 있다. 빗물받이통이 눈에 거슬리면
정원과 잘 어우러지는 디자인을 활용한다.
덮개는 쓰레기나 반려동물, 야생동물이 들어가지
못하게 하고, 물에서 모기가 번식하는 것을
막아주므로 중요하다.

조화로운 빗물받이통
빗물받이통에 나무 외장재를 붙이니
넓은 정원 환경과 잘 어울린다.

갖고 있는 것 활용하기

이미 갖고 있는 여러 조경 재료를 활용할 방법을
찾았다면 지속가능성의 면에서 크게 진일보한
것이다. 새 제품을 사러 돌아다닐 필요가 없고
멀리 떨어진 곳으로부터 제품을 운송하지 않아도 되니,
돈과 자원을 모두 절약한 것이다. 잘린 잎이나
잔디처럼 정원에서 항상 구할 수 있는 일부 원재료는
지속가능한 공짜 퇴비가 된다. 사용하지 않는 나무,
벽돌, 지붕 슬레이트, 자갈은 양이 한정되어 있지만
쓸데는 많다.

낙엽으로 퇴비 만들기 왼쪽
낙엽, 자른 가지와 잔디의 잔해로 만든 퇴비는 정원에
이로운 영양분을 돌려준다.

슬레이트 조각 아래 왼쪽
쪼개진 지붕 슬레이트 조각은 수분을 유지하고 잡초를
방지하는 멀칭에 사용한다.

솔방울 멀칭 아래
정원에 소나무가 있다면 솔방울을 효과적이고 오래가는
멀칭 재료로 쓸 수 있다. 솔방울은 계속 구할 수 있는
지속가능한 자원이다.

가뭄을 고려한 디자인

지속가능한 방식으로 정원에 물을 공급하여 가뭄을
견디려면 정원을 설계할 때부터 물 사용을 고려해야
한다. 가뭄에 강한 식물을 듬성듬성 심기, 멀칭을
두텁게 하여 토양의 수분 유지하기, 구조물에서
흘러내리는 빗물 모으기, 물을 좋아하는 식물을
경유하는 물길을 통해 빗물이 저장소로 흐르게
하기 등이 모두 덥고 건조한 여름에 정원을 유지하는
방법이다.

가뭄 대비책
가뭄에 대비해 빗물을 공급할 수 있게 설계했다면,
긴 가뭄으로 정원에 물이 많이 필요한 때에도 수돗물을
사용하지 않아도 된다.

수돗물 재사용하기

기후 변화 때문에 가뭄이 갈수록 심각한 문제가 되고
있다. 저장한 빗물을 다 쓰고 나면, 수돗물보다는
세수, 목욕, 샤워하고 난 물을 활용한다. 순한
비눗물이 섞인 물은 대개 식물에 해가 되지 않으며,
짧은 기간이라면 더욱 문제되지 않는다. 사용한
수돗물을 모아서 식물에 직접 주되 식용식물은
예외로 한다.

소중한 자원
가뭄 기간에는 한 번 사용한 수돗물을 배수구에
버리지 말고 정원의 식물에 준다. 즉시 사용하거나,
적어도 24시간 내에 사용한다.

미래에 대한 대비

정원은 저절로 살아서 진화하기 때문에, 성공적인 정원 디자인은 달라지는 조건과 환경에 맞춰 변화할 수 있어야 한다. 점진적인 변화가 필요한 경우는 가족 역학에 따라 요구 사항이 달라질 때, 건축물을 증축하거나 개축할 때, 기후 변화가 갑자기 즉각적인 영향을 줄 때 등이다. 기후 변화로 극심해진 여름의 더위와 가뭄, 겨울의 추위와 습기를 견디는 것이 점점 중요해지고 있다.

기후 변화 극복

기후가 급변하고 있는 가운데, 오늘날의 정원은 그 어느 때보다도 많은 기능을 하고, 극심한 날씨가 이어질 때에도 이용할 수 있는 실외 공간을 제공해야 한다. 여름에 유례없는 폭염이 이어지기도 하는데 식물은 불안정한 기후가 가져오는 다양한 영향에도 버틸 수 있는 회복력이 있어야 한다. 예를 들어, 나무는 무더운 날에 시원한 그늘을 드리우고, 조경은 여름철 폭우를 견딜 뿐 아니라 악영향을 이상적으로 완화할 수 있어야 한다.

겨울에는 대개 문제가 덜 심각하지만, 꽁꽁 얼리는 날씨를 예방할 방법은 없다. 결국 이런 극단적인 계절의 변화를 견딜 수 있는 강한 식물을 식재해야 한다. 겨울철 침수 등 예상 밖의 문제가 생길 수 있음을 감안하고, 이에 대응하는 설계를 해야 한다.

더위와 추위를 막아주는 공간 위
이 옴팍한 공간은 다목적으로 이용된다. 화로가 있어서 추운 저녁을 따뜻하게 보낼 수 있고, 더위를 식혀주는 식물이 있어서 여름에 쾌적하게 쉴 수 있다.

범람 방지 위쪽 가운데
데크가 깔린 길 아래로 빗물이 흐르는 물길이 있어서, 과다한 물은 흘러 내려가고 정원에 물이 넘치지 않는다. 다른 곳에는 대부분 내건성 식물을 심었다.

높이를 이용한 효과 맨 위
목재 침목으로 계단식 경사와 돋움 화단을 만들었다. 계단식 단에 나무를 심으면 폭우가 내릴 때 물의 흐름이 느려진다. 돋움 화단은 침수 위험이 있는 곳에서 배수를 개선해준다.

자연 냉방 위
무성한 식물은 그늘을 드리우고 습도를 높여서 뜨거운 열기를 식혀준다. 식재가 잘된 정원에서 더운 여름을 쾌적하게 보낼 수 있다.

변화에 적응하는 정원

대부분의 정원, 특히 가족 정원을 설계할 때는
융통성이 중요하다. 시간의 흐름에 따라 어린이가
있든 없든 가족은 많은 변화를 겪고, 정원의
기능은 이 변화에 맞춰 달라져야 한다.

처음에 육아 공간, 놀이터, 운동장이자 어른의
오락 공간으로 사용한다. 나중에는 야생 생물의
서식지, 채소와 과일 재배지, 휴식 공간이 되는데,
허리를 굽히고 물건을 드는 것이 점점 어려워지는
때에도 정원을 관리하기 쉽게 설계해야 한다.

정원은 소중한 자원이며 생의 어느 단계에
있든지 즐길 수 있는 곳이어야 한다. 좋은
디자인이란 가족의 변화를 고려하여 개조가
가능하고, 조경 재료든 노력이든 헛되이 쓰이지
않는 디자인이다.

시간의 흐름에 따른 변화
공간을 최대한 활용하는 큰 잔디밭, 양지와 음지에서
쉽게 관리되는 식재, 물이 스며들어서 흘러넘치지 않는
통로로 구성된 단순한 디자인이다. 지금도 다용도로
사용할 수 있으며, 앞으로 필요에 따라 개조하기 쉽다.

중년기 정원의 변화
가족 정원은 시간의 흐름에 따라 달라진다.
한때 아이들이 뛰어놀던 잔디밭이
야생동물의 초원이 되고, 휴식을 취하고
새로운 식물을 심어보는 곳으로 용도가
달라진다.

활동하는 공간
쉬고 즐길 수 있는 야외 공간은 나이와
상관없이 필요하다. 노년기에 접어들면 돋움
화단을 두는 쪽이 정원 관리에 수월하며,
바닥이 평평해야 돌아다니기 편하다.

영감 수집하기

정원에 관한 아이디어를 어디에서 찾을까? 대부분 처음에는 다른 정원을 보고 영감을 얻는다. 지인의 정원이나 온라인, 책, 잡지, 신문에서 본 사진 등. 이것은 좋은 출발점이고 아직 설계에 자신이 없는 사람에게 최고의 자극제가 되지만, 근본적으로는 창의력에 걸림돌이 된다. 대부분의 성공적인 설계자는 아이디어를 개발하고 한계를 넓히기 위해 자신의 분야 이외의 다양한 자료에서 영감을 찾거나 주제를 선택한다. 그런 다음 '무드보드'를 만들어 자신만의 독특한 설계를 발전시켜나간다.

영감 찾기

좋아하는 경험의 이미지에 집중한다. 예를 들어 휴가 때 방문한 곳, 좋아하는 자연 경관, 선호하는 예술가나 건축가의 작품, 인테리어 디자인, 인스타그램·핀터레스트·하우즈 같은 웹사이트나 TV 프로그램에서 본 아이디어로 정원을 그려나갈 수 있다. 좋아하는 식물의 사진은 식물 판매 웹사이트에서 찾아보고 기록해둔다.

인쇄한 사진을 노트나 A3용지에 붙여 이미지와 아이디어를 모은 무드보드를 만든다. 또는 이미지를 업로드할 수 있는 웹사이트를 찾아 온라인에 무드보드를 만들면 필요할 때 손쉽게 참고할 수 있다. 어떤 방법을 선택하든 포트폴리오를 계속 쌓아가다 보면 정원 설계를 시작할 준비가 된다.

디자인에 영향을 준 요소가 모두 최종 설계도에 포함되지 않는다. 대개 전문 설계자는 하나의 아이디어를 뼈대로 해서 살을 붙여나가지, 처음부터

자신이나 고객의 희망사항을 한꺼번에 집어넣고 설계하지 않는다.

식물 목록에서 가짓수를 20개 정도로 줄여야 한다. 다음 단계에서 얼마든지 더 늘릴 수 있다. 이미지를 검토해서 적당한 색상을 고를 때도 역시 가짓수를 제한한다. 168-169쪽의 색상과 색상환에 관한 정보를 참조하라.

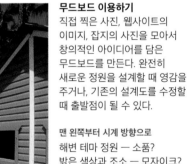

무드보드 이용하기
직접 찍은 사진, 웹사이트의 이미지, 잡지의 사진을 모아서 창의적인 아이디어를 담은 무드보드를 만든다. 완전히 새로운 정원을 설계할 때 영감을 주거나, 기존의 설계도를 수정할 때 출발점이 될 수 있다.

맨 왼쪽부터 시계 방향으로
해변 테마 정원 ― 소품?
밝은 색상과 조소 ― 모자이크?
해변 오두막 스타일 ― 창고?
해변의 야생 식물
포인트 컬러를 위한 노란 꽃
지중해 어선 ― 파란색과 흰색

사례 연구: 해변 테마

해변 테마는 해변에서 보낸 휴가에서 영감을 받은 사람이라면 누구나 선택할 만한 주제다. 휴가 중에 풍경, 식물, 특색 있는 것을 주의 깊게 봐두었다가 만들고 싶은 정원의 핵심이 될 아이디어, 사진, 누름꽃 등을 모아 자료집을 만든다.

　해변 분위기를 연출할 색상, 모양, 재료도 살펴본다. 청록색 물, 지역 의상, 집이나 담에 사용될 조경 재료 등이 있다. 그런데 디자인을 한다는 것이 어딘가에서 본 것을 그대로 베끼거나 모든 아이디어를 한 공간에

복잡하게 엮어 넣는 일이 아님을 명심해야 한다. 좋은 디자인이 되려면 계획된 공간에 주제가 잘 어울리게 적용될 때까지 발전시켜야 한다. 영감을 주는 모든 요소를 검토하고 서로 잘 어울리는지 확인한 후 최종 설계도를 그린다.

　새 정원에 계획 중인 각각의 구역과 기능을 표시하여 버블다이어그램(182쪽 참조)을 그려보면 유용하다. 그런 다음 아래와 같이 각 주제별로 구상을 정리한다.

주요 구상 위
해변에서 보낸 휴가에서 풍부한 아이디어를 얻는다. 나뭇잎 사이로 비치는 빛이 낭만적인 분위기를 더해준다.

해변 식물 왼쪽
해변 식물의 서식지와 비슷한 자연환경을 조성한다. 예를 들어, 흙을 얇게 깔거나 자갈밭처럼 물이 적은 환경을 만든다.

해변의 가구
위의 접의자처럼 전체 분위기와 어울리는 가구를 이용하면 통일감을 조성할 뿐 아니라 휴식 공간을 제공한다.

놀이 공간 꾸미기

모래와 물도 해변 테마의 하나이고 아이들이 무척 좋아한다. 사소해 보여도 이런 요소가 비치된 환경은 아이들에게 신나는 놀이터가 될 뿐 아니라 누가 봐도 멋진 공간이다. 어린 아이들이 있다면 연못이 위험할 수 있으므로 모래밭이 낫다. 모래가 연못이나 집 안에 쌓이는 것이 꺼려진다면 작고 둥근 자갈로 대체한다.

태양과 모래
자연적인 레이아웃과 해변 식물이 어우러진 놀이터가 즐거움을 선사한다.

그네
여유 공간이 있다면 질긴 밧줄과 나무판으로 그네를 만들고 바크로 바닥을 덮는다.

형태와 공간

대지에 맞는 정원의 기본 형태를 정하는 것이 디자인의 첫 단계이다. 작은 정원에는 하나의 단순한 형태가 좋지만, 면적이 넓다면 다양한 형태가 들어갈 수 있다. 각 형태 사이의 공간을 채우는 방법도 최종적인 외관에 영향을 준다.

어떤 형태를 이용할까

정사각형, 직사각형, 원형으로 디자인하겠다고 결정할 때, 크기, 모양, 주변 건물과 경계의 위치도 고려한다. 기존의 상태, 주택의 구조, 정원의 외관과 용도를 바탕으로 다양한 레이아웃을 만들어본다. 일반적으로 직선 형태가 원형이나 타원형보다 공사하기 쉽고 공사비가 적게 든다.

직각 형태

직선으로 만드는 다양한 형태는 정원을 쉽게 여러 영역으로 나누고, 방향감을 주며 원근감을 활용할 수 있게 한다. 정원을 가로지르는 긴 축은 정원을 길어 보이게 한다. 대각선 배치는 더 흥미롭다. 대지에 가로놓인 블록 때문에 먼 곳이 가까워 보이고 시선이 양쪽으로 분산되어 더 넓게 느껴진다.

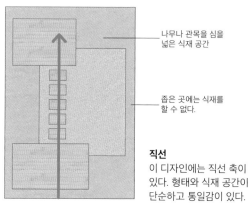

나무나 관목을 심을 넓은 식재 공간

좁은 곳에는 식재를 할 수 없다.

직선
이 디자인에는 직선 축이 있다. 형태와 식재 공간이 단순하고 통일감이 있다.

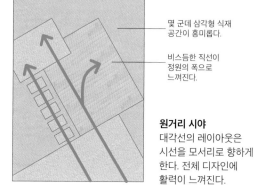

몇 군데 삼각형 식재 공간이 흥미롭다.

비스듬한 직선이 정원의 폭으로 느껴진다.

원거리 시야
대각선의 레이아웃은 시선을 모서리로 향하게 한다. 전체 디자인에 활력이 느껴진다.

원 형태

원은 하나로 통합하는 형태이고 여러 개가 모이면 재미있는 모양이 되지만, 뾰족한 접합부가 생겨서 식물을 심기 어렵고 쓸모가 없어진다. 기하학적 원리를 이용해 길이 원의 중앙을 통과하게 한다. 바깥쪽에 놓이면 디자인이 불균형하게 보인다. 타원형에는 긴 축이 있어서 방향감을 준다.

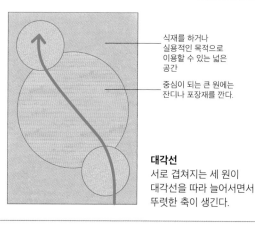

식재를 하거나 실용적인 목적으로 이용할 수 있는 넓은 공간

중심이 되는 큰 원에는 잔디나 포장재를 깐다.

대각선
서로 겹쳐지는 세 원이 대각선을 따라 늘어서면서 뚜렷한 축이 생긴다.

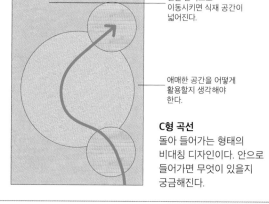

원을 한쪽으로 이동시키면 식재 공간이 넓어진다.

애매한 공간을 어떻게 활용할지 생각해야 한다.

C형 곡선
돌아 들어가는 형태의 비대칭 디자인이다. 안으로 들어가면 무엇이 있을지 궁금해진다.

혼합 형태

다양한 형태가 결합되면 흥미롭지만, 곡선과 직사각형이 만나거나 다른 자재가 연결되면 문제가 불거진다. 전반적으로 레이아웃을 단순하게 유지한 채로 상반되는 형태가 얼마나 많이 이용될 수 있는지를 치수와 비율을 따져 알아본다. 식재는 서로 다른 형태를 연결하거나, 어색하게 붙어 있는 부분을 흐릿하게 만들어줄 수 있다.

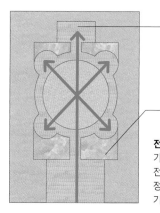

여기의 초점이 시선을 중심축으로 향하게 한다.

식물이 서로 다른 형태를 분리시킨다.

전형적인 조화
가운데 축을 중심으로 하는 전통적인 대칭 레이아웃은 정형적인 디자인의 기본이다.

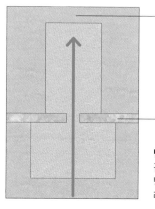

식물이나 초점 요소를 활용해 정원의 경계를 알려준다.

식재를 하면 다른 구역이 부분적으로 가려진다.

단순한 진입로
같은 형태라도 크기와 방향을 바꾸면 인상적인 레이아웃이 만들어진다.

매끈한 선
이 단순한 디자인의 기초는
가장자리가 금속으로 된
'상자'가 서로 겹친
모양이다. 건물에 사용한
금속 마감재가 시선을
사로잡아 시각적인 효과가
그만이다.

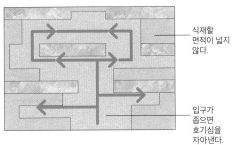

식재할
면적이 넓지
않다.

입구가
좁으면
호기심을
자아낸다.

전체 너비
식재한 자리나 실용적인 공간을 사이사이에
평행으로 배치하면 정원 내 움직임과 시야에 제약이
된다. 이 디자인은 사람을 안으로 끌어들인다.

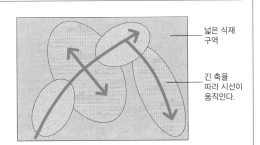

넓은 식재
구역

긴 축을
따라 시선이
움직인다.

시선의 부드러운 흐름
타원형에서는 시선이 부드럽게 이동한다.
원에서는 시선이 사방으로 분산되는 반면
타원형에서는 긴 쪽을 따라가기 때문이다.

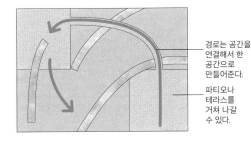

경로는 공간을
연결해서 한
공간으로
만들어준다.

파티오나
테라스를
거쳐 나갈
수 있다.

숨어 있는 구석
직선과 곡선의 생울타리가 뒤섞여 있으면
전체가 다 보이지 않는다. 보이지 않는 구역은
다른 주제로 꾸밀 수 있다.

공간의 이용

높은 나무가 울창하게 심어져 있으면 밀폐된 공간이
되지만, 경계를 듬성듬성 에워싸면 개방적이고 넓은
느낌이 든다. 정원의 크기와 형태가 다르게 보이도록
공간을 이용할 수도 있다. 예를 들어, 작은 정원에
나무가 우거지면 경계가 모호해져서 공간이 더
있을지 모른다는 느낌을 주지만, 경계가 드러나면
작아 보일 수 있다. 반대로 시골의 넓은 정원에서는
열린 공간이 주변 경관과 조화롭게 이어져 대지가
훨씬 커 보인다. 기존의 식물과 구조물을 잘 살펴
이들이 만든 공간을 활용해야 한다.

복합적인 분위기
집 옆에 식물이 빼곡해서 꽃과 나무를 가까이에서 볼 수
있고, 길을 따라가면 넓은 잔디밭이 나와서 두 가지
분위기를 즐길 수 있다.

개방감
좁은 공간이 높은 담으로
둘러싸여 있으면 밀실에 갇힌
듯 답답할 수 있다. 바닥에
잔디나 포장재를 넓게 깔고
키 작은 식물을 심으면
일조량이 늘어나고 전망이 탁
트여 하늘과 연결된다.
개방감은 있지만 사적인
공간은 사라진다.

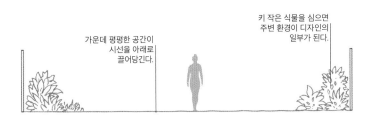

가운데 평평한 공간이
시선을 아래로
끌어당긴다.

키 작은 식물을 심으면
주변 환경이 디자인의
일부가 된다.

폐쇄감
같은 공간에 다양한 높이의
식물을 심으면 어두워지고
갇힌 느낌이 들며 양쪽으로
아무것도 보이지 않는다.
복도처럼 보이는 이 길을
따라가면 각각 다른 식물이
있는 다른 구역이 나온다.

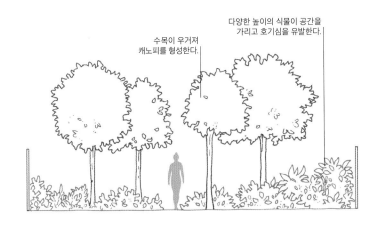

수목이 우거져
캐노피를 형성한다.

다양한 높이의 식물이 공간을
가리고 호기심을 유발한다.

균형을 이루는 방법
동일한 길이 한쪽으로
이동해서 여전히 복도 같은
느낌을 주지만, 오른쪽으로는
나무 틈새로 밝은 공간이
보인다. 왼쪽에는 크고 작은
초목을 섞어 심어 퍼걸러나
그늘진 산책길을 만들면
사적인 공간이 생긴다.

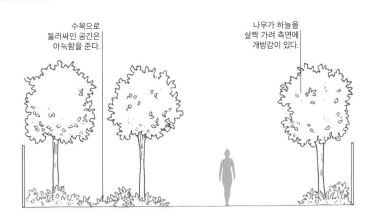

수목으로
둘러싸인 공간은
아늑함을 준다.

나무가 하늘을
살짝 가려 측면에
개방감이 있다.

길과 시선의 방향

길의 위치, 너비, 패턴, 자재에 따라 정원이 다르게 이용된다. 길은 정원의 통로 그 이상의 역할을 한다. 전망을 가리거나 공간의 틀이 되기도 한다. 길의 역할이 모두 같진 않다. 주통로는 정원에서 가장 두드러지기 때문에 설계를 좌우한다. 주통로에서 벗어나 보이지 않는 영역으로 들어갈 수 있게 해주는 부통로는 실용적 용도나 디자인적 효과를 위해 이용된다.

주통로

정원을 가로지르는 주된 길이나 통로는 여러 영역을 연결할 뿐 아니라, 기본 설계에 결정적인 영향을 준다. 예를 들어, 중앙으로 모이는 직선 길은 정형성을 보여주고, 구불구불한 곡선 길은 대표적인 비정형적 설계이다. 넓은 길은 들어선 사람의 가슴을 탁 트이게 한다. 구부러진 좁은 길에 큰 나무가 옆으로 늘어서 있으면 시선을 가려 신비로운 느낌을 준다. 길의 끝부분에 벤치, 조각상, 화분 등으로 초점을 만들면 길이 끝났음을 알릴 수 있다. 주통로는 빈번히 이용되므로 내구성이 강하고 전체적인 정원 스타일에 어울리는 자재를 쓰는 것이 좋다. 길 가장자리도 어떤 형태가 정원 디자인에 어울릴지 잘 생각해봐야 한다.

중앙 통로

구불구불한 길

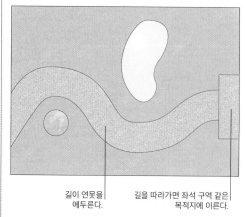

길이 연못을
에두른다.

길을 따라가면 좌석 구역 같은
목적지에 이른다.

대각선 길

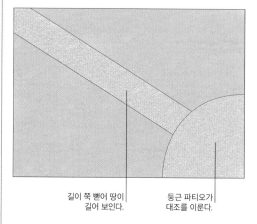

길이 쭉 뻗어 땅이
길어 보인다.

둥근 파티오가
대조를 이룬다.

길이 가운데에서
모인다.

화분이 초점이
된다.

전형적인 레이아웃
기하학적이고 대칭적인 길로 정형적인 디자인을 만들 수 있다. 길이 식재 구역의 틀을 형성하고, 특정 초점에서 교차한다. 대개는 곁길이 없다.

매력적인 곡선
구불구불한 길은 생동감을 더하고 호기심을 불러일으킨다. 돌아다니게 만든 이 길은 주요 요소들을 이어줄 뿐 아니라 약간의 설렘을 느끼게 한다.

규모에 대한 착각
대각선 길을 만들면 가장 긴 축을 따라 정원을 둘러보기 때문에 착시가 생긴다. 작은 공간의 끝이 멀어 보이고 뒷면 경계로는 시선이 가지 않는다.

발길 닿는 대로

무작위로 깐 돌들의 틈새에서 풀이 나면
불규칙적이고 비정형적인 디자인이 만들어진다.
정해진 길이 없으므로 눈과 몸이 사방으로
움직인다.

둥그런 길

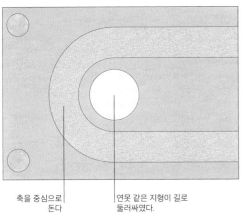

축을 중심으로
돈다

연못 같은 지형이 길로
둘러싸였다.

연속적인 흐름

원형 경로를 따라가면 정원을 한 바퀴 돌게 된다. 이런
길은 주요 지형이나 각 요소를 다각도에서 볼 수 있게
하려고 설계한다.

부통로

주통로가 정원의 스타일을 좌우하는 반면, 부통로는 눈에 거슬리지 않고 설계와
정교하게 잘 어울려야 한다. 실용성과 장식성 모두 중요하다. 부통로는 휴식 공간이나
창고, 퇴비 더미, 주통로에서 벗어난 은폐된 곳으로 이어지는 길이다. 꽃의 색과
향을 가까이 느낄 수 있도록 큰 꽃밭을 가로지르게 만들 수도 있다. 주통로만큼
내구성이 강할 필요는 없으므로 부드러운 자연 재료로 만들어도 된다. 잔디나
잡초가 난 곳은 깎으면 길이 된다.

진입로

다른 구역의 진입로가
있으면 편하지만,
부통로는 신중하게
계획해서 미로처럼
복잡하지 않게 한다.
최소한으로 만들어야
전체 디자인을 해치지
않는다. 오른쪽
그림처럼 잘 보이는
길도 있지만, 나무 뒤에
숨어 있거나(아래 왼쪽)
디자인 안에서 드러나지
않는 길(아래 오른쪽)도
있다.

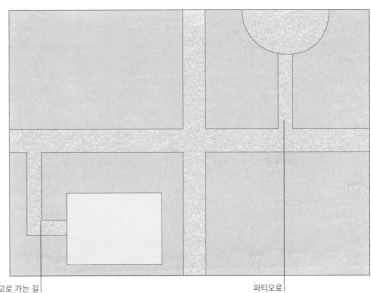

창고로 가는 길

파티오로
가는 길

실용적인 해결책

정형적인 디자인의 뒷부분에 자리하고 있어서 잘
보이지는 않지만 실용적이다. 포장된 길을 따라 창고나
퇴비 더미로 갈 수 있다.

보이지 않는 통로

길 양옆의 자갈은 디자인의 일부지만 쉼터와 놀이터로
바로 이어지는 견고한 통로도 된다.

비밀 통로

앞에서 보면 주통로가 잔디밭에서 끝난 것처럼
보이지만, 낮은 생울타리 뒤에 가려진 곁길이 정원의
한적한 곳으로 이어진다.

절묘한 연결

야외 테이블로 이어지는 이 좁은 길에 주통로와 같은
포장재를 깔아서 깔끔한 디자인을 조금도 해치지
않았다.

보기 좋은 전망

정원이 전원 지대와 접해 있든 아파트를 향해 있든, 신중하게 설계하면 전망이 훨씬
좋아질 수 있다. 창틀 안에 풍경을 담거나 벽, 아치형 입구, 퍼걸러 등 적절한 방법으로
시선을 가리면, 걸음마다 달라지는 경치가 눈에 언뜻 들어올 때마다 잊을 수 없는
경험을 하게 된다.

동선 설계

기발한 설계에 따라 만들어진 경치도 멋지지만, 계속 달라지는 풍경은
더 감동적이다. 열린 공간의 크기를 변경하거나, 용도가 다른 공간을
가림막으로 가리거나, 초점을 추가해서 다양한 경관을 연출할 수 있다.
의자를 놓거나 풍경을 따라 동선을 조절해서 관찰 지점을 만듦으로써
시선을 유도할 수도 있다. 집에서 바라보는 전망뿐 아니라 정원 끝에서
뒤를 볼 때의 경치도 고려해야 한다. 프랜 콜터가 디자인한 길고 좁은
정원의 평면도에서 파란색 동선을 따라가보자.(아래 오른쪽) 숫자가
표기된 지점에서 다음 사진의 장면을 보며, 디자이너의 아이디어가
어떻게 실현되었는지 이해할 수 있다.

기호

━━━ 동선

➛ 시선

1 집에서 본 풍경
정원에서 가장 중요한 전망이고 전체 레이아웃을
좌우한다. 퍼걸러가 틀이 되어 두드러져 보이고, 중간에
초점으로 놓은 꽃 화분이 시선을 앞으로 끌어당긴다.

2 야외 식탁
테이블과 의자가 집
가까이에 있고 소박한
생울타리와 접해 있어서
호젓하고 안락한 느낌이
든다.

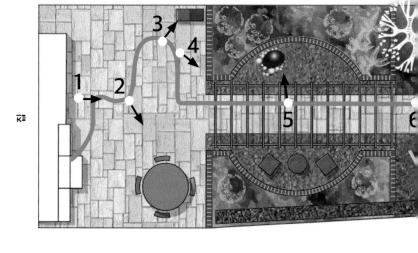

3 연장 창고
파티오의 작은
창고는 장식적이면서
기능적이다. 눈길을 끄는
요소가 된다.

4 식재 건너편
이 각도에서 식재를 가로질러 의자들을
건너다보면 퍼걸러가 상당히 다르게 보이고, 정원이
소박하게 느껴진다.

5 수공간
옆을 언뜻 보면 눈길을 사로잡는
것이 있다. 비비추와 그래스가 연못가를
둘러싸고 있다.

6 그늘진 구석
퍼걸러를 지나면 개방감이 있고
분위기가 다른 정원이 나타난다.
집에서는 보이지 않고 그늘져 있는
구역이므로, 잎이 무성한 비비추처럼
색다른 종류의 식물을 심을 수 있다.

7 가족의 휴식 공간
퍼걸러 바로 너머 구석진
곳에 그네가 숨어 있다. 붉은
벽돌의 둥근 바닥과 그늘 쪽을
향하고 있다.

아름다운 경치 빌리기

집에서 주변 경관이 보인다면 정원과 시각적으로 연결되는 느낌을 연출해보자.
창문 밖으로 멋진 풍경이 보이게 하거나, 낮은 생울타리나 말뚝울타리 같은 담을
만들어 전체 정원을 개방하면 정원이 넓은 경관으로 이어진다. 계절마다 경치가
달라지는 점뿐 아니라 나무와 생울타리가 앙상해지는 겨울에 정원이 어떻게
보일지도 고려해야 한다. 풍경과 잘 어우러지는 식재를 해야 할 수도 있다.

어우러진 경관
정원과 그 너머 대지 사이의
경계가 분명하지 않다.
대지가 정원이 되어 정원이
지평선까지 멀리 연장된 것
같다.

창틀 안의 경관
나무가 있는 언덕배기의
풍경이 완벽하게 창문
중앙에 위치한다.

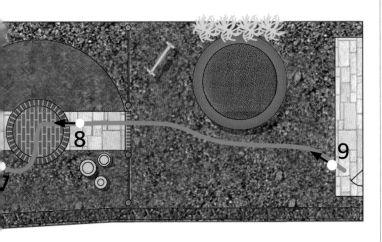

8 중심점
원형 바닥이 긴 직선을 끊어주고
부드러운 분위기를 조성한다. 큰 화분은
이 공간의 초점이 되고 사방에서 보인다.

9 놀이 공간
놀이 공간이 반투명 가림막 뒤에
가려져 있다. 물리적으로나 시각적으로
정원의 다른 부분과 분리된다.

보기 흉한 경관 가리기

모든 경관이 좋을 순 없다. 정원에는 창고나 분리수거함처럼 필요하지만 지저분한
물건이 있는 데가 있다. 이런 곳은 보기 흉하기 때문에 가려야 한다. 건너다보이는
이웃집도 경관을 해치고, 우리 집이 들여다보여 사생활이 침해될 수 있다. 키 큰
나무나 가림막으로 눈에 거슬리는 것을 가릴 수 있는데, 그것이 여의치 않다면
다른 곳에 눈길을 끌 만한 요소를 추가하여 시선을 분산시킨다.

낮은 창고 가리기
창고는 대개 보기 좋지 않다. 사방으로
뻗어나가는 덩굴식물이 여름에는 창고를 잘
가려주지만 겨울에는 효과가 없다.

이웃집 가리기
키 큰 대나무가 이웃집을 가리고
우리 집에는 멋진 배경이 된다.

기하학적 디자인

기하학적 레이아웃에 이상적인, 작고 대칭적인 사각형 정원은 주로
중소 도시에 있고, 시골에는 상당히 큰 기하학적 모양의 정원이 있다.
대부분 직사각형과 정사각형의 단순한 조합에 벽, 가림막, 생울타리,
계단 같은 선형 요소가 더해져서 정형성이 두드러진다.

점점 낮아지는 높이
단계적으로 낮아지는 블록벽,
직사각형 화단, 가늘고 긴 조명, 사각형
안락의자가 일련의 평행선을 만들어
현대적인 정원에 역동적인 느낌을
준다. 식재는 단순해서 전체 디자인의
분위기에 영향을 주지 못한다.

층을 이룬 구조

바닥면 위에 다양한 높이로 층이 지면 다양한 전망이 보여서
시각적으로 흥미롭고 기능적인 정원이 만들어진다. 바닥 패턴
위에 한 층을 바로 높일 수도 있고 눈높이보다 높게 만들 수도

있는데, 이런 다양한 기하학적 구조는 대비 효과를 보인다.
퍼걸러, 나무 캐노피, 지붕 같은 구조는 모두 기존의 디자인에
층을 더해준다.

겹쳐진 층
작은 정원에 배치된 각 요소가 사각형 대지의
무미건조한 느낌을 상쇄하고 다양한 공간감을
연출한다.

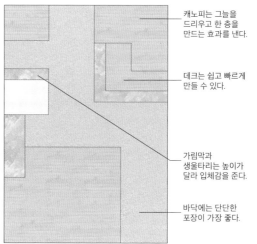

캐노피는 그늘을
드리우고 한 층을
만드는 효과를 낸다.

데크는 쉽고 빠르게
만들 수 있다.

가림막과
생울타리는 높이가
달라 입체감을 준다.

바닥에는 단단한
포장이 가장 좋다.

높이의 변화
물을 비롯해 다양한 재료들로 조금씩 높이를
다르게 만들면 시각적으로 흥미롭다.

원형 디자인

기본 패턴이 원형, 아치형, 방사형인 레이아웃에는 활동 공간이
생긴다. 하지만 단단한 자재로 둥근 형태를 만들기 어렵고, 완벽하게
둥글지 않으면 보기 흉할 수 있다. 이런 문제가 염려되면 대안으로
자연주의 레이아웃(160-161쪽 참조)을 고려해볼 수 있다.

정형적인 디자인
방사형 패턴의 낮은 화단과
손질된 생울타리로 둘러싸인
중앙의 잔디밭은 가지런한
느낌과 동적인 리듬감이
어우러져 있다.

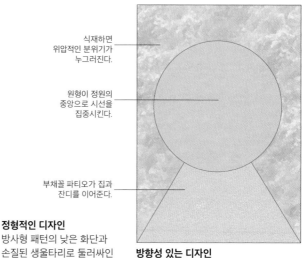

식재하면
위압적인 분위기가
누그러진다.

원형이 정원의
중앙으로 시선을
집중시킨다.

부채꼴 파티오가 집과
잔디를 이어준다.

방향성 있는 디자인
이 단순한 디자인은 정원의 중앙에 시선을
집중시킨다. 화분이나 조각 작품으로
초점을 만들 수 있다.

대각선 형태

길고 좁은 대지를 디자인하는 전형적인 방식은
직선의 기하학적 패턴을 회전시켜 대각선
방향으로 만드는 것이다. 이 레이아웃은 눈길을
바닥으로 이끈다. 측면에 볼거리를 만드는 것이
좋다.

역동적인 각도
서로 엇갈리는 화단, 데크, 높은 수조의 대각선이 강렬한
느낌을 주어 보는 이를 공간 속으로 끌어당긴다.

구불구불한 길
계단이 있는 대각선 길이 정원을 지그재그로 가로지르기
때문에 왔다갔다하며 화단과 다채로운 식물을 즐길 수 있다.

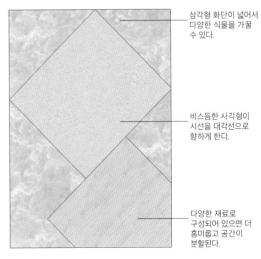

삼각형 화단이 넓어서
다양한 식물을 가꿀
수 있다.

비스듬한 사각형이
시선을 대각선으로
향하게 한다.

다양한 재료로
구성되어 있으면 더
흥미롭고 공간이
분할된다.

뚜렷한 윤곽
사각형의 단단한 마감재를 나란히 깔고 가장자리에
식물을 심으면 정원이 실제보다 더 넓어 보인다.

대칭 레이아웃

중세시대부터 18세기 초까지, 동아시아를 제외한 전 세계의 정원은
기하학적이고 대칭적인 모습이었다. 이슬람식 디자인과 고전적인 디자인에서
영감을 받아 자연 경관을 절제된 예술작품으로 탈바꿈시켰다. 이 정형적인
레이아웃은 고전주의 건축에 금상첨화였고, 아름다움은 질서와 단순성에서
나온다는 믿음을 다져주었다.

완벽한 조화
이 세련된 정원은 고전적인 대칭을
보여주어, 비율과 규모의 중요성이
느껴진다.

현대적인 대칭

현대적인 레이아웃은 고전적인 대칭을 차용해 야외
오락 공간이나 허브 재배 공간 등 생활에 필요한
공간을 만든다. 좋은 디자인을 만들려면
하드스케이프 재료를 광범위하게 알고 여러 재료를
조합하여 단순하고 멋진 식재 틀을 만드는 방식을
파악해야 한다.

중앙에 매력적인 요소를
만들어 디자인의
대칭성을 강조한다.

차분하고 통제된 분위기
어두운 생울타리를 배경으로 흰색 화강암과
에메랄드빛 잔디가 바둑판 모양으로 깔려 있는데,
전통적 형식을 현대적으로 해석한 것이다.

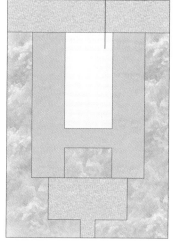

정형적인 구조
사각형과 군집 식재의 조합은 현대적인
분위기에 잘 어울리는 견고한 구조다.

비정형적인 식재

대칭 레이아웃은 눈높이에서 볼 때, 특히 키 큰
나무가 있을 때 잘 드러나지 않는다. 다양한 형태,
질감, 색상도 날카로운 선과 각진 모서리를 부드럽게
만든다. 정형적인 디자인에 편안하고 비정형적인
식재를 어우러지게 하는 것은 검증된 확실한
공식이지만, 원하는 결과를 얻으려면 기술과 경험이
필요하다. 길 양쪽에 똑같이 일정한 색상과 반복적인
식재를 이용해 균형을 맞추면 대칭성이 돋보인다.

초점을 이용하여
길의 끝으로 시선을
모은다.

무성한 식물을
이용해 가장자리를
부드럽게 만든다.

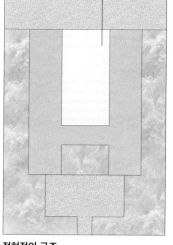

거울상
사각형이 반복하여 배치된 대칭적인 정원에
조화로운 공간이 이어진다.

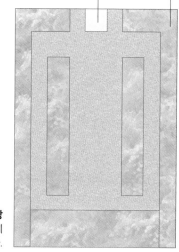

부드러워진 선
뿌연 안개 같은 초본 식물이 길 양쪽으로 넘실거려
정형적인 레이아웃과 대조를 이룬다.

반복적인 식재
길고 널찍한 잔디밭길이 정원 가운데로 시선을 끈다.
대칭적 식재 구성의 효과이다.

정형적인 전통 정원

중심축 주위로 낮은 생울타리를 빼곡하게 심어 만드는 파르테르 정원처럼 대칭적인 패턴은 전통적으로 큰 인기를 모았다. 이런 기하학적 디자인은 오늘날 채소 정원과 허브 정원에서 널리 사용되며, 밭을 가꾸기에 용이하다. 넓은 대지에 고전적인 정원을 꾸미고 장식용 연못과 분수,

인상적인 조각품이나 커다란 화분 같은 초점을 연이어 추가하면 중심점이 돋보이고, 눈높이에서 볼 때 패턴이 흥미롭다. 요즘 식재 스타일이 다양하지만 테라스나 집에서 전체 디자인을 내려다 볼 때 기하학적 형태로 보이는 것이 가장 적합하다.

시선의 이동
이 앵무조개 조각상처럼 중심에 위치한 초점이 뚜렷한 방향감을 준다. 길에 둥그런 회양목과 다듬어진 주목이 늘어서 있어서 그 효과를 배가한다.

철마다 식재에 변화를 주어 다양한 효과를 낼 수 있다.

교차로는 이슬람식 정원에 잘 어울린다.

키 작은 회양목 울타리를 각지게 다듬으면 정형적 패턴이 강조된다.

원과 사각형
켈트 십자가를 연상시키는 이 레이아웃은 정원을 사분면으로 분할하는데, 중앙의 원이 초점이 되고 화려하게 보인다.

변하지 않는 패턴
구획된 화단에 지금은 봄꽃이 가득하지만 여름에는 다른 꽃이 필 것이다.

자연을 닮은 형태

자연을 닮은 디자인과 레이아웃은 큰 정원에 적합하며 특히 전원 지역에 잘
어울리지만, 작은 공간에도 적용할 수 있다. 이 디자인은 자연스럽게 이어지는
선, 부드러운 곡선, 안락감을 주는 조경 자재와 식재 설계가 특징이다.
자연주의 정원은 시간이 흐르면 나무가 자라고 본래의 레이아웃이 흐트러지기
때문에 계속 변화한다.

서로 맞물린 원

정원의 중간 지점을 좁게 만들어 정원을 두
구역으로 나누면, 한 공간에서 다른 공간을
넘겨다보게 되고, 열린 공간과 닫힌 공간이
만들어진다. 자연주의 레이아웃은 관목과 교목이
본래의 크기대로 자랄 수 있는 환경을 제공하여,
앞쪽에 있는 키 작은 식물의 배경이 되어준다.
원이 겹쳐져 좁아진 공간은 색상과 흥미로운 요소를
집중시키는 데에 이용된다.(오른쪽)
이런 8자형 레이아웃은 한 지점에서 정원 전체가
보이지 않으므로 실제보다 커 보이는 효과가 있다.

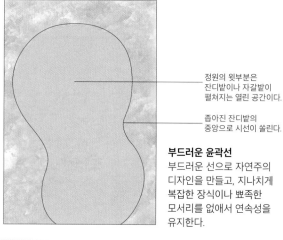

단순한 곡선
커다란 곡선과 넓은 화단,
그리고 좁아지는 지점이
더해져서 정원을
둘러보게끔 시선을 이끈다.

정원의 윗부분은
잔디밭이나 자갈밭이
펼쳐지는 열린 공간이다.

좁아진 잔디밭의
중앙으로 시선이 쏠린다.

부드러운 윤곽선
부드러운 선으로 자연주의
디자인을 만들고, 지나치게
복잡한 장식이나 뾰족한
모서리를 없애서 연속성을
유지한다.

유려한 선

정원을 거니는 동안 시선을 끌고 공간이 넓다는
느낌을 주고 싶다면 간단한 방법이 있다. S자형
디자인을 택하는 것이다. 둥그런 두 지역이 단 하나의
유려한 선으로 연결되어 있다. 이 선은 구불구불한
길이나 잔디밭이 될 수 있다. 길로 이용한다면 맨 위와

맨 아래 구역은 식재, 앉는 장소, 또는 연못처럼
장식적인 요소를 배치하는 것이 좋다. 두 구역의
크기가 다른 경우, 길을 한 지점에서 나선형으로
휘감아 펼쳐 대비 효과를 줄 수 있다.

나선형 길
나선형 돌길을 따라가면,
동굴처럼 생긴 어린이 놀이
공간이 나타난다.

둥그런 데크
데크와 잔디밭의 둥그런 선이
은은한 나무 그늘과 멋지게
어울린다.

길이 구부러진 경우
연못이나 볼거리를
설치하기에 이상적인 지점

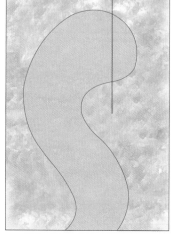

구불구불한 길
곡선형 길을 따라 정원을 거닐면 다른
시각에서 다양한 풍경을 감상할 수 있다.

길게 펼쳐지는 곡선

휘어지는 길은 나무나 연못, 건물 같은 장애물을 피할
때나, 특별한 목적지에 이르는 길을 추가할 때 만든다.
자연의 흐르는 물에서 볼 수 있는 이런 곡선은 형태에
자연주의적 특성을 부여한다. 차분하고, 편안하고,
만들기 쉬운 정원을 디자인할 때 이런 선을 사용하곤
한다.

자갈이나 바크를 깔아
부드러운 자연주의 외관을
만든다.

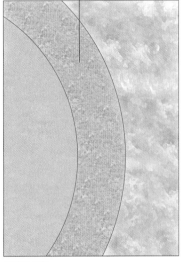

강렬한 표현
벤치 주위로 둥글게 휘어지는 독특한 벽이
포장된 원형 테라스에 색감과 운동감을
더한다.

완만한 원호
커다란 곡선형 통로의 양쪽에는 깊은
화단이나 널찍한 수공간을 만들 수 있는
공간이 생긴다.

이어지는 여정
구불구불한 길을 따라가면 양쪽으로 물과
부드러운 식물들이 펼쳐진다. 굽은 길 주변으로
시야가 일부 가려져서 신비감을 자아낸다.

다층 구조의 레이아웃

경사진 대지는 활기차고 극적인 분위기가 가득한 공간을 만들기에
좋다. 계단식 단을 만들면 정형적이고 현대적인 디자인에 걸맞은
구조와 형태가 만들어지고, 자연 경사면을 중심으로 설계하면
자연스러운 분위기가 난다. 경사면에 변화가 생기면 물의 흐름에
영향을 주기 때문에 배수에 특히 신경 써야 한다.(136-137쪽 참조)

계단식 경사

계단은 역동성을 표현하고, 건물과 경사진 지형을
잇는다. 옹벽과 계단은 견고하고 영구적인 추가
설치물이라 장기적인 안목에서 설치해야 한다. 측량을
하고 공사를 할 때 디자인과 시공 단계에서 모두
숙련된 기술이 요구된다. 비용 절감을 하려면 목재
데크가 답이다. 단, 가벼운 소재인 만큼 내구성이
떨어진다.

급격히 낮아진 단
낮은 담 뒤에 침목을
계단식으로 설치하면 빛을
좋아하는 식물에게 완벽한
환경이 된다.

데크 플랫폼
데크 플랫폼은 토공사로 단을
쌓는 것보다는 시공이 쉽고
비용이 적게 든다.

완만한 경사

경사가 완만하면 시각적인 재미를 더해주고 깊이감이
생긴다. 실용성을 우선한다면 완만한 정원은 평평한
대지처럼 여기고 사용할 수 있다. 하지만 테이블 세트
설치 등의 이유로 완벽하게 평평해야 한다면, 바닥의
수평을 맞추고 높이가 달라지는 곳 사이를 어떻게
연결할지 고심해야 한다. 각 디자인에 맞는 벽, 계단,
경사로, 테라스 등을 필요에 따라 설치한다.

낮은 계단
예쁜 화분을 놓을 만큼 넓고 낮은 계단이 작은
연못 위의 다리가 되어, 건너편의 좌석 구역으로
쉽게 갈 수 있다.

계단 설계

계단을 시공할 때 디딤판과 챌판의 비율이 모두 중요하다.
일반적으로 건물 내부보다 실외의 규정이 더 느슨한 경향이 있고
계단의 너비는 30-50cm, 높이는 15-20cm면 된다.
재료는 정원의 다른 곳, 특히 인접한 벽에 사용된 재료와
잘 어울리는 것을 사용한다.

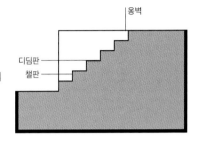

가파른 계단
공간이 좁거나 극적
정경이 필요하다면 좋은
선택이다. 하지만 빠르게
오르내릴 수 없고,
위험할 수 있으므로
난간을 설치해야 한다.

옹벽
디딤판
챌판

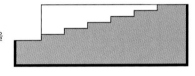

낮은 계단
계단이 낮으면 공간을
많이 차지하지만, 정원을
편안하게 거닐 수 있다.
디딤판이 넓으면 예쁜
화분을 놓을 수도 있다.

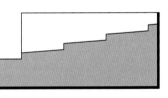

계단식 경사로
계단식 경사로는 지나다니기
쉽고, 높이가 낮으면
바퀴 달린 운송 수단도
운행할 수 있다.
경사로를 만들 공간이
충분하지 않을 때 유용하다.

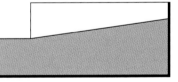

연속적인 경사로
휠체어, 자전거, 손수레 등에
매우 유용하다. 경사로를
설치하려면 계단보다 7배
넓은 공간이 필요하다.

자연의 비탈

비탈진 정원을 디자인하는 제일 좋은 방법은 자연
경사에 최대한 변화를 주지 않는 것이다. 토층이 얇고,
기존에 뿌리 내린 식물들이 흙을 그러쥐고 있을
가능성이 크다. 배수 공사는 복잡하고, 본래 있던
나무를 제거하면 흙을 잡고 있는 뿌리가 떨어지면서
토양침식과 산사태가 일어날 수 있다. 경관의 독특한
윤곽선을 있는 그대로 이용하고, 단번에 눈에 띄는
변화를 가져오기보다 시간을 두고 조금씩 세심하게
손을 대는 것이 좋다.

자연이 만든 길
울퉁불퉁하고 풍화된 돌이 한적한 숲을
올라가는 구불구불한 길이 되어 낭만적이다.

안전 장치

주변보다 60cm 높은 곳은 90cm
높이의 보호벽을 둘러야 한다.
현장 상황에 맞는 난간 규정 확인이
필요하다. 난간, 담, 펜스 중 적합한
것을 선택해 설치한다.

장식적인 안전 장치

층계참 추가 설치
층계참은 연속된 계단의
위쪽에 설치한다. 계단이
길게 이어질 때 10-11개
단마다 쉬는 공간을
제공한다. 계단의 방향을
바꿔야 할 때도
필요하다.

높이와 구조의 활용

설계에 있어서 높이와 구조를 담당하는 식물이나 요소는 정원의 외관과 이용 방식에 큰 영향을 준다. 평평한 직사각형 대지에서는
그 역할이 더욱 두드러진다. 다양한 높이가 변화와 활력을 주기 때문이다. 명심해야 할 몇 가지 원리가 있는데, 구조물에 가까이 갈수록
점점 크게 보이는 원근법은 기억해두면 유용하다. 원하는 결과를 만들기 위해 하드스케이프 재료와 식재를 이용하자.

다양한 높이

각 요소들의 높이가 어떻게 보이고 느껴질지는 성인의
신체와 관련지어 생각하면 쉽게 알 수 있다. 무릎
높이의 요소는 모두 위에서 내려다보인다. 허리
높이의 요소는 비스듬히 보이기 때문에 가림막이
되어서 바로 뒤에 있는 것이 일부 보이지 않는다.
가까이에 심어진 키 큰 관목이나 생울타리, 높은
가림막 등 어깨나 머리 높이의 요소는 시야를 완전히
차단할 것이다. 캐노피같이 머리보다 높은 구조물은
하늘이나 인근 건물을 가리기 때문에 한적한 느낌을
줄 수 있다. 하드스케이프는 고정되어 있으므로 그
이상의 흥취는 모두 식재가 자아낸다. 그래서 다양한
높이의 나무를 잘 조합하는 것이 정원 디자인의
성공을 좌우한다. 원숙한 나무만큼 흥취를 돋우고
기분을 달래줄 수 있는 건축적 요소는 거의 없다.

틈이 있는
가림막이 창고를
일부 가려준다.

나무가 시선을
위로 끈다.

페인트칠이 된
시멘트벽이
경계를 이룬다.

낮은 담은
좌석이 되기도
한다.

가장 낮은 면이
잔디밭이다.

일정한 간격을 두고
식재하면 리듬감이
느껴진다.

외벽이 둘러싸는
느낌을 준다.

돌이 질감의
변화를 더한다.

각 요소의 다양한 높이
낮은 담이 평행으로 늘어서 있고 이를 배경으로 다양한
높이의 다년생식물, 그래스, 관목, 교목이 절묘하게
어우러져 있다.

각 높이에 대한 설명
아래 그림은 사람의 신체와 정원의 각 구성 요소의 높이를
비교한다. 식물, 하드스케이프, 가림막을 모두 다양한
각도에서 볼 수 있게 설계했다. 낮은 담 세 개가 식물들
사이에 있지만 담 너머의 시야를 가리지 않는다.

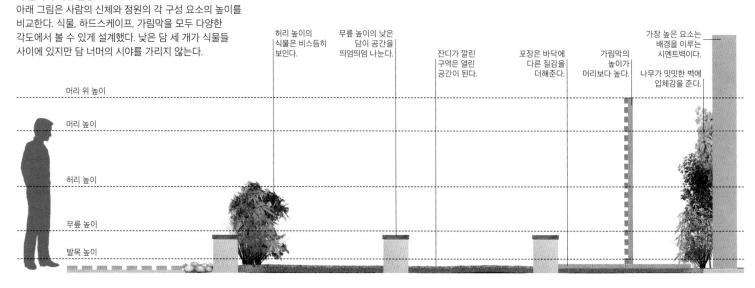

허리 높이의
식물은 비스듬히
보인다.

무릎 높이의 낮은
담이 공간을
띄엄띄엄 나눈다.

잔디가 깔린
구역은 열린
공간이 된다.

포장은 바닥에
다른 질감을
더해준다.

가림막의
높이가
머리보다 높다.

가장 높은 요소는
배경을 이루는
시멘트벽이다.

나무가 밋밋한 벽에
입체감을 준다.

머리 위 높이

머리 높이

허리 높이

무릎 높이

발목 높이

여러 가지 높이

높이가 각기 다른 요소를 배치하면 정원의
규모와 상관없이 다양성과 흥미가 느껴진다.
높은 구성 요소로는 벽(담, 울타리, 가림막, 격자
구조물), 지붕 같은 구조물(퍼걸러, 정자, 캐노피),
그네 같은 놀이기구가 있다. 식수도 다양하다.
교목, 관목, 대나무, 덩굴식물, 생울타리, 계절마다
변화하는 다년생식물 등이 있다. 어린 나무와
관목은 값이 싸지만 키가 크려면 오랜 시간이
걸리는 점을 명심해야 한다. 구조물은 짓는 데
비용이 많이 들지만, 빠르고 영구적이다.

대조적인 높이
이 멋진 올리브나무는 아래의 키 작은 식물과 비교되어
더 커 보인다.

이웃의 시야 차단
격자 가림막 뒤에 있는 교목과 관목의 조합이
이웃의 시야를 일부 가려주고 사생활을
보호한다. 하늘색 틀은 정원에 높이감을 더하고,
작은 공간을 커 보이게 해준다.

간이 가림막

퍼걸러나 기타 건축물을 설치하면 머리 위에 견고한
지붕이 생기지만, 지지대가 필요하므로 작은 정원에
너무 많은 기둥을 세워야 할 수 있다. 수직 기둥을
정원에 설치하기 힘든 상황이라면, 간이 캐노피를
달아서 그늘을 드리우고 아늑한 분위기를 만들 수
있다. 필요 없을 때는 접어둘 수 있는 돛 모양 차양막이
좋은 해법이다. 설치할 때 안전에 유의해야 하지만,
작은 정원에서는 사생활을 보호하는 멋진 방법이다.

돛 모양 차양막
돛 모양의 가벼운 캐노피는 그늘을 만들고 기둥이 복잡하지
않다. 도시의 작은 정원에 아늑한 개인 공간이 만들어진다.

원근법의 활용

원근법(3차원 사물이 눈에 비춰지는 방식)을 이용할
때 명심해야 할 중요한 원칙이 두 가지 있다. 첫째,
관찰자의 눈에는 평행선이 먼 곳의 한 지점, 이른바
'소실점'에 모이는 것처럼 보인다. 둘째, 관찰자에게
가까이 있는 사물은 멀리 있는 사물보다 더 크게
보인다. 예를 들어 큰 나무나 예술작품이 앞쪽에
있으면 너무 우뚝 솟아 있는 것처럼 보일 수 있는데,
먼 곳에 배치하면 비율에 맞게 보인다. 높이가 서로
다른 요소들을 신중하게 배치하면서 원근법을
활용할 수 있다. 약간의 착시 효과를 이용하는 것도
가능하다. 예를 들어 일정한 간격으로 반복적인
무늬를 만들면 정원이 길어 보인다.

매혹적인 풍경
시선의 끝에 초점을 두는 것은 보기 좋은
전망을 만드는 훌륭한 방법이다. 멀리 놓인
조각상과 꽃은 방문객으로 하여금 나무
터널 아래 펼쳐진 푸른 잔디 위를 걷도록
유혹한다.

뒤가 보이는 가림막

투명 또는 반투명의 격자 구조물, 유리, 기타 가림막은
빛을 차단하지 않고 구역을 분리한다. 두 구역으로
나누어 다른 분위기를 만들어도 서로 연결된 것처럼
보이기 때문에 작은 정원에도 유용하다. 투명
가림막은 자체로도 멋진 장식이 된다.

다용도 격자
구멍 뚫린 격자 구조는
작은 나무나 덩굴식물과 잘
어울린다. 그대로 드러내거나
상록 식물로 가릴 수 있다.

유리 패널
무늬가 있는 유리 패널은
빛을 통과시키는 한편, 다른
구역은 흐릿하게 보이게
한다.

구조적 요소

경계는 정원의 틀을 형성하며, 특히 방금 식재를 마친
정원에서는 배경이 된다. 가림막으로 공간을 더 작게
나눌 수 있으며, 가림막의 형태와 재료는 다양하다.
어떤 정원 구조물은 그 자체로 예술작품이다.

경계 구조물의 종류

담, 펜스, 생울타리 등이 대표적인 경계 구조물이다. 담은 영구적인
구조물이라서 비용을 들여 만드는데, 정원과 집을 시각적으로
연결할 수 있다. 펜스는 저렴하지만 내구성이 약하므로 제때
교체해줘야 하는 점을 명심한다. 생울타리는 다 자라는 데 시간이
걸리고 손질을 해줘야 하지만, 부드럽고 자연스러운 경계를 만든다.

수목 가림막
클레마티스로 덮인 격자
구조물인데, 낮은 예산으로
장식적인 가림막을 만들었다.

여러 가지 재료
콘크리트 패널, 페인트칠이 된
목재, 플랜트월의 대조적인
질감이 매력적이다.

선명한 색상의 사각형
선명한 색상의 불투명
가림막과 투명 가림막의
강렬한 조합이
인상적이다.

녹색 콜로네이드
잘 다듬어진 키 큰 침엽수가
전통적인 생울타리를
대체하고 든든한 배경을
형성한다.

정원 내부의 가림막

정원 안에 가림막과 패널을 추가하면 구획이 나뉘면서 작고 사적인
공간이 만들어진다. 볼거리가 없는 네모반듯한 대지에서는 가림막이
흥미와 신비로운 느낌을 더해주므로 유용하다. 허리보다 낮은 패널은
정원 너머의 시야를 가리지 않는다. 높은 가림막은 여러 구역으로
분할해서 가림막의 틈 사이로 정원 너머를 엿보고 싶은 마음이 들게
한다. 불투명 가림막과 투명 가림막이 주는 효과를 이용하고, 색상과
질감을 잘 선택해 시각적인 대비 효과를 더해준다. 지지대를 비롯한
골조가 디자인의 중요한 부분을 구성해야 한다. 골조가 잘 설계되면
전체적인 구조가 보강된다.

자연의 형태 이용하기

오로지 식재만 구조적 요소로 사용할 수도 있다. 다양한 나무와 관목으로 생울타리와 가림막을 만들면 멋진 구조가 된다. 성장이 느린 식물이 완전히 자랄 때까지는 인내가 필요하지만, 보람 있는 과정이다. 자연의 형태는 전통적인 정원에 적합하지만, 현대적인 디자인과도 잘 어울린다. 현대적인 디자인에서는 막대사탕 모양으로 가지치기한 나무와 대나무 같은 조형 식물이 영역을 나누고 경계선을 만든다. 낮게 자라는 식물을 바닥에 배치하면 작은 나무의 수직선이 돋보인다.

대나무 가림막
키 큰 대나무의 힘찬 기운이 앞에 있는 연못에 반사된다.

잘 다듬은 나무
회양목으로 둘러싼 라벤더 화단 안에 심은 월계수는 막대사탕 모양으로 다듬었는데, 식사 공간을 위한 경계가 된다. 슬레이트 바닥재의 질감이 대조를 이룬다.

조형물을 이용한 구조

가림막을 비롯한 모든 종류의 차단막이 그 자체로 장식이 될 수 있듯, 예술작품도 구조를 구성하는 역할까지 겸할 수 있다. 식물이 가득한 디자인에 유리나 금속처럼 매우 이질적인 재료를 넣어서 흥미로운 요소를 추가하고 극적 효과를 자아낼 수 있다. 유리는 반투명도 좋고 투명도 좋고, 무늬를 인쇄하거나 다양한 모양으로 만들 수도 있지만, 강화유리는 집의 정원에 어울리지 않을 것이다. 반짝이는 금속은 광택이 없는 재료의 표면에도 빛을 반사한다. 조형물은 충분히 감상할 수 있는 자리에 배치한다.

앞으로 나아가는 길
이 특이한 타원형 철망 터널은 자체가 예술작품이다. 가림막과 통로의 기능을 겸한다.

반투명 유리의 효과
투명한 면과 반투명한 면이 섞여 있는 가림막에 그림이 인쇄되어 있고, 이는 또 다른 '식수' 역할을 한다. 가림막과 좌석이 모두 떠 있는 것처럼 보인다.

색상 선택

색은 우리의 감각에 쉽게 영향을 주기 때문에, 정원에 대한 느낌을 크게 바꿀 수 있는 효과적인 수단이다. 색상은 정취나 분위기, 메시지도 전달한다. 따뜻하고 선명한 색상은 속도감과 생동감을 자아내고 흥분시키는 반면, 차가운 색상은 차분하고 넓은 느낌을 주고 고요한 분위기를 조성한다.

색상환

색상의 용어는 색상환을 이용하면 잘 이해할 수 있다. 색상환은 예술가나 디자이너가 색상 간 시각적 관계와, 여러 색을 함께 배치했을 때 만들어지는 효과를 연구하기 위해 쓰는 도구이다. 특히 일부 조합이 다른 조합보다 더 효과적인 이유, 한 색상이 다른 색상에 극적인 영향을 주어서 놀라운 대비 효과를 만들거나 조화롭게 연속되는 느낌을 주는 이유를 알 수 있다.

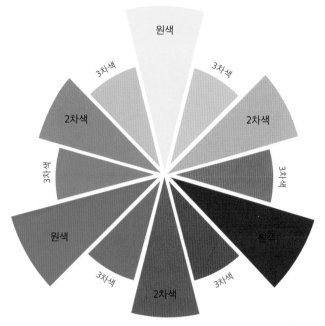

원색
색상환에서 가장 큰 조각에 해당하는 빨강, 파랑, 노랑이 삼원색이다. 이 기본 색상에서 다른 모든 색이 나오고, 그 어떤 색을 섞어도 이 세 가지 색은 만들 수 없다.

2차색
두 가지 원색을 혼합하면 2차색이 만들어진다. 초록, 주황, 보라가 2차색이다.

3차색
원색과 2차색을 각기 다른 비율로 혼합하면 3차색이 만들어지고, 3차색을 계속 만들면 색상환이 원형 무지개가 된다.

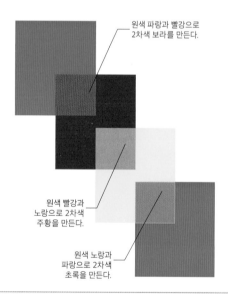

원색 파랑과 빨강으로 2차색 보라를 만든다.

원색 빨강과 노랑으로 2차색 주황을 만든다.

원색 노랑과 파랑으로 2차색 초록을 만든다.

휴, 틴트, 셰이드, 톤
순수한 색 또는 '휴'는 이 색상환에서 세 번째 원에 있다. 안쪽 두 원은 흰색이 섞인 밝은 '틴트'이다. 바깥쪽 두 원은 검정을 섞어 만든 어두운 '셰이드'이다. 회색을 섞으면 '톤'이 만들어진다.

검정을 섞으면 셰이드가 만들어진다.

흰색을 섞으면 틴트가 만들어진다.

순수한 색 또는 휴

정원의 색

식재의 조합
꽃과 초목으로 다양한 색상을 조합하는 일은 재미있다. 계절마다 다른 꽃이 피면 정원의 색이 변화한다.

하드스케이프
꽃이 피지 않을 때는 하드스케이프가 아름다운 색과 재미를 보여준다. 날씨에 따라 색이 달라 보이더라도 하드스케이프의 효과는 변하지 않는다.

페인트
천연 안료로 만든 흙색이 자연환경과 잘 어우러지고, 밝고 강렬한 색상은 활력, 흥분, 낙관적인 느낌을 준다.

색상의 조합

다양한 색상의 틴트와 셰이드를 조합하는 일은 흥미진진하지만 어려운 과제다. 색상환을 이용하면 최고의 결과를 만들어내는 조합을 쉽게 알 수 있다. 조화와 대비를 잘 연구하여 다른 사람의 시선을 끄는 조합을 만들 수 있도록 시각적 감각을 발달시키는 것이 가장 중요하다. 정원에서 가장 넓은 공간을 차지하는 색상이 전체 분위기를 좌우한다.

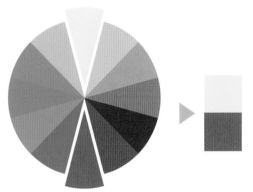

보색

색상환에서 서로 마주보고 있는 두 가지 색이 보색이다. 예를 들면 노랑과 보라, 빨강과 초록이다. 이들 색상의 극명한 대비는 강렬한 인상을 주는 반면, 눈에 피로감을 가져오므로 조금만 사용해야 한다.

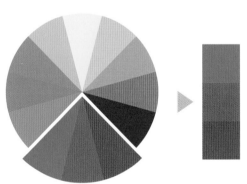

인접색

인접색(유사색) 중에서 고른 색상은 조화로워서 보기 좋으며 정돈된 느낌을 준다. 주된 색으로 쓸 색상을 하나 고르고, 그 색에 나머지 색을 맞춘다. 인접색의 그룹에는 따뜻한 느낌을 주는 '난색계'와, 차가운 느낌을 주는 '한색계'가 있다.

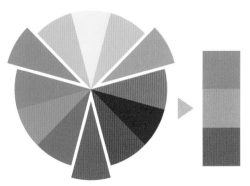

삼색 조합

색상환에서 등거리에 있는 3가지 색을 선택하면 생동감을 불어넣을 수 있다. 꽃과 잎의 색상으로는 잘 어울리지만, 하드스케이프 재료에 사용되면 과할 수 있고 산만해 보일 수 있다.

색상의 효과

정원에서 색상은 따로 떼어놓고 볼 수 있는 요소가 아니기 때문에 언제나
형태, 선, 질감, 규모 등을 포함한 전체 디자인의 일부로 여겨야 한다.
실외 공간에서는 햇빛과 그늘의 정도 같은 다른 요소에 따라 색상이
다르게 보일 수 있다. 최선의 결과를 얻기 위해 다양한 색상을 어디에
어떻게 사용해야 하는지를 이해하는 것이 중요하다.

색상의 영향

색상을 사용하여 특정 지형지물에 관심을 집중시킬 수 있다.
사물의 색이 주변과 큰 대조를 이룬다면 눈에 잘 띈다.
휴(채도가 높은 색)는 도드라지며 다른 색과 함께 있을 때
대비효과가 가장 크다. 어두운 셰이드나 밝은 틴트는 대비
효과가 작지만, 어두운 색을 배경으로 밝은 색이 조금 있거나
그 반대가 되는 경우에는 뚜렷하게 보일 수 있다. 차가운
파란색이나 녹색과 같은 후퇴색은 실제보다 멀어 보이는
효과가 있다.

가까워 보이게 하기
후퇴색(초록) 뒤에 있는
진출색(빨강)이 배경을 앞으로
당겨져 보이게 한다.
이런 효과는 보색일 경우
더 두드러진다.

멀어 보이게 하기
진출색(보라)이 앞에 있고
후퇴색(초록)이 뒤에 있으면
정원이 더 길어 보인다.

윤곽
색이 없으면 나무의 윤곽은
배경에서 눈에 띄지 않는다.

초록 바탕 위 빨강
빨강이 보색인 초록 위에
있으면 색이 모두 '진동'하는
것처럼 보인다.

빨강 바탕 위 초록
두 색이 똑같이 강렬하지만
빨강이 도드라지면 초록색
나무는 덜 선명하게 보인다.

따뜻한 대비
칙칙한 붉은색의 벽돌담이
배경이 되어 노란 꽃무리가
돋보인다. 멀리 있는
연보라색 꽃무리는 뒤편의
어두운 숲, 밝은 녹색 들판과
대조를 이룬다.

밝은 흰색
보라와 초록은 색상환에서 인접해
있는데, 여기에 흰색을 더하면
강한 인상을 준다. 순수한 흰색이
빛을 가장 많이 반사하므로
보라색 벽을 배경으로
배치된 화분이 도드라진다.

밝은색이 도드라지게 만들기

밝은색을 활용해 강렬한 효과를 얻을 수 있다. 두 가지
휴가 서로 대조를 이루게 하거나, 인접한 휴를 가까운
거리에 배치한다.(169쪽 참조) 예를 들어, 보색(빨강과
초록, 보라와 노랑) 관계를 이루는 식물은 함께 배치할
때 서로 더욱 밝아 보이는 반면, 색상환(169쪽 참조)
에서 인접한 휴(보라, 빨강, 분홍)를 가진 식물은
조화로운 분위기를 조성한다. 후퇴색(초록, 파랑 등)을
배경에 두고 강렬한 색상의 식물을 하나 배치하면
밝은색이 도드라질 것이다. 따뜻한 색과 차가운 색을
조합하면 진출색을 더 도드라지게 하여 매력적인
구성이 된다. (흰색은 빛에 따라 멀어 보이거나 가깝게
보일 수 있는 점을 주의한다.)

색을 빛나게 해주는 햇빛
강한 햇빛 때문에 노란 벽이 눈부시게 빛나고,
화분 속 빨간 꽃은 작열하듯 강렬해 보인다.

색상의 속성

따뜻한 색(빨강, 노랑, 주황)을 사용하면 공간이 더
작고 분위기 있어 보인다. 차가운 색(파란색과
흰색)의 공간은 넓어 보이고 개방감을 준다. 녹색은
중성색이다.

빨간색 계열
빨강과 주황은 흥분, 따뜻함, 열정, 에너지, 활력을
전달한다. 중성적인 녹색과 대비될 때 두드러지고,
햇빛이 밝은 곳에 가장 잘 어울린다. 과하게 사용되면
답답한 느낌을 준다.

노란색 계열
노란색은 밝고 경쾌하다. 대부분이 따뜻한 느낌을
주며 빨간색, 주황색 계열과 잘 어울린다. 녹황색은
시원한 느낌을 주고 섬세한 조합을 이룬다.

파란색 계열
짙은 파란색은 매우 강렬하고, 연한 파란색은
경쾌하게 보인다. 파란색 계열은 평화롭고 고요하고
차분한 느낌이다. 보라색 계열은 빨강과 파랑의
느낌을 조금씩 갖고 있다.

녹색 계열
식물계에서 가장 흔한 색인 녹색은 차가운
청록색부터 따뜻한 황록색에 이르기까지 매우
다양하다. 녹색은 차분하고 생산적이고 생생한
느낌을 준다.

흰색 계열
흰색이 자연에서 아주 흔하다. 모든 반사된 색상을
합한 색이며, 순수와 조화를 연상시킨다.
하얀 공간은 넓어 보이지만 삭막하게 느껴지는 것이
단점이다.

검은색/회색 계열
검은색과 회색은 색을 띠지 않는 것, 즉 광선이
흡수되어 아무것도 반사되지 않는 상태이다.
검은색은 조금만 사용되면 매력이 넘치지만,
넓은 면적으로 확장되면 우울한 느낌을 준다.

자연의 중성색
차분한 회색, 파란색, 녹색을 눈부신 흰색, 노란색과
다양하게 조합하면 매우 아름답다. 그늘진 곳이 환해진다.

빛과 그늘

색에 대한 반응은 냄새나 맛처럼 감각 반응이다.
우리의 눈이 어떤 색으로 인식하는지는 그 색이
반사하는 빛의 양과 강도에 달려 있다. 햇빛이 밝은
구역에서는 색상이 더 강렬하고 채도가 높게 보이는
반면, 그늘진 구역에서는 차분하고 부드러운 색으로
보인다. 그러므로 페인트칠을 한 평평한 면의
경우에도 상황과 방향에 따라 상당히 다르게 보일 수
있다. 마찬가지로 꽃과 나뭇잎의 색조도 심어진 위치,
그늘이 드리워진 정도, 시간대에 따라 다르게 보인다.

틴트, 셰이드, 톤

기억해야 할 일반적인 지침은 다음과 같다. 순수한
휴나 채도가 높은 색상이 강렬하고, 다른 색을 섞으면
선명도가 떨어진다. 검정과 회색은 자연에서 보기
어렵지만 그늘 안에는 존재한다. 흰색이 섞인 틴트는
밝아서 더 가볍고 멀리 있는 것처럼 보인다. 검정이
섞인 셰이드는 더 가까이 있는 것처럼 보인다. 톤은
주로 색상에 그늘이 질 때 생긴다. 그러나 햇빛이
잘 드는 테라스와 저물녘 그늘진 화단과 같이 빛의
밝기가 다른 곳이라면, 같은 색이 있어도 색이 다르게
인식된다.

틴트
휴 + 흰색 = 틴트. 흰색이 많이 섞일수록
색이 밝아진다. 틴트는 물러나 보이고,
순수한 흰색은 도드라져 보인다.

셰이드
휴 + 검정 = 셰이드. 어두워질수록
셰이드가 도드라진다. 옅은 틴트보다
따뜻하고 가깝게 보인다.

톤
휴 + 회색 = 톤. 톤은 주로 그늘에
나타나는데, 연하고 부드럽게 보인다.

색상의 적용

일반적으로 집보다는 정원에서 색상을 과감하게 써보곤 한다. 실외
환경이 더 밝고 제약이 적기 때문인 것 같다. 또한 중성적인 녹색의
나뭇잎과, 파란색과 회색의 하늘은 요란하거나 상충하는 색상들을
누그러뜨리는 역할을 한다.

강렬한 색상

강렬한 색으로 정원에 극적인 효과를 가져올 수 있다. 예를 들어 은은한 색의
초목에 밝은색 작은 점이 활력을 불어넣거나, 초록색 나뭇잎 사이로 강렬한 색이
언뜻언뜻 보이면 인상적이다. 화단에 꽃을 심을 때 차분한 파란색과 보라색으로
시작해, 선명한 빨간색과 주황색으로 강도를 높여갈 수 있다. 이 강렬한 색상이
산재한 황록색, 짙은 구리색, 자주색 나뭇잎과 어우러지면 더욱 도드라진다.

눈부신 휴
태양이 작열하는 곳에서
빛나는 꽃의 셰이드는
정말로 타는 듯 보인다.

강렬한 색상의 의자
이 휴식 공간의 색상은
낙관적인 분위기를 자아낸다.
활발한 대화가 오가기에
이상적인 환경이다.

편안한 느낌의 색상

지중해 허브 정원에서 흔히 볼 수 있는 차분한 회색, 보라, 청록색이
조용하고 사색적인 분위기를 조성한다. 멀리 떨어진 언덕에
이런 색으로 식재하면 공간이 커 보인다. 전체를 차분한 색으로
구성할 필요는 없다. 밝은 초록색과 파스텔 색채는 대부분의 환경에
잘 어울리므로 섞여 있어도 된다.

원기 회복
행복하고 편안하게
보이려고 환한 흰색,
레몬색, 녹색과 밝은
분홍색이 섞인 식재로
꾸몄다. 집에서 보이지
않는 곳에 호젓한 좌석을
마련할 때 적합하다.

조용한 시골
건축가 루티엔스 스타일의
벤치가 있는 정형적인
정원의 차분한 분위기에,
라벤더와 세이지의
보라색이 더해졌다.

중성색

황토색과 연갈색이 추수 시기를 연상시켜 따뜻하고 풍요롭게 보이며, 조용하고 편안한 분위기를 만든다. 풍화된 나무가 시골풍의 정원에 잘 어울린다. 도시에서는 재생 통나무, 고리버들, 대나무로 만든 가림막, 돋움 화단, 가구를 이용하면 자연을 가깝게 느낄 수 있다. 바닥재로는 사암 타일이나 데크가 좋고, 해변의 느낌을 원하면 조약돌을 깐다.

시골풍의 소박함
엮어 짠 의자와 나무둥치로 만든 테이블이 시골풍의 정원과 완벽하게 어우러진다.

차분한 톤
다년생식물과 그래스 종류는 잎이 지고 시들어도 여전히 생기를 띠며 겨울의 흥취를 자아낸다. 다양한 갈색이 조화를 이룬다.

자연의 공간
자작나무의 배경이 되는 나무 블록의 차분한 색이 관엽식물과 그래스의 초록색과 대조를 이룬다.

흑백의 색상

검은색, 회색, 흰색의 하드스케이프에 녹색 소프트스케이프가 더해져 세련되고 우아한 디자인이 되었다. 이런 방식은 정형적인 레이아웃의 피리어드 정원에 가장 적합하다. 하얀 꽃과 은색 잎사귀도 세련된 도시 정원의 금속 소재와 잘 어울린다. 미색이나 흰색 꽃으로 셰이드에 생기를 불어넣고, 다양한 종류의 연두색 나뭇잎을 함께 배치한다.

봄의 흰색
물망초, 튤립, 데이지, 루나리아, 아스텔리아의 은빛 잎으로 구성된 세련된 디자인이다.

인공적인 색상

자연에서 보기 힘든 색상일수록 시선을 끌기 쉽다. 현대 디자이너들은 데이글로 색상의 재료와 조명을 사용하여 초현대적이고 대담한 스타일의 공간을 만든다. 가구의 직물, 아크릴 스크린, LED 조명에도 이런 색상을 적용할 수 있다.

데이글로 색상
진한 핑크색, 라임색, 오렌지색, 터키옥색처럼 선명하고 만화에 사용되는 색상은 아주 밝아서 빛이 나는 것 같다. 시선을 사로잡지만, 절제해서 사용하라.

검은 다이아몬드
회색과 미색의 자갈길에 검은 조약돌로 모자이크 장식을 했고, 옆에는 산뜻한 갈퀴아재비와 손질된 회양목 울타리가 자란다. 이 현대식 길은 시골집 앞뜰에서 시선을 사로잡는다.

LED 조명 디자인
LED 조명으로 어느 색상이든 만들 수 있다. 색상이 계속해서 변화하는 프로그램을 만들면 극적인 효과가 연출된다.

디자인의 한 요소, 질감

정원의 식물과 조경 자재를 선택할 때 색상을 우선하여 생각하기 쉽지만, 형태와 질감도 똑같이 중요하다. 디자인의 성공 여부는 다양한 형태와 질감을 규모가 큰 곳뿐 아니라 세세한 부분에도 얼마나 잘 조합하느냐에 달려 있다. 대조 효과를 강조하려면 설치할 계획 중에 있는 하드스케이프와 소프트스케이프를 흑백으로 나타내보는 것이 좋다. 빛이 각 형태에 미치는 영향에 대해서도 특별히 신경 써야 한다.

여러 가지 질감

정원에서 경험하는 다양한 질감은 감각적인 즐거움을 느끼는 데 큰 역할을 한다. 대개는 그냥 보기만 해도 무엇이 어떻게 느껴질지 예상할 수 있지만, 자세히 들여다보면 놀라운 경우도 있다. 만져보고 싶은 형태와 표면에, 질감의 차이까지 더해지면 시각적으로나 물리적으로나 강한 인상을 준다.

질감의 종류는 매우 다양한데, 촉감과 광택에 따라 분류할 수 있다.

거칠다
거친 질감을 원하면 돌 조각, 돌담, 나뭇가지 울타리, 벗긴 나무껍질, 가시가 있는 식물을 선택한다.

매끄럽다
표면이 반반하고 둥근 것으로는 콘크리트 정육면체와 구체, 단순한 화분, 매끄러운 나무껍질, 둥근 자갈이 있다.

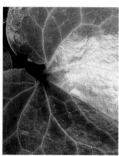

유광
대개의 상록수 잎, 화강암, 스테인리스강, 크롬, 고인 물, 유약을 입힌 세라믹 등의 표면이 반짝인다.

무광
유광 재료와 잘 어울리는 무광 자재로 재단한 목재, 아연도금이 된 금속 화분과 사암이 있다.

부드럽다
푹신한 양털처럼 부드러운 식물, 털 같은 잎, 솜털 같은 이삭과 풀 같은 줄기는 너무나도 만져보고 싶다.

단단하다
휘어지지 않는 단단한 표면은 유광이거나 무광일 수 있다. 주조 금속, 돌과 콘크리트 벽, 플린트, 화강암 포석, 테라초 화분이 해당한다.

질감의 조합

정원에 다양한 질감을 배치하려면 무늬가 있는 면과 없는 면, 유광과 무광, 매끈한 면과 거친 면 등을 조합해야 한다. 하지만 너무 많은 재료를 사용해선 안 된다. 정원이 어지러워 보일 수 있기 때문이다.

두 요소의 차이가 두드러지게 하여 대비 효과를 강조한다. 예를 들어, 위로 곧게 자라는 식물을 평평한 데크와 짝짓거나, 반짝이는 스테인리스강 인공 폭포를 무광택의 양치식물 및 비비추와 조합한다.

대조적인 질감 오른쪽
질감의 조합이 시각적으로 흥취를 돋우며, 조화로운 디자인이 되었다. 화분의 가로 선이 콘크리트에 부착된 돌과 이어지고, 반짝이는 실개천이 대비를 이룬다.

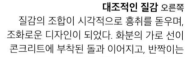

거칠과 매끈함
벽으로 둘러싸인 안뜰에 자갈과 거칠게 잘린 돌이 매끈한 구체와 어울려 극적 효과를 낸다. 돌담 앞 인공 폭포가 매끈하게 미장된 벽을 반으로 가르는 역할을 한다.

유광과 무광
반짝이는 유리와 금속 문은 수영장과 질감이 비슷하게 보인다. 이 요소들을 매끈하게 포장된 테라스와 무광의 미장벽이 분리한다.

부드러움과 단단함
목재 통로, 원형 테라스, 구불구불한 벽은 무성하게 우거진 비비추, 붓꽃, 그래스 등 '부드러운' 주변 식물과 완벽한 대조를 이룬다.

작은 정원의 해법

정원이 작다고 해서 소홀하게 여길 순 없다. 창의력과 디테일을 보는 안목만 있으면 된다. 공간에 잠재된 가능성을 이해하고 아기자기한 식물, 기발한 디자인, 공간 절약형 기술을 동원해 공간을 최대한 활용해보자. 사시사철 흥미로운 정원의 핵심은 융통성이라는 점을 명심한다. 화분에 심은 식물은 이동할 수 있고, 맞춤형 수납공간은 '죽은' 공간을 활용할 수 있다. 벽과 지붕도 활용하여 실용성과 심미성을 동시에 갖출 수 있다.

실용적인 화분

화분을 사용하면 계절마다 자리를 바꾸어 일 년 내내 인상적인 조합을 선보일 수 있다. 계절의 특색을 지닌 식물은 가운데에 놓고, 절정이 지나면 눈에 띄지 않는 곳으로 치워둔다. 화분에는 다양한 식물을 재배할 수 있다. 한 그루만 심거나, 큰 화분에 모아 심거나, 포켓 화분처럼 만들어 여러 개를 결합하는 방법 등이 있다. 가능한 한 큰 화분을 이용한다. 작은 공간이 넓어 보이고 식물의 뿌리가 뻗어나갈 공간이 확보되기 때문이다.

창의적인 공간 오른쪽 위
벽에 홈통을 달아 작은 공간에서 녹색 채소를 재배할 수 있다.

이동할 수 있는 꽃의 향연 오른쪽
넓은 화분에 다년생식물과 줄기가 여럿인 옻나무를 어우러지게 심어서 인상적인 구조가 만들어졌다.

초점 식물
가지를 엮은 서어나무가 돋움 화단에서 높이 솟아 세련된 정형성을 보여준다. 매끈한 화분에 심어진 월계수도 비슷한 분위기를 연출한다.

줄기 많은 나무의 아름다움
채진목의 구불구불한 줄기가 조각같이 아름답고, 나무의 캐노피는 고사리와 비비추가 잘 자랄 수 있게 그늘을 드리운다.

나무로 구성된 공간

작은 공간에 큰 식물을 들이면 역효과를 가져오는 경우도 있지만, 흥미롭고 멋진 방법이다. 신중하게 고른다면 화분에도 큰 나무를 심을 수 있다. 나무 캐노피가 시선을 위로 끌고 인상적인 공간을 조성하며, 어른대는 그늘에서 많은 식물이 번성한다. 느리게 자라는 식물이나, 경계 밖으로 나가지 않게 다듬을 수 있는 식물을 선택하는 것이 좋다. 커다란 관목의 아래 가지를 잘라서 재미있는 교목처럼 만드는 것도 멋진 방법이다. 봄이나 여름에 꽃이 피고, 가을에 단풍이 들고 겨울에는 멋진 가지를 뽐내는 나무처럼 연중 즐길 수 있는 나무를 찾아본다. 가벼운 캐노피를 드리우는 낙엽수를 선택하면, 여름에는 그늘을 만들고 겨울에는 햇빛을 차단하지 않아서 좋다. 큰 화분에서 여러 해 동안 잘 자라는 나무도 있다.

외부 창고

대부분 가정에 외부 창고가 필요하지만, 땅에 조금의 여유도 없다면 제대로 된 창고는 엄두가 나지 않을 것이다. 집이 작으면 자전거를 보관할 곳이 마땅히 없고, 바퀴 달린 쓰레기통도 감출 데가 없다. 최고의 방법은 전용 보관소를 설치하는 것이다. 사용하지 않는 작은 공간이나 처리하기 곤란한 구석을 잘 활용해서 자전거 보관소, 분리수거함, 장작 보관소, 겨울에 정원 가구를 보관하는 곳 등으로 만든다. 녹색 지붕이나 녹색 벽으로 덮거나 덩굴식물이 타고 올라갈 격자만 설치해도 정원과 조화를 이루고, 집에서 보더라도 매력적인 조경 요소가 된다.

자전거 보관소 오른쪽 위
자전거 전용의 보관소를 만들었다. 녹색 지붕을 얹으니 정원의 매력적인 요소가 되었다.

보이지 않는 쓰레기통 오른쪽
바퀴 달린 쓰레기통은 보기 흉하지만 필수품이다. 녹색 지붕이 얹힌 깔끔한 보관함 안에 넣으니 강풍에 날아가지도 않는다.

수직 농장

약간의 솜씨만 발휘하면 벽이나 튼튼한 울타리가 아름답고 생산적인 공간으로 탈바꿈된다. 화분을 벽에 고정시키고 풍성하게 늘어지는 꽃이나 채소를 심을 수 있다. 바닥에 놓는 큰 화분에는 클레마티스 같은 덩굴식물을 심고, 텃밭에는 오이, 강낭콩, 호박을 심는다. 격자나 철조망을 설치하면 빠르게 자라는 덩굴식물이 금세 녹색 공간을 만든다. 외부용 선반을 설치하거나 브래킷을 부착해서 벽걸이 바구니를 걸 수도 있다. 이런 공간은 재활용 재료를 활용해 만들 수 있다. 외부 공간이 별로 없는 임대주택에 살고 있어서 단기간 재배할 때 이상적이다.

질서정연한 식물 재배
재활용 플라스틱 물통과 깡통을 화분으로 만들어서 허브, 채소, 꽃을 심고 벽에 걸거나 간이 선반에 놓는다.

빗물통의 변신

지속가능성에 관한 관심이 높아지고 거의 모든 가정이 수돗물을 사용하고 있어서, 빗물을 모으고 저장하는 시설이 중요한 조경 요소가 되었다. 물받이 홈통에서 나오는 물이나 온실과 창고의 지붕에서 흘러내리는 물을 빗물통 하나에 또는 여러 개에 쉽게 모을 수 있다. 물통이 보기 흉하면 식물이나 격자 뒤에 물통을 숨긴다. 최근 들어 보기 좋은 제품들이 판매되고 있으니 살펴볼 만하다.

엇갈리게 배열된 물통 맨 위
보기 흉한 빗물통이 멋지게 변했다. 예쁜 꽃을 심어 한구석을 장식했다.

목재 외장재를 붙인 물통 위
좁은 공간에 들어맞는 대형 물통이 최신 화분처럼 보인다.

하드스케이프와 부드러운 분위기

많은 정원 스타일에서 식물은 하드스케이프와 경계를 가려주고, 넓은 벽이나 바닥을 분할하며, 편안한 분위기를 조성한다. 덩굴식물은 격자나 철조망을 붙인 벽과 울타리를 타고 올라 녹색 벽을 만든다.

식물로 뒤덮인 벽

녹색 벽은 외부 공간이 거의 없다시피 해도 다양한 식물을 기를 수 있는 재미있는 방법이다. 야생에서 식물 군락은 절벽이나 이끼 낀 나무줄기를 수직으로 타고 오르므로, 이런 자연의 모습을 모방해본다. 다양한 방식으로 재배할 수 있는데, 가장 간단한 방식은 부직포 주머니에 흙을 채우는 것이다. 모든 식물이 주기적으로 물을 흡수할 수 있도록 급수 설비를 설치하면 성공하기 쉽다. 녹색 벽은 정원에 지속가능성을 더해주고, 많은 정원 스타일과 잘 어울린다. 햇볕이 잘 드는 곳에는 다육식물을, 비바람이 들지 않는 구석에는 그늘을 좋아하는 식물을 심어보자. 녹색 벽은 단순히 겉치장이 아니다. 도시에서는 여름철 기온을 내려주는 역할도 한다.

폭포와 풍성하게 늘어진 식물 맨 위 오른쪽
중앙의 폭포가 칼라의 초록색 잎을 향해 떨어진다.
옆에는 잎이 무성한 다년생식물이 벽을 덮고 있다.

식용 예술작품 위
넓은 목재 외장재를 야생 딸기, 한련, 로즈마리 등
식용식물이 녹색 벽으로 만들어서 지루하지 않다.

이국적인 식재 오른쪽
비바람이 들지 않는 구석이나 온실에 고사리, 팔손이,
베고니아, 멜리안투스, 홍콩야자가 어우러진 녹색 벽을
조성하면 인상적이다.

부드러운 느낌의 가장자리

많은 다년생식물, 낮은 관목, 허브, 고산 식물은 낮게 퍼지는 습성이 있다. 이런 식물은 화단이나 경계의 앞쪽에 배치하는 것이 이상적이다. 포장과 식재 영역 사이의 경계를 가려주기 때문이다. 이처럼 부드럽게 보이게 하는 효과는 코티지 정원 같은 특정 스타일에 특히 잘 어울리는데, 정형적인 레이아웃에 파도가 밀려오는 듯한 비정형적 식재 디자인을 해야 효과적이다. 자연주의 스타일 정원도 같은 기법을 이용하면 자연의 식물 군락

같은 분위기가 연출된다. 때때로 백리향이나 오브레티아 같은 식물을 길에 깔린 벽돌이나 불규칙한 모양의 바닥재 사이에 의도적으로 심어 자연스러운 효과를 낸다. 햇볕이 내리쬐든 그늘이 지든 길로 밀려 나오는 식물이 있는데, 중요한 건 너무 왕성하게 자라는 식물을 선택하지 않는 것이다. 통로의 가장자리를 부드럽게 하고 완전히 가리지 않으며 해마다 다듬거나 가지치기를 해도 되는 것이어야 한다.

안성맞춤인 백리향 위
햇살이 내리쬐고 배수가 잘되는 길이나 테라스의 가장자리에 딱 어울리는 백리향은 여름에 꽃을 피운다. 발에 밟히면 향이 많이 난다.

테두리를 감싸는 야생화 오른쪽
톱풀의 하얀 꽃 등 야생화가 만발하여 벽돌 길의 가장자리가 부드럽게 보인다.

구획하는 반구형 상록수 아래
상록수 헤베 '에메랄드 잼'이 화단의 끝에 연이어 심어져 띄엄띄엄 놓인 화강암 포석이 부드럽게 보인다.

군생하는 덩굴식물

덩굴식물과 경계 관목은 담을 가리고 부드럽게 보이게 하고, 사생활을 보호하며, 길게 이어지는 울타리를 분리하는 데 요긴하게 쓰인다. 등나무나 시계꽃 같은 덩굴식물은 줄기나 덩굴손으로 벽이나 울타리에 부착된 격자나 철조망을 타고 오르지만, 담쟁이덩굴 같은 식물은 흡착근으로 어디에나 달라붙는다. 피라칸타나 케아노투스 같은 경계 관목은 지지대가 필요하다. 이런 식물을 이용해 보기 흉한 요소를 가리고, 벽이나 오래된 나무에서 풍성하게 늘어지게 하거나 다른 관목 사이로 기어 오르게 해서 꽃과 잎을 즐길 수 있다. 덩굴장미는 클레마티스나 인동덩굴과 함께 심곤 한다. 여름에 예쁜 꽃을 보려면 나팔꽃이나 스위트피처럼 빠르게 자라는 한해살이 덩굴식물을 심는다.

화려한 마감 위
나팔꽃 줄기가 울타리나 격자를 휘감고 올라가 구조물을 해치지 않으면서 부드러운 분위기를 조성한다.

전통적으로 사랑받는 꽃 아래
꽃을 잘 피우는 덩굴장미는 격자 구조물을 설치해 타고 올라가게 하거나 지지대에 묶어서 키운다.

설계도 작성

부지와 식재 설계도를 정확하게 그리는 일은 정원 디자인에서 빼놓을 수 없는 단계이다. 모든 아이디어를 종이 위에 옮겨놓음으로써 주어진 공간에 모든 계획을 수행할 수 있는지 파악하고, 만들고 싶은 정원의 이미지를 명확하게 떠올릴 수 있다. 상세한 설계도는 자재를 구매하거나 도급업자와 계약할 때 금전적인 실수를 예방해준다.

몇 가지 기본 도구와 측량을 도와줄 사람이 있으면 배치도는 스스로 작성할 수 있다. 다음 페이지에서 이 과정을 설명하는데, 쉽게 일할 수 있는 몇 가지 요령도 소개한다. 설계에 이용되는 컴퓨터 소프트웨어 패키지도 다양하다. 하지만 정원 부지가 까다롭거나 설계도 작성이 벅차게 느껴진다면 측량 기사를 고용할 수 있다.

배치도를 완성했다면 다른 디자인적 요소를 마음껏 가미해볼 수 있다. 정원의 기본 형태를 정해놓았더라도 시선의 방향을 바꾸고 작은 수풀을 새로 만들고 화분 세트를 들여놓아서 정원의 분위기가 달라지는 것을 보면 언제나 재미있다.

별도로 식재 설계도를 작성하는 것도 좋은 발상이다. 설계에 필요한 식물의 수를 세는 데 도움이 되기도 하고, 식물이 전체 설계에 잘 어울리는지, 원하는 기능을 충족시키는지를 확인할 수 있다. 예를 들어, 설계도를 보면서 볕이 잘 드는 구석에는 초본식물 화단을 설계하고, 겨울에 흥취를 돋우는 식물은 집 안에서 쉽게 볼 수 있는 곳에 심는다.

무엇보다도 시작하기 전에 대지를 모든 각도와 좋은 위치에서 보며 연구한다. 토양의 유형과 태양의 경로도 파악하고, 이와 같은 창작 과정을 여유롭게 즐긴다.

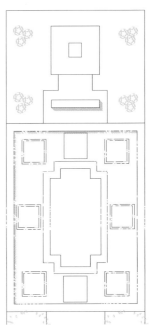

맨 위, 위
축척에 따라 그린 상세한 설계도는 아이디어를 눈앞에 구현한다.

세심하게 식재 설계를 해야 설계 의도대로 정원이 만들어진다.

설계도 이해하기

설계도는 3차원의 정원을 2차원으로 표현하며 구상하는 데 유용한
도구이다. 공간을 어떻게 구성할지, 다양한 요소를 어디에
배치할지에 관한 아이디어를 다른 사람과 쉽게 공유하고
발전시켜나갈 수 있다. 간단한 스케치도 괜찮고 상세한 축척도를
그릴 수도 있다. 다음은 설계도의 유형과 각각의 이용 방법에 관한
설명이다.

완성된 정원
설계사무소 '런던 가든 디자이너'의 소장 사라 제인 로스웰은
평면도와 식재 설계도를 모두 만들어 고객에게 보여준다.

기본 설계

이 설계도는 정확하지 않아도 되고 축척도 필요 없다. 아이디어를 실험해보는
용도로 사용한다. 예를 들어, 벽, 가림막, 나무, 다른 주요 요소의 위치와 수평면의
관계를 알아볼 수 있다. 통로나 전망과 같은 연결 요소도 설계도에 포함된다.

나무를 어떻게
배치해야 최고의
전망이 만들어질까?

이 울타리처럼
기존의 요소를
제거하면 어떨까?

벽이나 계단 같은
수직적인 요소가
잘 어울릴까?

오버레이 사진
투시도를 잘 그리기는 어렵다. 정원 사진 위에 투사지를 덮고
아이디어를 스케치하면 변화 후 3차원 경관을 볼 수 있다.

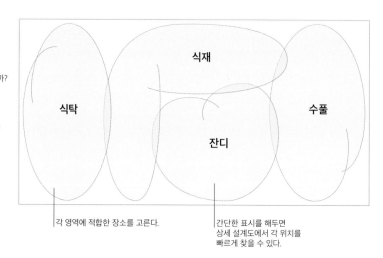

식재

식탁   수풀

잔디

각 영역에 적합한 장소를 고른다.   간단한 표시를 해두면
                                  상세 설계도에서 각 위치를
                                  빠르게 찾을 수 있다.

버블다이어그램
기본적인 버블다이어그램은 영역 간 관계를 나타낸다.
상세 설계도를 그리기 전에 빠르게 살펴볼 수 있는 이상적인
방법이다.

정원 설계 기호

이 표준 기호는 시각적인 설계 언어이다. 기호를 통해
건축업자 및 기타 작업자들이 설계도를 빠르게 읽고
해야 할 일을 이해한다. 여기 표시된 기호는 가장 흔히
사용되는 것으로 흑백 또는 컬러로 표시할 수 있다.

식재

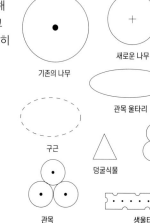

기존의 나무   새로운 나무   침엽수

관목 울타리

구근   덩굴식물   다년생식물

관목   생울타리

조경

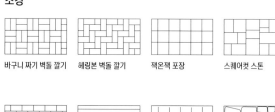

바구니 짜기 벽돌 깔기   헤링본 벽돌 깔기   잭온잭 포장   스퀘어컷 스톤

벽돌 길이쌓기   데크   화강암 블록   랜덤컷 스톤

왕자갈 또는 자갈   조약돌   거친 풀   고운 풀

물

고인 물   분수   바위 주변의 물

실시 설계

각 구성 요소와 식물들의 정확한 위치와 치수를 축척에 따라 그리면 설계도가 완성된다.(설계도 그리는 방법은 184-191쪽 참조) 실시 설계도는 시공을 목적으로 만들며, 건축업자나 도급업자가 비용 산정을 위해 면적과 길이를 측정하고, 정확한 위치를 확인하는 데 사용한다. 바닥의 높이에 변화가 생기면 별도의 종단면도를 만들거나 평면도에 주석을 달아 표시한다.

평면도

평면도는 수평면, 식재(표토) 구역, 선형 요소(벽, 울타리, 가림막, 생울타리)의 위치와 배열, 단일 구성 요소(교목, 관목, 웅덩이, 디딤돌, 계단, 조명, 배수 시설 등)를 비롯한 모든 요소의 정확한 치수와 위치를 보여준다.

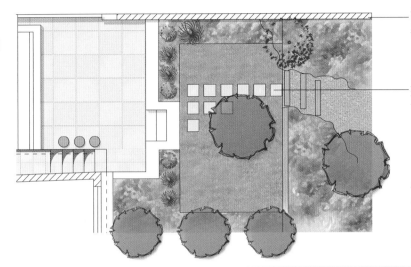

설계도에 대지의 경계 및 관련 건물, 문, 창문을 표시한다.

모든 하드스케이프 재료의 정확한 이름과 규격을 기재해야 한다.

세부사항 추가
소축척 평면도에는 각각의 자재를 나타낼 수 있지만, 대축척 평면도에는 자재를 기호로 표시한다. (188쪽 참조)

식재 설계도

식재 설계도는 필요한 식물의 개수를 산정하고 정확한 위치를 정하는 데 중요하다. 큰 식물의 위치뿐 아니라 무리 지어 자라는 작은 식물도 표시한다. 매우 유용하게 쓰이는 이 설계도는 정확해야 하는데, 설계자가 없을 때 도급업자가 나무를 심기 때문이다. 나무를 심고 있는 중이라면 필요한 나무의 수를 정확하게 계산하고 식재 위치를 파악하는 데 필요하다. (식재 설계도 작성은 192-197쪽 참조)

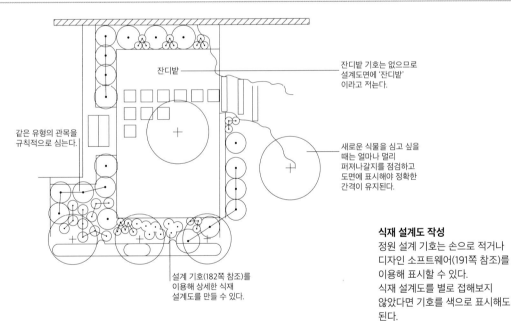

잔디밭

같은 유형의 관목을 규칙적으로 심는다.

잔디밭 기호는 없으므로 설계도면에 '잔디밭' 이라고 적는다.

새로운 식물을 심고 싶을 때는 얼마나 멀리 퍼져나갈지를 점검하고 도면에 표시해야 정확한 간격이 유지된다.

설계 기호(182쪽 참조)를 이용해 상세한 식재 설계도를 만들 수 있다.

식재 설계도 작성
정원 설계 기호는 손으로 적거나 디자인 소프트웨어(191쪽 참조)를 이용해 표시할 수 있다. 식재 설계도를 별로 접해보지 않았다면 기호를 색으로 표시해도 된다.

종단면도

정원이 경사지에 있고 그 상태를 바꾸고 싶다면, 변경된 모습을 보여줄 설계도가 필요하다. 경사가 매우 가파른 경우에는 측량사를 고용해서 종단면도나 입면도를 그린다. 그러면 공사 전후의 고도 변화를 파악할 수 있다. 복잡한 경사지에는 추가적인 설계도가 필요할 수 있다.

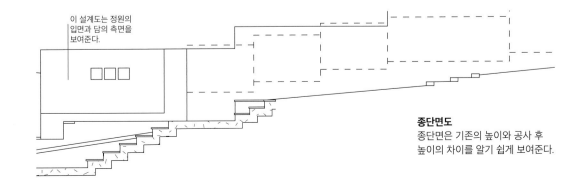

이 설계도는 정원의 입면과 담의 측면을 보여준다.

종단면도
종단면은 기존의 높이와 공사 후 높이의 차이를 알기 쉽게 보여준다.

배치도 작성

이제까지 정원 디자인의 기본 이론을 습득했으므로 이제 아이디어를 종이에
옮길 시간이다. 설계도는 여러 종류가 있는데(182-183쪽 참조) 최종적인
설계도를 작성하기 전에 배치도를 그려야 한다. 배치도는 정원의 기본 치수뿐
아니라 각 구성 요소의 위치, 형태, 규모를 나타낸다. 이 배치도를 바탕으로
새로운 레이아웃과 식재를 설계한다.

측량하기
정확한 장비로 올바르게
측량해야 한다. 측량을
틀리게 하면 배치도가
쓸모없어진다.

설계 착수

배치도를 한 번도 그려본 적 없다면 착수한다는
생각만으로도 약간 두려워질 수 있지만, 대부분의
설계도는 그리기 쉽다. 대지의 규모가 크지 않고,
네모반듯한 모양에다 지형이 복잡하지 않다면 더
쉽다. 하지만 정원이 넓거나 불규칙한 모양에 언덕이
많은 경우, 또는 풀이 제멋대로 자란 경우에는 측량
기사에게 의뢰하는 것이 현명하다.(185쪽 참조)

배치도를 그릴 때 우선 A4나 A3 스케치북과
연필을 들고 정원으로 나가 경계와 외부 건물, 바닥
포장재, 식재 등 그대로 두고 싶은 구성 요소의
위치를 파악한다. 문과 창문을 포함하여 집의 위치를
기록하는 일도 중요하다. 문과 창문의 위치가
디자인에 영향을 줄 뿐 아니라, 나무나 창고 등 기타

구성 요소의 위치를 측량할 때 집에서부터 거리를
재는 것이 가장 좋기 때문이다.

이제, 정원의 윤곽과 중요한 구성 요소의 위치를
대충 스케치한 후 다듬는다. 측량치를 표시할 수 있게
명확하게 그린다. 그런 다음 측량을 시작한다.(아래와
186-187쪽 참조) 정원 부지에 최소한의 변화를 줄
계획이더라도 경계의 너비와 길이 등 몇 가지 기본
요소를 측정해야 화단이나 수공간 같은 새로운 구성
요소의 규모를 대충 가늠할 수 있다. 정원의 규모나
형태가 어떻든지 가족, 친구, 이웃이 도와주면 측정이
훨씬 쉬워진다. 센티미터 자를 사용해야 크기를
변환해 축척도를 만들기 쉽다.(188쪽 참조)

필수 장비

정확한 측량을 위해선 올바른 장비가 필요하다.
대부분은 DIY 매장과 미술용품점에서 구입할 수
있다. 요즘에는 줄자 대신 디지털 레이저
거리측정기를 이용한다.

- 수준기
- 다양한 길이의 줄자(소형, 중형, 특대형)나
  디지털 레이저 거리측정기
- 말뚝과 줄
- 스케치북

직사각형의 대지 측정하기

정원이 직사각형이나 정사각형일 경우 측정하기 가장
쉽다. 긴 줄자로 정원의 둘레를 측정할 때 다른
사람에게 도와달라고 부탁하고, 네 군데의 측정치를

스케치에 기록한다. 그런 다음 두 대각선의 길이를
측정하고 역시 스케치에 기록한다. 기존의 구성
요소나 나무의 위치를 파악하려면 집에서 수직이

되는 지점까지의 거리를 측정한다. 아래 그림과 같이
경계의 위치도 같은 방법으로 측정한다.

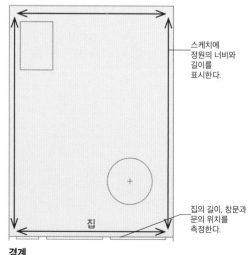

스케치에
정원의 너비와
길이를
표시한다.

집의 길이, 창문과
문의 위치를
측정한다.

경계
대지의 네 면을 꼼꼼하게 측정한다. 집의 길이,
집에서 경계까지의 거리도 측정한다.

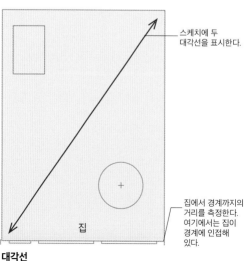

스케치에 두
대각선을 표시한다.

집에서 경계까지의
거리를 측정한다.
여기에서는 집이
경계에 인접해
있다.

대각선
대지가 완벽한 정사각형이나 직사각형이
아닐 때 대각선을 측정하면 정확한 설계도를
작성하는 데 도움이 된다.

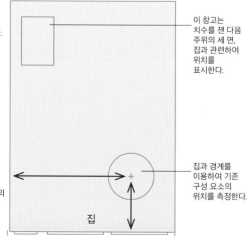

이 창고는
치수를 잰 다음
주위의 세 면,
집과 관련하여
위치를
표시한다.

집과 경계를
이용하여 기존
구성 요소의
위치를 측정한다.

구성 요소
집과 경계에서 수직이 되는 지점까지의
거리를 측정해서 구성 요소의 위치를
표시한다.

직사각형 대지의 배치도

어떤 축척을 이용할지 결정했다면, 그에 따라 치수를 변환한다.(188쪽 참조) 중간 크기 이상의 대지라면 여러 구역의 설계도를 둘 이상 만들거나, 화단 등 자세하게 나타내고 싶은 구성 요소에는 다른 축척으로 확대된 설계도를 만든다. 설계도를 그릴 때 A3 그래프용지나 모눈종이를 사용한다. 무지 용지와 삼각자를 사용해도 되지만 설계도를 그리기 더 어렵고 정확하게 그려지지 않는다. 날카로운 연필과 자로 축척도를 그리고 치수를 표시한다. 그리고 펜으로 연필 선 위에 덧그린다.

준비물

- A3 모눈종이나 그래프용지 또는 무지 용지
- 삼각자
- 눈금자 또는 투명 자
- 연필과 펜
- 지우개

경사지 측정

이 방법은 완만한 경사에만 적합하다. 계단 두어 개나 계단식 화단을 만들 때 이 방법으로 필요한 높이를 계산한다. 작업이 복잡하거나 부지가 까다롭다면 측량 기사를 고용해야 한다.

준비물

- 1m가 넘는 긴 나무판 1개
- 수준기와 줄자
- 나무 말뚝 2-3개

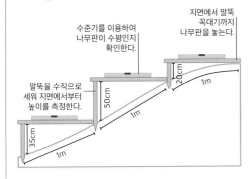

1 경사지의 특정 지점에서 아래로 1m 되는 지점을 측정하고, 망치로 말뚝을 박는다. 수직으로 박혔는지 수준기로 확인한다.

2 원점의 지면에서 말뚝의 꼭대기까지 나무판을 놓고 수준기로 수평인지 확인한다. 말뚝의 높이를 측정한다.

3 경사지 아래로 1m 더 내려가서 같은 방법으로 두 번째 말뚝을 박는다. 첫 번째 말뚝의 바닥에서 두 번째 말뚝의 꼭대기까지 나무판을 놓는다.

4 두 번째 말뚝의 높이를 측정한다. 경사지의 바닥에 이를 때까지 이와 같은 과정을 반복한다.

5 경사지의 총 높이를 계산하기 위해 모든 말뚝의 높이를 더한다. 여기에서는 다음과 같이 계산된다. 길이가 3m인 경사지의 높이가 35+50+20=105cm이다.

1 왼쪽 아래에서부터 그린다. 창문과 문의 위치와 크기를 포함하여 집의 벽을 그린다.

2 경계를 그릴 때 너비와 길이를 표시한 다음 대각선을 추가한다. 대각선은 대지가 정사각형인지, 직사각형인지, 약간 삐뚤어졌는지를 보여준다.

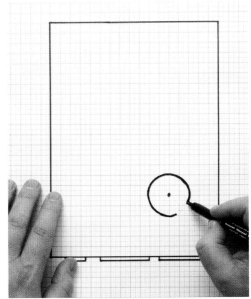

3 집과 경계에서부터 나무 및 주요 식물 사이의 거리를 직각자로 표시한다. 캐노피도 빼놓지 않고 표시한다.

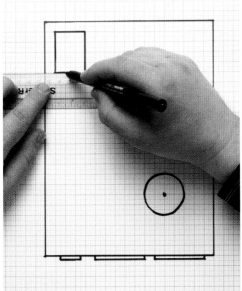

4 마지막으로 배치도에 모든 구성 요소를 표시한다. 창고, 온실, 파티오, 연못, 통로, 별채 등을 그대로 놔둘 계획이라면 꼼꼼하게 그린다.

측량 기사를 고용할 때

정원 부지가 까다롭다면 배치도를 그릴 때 측량 기사를 고용해야 한다. 인근의 측량 기사는 온라인에서 검색해본다. 측량 용역비는 대지의 크기와 복잡한 정도에 따라 다르다. 이 비용은 지형 측량에 관한 것이고, 단면도를 작성하면 비용이 추가된다. 모든 측량 기사가 정원 측량 경험을 갖춘 건 아니므로 이 작업의 적임자를 고용하려면 원하는 바를 꼼꼼하게 설명해야 한다.

불규칙적인 형태의 부지 측정하기

정원 부지가 크고 경계가 불규칙적이며 울퉁불퉁 기복이
있거나 잡초가 무성하다면, 측량 기사를 고용해서
정확하게 측정하고 설계도를 그리는 것이 가장 좋다.
그러나 여기에 제시된 방법이 그다지 어렵지 않으므로,
전문가를 부르기 전에 한번 그려보고 잘할 수 있는지
알아보자.

고급 기술

여기에 소개하는 측량 방법은 184쪽에서 설명한 방법보다
약간 복잡하지만, 여전히 쉽게 할 수 있다. 방법은 두 가지다.
'오프셋 설정'과 '삼각측량', 이 중 하나를 선택한다. 우선 A4나
A3 용지에 정원의 윤곽을 스케치한다.(184쪽 참조) 그런 다음
더 쉽다고 생각하는 방법 하나를 선택한다. 두 방법을 섞어서
사용해선 안 된다. 그러지 않으면 치수를 축척도로 옮길 때
너무 복잡해진다.(188쪽 참조) 두 방법 모두 창문, 문, 집과 정원
경계 사이의 간격 등 주택 전면부의 치수를 측정하고 측정치를
스케치에 표시하는 것부터 시작한다.

오프셋 설정

오프셋을 설정하려면 줄자 두 개가 필요하다. 긴 것과 짧은
것으로 대지의 너비와 길이를 측정한다. 그리고 커다란
삼각자가 필요하다. 삼각자를 이용해 집과 90°가 되는 정원의
전체 길이를 따라 긴 줄자를 놓는다. 다시 삼각자를 이용해
두 번째 짧은 줄자를 90°로 놓으면서 첫 번째 줄자에서 경계의
지점까지의 거리 및 중요한 구성 요소까지의 거리를 측정한다.
초기 스케치에 이 측정치를 센티미터 단위로 표시한다.

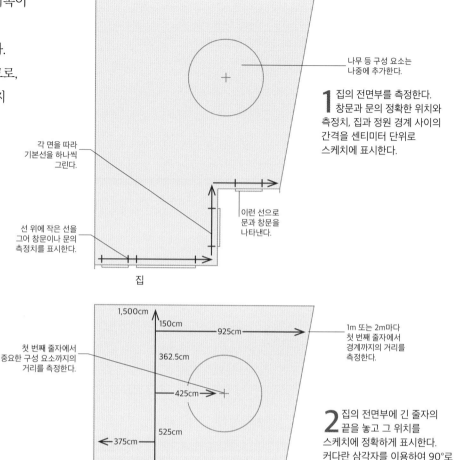

나무 등 구성 요소는 나중에 추가한다.

1 집의 전면부를 측정한다. 창문과 문의 정확한 위치와 측정치, 집과 정원 경계 사이의 간격을 센티미터 단위로 스케치에 표시한다.

각 면을 따라 기본선을 하나씩 그린다.

선 위에 작은 선을 그어 창문이나 문의 측정치를 표시한다.

이런 선으로 문과 창문을 나타낸다.

집

첫 번째 줄자에서 중요한 구성 요소까지의 거리를 측정한다.

1m 또는 2m마다 첫 번째 줄자에서 경계까지의 거리를 측정한다.

2 집의 전면부에 긴 줄자의 끝을 놓고 그 위치를 스케치에 정확하게 표시한다. 커다란 삼각자를 이용하여 90°로 정원의 끝까지 줄자를 늘인다. 첫 번째 줄자에 90°로 두 번째 줄자를 놓고 경계의 각 지점의 위치와 중요한 구성 요소의 위치를 측정한다.

첫 번째 줄자의 정확한 위치를 스케치에 표시한다.

1,500cm / 150cm / 925cm / 362.5cm / 425cm / 525cm / 375cm / 775cm / 350cm / 375cm / 225cm / 0cm

집

새 정원의 이미지 만들기

정원 일부든 전체든 재설계를 한다면 반드시 배치도를
작성해야 한다. 하지만 공간을 재시공해본 경험이
전혀 없거나 변화를 상상하지 못한다면, 새로운
정원의 3차원 이미지를 떠올리는 데 배치도가 별로
도움이 되지 않을지 모른다.

하지만 다음과 같은 간단한 아이디어로 스케일감과
비율감을 얻을 수 있다. 1m가 넘는 대나무 막대 몇 개,
줄자, 커다란 삼각자가 필요하다. 1m 간격으로
대나무를 땅속에 박아 넣고, 대나무 높이는 1m가 되게

하여 사각형 그리드를 만든다.(필요하면
전지가위로 위를 자른다.) 대나무 그리드가 있는
정원의 사진을 찍고 인쇄한다. 그런 다음
사진을 컬러복사기에 놓고 A4나 A3 크기로
확대한다. 복사본 위에 투사지 한 장을 올리고,
연필로 새로 만들어질 구성 요소를 그린다.
(182쪽 참조) 대나무 그리드를 이용해
식재 공간의 구획을 나누거나 가림막을 설계한다.
수직으로 선 대나무가 높이의 기준이 된다.

정원 지도 제작
시각적 이미지를 만드는 이 기술은 열린 공간에서 큰 도움이
된다. 집에서 정원을 바라보는 지점에 서서 설계할 영역의
사진을 찍는다.

삼각측량

이 고급 측정 기법은 오프셋을 이용하는 것보다 더 복잡해 보이지만, 사실상 많은 정원 디자이너가 삼각측량을 더 쉽게 여기고 오프셋 방법보다 선호한다.

삼각측량은 보통 집에서 1-2m 떨어진 두 지점을 이용하는데, 대지가 크다면 지점의 위치가 더 멀어진다. 두 지점을 표시한 다음 각 지점에서 경계의 한 지점, 또는 중요한 구성 요소까지의 거리를 측정하고 삼각형을 만든다. 이 삼각형과 측정치를 스케치에 표시한다. 정원의 경계를 따라 몇 지점에서 이 과정을 반복한다. 창고나 나무, 캐노피 같은 구성 요소의 모서리에도 마찬가지로 표시한다. 측정치가 많아질수록 배치도가 정확해진다.

이 측정치를 이용하여 축척도에 각 지점을 표시하고 정원의 정확한 규모와 경계의 위치, 구조물과 주요 식물의 위치를 정확하게 나타낼 수 있다.(189쪽 참조)

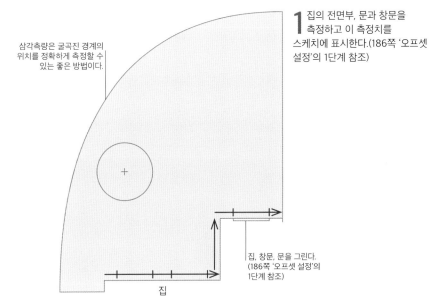

삼각측량은 굴곡진 경계의 위치를 정확하게 측정할 수 있는 좋은 방법이다.

1 집의 전면부, 문과 창문을 측정하고 이 측정치를 스케치에 표시한다.(186쪽 '오프셋 설정'의 1단계 참조)

집, 창문, 문을 그린다. (186쪽 '오프셋 설정'의 1단계 참조)

집

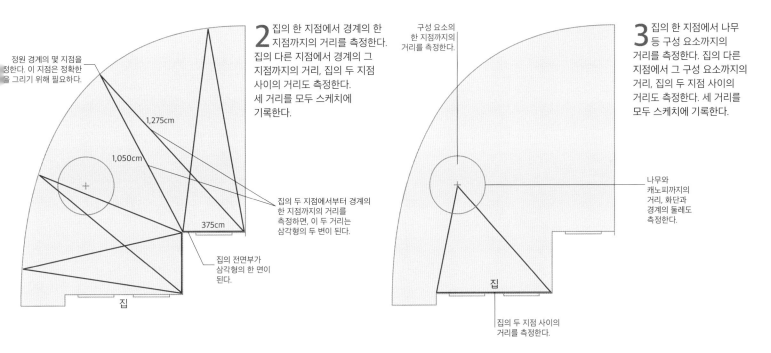

정원 경계의 몇 지점을 정한다. 이 지점은 정확한 [도]을 그리기 위해 필요하다.

1,275cm

1,050cm

375cm

2 집의 한 지점에서 경계의 한 지점까지의 거리를 측정한다. 집의 다른 지점에서 경계의 그 지점까지의 거리, 집의 두 지점 사이의 거리도 측정한다. 세 거리를 모두 스케치에 기록한다.

집의 두 지점에서부터 경계의 한 지점까지의 거리를 측정하면, 이 두 거리는 삼각형의 두 변이 된다.

집의 전면부가 삼각형의 한 면이 된다.

집

구성 요소의 한 지점까지의 거리를 측정한다.

3 집의 한 지점에서 나무 등 구성 요소까지의 거리를 측정한다. 집의 다른 지점에서 그 구성 요소까지의 거리, 집의 두 지점 사이의 거리도 측정한다. 세 거리를 모두 스케치에 기록한다.

나무와 캐노피까지의 거리, 화단과 경계의 둘레도 측정한다.

집

집의 두 지점 사이의 거리를 측정한다.

1 대나무를 1m 간격으로 놓아 전 영역에 사각 그리드를 만든다. 줄자와 커다란 삼각자로 길이와 각도가 정확한지 확인한다.

2 대나무의 높이가 같은지, 1m 간격이 적당한 선택인지 확인한다. 그렇지 않으면 원근감을 느낄 수 없다. 정원 사진을 또 찍는다.

2m   3m

3 사진을 인쇄해서 컬러복사기로 확대한다. 사진 위에 투사지를 올리고 대나무를 기준선으로 삼아 시공할 구성 요소를 그린다.

축척을 이용해
자세한 설계도 그리기

본래 축척도는 실제를 일정한 비율로 줄여서 그린 것으로, 정원에서 잰 치수를 변환하여 쉽게 그릴 수 있다.(184, 186-187쪽 참조) 축척도의 초벌 그림은 아래와 같다. 축척도를 그릴 때 1:10, 1:20, 1:50 같은 축척이 표시된 삼각 축척자가 있어야 치수를 계산하는 수고를 덜 수 있다. 배치도가 완성되면 이를 바탕으로 설계와 식재를 구상한다.

어떤 축척을 사용할까?

1:10, 1:20, 1:50, 1:100, 1:200 등 여러 축척 중에서 선택한다. 간단히 말해서 1:1 축척 도면은 사물을 실제 크기대로 보여준다. 1:10 축척 도면에서 1cm는 정원에서 10cm로 측정된 길이를 나타낸다. 1:20 축척 도면에서의 1cm는 땅에서 20cm이다. 1:50 축척 도면에서 1cm는 정원에서 50cm이다. 가정의 작은 정원에는 1:20이나 1:50 축척이 가장 적합하다. 큰 정원에서는 1:100 축척을 사용할 수 있고, 널따란 시골의 정원에서는 1:200의 축척까지도 사용한다.

디자이너는 갖가지 세부적인 요소를 보여주기 위해 여러 축척을 사용해 둘 이상의 설계도를 그리곤 한다. 예를 들어 1:50 축척은 식재 설계도에 이용되고, 1:20이나 1:10 축척은 연못 같은 구조적 요소에 적합하다.

정원 전체의 도면 1:100
중대형 규모의 정원을 대략 나타내는 데 적합하다. 정원이 특별히 크다면 A1 용지에 배치도를 그리기도 한다.

식재 도면 1:50
대부분의 식재 도면은 1:50을 사용하는데, 구조적인 식재와 관상수의 위치 및 일반적인 식재 설계를 그리는 데 유용하다. 가로 1m, 세로 2m의 화단에 필요한 식물의 수를 정확하게 나타내는 자세한 도면이 필요하다면 1:20이 더 낫다.

건축 세부 도면 1:20
이 축척을 사용하면 바닥 포장재 등 하드스케이프 자재의 양을 계산할 수 있다. 정원을 직접 만들 때 이 도면으로 자재의 수량을 계산하고, 건축업자에게 맡겨 자재를 계산할 때에도 1:20의 도면을 제공한다.

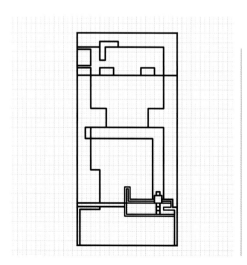

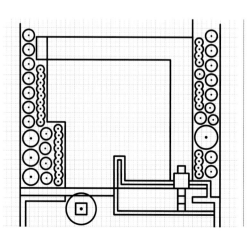

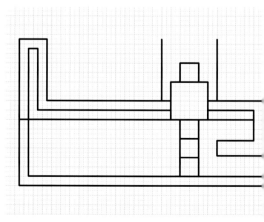

불규칙적인 대지의 설계도 그리기

준비물
- A3 모눈종이나 그래프용지 또는 무지 용지, 삼각자
- 삼각측량용 대형 컴퍼스
- 축척자, 투명 플라스틱 자
- 연필, 펜, 지우개

불규칙적인 모양의 대지를 삼각 측량이든 오프셋이든 어떤 방법으로 측정했든지 간에, 설계도에 집과 문, 창문부터 그린다.

오프셋을 사용했다면, 집에서 수직선을 그어 줄자를 그린다. 그래프용지의 눈금과 축척자를 이용하여 이 직선에서 90°로 경계까지의 측정치를 표시한다. 점을 연결하여 경계를 완성한다. 정원의 각 요소도 같은 방법으로 추가한다.

삼각측량법을 이용하여 측정치를 얻었다면, 오른쪽에 소개하는 방법으로 배치도를 작성한다.

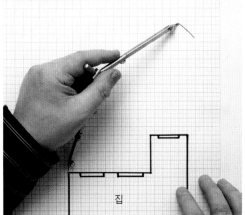

1 집, 문, 창문을 제일 먼저 그린 다음, 축척에 따라 변환한 첫 번째 측정치를 컴퍼스에 맞춘다. 컴퍼스 다리의 끝을 측정 기준이었던 집의 지점에 놓고 작은 원호를 그린다.

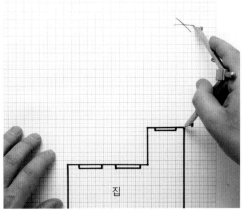

2 이번에는 컴퍼스에 두 번째 측정치를 맞추고 삼각형을 만든다. 집의 측정 기준점에 컴퍼스 다리의 끝을 놓고 두 번째 원호를 그려 첫 번째 원호와 교차시킨다.

유용한 팁
- 온라인 위성 지도를 이용해 대지의 모양을 확인한다. 크거나 개방된 대지라면 나무, 각 요소, 창고까지 나타나 있다.
- 너무 복잡하게 스케치하지 않는다. 필요하다면 정원의 각 영역을 여러 장에 기록하고, 식재 설계 같은 세부적인 사항도 별도의 종이를 이용한다.
- 식물이 가로막아 들어갈 수 없는 구역은 주변의 측정치로 그 구역의 크기를 추정한다.
- 배치도를 그릴 때 더욱 정확하게 그리려면 그래프용지를 사용한다.

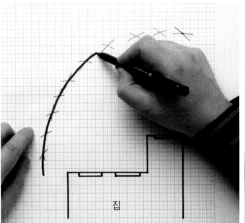

3 삼각측량에 따른 경계 측정치에 모두 1, 2단계를 반복한다. 연필로 교차 지점을 모두 연결하여 정원의 경계를 표시한 다음 펜으로 선을 뚜렷하게 그린다.

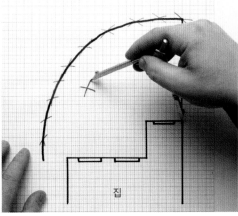

4 위와 같은 방법으로 창고, 나무, 식물, 연못 등 정원의 각 요소의 위치를 표시해서 축척에 따른 배치도를 만든다.

완성된 배치도

필요한 치수를 다 측정했으면, 정해진 축척에 따라 치수를 변환하여 배치도를 그린다. 축척을 2개 이상 정했다면 배치도도 2개 이상이 된다. 정원의 경계와 기존의 요소를 정확하게 나타내야 중요한 설계 툴이 완성된다. 배치도를 복사해서 컴퓨터에 스캔하고 여러 장 인쇄하거나, 여러 장 등사한다. 이 복사지에 대지에 들어갈 여러 요소와 아이디어를 스케치한다.

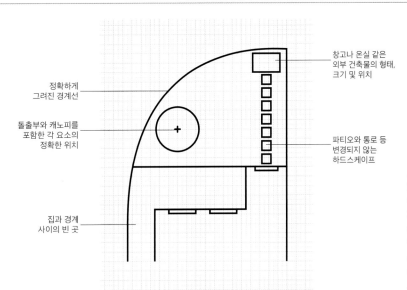

정확하게 그려진 경계선

돌출부와 캐노피를 포함한 각 요소의 정확한 위치

집과 경계 사이의 빈 곳

창고나 온실 같은 외부 건축물의 형태, 크기 및 위치

파티오와 통로 등 변경되지 않는 하드스케이프

시공 계획도 이용하기
배치도는 자신만의 디자인을 만들 때뿐 아니라, 원하는 바닥재와 각 요소의 규모 및 유형을 건축업자에게 보여줄 때 필요하다. 일부 디자인 회사는 식재 설계도를 우편으로 보내주며, 정확한 설계도를 만들기 위해 배치도를 요구하기도 한다.

설계도를 이용한 여러 가지 시도

다이어그램이나 스케치보다 정확한 축척도가 완성되면, 다양한
레이아웃을 세밀하게 그려보며 디자인이 잘 들어맞는지
확인해볼 수 있다. 통로나 식재 같은 모든 요소를 축척에 맞게
그려야 하지만, 그림이 너무 전문적일 필요는 없다. 디자이너
리처드 스니즈비가 단순한 모양의 대지에 시도한 네 가지
아이디어를 소개한다.

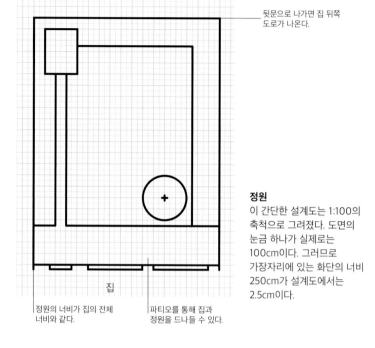

뒷문으로 나가면 집 뒤쪽
도로가 나온다.

정원
이 간단한 설계도는 1:100의
축척으로 그려졌다. 도면의
눈금 하나가 실제로는
100cm이다. 그러므로
가장자리에 있는 화단의 너비
250cm가 설계도에서는
2.5cm이다.

집

정원의 너비가 집의 전체
너비와 같다.

파티오를 통해 집과
정원을 드나들 수 있다.

하나의 정원, 네 가지 디자인

오른쪽의 단순한 설계도가 직사각형 대지를 보여준다. 하단에는 집의 후면이
나타나 있다. 파티오가 집에 접해 있고, 정원에는 기존의 나무와 창고가
그려져 있다. 오른쪽 위의 모서리에 뒷문도 있다.
    다음의 네 가지 설계도는 각각 이 부지에서 만들어볼 수 있는 다양한 디자인을
보여준다. 모든 설계도에 잔디, 연못, 바닥재와 데크, 뒷문으로 가는 통로가 있고,
세 설계도에는 창고도 있다. 두 설계도에서는 기존의 나무가 레이아웃을 해치기
때문에 지워졌다.

디자인 1

직사각형의 구역들을 대각선으로 배치하여 구석구석에 인상적인 경관을
만들었다. 이 디자인에는 큰 식물을 심을 수 있을 만큼 깊숙한 식재 영역과,
가까운 좌석에서 감상할 수 있는 삼각형 연못이 있다. 정원을 반으로 나눈
생울타리가 두 잔디밭의 가림막이 되기 때문에 각각을 다른 매력이 있는
영역으로 만들 수 있다.

디자인 2

이 정원은 생울타리로 나뉘었다. 생울타리가 시각적, 물리적 장애물 역할을 해서
시야가 짧아지고 다양한 경관이 만들어지며, 전체적으로 통일감도 준다.
생울타리의 높이를 다르게 하여 앞이 보이게 할 수도 있고, 시선을 가로막을 수도
있으므로 다양한 경관이 연출된다. 줄지어 늘어선 나무는 생울타리와 더불어
구역을 나누는데, 우거진 나무 그늘에는 멋진 풍경이 만들어진다. 이 디자인에는
직선형 화단, 정형적인 연못, 높은 생울타리 뒤에 가려진 창고도 있다.

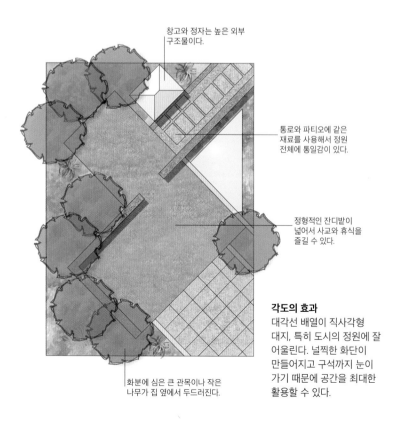

창고와 정자는 높은 외부
구조물이다.

통로와 파티오에 같은
재료를 사용해서 정원
전체에 통일감이 있다.

정형적인 잔디밭이
넓어서 사교와 휴식을
즐길 수 있다.

화분에 심은 큰 관목이나 작은
나무가 집 옆에서 두드러진다.

각도의 효과
대각선 배열이 직사각형
대지, 특히 도시의 정원에 잘
어울린다. 널찍한 화단이
만들어지고 구석까지 눈이
가기 때문에 공간을 최대한
활용할 수 있다.

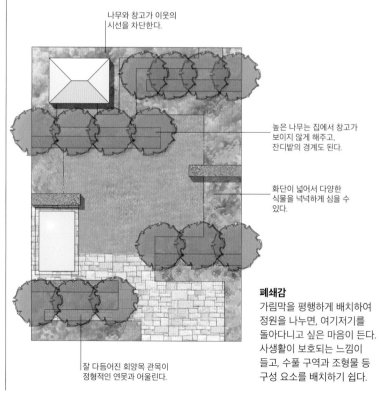

나무와 창고가 이웃의
시선을 차단한다.

높은 나무는 집에서 창고가
보이지 않게 해주고,
잔디밭의 경계도 된다.

화단이 넓어서 다양한
식물을 넉넉하게 심을 수
있다.

잘 다듬어진 회양목 관목이
정형적인 연못과 어울린다.

폐쇄감
가림막을 평행하게 배치하여
정원을 나누면, 여기저기를
돌아다니고 싶은 마음이
든다. 사생활이 보호되는 느낌이
들고, 수풀 구역과 조형물 등
구성 요소를 배치하기 쉽다.

디자인 3

이 디자인은 뚜렷한 대각선 축이 있다는 점이 첫 번째 디자인과 비슷하다. 타원형의 잔디밭이 중앙에 공간을 제공하고, 키가 작고 꽃이 피는 생울타리가 경계를 이룬다. 나무도 타원형 모양을 따라 중앙 공간을 부분적으로 둘러싼다. 여기에서 정자가 초점이 되고, 잔디밭 위의 데크와 연못은 매력을 더한다. 깊숙한 화단에는 다양한 식물이 있다.

디자인 4

이 곡선형 설계도는 다른 디자인보다 시공하기 까다롭지만, 기존의 요소와 높이에 맞춘 것이다. 자연스러운 곡선이 이어지는 가운데, 비정형적인 모양의 연못이 있고 앉는 공간이 두 군데 있다. 화단의 너비가 다양해서 갖가지 식물을 섞어서 재배할 수 있다. 하지만 생울타리가 없으므로 너무 개방되어 있다. 들여다보인다는 느낌이 들지 않게 하려면 큰 나무가 필요하다.

이 숨겨진 영역은 퇴비 더미를 놓을 곳으로 이상적이다.

작은 다리로 건너는 연못을 정자에서 바라보면 편안함을 느낄 수 있다.

타원형 잔디밭 덕분에 대지 전체를 이용할 수 있고, 주변 나무가 사생활을 보호한다.

타원형 디자인
중앙의 원형 구역은 전체를 아울러 하나가 되게 한다. 특히 타원형은 방향감을 주어서 넓은 잔디밭을 가로질러 바라보게 한다.

잘 다듬은 식물을 화분에 심어 데크 위에 놓으니 타원형이 완성되었다.

재료의 종류가 한정되어 있어서 흥미로우면서도 어수선하지 않다.

데크에 있는 좌석 공간은 초점이 되고, 계절별로 다른 꽃을 피우는 화분을 놓기 좋다.

큰 나무는 가림막 역할을 해서 사생활을 보호하며, 집에서 보는 정원 풍경의 윤곽이 된다.

융통성 있는 디자인
자연스러운 곡선 형태는 편안한 느낌을 준다. 이 레이아웃은 식물이 자라면 그 크기에 맞게 조정할 수 있다. 이와 같은 형태는 바닥 포장재로 만들기 어렵다.

자갈이 깔린 비정형적인 영역 덕분에 정원에 드나들기 쉽고, 정원이 길어 보인다.

디자인 소프트웨어 이용하기

컴퓨터로 설계도를 작성하려면, 다양한 정원 디자인 소프트웨어 패키지 중에서 하나를 고른다. 설계자의 기술 수준에 맞는 프로그램 옵션과, 정원에 넣고 싶은 세부 요소의 양을 살펴본다. 대부분 빠르게 배울 수 있고, 무료로 다운로드 받을 수 있는 소프트웨어도 있지만, 일반적으로 소프트웨어의 가격이 설계도의 품질을 좌우한다. 소프트웨어의 품질은 매우 높아졌으며, 일부 제품은 다양한 조명 효과, 태양의 움직임, 여러 가지 식재와 동영상까지 보여준다. 전문 디자이너는 전문가용 캐드(CAD) 소프트웨어로 정확한 2D 레이아웃을 디자인해서 계약 도면을 그리거나 사업 입찰에 응한다. 3D 도면을 만들 때는 스케치업의 일러스트레이션을 함께 사용하곤 한다.

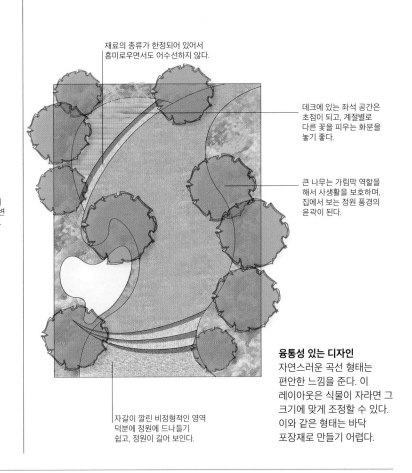

조감도 아래
컴퓨터 소프트웨어가 재현하는 지형의 변화, 재료의 질감, 식물 유형, 정원 가구 등은 놀랍도록 실재와 닮아서 정원이 어떻게 보일지 예측하는 데 도움을 준다.

상세한 표현 위
질감과 색상을 상세하게 표현하면 디자이너와 의뢰인이 결과물을 상상해보는 데 도움이 된다.

식재 설계

식재 계획을 세우려면 현실성과 예술가적 재능이 맞아떨어져야 한다. 현실적으로 고려해야 할 사항은 토양의 유형, 방위, 그늘, 일조량이다. 식물을 이용하여 안식처를 만들거나 구조를 형성하고, 좌석 옆에 향기가 나게 하고 싶을 수 있다. 이런 아이디어와 영감이 예술적 기질을 발휘하는 데 가장 중요한 바탕이다.

첫 단계

식재를 설계하기 전에, 배치도를 그린다.(184-189쪽 참조) 그런 다음 정원의 전체 디자인을 생각하고, 전반적인 풍경에 식재가 어떻게 어울릴지 상상한다. 식재할 구역과 화단의 형태와 규모를 스케치하고, 정원의 사진도 여러 장 찍는다. 침실 창문이나 식물이 가장 잘 보이는 자리에서 공중 촬영을 한다. 그런 다음, 이 사진들을 이용해 식재 규모를 결정한다.

심상 기법
대나무 지팡이, 양동이, 종이 상자, 화분 등 식물과 부피가 비슷한 사물을 식재할 위치에 놓아보면, 완성된 식재 디자인의 광경을 상상하기 쉽다.

어떤 식물을 심을까?

좋아하는 식물의 목록을 만들어서 식재 설계를 하는 방법이 있고, 원하는 풍경을 결정한 다음 배치도에서 계획한 키와 형태에 맞는 식물을 찾는 방법이 있다. 실제로는 두 가지 방법이 한꺼번에 사용되는 경우가 많다.

어느 방법을 사용하든 다음 사항을 명심해야 한다. 우선, 선택한 식물이 대지와 토양의 환경에서 잘 생장하는지 확인한다. 그런 다음 식물을 설계에 따라 배치할 때, 주변에 심을 식물과의 관계를 고려하며 식물의 키와 질감, 형태를 확인한다. 특정 시기에 볼거리를 집중시키고 싶다면 개화 시기가 중요하지만, 그런 경우가 아니면 우선 나뭇잎의 속성에 주목한다. 정원이 작다면 식물의 수종을 단 몇 가지로 제한해야 최대한의 효과를 얻을 수 있다. 아이디어를 얻고 싶으면 가든 센터를 방문해서 식물을 고르고 분류한다. 온라인에서 검색하는 방법도 있다. 핀터레스트, 인스타그램, 하우즈 등의 어플에서도 식재 아이디어를 많이 찾을 수 있다.

식물과 어울리는 서식지
내건성이 큰 다육 식물과 고산 식물로 구성한 자연풍경식 식재. 원활한 배수를 위해 화단에 자갈과 조약돌을 깔았다.

균형을 이루는 형태
붓꽃과 노루오줌 같은 다양한 형태의 잎으로 연못가를 구성하여, 양쪽이 균형을 이룬다.

계절을 고려한 식재
낙엽수 아래에 식재를 하려면 늦겨울과 봄이 좋다. 가장 볕이 잘 들고 땅이 촉촉할 때다.

식물의 디자인적 기능

식물을 고를 때 꽃에 집착하거나 잎의 색상을 고집하기 쉬운데,
많은 식물에는 또 다른 차원의 매력을 더해줄 속성이 있다. 향기는
매력이 넘치는 속성이며 파티오, 문과 창문 주위에 반드시 있어야
한다. 둥근 언덕처럼 자라는 헤베와, 신서란의 뾰족한 잎 같은
구조는 식재에서 시각적인 강조점이 될 수 있다. 대부분의
덩굴식물은 격자에 잘 엮으면 보기 흉한 전경을 가릴 수 있고,
서어나무나 주목 같은 튼튼한 생울타리는 완벽한 바람막이가 된다.

쉼 없이 피는 꽃
구근이 꽃으로 계절의 시작을 알릴 때부터
화단에서 언제나 꽃을 볼 수 있다. 대부분의
다년생식물이 싹을 틔우기 전에 봄 구근이
화단을 꽃으로 장식하고, 초여름에는 알리움
(왼쪽)이 꽃을 피운다. 그런 뒤
글라디올러스와 네리네가 다채로운
아름다움을 뽐낸다.

사시사철 꾸준한 즐거움
꽃은 잠시 아름다운 색을 더하지만, 잎은
여러 계절 동안 감동을 주기 때문에 화단의
중심으로 봐야 한다.

겨울의 색 오른쪽
겨울꽃이 주는 기쁨은
특별하다. 혹시 집이나
통로에서 볼 수 있는지
찾아보라. 일부 풍년화는
좋은 향기까지 난다.

향기로운 식물 맨 오른쪽
향이 있는 식물은 강한 바람이
향기를 흩트리지 않도록
바람이 없고 따뜻한 곳에
심어야 한다.

식재 설계도 그리기

식재 설계도는 간단하게 그려도 되지만, 아이디어를 정리하고 식물의 양을 계산할 때 도움이 된다. 정원을 정확하게 측정하고 간단한 축척도만 그린다.(184-189쪽 참조) 그런 다음 축척도에 식재 영역의 외곽선, 식재 그룹의 형태와 각 수종의 형태를 자세히 그린다.

무리 지어 심기

즉각적인 효과를 볼 수 있다는 유혹 때문에 신출내기 디자이너는 작은 공간에 식물을 이것저것 많이 심으려고 하지만, 너무 빽빽하게 심어놓으면 식물이 잘 자라기 어렵다. 그러므로 식재 설계도를 그릴 때는 항상 식물이 완전히 성장했을 때의 면적을 염두에 둬야 한다. 한 종을 무리 지어 그리면 정원이 꽉 채워진 것처럼 보인다. 다년생식물을 큰 그룹으로 만들어 서너 가지를 심는 것이 각기 다른 종의 식물을 여기저기 심는 것보다 정돈되고 뚜렷하게 보여서 효과적이다. 전원풍이나 초원 식재 스타일에 어울리는 소시지 모양이나 삼각형으로 심으면, 보기에도 좋고 각각의 다른 그룹이 쉽게 연결된다. 그리고 한 종의 그룹에서 멀리 떨어진 곳에 이따금 같은 식물을 하나씩 심으면 자생하는 것처럼 보여서 자연스러운 연출이 된다. 관목을 심을 때 즉각적인 효과를 보려면 그룹으로 심는다. 관목을 하나씩 심으면 공간이 채워질 때까지 기다려야 한다. 지반 침하를 막고 식물이 자랄 수 있는 충분한 공간을 확보하려면, 집에서 적당한 거리를 두고 식재한다.

집 주위의 정형적인 식재는 다른 곳의 자연주의 식재와 대조를 이룬다. 십자형을 둘러싸는 단순한 사각형 파르테르를 만들거나, 회양목 생울타리를 디자인의 가장자리에 심는다. 화단을 너무 작게 만들면 식재 후 빽빽하거나 복잡해 보이기 때문에 주의해야 한다.

초원 스타일 무리 심기
무리를 이룬 식물들이 소시지 모양으로 서로 맞물려 자연 풍경처럼 보인다. 최대의 효과를 얻으려면 적당한 크기로 무리를 만든다.

현대적인 블록
직육면체 형태의 생울타리가 뚜렷한 기하학적 형태를 강조하고 보완한다.

파르테르
파르테르의 대칭과 정형성이 단순한 설계를 만든다. 우선 외곽에 생울타리를 심고, 빈 곳을 채운다.

무작위 식재
자연 서식지를 연출하려면 무리를 지어 무작위로 식재한다. 많은 색으로 구성하면 어지럽게 보일 수 있으므로 주의한다.

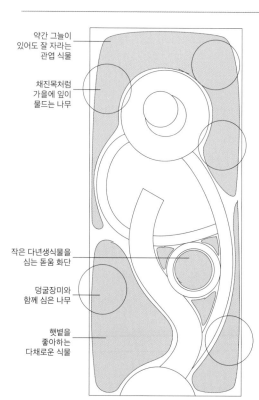

약간 그늘이 있어도 잘 자라는 관엽 식물

채진목처럼 가을에 잎이 물드는 나무

작은 다년생물을 심는 돋움 화단

덩굴장미와 함께 심은 나무

햇볕을 좋아하는 다채로운 식물

버블 다이어그램
대략적인 모양을 그리고 설명을 붙인 단순한 스케치는 나무 같은 큰 식물을 배치하고, 주요 양지나 음지의 위치를 정확히 나타내기 좋다.

사진에 스케치하기
설계도 작성이 어려운 경우, 사진 위에 대충 그리면 정원에 들어갈 디자인을 시각화할 수 있고 전망을 예감할 수 있다.

아이디어 스케치하기

작은 정원의 식재 설계를 시각화하는 가장 간단한 방법은 2층 창문에서 본 광경을 스케치하는 것이다. 마음껏 상상의 나래를 펼치고, 반드시 정확하게 그릴 필요는 없다. 다음으로 1층으로 내려와 집에서 보는 전망을 확인하고 식재로 보기 좋은 경치를 만들지, 경관의 틀을 만들거나 경관을 가릴지를 생각해본다. 마지막으로 전체적인 레이아웃, 생울타리와 관목처럼 구조를 담당하는 식물의 형태와 위치를 머릿속으로 그려보며 정원을 돌아다닌다. 이 식물을 간단한 형태로 스케치에 표시한다.

사진도 찍는다. 그러면 설계도를 그릴 때 참고할 수 있다. 자신이 있다면 사진에 아이디어를 직접 스케치해도 된다. 자신이 없다면 사진 위에 투사지를 올려놓고 그린다. 흑백 출력물에 그리는 것이 컬러에 그리는 것보다 산만하지 않아서 작업하기 쉽다. 대충 그린 스케치를 바탕으로 체계적인 식재 설계도를 작성할 수 있다.

최종적인 식재 설계도

설계도를 작성해서 혼자 볼 생각이라면 멋진 그래픽이 필요하지 않지만, 고객에게 전달해야 한다면 전문가 수준의 설계도(182쪽 설계 기호 참조)를 작성해야 한다.

우선 축척도에 식재할 구역의 윤곽을 그린 다음, 특정 식물을 추가한다. 나무나 관목을 배치할 때는 다 성장했을 때를 예상해 원으로 그린다. 다년생식물은 자유로운 형태로 그린다. 식재 밀도를 계산하기 위해 땅에 1m²를 표시하고, 식물이 다 자랐을 때의 넓이를 예상하여 각 수종의 식재 간격을 계산한다. 식재 간격을 기록해서 나중에 참조한다.

연필로 1cm 격자 패턴을 그린 용지나, 그래프용지에 설계도를 그린다. 최종 설계도를 잉크로 그리고 나서 연필로 그린 눈금은 지운다. 설계도에 이용할 축척은 설계하고 있는 정원의 규모에 따라 다르지만, 상세한 설계도를 그릴 때는 1:50이나 1:20이 적당하다. (축척에 관해서는 188쪽 참조)

투사지를 이용해 최종 스케치를 베끼고 깔끔한 최종 설계도를 만든다. 사무용품 제조업체는 투사지를 두루마리나 큰 종이로 판매한다. 커다란 설계도를 복사할 수 있는 출력센터를 찾아볼 수도 있다. 사본이 적어도 두 장은 필요할 것이다. 하나는 잘 보관하고, 하나는 식재할 때 정원에 가지고 나가야 한다. 비바람에도 찢어지지 않도록 코팅을 하는 것이 좋다.

최종 설계도
아래 사진 속 화단의 식재 설계도이다. 각 동그라미는 각 수종의 위치와 식물의 수를 나타낸다. 설계도는 식물이 성장했을 때의 범위도 보여주므로, 이들이 서로 어떻게 어울릴지 확인할 수 있다.

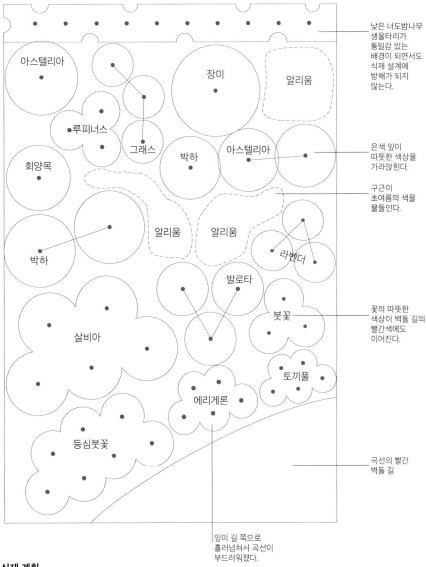

식재 계획
성공적인 식재 디자인을 보면 창의력이 고취되고, 식물이 실제 현장에서 어떻게 보일지를 상상하기 쉽다. 잘 어울리는 조합을 기록하고, 휴대전화나 디지털카메라로 눈을 사로잡는 식물의 사진을 찍는다.

식재 비용

커다란 관목과 나무를 구입할 여력이 있다면, 완성된 정원의 모습이 바로 연출된다. 그러나 예산이 적다면 어린 식물을 사서 다 자랄 때까지 기다려야 한다. 다년생식물은 2년 안에 꽃을 피우고 키가 다 자라기 때문에 값비싼 큰 것으로 살 필요는 없다.
가든 센터와 묘목장에 할인된 가격으로 구매할 수 있는지 문의한다. 어떤 곳에서는 도매상을 알려주기도 한다. 소매상인이라고 말하면 도매 묘목장에서 식물을 대량으로 구매할 수 있다.

식재 설계의 예

어떤 스타일의 정원을 설계하든 식재 설계를 시작할 때는 언제나 선택한 식물이 부지, 토양, 기호에 맞는지를 우선 확인해야 한다.
고객을 위해 설계를 한다면, 최종 디자인을 결정하기 전에 식재 구상에 대하여 고객과 충분히 대화하는 것이 중요하다. 그래야 고객이
완성된 정원을 상상하고, 관리가 가능한 한에서 설계에 합의를 볼 수 있다.

정원 구획 나누기

정원을 어떤 식으로든 나누지 않아서 일직선으로 된 정원은 너무 뻔하다. '지금 보이는
게 전부'가 되지 않게 하려고, 디자이너 프랜 콜터가 집 옆에서부터 뒤뜰로 이어지는
테라스와 정원의 나머지 부분 사이에 완전히 다른 분위기의 공간을 연출했다.

사용된 식물
1 장미 '뉴돈'
2 클레마티스 '핑크판타지'
3 털마삭줄
4 동청괴불나무 '바게센즈 골드'
5 서양회양목
6 병꽃나무 나오미 캠벨
7 네페타 네르보사
8 포도 '푸르푸레아'

디자인의 초점
이웃집에서, 특히 2층에서 우리 집 정원을
건너다볼 때, 퍼걸러에 덩굴식물이 덮여
있으면 좌석이나 식탁 공간의 사생활이
보호된다. 이 디자인에서 대략 가로 3.5m,
세로 2.5m인 퍼걸러가 테라스와 옆집 정원
사이의 화려한 경계가 되었다. 북유럽
스타일의 집과 어울리도록 나무에 무광의
붉은색을 칠했다. 스웨덴에서는 예로부터
붉은 페인트를 철과 구리 광석으로 만들기
때문에 이 색에 어울리는 자주색 포도 덩굴,
와인색 병꽃나무, 핑크 장미와
클레마티스가 식재에 포함되었다.

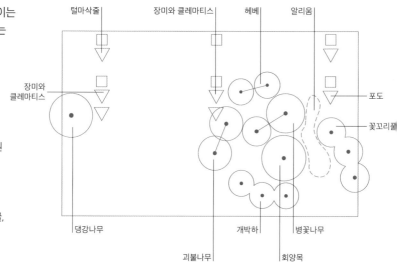

그늘진 구역

높은 돌담과 월계귀룽나무가 3.5m² 넓이 화단의 배경이 되었다. 정원 주인은 디자이너 폴 윌리엄스에게 인근 정원의 정형적인 형태를 모방하고, 그늘에서도 잘 자라는 식물을 요청했다. 녹색이 주를 이루고, 이따금 얼룩무늬가 있는 식물을 심었다.

사용된 식물
1 드리오프테리스 아피니스 '크리스타타'
2 가자니아
3 월계수귀룽나무
4 비비추 '크로사 리갈'
5 서양주목

디자인의 초점
통로 맞은편에 있는 정원의 정형적인 형태를 강조하기 위해, 3m마다 주목을 '가림막'으로 이용해 화단을 분리하여 구획을 만들었다. 각 구획에는 단순한 식재와 화분, 특징적인 식물이 있다. 나뭇잎은 모양이 예쁘고 내음성이 강한 것으로 골랐다. 석재 화분의 계절 식물은 주변 식물과 대조를 이루거나 보완하는 역할을 한다.

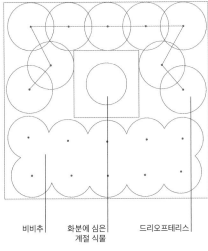

비비추　화분에 심은 계절 식물　드리오프테리스

도시의 정원

애덤 프로스트가 도시의 작은 정원에 낭만적인 코티지 정원 스타일의 식재를 설계했다. 은은한 붉은색 벽돌은 진홍색, 분홍색, 연보라색이 화려하게 섞인 식재를 돋보이게 한다.

사용된 식물
1 보리수버들
2 여뀌 '수페르바'
3 장미 '수비니어 드 독퇴르 자멩'
4 휴케라 '초콜릿 러플스'
5 아스트란티아 '로마'

디자인의 초점
대략 가로 1.2m, 세로 2m인 화단의 중앙에 진홍색 컵 모양의 매우 향긋한 장미가 있다. 장미의 반짝이는 녹색 잎 사이로 여뀌와 아스트란티아의 가는 줄기가 자라서 올라온다. 이 연분홍 다년생식물들은 장미의 진한 색을 보완하고 빛을 굴절시키며, 바닥에는 와인색의 휴케라가 주변을 에워싼다. 연두색의 가느다란 잎이 달린 보리수버들은 따뜻한 색상 뒤에서 중성적인 배경이 된다.

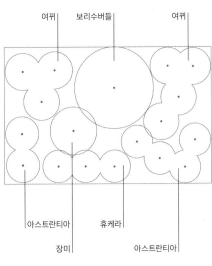

여뀌　보리수버들　여뀌

아스트란티아　휴케라
장미　아스트란티아

식재 디자인

식물은 생육 환경이 고루 잘 갖춰져 있을 때 가장 잘 자란다. 식물에게 필요한 것과 식물이 좋아하는 토양의 종류를 알아야 올바른 식재 계획을 세울 수 있다.

다양한 식물군에서 몇 가지씩 식재하면 일 년 내내 색다른 경관을 즐길 수 있다. 교목과 관목은 높이, 깊이, 그늘뿐 아니라 정원의 틀을 만들어준다. 상록수는 잎이 떨어지지 않기 때문에 일 년 내내 즐길 수 있고, 서리로 뒤덮인 낙엽수에 어른거리는 빛은 겨울 아침 정원에서 만날 수 있는 또 하나의 즐거움이다. 향기로운 덩굴식물, 그래스, 여러해살이는 유용할 뿐 아니라 지속해서 즐길 수 있다. 한해살이, 두해살이, 추식 구근은 정원에 새로움이 가장 필요할 때 다채로운 색상으로 계절을 알린다.

식물은 종종 예상하지 못한 역할로 쓰이는 경우가 있으니, 식물의 다재다능한 매력을 과소평가하면 안 된다. 화단의 가운데에 자리한 멋진 카르둔 같은 단일 종이나, 정원을 에워싸는 손질된 상록 울타리 같은 일군의 식물은 정원의 구조를 결정한다. 초점이 되는 식물은 눈길을 사로잡는다. 그 매력이 얼마나 오래 유지되는지는 중요하지 않다. 선명한 색상의 꽃이나 잎이 있는 예쁜 식물도 상록의 뾰족한 잎을 지닌 신서란이나 조각처럼 다듬은 나무만큼 초점의 역할을 한다.

중간 크기의 식물에 속하는 관목, 그래스, 다년생초본이 정원의 스타일을 결정한다. 강렬한 느낌의 잎과 꽃을, 색상과 질감이 다양한 잎과 섞어 역동적인 경관을 꾸밀 수 있다. 지표식물도 잠재적인 능력을 가지고 있다. 땅을 초록색으로 깔끔하게 뒤덮을 수도 있고, 향기로운 허브나 꽃을 무리 지어 심는 등 다양한 선택을 할 수 있다.

가장 먼저 봄을 알려 가슴이 벅차오르게 하는 구근식물부터 여름에 만발하는 꽃, 가을의 단풍, 겨울에 열매를 맺는 남천 같은 관목까지, 철마다 변화하는 식물에 따라 색다른 기쁨을 만끽할 수 있다. 기존의 스타일을 고수할 수도, 깜짝 놀랄 만한 변화를 줄 수도 있다. 식재 디자인은 흥미진진하고 끝없는 즐거움을 선사한다.

맨위, 위
다알리아 같은 식물은 색과 모양이 예뻐서 키우기 좋다.

식물의 층을 이용하면 멋진 효과가 생긴다.

정원 식물 파악하기

정원의 식물은 전 세계 다양한 산지에서 오기 때문에 필요한 것이 각기 다르다. 정원에서 잘 자라게 하려면 야생에서 자랐을 때와 같은 환경을 갖추어주는 것이 최선이다. 식물의 겉모습, 특히 잎을 보면 식물에 무엇이 필요한지 기본적인 문제는 알 수 있지만, 식물의 라벨을 주의 깊게 읽어보는 것이 가장 좋다. 자연에서 서식지를 공유하는 식물들은 정원에서도 서로 잘 어울릴 것이다.

그늘을 좋아할까, 햇빛을 좋아할까?

그늘을 좋아하는 식물의 생육 환경을 상상해보자. 낮은 조도 때문에 잎은 빛을 흡수하는 엽록소가 많아 진녹색을 띨 것이다. 건조한 바람과 작열하는 태양을 피할 수 있으므로 잎이 커진다. 이번에는 이글거리는 한낮의 태양과 휘몰아치는 바람과 싸워야 하는 식물을 상상해보자. 은색이나 회색 잎은 빛을 반사하고 보호용 털이 있어서 쉽게 건조해지지 않는다. 가죽 같은 잎이나 통통하고 물기를 머금은 잎 또한 열을 잘 견딜 수 있다. 많은 식물이 이 두 극단 사이에 있지만, 잎을 보면 전반적인 성질을 알 수 있다.

그늘을 좋아하는 식물
습하고 그늘이 지고 비바람이 들지 않는 환경에서는 대황, 다르메라, 도깨비부채 같은 잎이 큰 식물이 번성한다. 한낮의 햇빛을 어느 정도는 견딜 수 있지만, 너무 많이 노출되면 잎이 시들 수 있다.

햇빛을 좋아하는 식물
강한 햇빛과 마른 토양은 식물에게 아주 힘든 환경이다. 열과 가뭄에 강한 식물은 열을 반사하는 은색 잎(쑥)이나, 잎의 표면적을 최소화한 회색의 좁은 잎(라벤더)을 갖고 있다.

토양에 맞는 식물

땅의 성질을 바꾸는 것보다 토양에 맞는 식물을 심는 일이 쉽다. 무거운 점토는 차갑고 축축하지만 비옥해서 식물이 번성한다. 모래흙은 거의 일 년 내내 경작할 수 있지만 여름에는 빠르게 마른다. 철쭉, 마취목, 동백나무와 같이 산성 토양을 좋아하는 진달래목 식물에는 토양의 산성도가 중요하다. 식물이 산성 토양에서 자라는지는 라벨에 적혀 있지 않을 수 있으니 주의한다.(토양의 종류에 관해서는 134쪽 참조)

점토
비옥하고 촉촉한 토양을 좋아하는 매자나무 같은 식물은 찐득한 점토에서 잘 자란다.

모래흙
알리움 같은 구근은 토양에 습기가 많으면 썩을 수 있다. 물이 잘 빠지는 모래흙이 적합하다.

알칼리성 토양
pH7 이상인 토양이 알칼리성이다. 비옥한 알칼리성 토양은 장미를 키우기에 매우 좋다.

산성 토양
철쭉 등 진달래목 식물은 pH6.5 이하의 산성 토양이 필요하다.

식물군

일년생식물
한해살이식물. 번식을 위해 씨를 많이 생산해야 하므로 대개 꽃이 많이 핀다.

이년생식물
두해살이식물. 첫해에는 잎을 만들고, 이듬해에는 꽃을 피운다. 캄파눌라, 꽃무 등이 이년생식물이다.

다년생식물
여러 해를 사는 초본식물. 대부분 겨울에 말랐다가, 봄에 다시 일어난다. 일부는 겨울에도 시들지 않는다.

상록 식물
사시사철 푸른 잎을 지니는 식물

낙엽 식물
겨울에 낙엽을 떨구고 봄에 새잎을 내는 식물

그래스와 사초
상록의 풀잎과 낙엽성 풀잎이 섞여 있다. 덤불을 형성하거나 옆으로 퍼져 자란다. 높이는 몇 센티미터짜리도 있고, 2-3미터까지 자라는 것도 있다.

관목
목질의 줄기가 여러 개로 갈라져 나오고, 수명이 길다. 키가 30센티미터부터 4미터에 이르며, 상록관목과 낙엽관목이 있다.

교목
흔히 나무라고 부르며 키가 큰 상록수와 낙엽수가 있다. 보통 줄기가 하나이고 높이 자랄 수 있다. 수명이 길고 키가 크게 자라므로 심을 때 자리를 신중하게 선정해야 한다.

덩굴식물
잎과 꽃이 잘 자라며, 낙엽덩굴식물과 상록덩굴식물이 있다. 벽이나 울타리를 타고 오르려면 철사나 격자가 필요하고, 십여 미터까지 자랄 수 있다.

수생식물
축축한 땅이나 물속에서 자라는 식물은 세 부류가 있다. 잎이 물 밖에 있는 정수식물, 수면에 떠 있는 부엽식물, 물속에 잠겨 있는 침수식물.(214쪽 참조)

생육 기질

식물의 기질을 이해하면 식재에 도움이 된다. 또한 식재 밀도를 정확히 알 수 있어서 생각지도 못한 식물들이 무성해지지 않고, 균형 잡힌 화단이 만들어진다. 일반적으로 라벨에 식물의 높이와 넓이가 표시되어 있지만, 성장 환경에 따라 차이가 생길 수 있음을 예상해야 한다.

매트를 형성
싹을 발하면서 퍼져 나가고, 싹은 뿌리를 내린다. 코르시카 민트는 자갈과 포장 위로 서로 엉기며 계속 뻗어나갈 것이다.

직립 식물
베르바스쿰 같은 직립 식물은 거의 옆으로 퍼지지 않기 때문에, 매우 촘촘하게 심을 수 있다. 수직적인 형태가 특색 있다.

빠르게 자라는 식물
라바테라 같은 식물은 빠르게 퍼져나갈 수 있는 공간이 필요하다. 식물의 라벨에는 대개 10년 후의 크기가 적혀 있으므로, 성장 속도에 관한 다른 자료를 찾아봐야 한다.

무리 형성
수크령처럼 비침습적인 식물은 옆에 있는 다른 식물을 위협하지 않으면서 이삼 년만 지나면 적당한 크기의 무리를 형성한다.

덩굴식물
클레마티스를 비롯해 덩굴식물들은 위로 자라기 때문에 수평 공간을 거의 차지하지 않는다. 관목 사이로 자라서 수직 구조물을 덮는다.

느리게 자라는 식물
느리게 자라는 식물도 결국에는 커지는데, 다 자라기까지 몇 년이 걸릴 수 있다. 꽝꽝나무는 성장 속도가 느려서 낮은 생울타리에 이상적이다.

화분에 심는 식물

화분에도 화단처럼 심고 가꿀 수 있다. 계속 이런저런 식물을 조합하며 융통성을 발휘할 수 있고, 이미 우리에게 친숙하다. 하지만 화분 식재는 비료, 물, 영양분이 제한되는 탓에 성장 속도에 영향을 주어, 식물이 본래만큼 크지 못할 수 있다.

큰 즐거움
큰 화분에서는 다양한 식물이 잘 자랄 수 있다. 좁고 작은 화분보다 뿌리를 더 뻗을 수 있고, 물과 영양분도 충분하기 때문이다.

빽빽한 화분
작은 화분에는 비료를 조금밖에 넣을 수 없어서 아무 식물이나 심을 수 없다. 이런 조건에서는 정기적으로 물과 영양분을 주어야 한다.

자연환경처럼

전 세계의 다른 지역에서 가져왔더라도 서식 환경이 비슷한 식물들을 모은다면, 식물학적으로나 미적으로나 만족스러운 식재 설계를 할 수 있다. 식물이 자연 속에 있을 때의 모습을 본다면, 어떤 환경을 조성해주어야 하는지 감이 올 것이다.

해안에서 살 수 있는 식물
해변의 정원에 맞는 식물을 고를 때는 강풍과 소금기 있는 물보라에 맞설 수 있는지가 가장 중요하다. 다행히 완벽하게 적응할 수 있는 아름다운 식물이 몇 가지 있다.

숲과 같은 정원
삼림 정원을 만들기 위해 식물학자가 될 필요는 없다. 여름에 시원하고 건조한 그늘을 좋아하는 식물이라면 여러 나라에서 온 식물을 섞어서 심어도 된다.

고산 초원 같은 정원
바위 정원은 배수가 잘되고 건조한 고산 초원의 환경을 본받아 설계하면 좋다.

식물 선정하기

이번 단계에서는 만들고 싶은 정원의 모습을 명확하게 구상하고, 어떤 식물이 필요할지 생각해보자. 디자이너는 식물이 물감인 것처럼 '식물 팔레트'를 사용한다고 말하는데, 아름다운 정원을 만들어내는 일은 그림을 그리는 일과 여러 가지 면에서 닮았다. 3차원을 구상하는 점, 재료가 살아 있어서 자라나고 고정적이지 않다는 점만 다르다. 여기에 소개하는 아이디어들을 이용하면 식재 계획에 도움이 될 것이다.

식물 팔레트

디자인 초기 단계의 아이디어에 초점을 맞추면, 선택의 폭이 좁아져서 적합한 식물을 선택하기에 편리하다. 값비싼 대가를 치르는 실수를 최소화하기도 한다. 특정 테마나 좋아하는 색상과 스타일을 마음에 두고 있으면 식물을 찾아내기가 훨씬 쉬워진다. 예를 들어, 코티지 정원이라면 자연스러운 환경에서 다양한 식물을 섞어서 조합할 수 있다. 반면에 현대적인 정원이라면 정해진 방식에 따라 제한된 수의 식물을 심어야 한다. 상록 식물로 채워 손이 별로 가지 않는 정원을 만들고자 할 때에도 선택에 집중해야 한다.(정원 스타일에 관해서는 28-129쪽 참조)

열대 식물의 조합
튼튼하면서 부드러운 다년생식물은 해마다 화려한 볼거리를 제공한다. 관리에 손이 많이 가지만, 노력할 만한 가치가 있다.

관리가 쉬운 식재
강한 관목과 다년생식물로 꾸며진 이 정형적인 식재는 최소한의 관리만 해주면 된다. 늦가을뿐 아니라 겨울 풍경도 아름답다.

식재의 기능

정원에 어떤 요소들은 자연스럽게 생긴다. 예를 들어, 개방된 정원은 바람막이가 필요하고, 밖에서 내려다보이는 낮은 대지는 사생활 보호를 위해 가림막을 설치해야 한다. 더 고려해볼 사항으로 현관문 옆에 향기가 나게 하거나, 파티오 옆에 나무를 심어 햇볕이 내리쬐는 낮에 그늘을 만드는 것 등이 있다. 이런 특정한 용도에 따라 설계가 이루어지고, 식물 선택에도 제약이 가해진다. 아래 목록은 디자인에서 식물의 다양한 기능을 자세하게 설명한다. 각 정원에 필요한 기능이 일부 있을 것이다.

1 쉼터 제공   5 향기 발산
2 경계 형성   6 이웃의 시선 차단
3 먹거리 생산   7 보기 흉한 경관 가리기
4 그늘 제공   8 야생 생물의 서식처

아늑한 휴식 공간
생울타리는 펜스나 담장과 같은 역할을 하는데, 소리와 바람을 흡수하는 장점도 있다. 훨씬 포근한 느낌을 준다.

다층적인 흥취

공간이 좁다면 오랫동안 즐길 수 있는 식물을 선택한다. 개화기가 긴 식물뿐만 아니라 가을엔 울긋불긋한 단풍이 들고, 겨울엔 빈 가지의 조형미를 뽐내며, 봄엔 새순이 돋는 관목과 다년생식물이 있다. 모든 기대를 만족시켜주는 식물은 거의 없으므로, 요구 사항을 최대한 충족시켜줄 식물을 찾아본다.

구조와 색상
작약은 조형미와 색상 등 여러 면에서 즐거움을 준다. 봄에 빨간 순이 나오고, 푸른 잎이 무성해진 뒤에 꽃이 만발한다.

잎과 형태
작약을 가까이 들여다보면 어떻게 꽃과 잎이 결합해 돋보이게 되는지 알 수 있다. 가을에는 선명한 단풍이 들기도 한다.

가까이에서 본 꽃
겹꽃인 작약을 자세히 보면 접히고 뭉개진 꽃잎들이 있다. 이는 다른 식물의 경우에는 복잡한 수술에 해당한다.

식물의 종류와 디자인적 기능

나무나 관목, 다년생식물, 화초, 구근 등, 어떤 식물이든 각 상황에 적합한 식물이 반드시 있게 마련이다. 식재 설계를 할 때, 각 식물을 활용하는 최선의 방법을 생각하고 원하는 경관이 만들어질지, 주변의 다른 식물과 잘 어울릴지 상상해보라.

중간 크기의 식물
이 식물들이 정원의 대부분을 구성하는데, 다년생식물과 작은 관목이 여기에 포함된다. 큰 구조물의 사이를 채우는 식재의 기본적인 역할을 한다.

구조를 형성하는 식물
식물은 두 가지 면에서 구조를 만든다. 경계와 틀을 나타내기도 하고, 커다란 주걱 모양의 잎이 달린 식물이라면 식물 자체가 구조물에 해당된다.

초점이 되는 식물
마치 장식물처럼, 시각적인 즐거움을 주는 식물이다. 독특한 색상, 잎 모양, 높이 등이 다른 식물에 비해 두드러진다.

지피식물
사람들은 지피식물을 잡초가 자라는 것을 막는 일꾼 정도로 여기지만, 그렇다고 장식적인 역할을 하지 않을 이유가 없다.

계절의 흥취
계절의 변화가 정원에 진정한 즐거움을 가져온다. 모습이 계속 달라지는 식물을 선택하면 시간의 흐름에 따라 변화하는 정원을 오래 즐길 수 있다.

식물의 구조적 기능

구조를 형성하는 식물은 정원의 중추로서 전체적인 틀을 형성하고, 정해진 공간 내에서 다른 식물의 자리를 마련한다. 정원을 둘러싸는 너도밤나무 생울타리, 화단 주위에 둘러 심은 낮은 회양목이 이런 역할을 한다. 군네라, 코르딜리네처럼 단독으로 눈에 띄는 구조를 형성하는 식물은 식재 계획을 세울 때 중심이 될 수 있다. 주요 식물을 정하고 그 식물을 어디에 배치할지를 결정하는 것이 식재 설계의 첫 단계이다.

정원의 기본 틀

큰 정원이나 중간 크기 정원의 경계를 만드는 데에는 생울타리가 유용하다. 비바람을 막아주고, 사생활을 보호해주기도 한다. 상록수와 낙엽수의 균형을 맞추어야 한다. 상록수는 일 년 내내 효과적인 가림막이 되어주지만, 태양이 낮게 뜨는 겨울에는 짙고 우울한 그늘을 드리울 수 있다. 반면에 낙엽수 생울타리는 거의 일 년 내내 사이사이로 빛을 통과시키고, 계절마다 다른 색을 내보인다.

구조를 형성하는 식물을 이용하여 시야의 틀을 잡거나 경관을 차단해서 시선을 유도할 수 있다. 낮은 울타리로 쓰이는 관목은 중간 크기의 식물을 위한 환경을 조성하고, 반복적으로 식재하면 시각적인 기준점이 만들어진다. 나무를 심을 때는 얼마만큼 자랄지, 얼마나 그늘을 드리울지 염두에 두어야 한다.

경계를 만드는 생울타리
크든 작든 생울타리로 심은 식물(사진에서는 너도밤나무)은 정원 내부의 구조를 만드는 데 사용된다.

화단의 구조
사진에서 녹색과 자주색의 단풍나무가 석상을 둘러싸고 있으며, 뒤쪽에 조형물처럼 자라난 군네라는 초점을 형성한다.

일시적인 구조

정원의 주요 틀은 영구적일 수 있지만, 정원 식물 대부분은 계절을 지나며 변화를 겪는다. 다년생식물이 정원에서 구조적으로 중요한 역할을 하지만 봄의 몇 주 동안은 예외이다. 대부분의 멋진 그래스가 그렇듯, 새롭게 자라려면 줄기를 잘라줘야 하기 때문이다. 억새처럼 크고 멋진 관엽식물은 작은 식물의 지지대 역할을 하거나, 말발도리처럼 잎이 많고 꽃이 피는 관목과 대조를 이룬다. 바람이 잘 통하는 식물은 형태가 성기지만 그만큼 강하다는 이점이 있다.

구조상의 특징
식재가 복잡하게 설계되었는데, 여기에서 커다란 잎을 지닌 칸나가 줄기가 가는 꽃을 돋보이게 해준다. 그리고 화단에서 구조적으로 두드러진 특징이 된다.

자연의 재구성
넓은 풀밭에 서로 엇갈리게 식재하여 지나치게 복잡해 보이지 않는다. 결과적으로 식재의 구성은 견고하지만 자연스러워 보인다.

사시사철 누리는 즐거움

사시사철 정원을 즐기려면 당연히 상록수를
심어야겠지만, 무겁고 지루하게 보일 수 있다.
한편 낙엽수와 관목은 철마다 모습이 달라진다.
봄에는 새잎이 난 다음 꽃이 피고, 늦여름에는
열매가 열리며, 가을에는 단풍이 물들고, 겨울에는
빈 가지가 아름다운 실루엣을 뽐낸다. 마가목속
식물이 대개 이와 같고, 작은 정원에 이상적인
사계절 나무다.

　겨울의 정원은 여름처럼 볼거리가 많지 않지만,
여전히 시선을 끌 만한 매력이 충분하다. 외투를
걸치고 밖으로 나가보고 싶은 마음이 들 것이다.

색상과 형태 오른쪽
낙엽수와 상록수를 섞어 심으면
겨울에 멋진 구조가 드러나고,
놀랄 만큼 다채롭다.

봄의 장관 아래
나무는 봄의 경치를 이루는
중요한 요소다. 꽃이 피고
파릇파릇한 새싹이 돋아난다.

정형적인 가지치기 맨 아래
정형적인 식재는 정원 구조의
극치를 보여준다. 잘 다듬어진
상록수가 늘어서 있는 모습은
균형 잡히고 편안한 느낌을
준다. 이 느낌은 사계절 내내
즐길 수 있다.

중간 크기의 식물 이용하기

중간 크기의 식물에는 구근, 보통 아관목이라고 불리는 작은 관목, 그래스, 대부분의 다년생초본 등 광범위한 식물군이 있다.
형태, 색상, 질감이 매우 다양하기 때문에 창의력을 발휘할 여지가 많고, 여러 가지 스타일의 정원을 꾸밀 수 있다. 중간
크기의 식물은 정원의 구조를 형성하는 나무들 사이를 채우는 중요한 역할도 하며, 첫 계절이나 두 계절 동안 꽃을 피우고
키가 다 자라기 때문에 오래 기다릴 필요가 없이 완성된 모습을 볼 수 있다.

형태와 질감

중간 크기의 식물 중에는 꽃보다 형태와 질감이 더
흥미로운 것들이 있다. 아칸투스, 비비추, 곰취,
도깨비부채처럼 잎이 큰 식물들은 한데 모아서
윤곽이 뚜렷한 식재를 하거나, 하늘하늘한 꽃과 잎을
가진 식물을 분리하는 데 사용한다. 대조적인 형태와
질감을 디자인 전반에 걸쳐 활용하면 시각적으로
매우 흥미롭다. 회향의 가는 잎과 대비되는
아티초크의 커다란 공 같은 잎이나, 거품이 이는 듯한
안개초와 크고 둥근 돌부채 잎이 맞닿아 있는 모습을
상상해보자. 비슷하게 부드러운 질감의 식물을 한데
모으면 색다르면서도 훨씬 부드러운 효과가 난다.
회향을 아네만텔레 레소니아나와 함께 심거나,
몰리니아를 참눈개승마 또는 꿩의다리와 어우러지게
심어보자.

다층적 질감 왼쪽
비탈진 곳에 공 모양의 알리움과 깃털 같은
회향이 어우러져 아름다운 잎의 질감과
색상이 층을 이룬다.

뾰족한 잎 아래
크로코스미아의 뾰족한 잎은 계절에 따라
매력이 다르다. 늦여름의 꽃은 거의 덤이다.

관목의 배치

초본식물 식재를 할 때 작은 관목을 추가하는 경우가
많은데, 지속성이 있고 특징을 더해주기 때문이다.
화단 앞쪽에는 상록의 키 작은 관목을 심어 계절에
따라 변화하는 다년생식물들을 돋보이게 만들어보자.
앞줄에 배치하기 좋은 관목으로 곽향, 헤베
핑귀폴리아, 이베리스 셈페르비렌스 등이 있다.

지속적인 영향력 왼쪽
상록아관목인 비단목메꽃은 늦여름에 나팔
모양의 꽃이 진 뒤에도 은빛 잎이 남아 다른
다년생식물을 돋보이게 한다.

잘 어우러지는 식물 맨 왼쪽
헬리안테뭄처럼 키 작은 아관목은 낮은
구조를 만드는 데 유용하고 다년생식물과
잘 어울리며, 그 자체로도 멋있다.

전경의 흥취 아래
키 작은 상록인 헤베를 블록으로 식재하니
무게감 있는 전경이 만들어지고, 뒤에 높이
솟은 가벼운 그래스와 멋진 대조를 이룬다.

다채로운 꽃과 잎

가드닝의 가장 큰 재미는 색을 여러모로 활용하는
때일 것이다. 다년초를 심으면 잎과 꽃이 다양해서
식물 팔레트에 거의 모든 톤이나 셰이드를 채울
것이다. 식재를 설계할 때, 각 식물이 주변 식물에
미치는 영향을 고려해서 보완하는 색상을 사용할지,
대조적인 색상을 사용할지 결정한다.(168-169쪽
참조)

 여러 색상이 섞여 있으면 대개 활기가 넘치고
야생의 느낌이 난다. 단색의 화단은 세련되고
통일감이 있다. 식물 선택의 폭이 좁아지면
설계도 쉬워진다. 꽃이나 잎의 셰이드가 약간만
어울려도 두 식물을 함께 심을 수 있음을 명심한다.

 큰 화단이라면 두세 가지 식물을 심어 색을
조합하는 것이 효과적이다. 철마다 다른 모습을 보기
위해 시기를 맞출 수 있다. 예를 들어 검자주색
튤립인 '퀸 오브 나이트'를 노란색 꽃무와 함께 심는다.
아니면 연노란색 꽃이 오래가는 다이어스 캐모마일
앞에 잎이 자주색인 휴케라 '플럼 푸딩'을 배치하고,
주위에는 풍지초 '아우레올라'를 심는다.

초여름의 화단

꽃의 색과 잎의 무늬가 한데 뒤섞이면 화단에 엄청난
에너지를 불어넣는다. 여름 화초를 약간 추가하면
전반적으로 활기가 더해질 것이다.

두드러진 잎

빗금 무늬가 있는 크고 화려한 청록색 잎의 비비추는
그 자체로도 화단의 주인공이면서, 다른 식물들을 위해
완벽한 배경이 된다.

지피식물 이용하기

지피식물은 잎과 줄기, 꽃이 촘촘하게 짜인 담요 같아서 빛을 차단하고 수분을 흡수하기 때문에, 잡초가 자라는 것을 막는 데 주로 이용된다. 최고의 지피식물은 장식적인 역할도 한다. 태피스트리 같은 색, 질감, 형태로 다른 식물을 돋보이게 한다. 지피식물은 바닥에 깔려 자라는 식물에 국한되지 않으며, 다른 식물을 억제하는 덮개를 형성할 수만 있다면 형태와 크기가 다양하다.

건조하고 볕이 잘 드는 곳

배수가 잘되는 토양은 '척박'하다. 유기물 비료를 줄 수 있지만 대개 빠르게 분해되고 효과도 짧아서, 토양의 질을 바꿔보려고 하기보다는 그 환경에 맞는 식물을 선택하는 것이 최선이다. 볕이 잘 드는 곳에서 번성하고 꽃이 피는 지피식물에는 헬리안테뭄, 작은 게니스타, 그리고 물싸리 '다츠 골드디거'처럼 키 작은 관목이 있다. 잎이 무성한 지피식물을 원한다면 헤베 핑귀폴리아, 산톨리나 카마이키파리수스, 살비아처럼 잎이 회색을 띠는 식물을 심는다. 덥고 건조한 환경에서 잘 자라며 향기로운 식물로는 라벤더와 백리향이 있다. 이런 환경은 많은 종류의 구근에도 적합한 서식지이다. 레티쿨라타붓꽃처럼 키 작은 붓꽃과, 툴리파 카우프마니아나, 툴리파 리니폴리아 바탈리니 그룹과 같은 작은 튤립이 지피식물 사이에 군데군데 있으면 특별한 색상이 더해진다.

척박한 환경의 강한 식물
자갈이 깔린 이 화단의 특징은 백리향, 개박하를 비롯한 지중해의 지피식물이 주를 이루는 것이다.

햇빛 차단
램스이어는 더운 곳에 적합한 식물이다. 은색 잎이 태양열을 반사해 말라죽는 것을 막는다..

시원하고 그늘진 곳

무성한 나무 그늘이 드리워진 곳은 여름 내내 상당히 건조해서 식물과 정원 디자이너에게 가장 큰 도전 과제다. 가지를 잘라주면 더 많은 빛과 수분이 나무 아래까지 도달하고, 땅에 유기물을 주는 것도 수분 유지에 도움이 된다. 촘촘하게 퍼져 자라는 지피식물을 원한다면 산미나리 '바리에가툼', 선갈퀴, 풀산딸나무, 제라늄 마크로리줌, 수호초, 아이비를 심어본다. 건축물이 그늘을 드리우는 곳은 흙이 약간 축축한 편이어서 지피식물이 쉽게 자란다. 그늘을 좋아하는 돌부채, 삼지구엽초, 헬레보루스 오리엔탈리스, 비비추, 그리고 많은 양치류와 그중에서도 특히 가뭄에 강한 고사리 종류가 자란다.

밝은 캐노피 아래에서
반그늘이 지는 환경은 족도리풀, 사초, 도깨비부채 등 다양한 지피식물에게 적합하다. 녹색 잎의 그늘과 빛이 어우러져 자연의 캐노피가 된다.

짙은 그늘
다채롭고 강한 제라늄은 나무가 드리우는 짙은 그늘에서도 살아남을 수 있다.

두 배의 가치
잎이 오래가는 식물은 좋은 지피식물이 된다. 노루오줌처럼 꽃도 피운다면 두 배의 가치가 있다.

관리하기 쉬운 식물

식물이 마음껏 자랄 수 있는 넓은 정원이라면 아이비, 회양괴불나무, 트라키스테몬 오리엔탈리스, 큰잎빈카처럼 무성하게 퍼져나가면서도 관리가 필요 없는 지피식물이 이상적이다. 하지만 작은 정원에서 한 가지 식물에 넓은 공간을 할애하는 것은 부적절하고 비실용적이다. 좋은 식재를 할 기회를 잃기 때문이다. 공간이 좁다면 노루오줌, 아스트란티아, 돌부채, 제라늄 엔드레시와 같이 잎이 많은 식물을 섞어서 촘촘하게 심는 것이 훨씬 낫다. 훨씬 적은 노력으로 장식적인 효과를 얻을 수 있다.

다채로운 카펫
키가 작은 리시마키아와 아주가는 잡초가 자라지 못하게 하면서 키 큰 식물을 돋보이게 한다.

매트 같은 지피식물
빈카는 싹이 퍼져나가면서 뿌리를 내려 촘촘한 매트를 만든다. 빈카의 작은 잎이 돌부채속의 잎과 대조를 이룬다.

초점 식물 이용하기

초점 식물은 여러 가지 역할을 한다. 정원 안으로 발을 들이게 하고, 담 너머의 보기 흉한 경관에서 시선을 돌리게 하며, 화단 내 시선을 사로잡는 볼거리가 된다. 대부분의 초점 식물이 상록수이거나 색과 형태가 강렬하거나 지속성이 있지만, 일 년에 단 2주만 주인공이 되는 식물도 있다. 짧지만 영광스러운 기간 동안 그 식물이 각광을 받을 수 있도록 정원의 나머지 부분을 계획한다.

시각적인 효과

조각상이나 멋진 화분을 이용할 때와 마찬가지로 초점 식물을 배치함으로써 시선을 특정한 곳으로 이동시킬 수 있다. 효과적으로 배치하면 보기 흉한 사물이나 경관에 눈길이 가지 않게도 할 수 있다. 시선만 돌리는 것이 아니라, 정원을 거닐며 둘러보라고 부추기기도 한다. 초점 식물을 긴 화단에 반복적으로 배치하면 시각적인 디딤돌 역할을 해서, 그 간격마다 시선이 따라간다. 초점 식물은 식재를 하나로 모아 융화시키는 역할도 한다. 원근법을 잘 이용하는 방법도 있다. 초점 식물을 앞쪽에 심어 그 뒤쪽에 가보고 싶은 별도의 영역이 있는 것처럼 보이게 만들 수 있다.

신중한 배치
한 식물이 모든 관심을 끌어모아 예상치 못한 초점이 됨으로써 정원을 압도하는 일이 없도록 주의한다.

관심의 초점
팜파스그래스는 꽃이 피지 않을 때에도 키가 상당히 크다. 늦여름이 되면 자연스럽게 시선을 모은다.

인상적인 형태

공작단풍, 미국층층나무, 신서란, 유카와 같이 자연적으로 건축물이나 조각상처럼 생겨서 멋진 초점이 되는 식물들이 많다. 하지만 대개는 오랜 시간 동안 가지를 치고 다듬어서 눈에 띄는 형태를 갖춘다. 전통적인 토피어리 방식으로 가꾸는 나무로는 회양목, 서양주목, 꽝꽝나무, 쥐똥나무처럼 천천히 자라는 상록수가 있다. 동청괴불나무처럼 빠르게 자라는 나무는 모양을 유지하려면 여름 내내 여러 번 잘라줘야 하기 때문에 적당하지 않다. 대담한 정원사라면 창의적인 전정법으로 실험해보고 싶을 수 있다. 관목과 나무의 아래쪽 가지를 잘라서 없애면 가장 기본적인 막대사탕 모양 나무를 만들 수 있고, 가지를 솜씨 좋게 잘라서 여러 층을 만들거나 계단형을 만들 수 있다. 이런 유형의 가지치기가 잘 어울리는 나무는 유럽서어나무, 섬개야광나무, 투야 플리카타, 털설구화 '마리에시' 등 몇 종류 없다. 잘 다듬어놓으면 겨울철 빈 가지의 실루엣이 여름의 풍성한 모습만큼 멋스러울 수 있다.

기다린 보람
사진 속 유카처럼, 단 하나의 식물이 정원을 통틀어 존재 이유이자 계절의 절정이 될 수 있다.

색상의 이용

한철 내내 색을 유지하는 식물은 얼마 되지 않지만,
짧은 순간이라도 꽃이나 잎이 만개할 때 큰 효과를
발휘한다. 훌륭한 초점 식물 가운데 단풍나무, 철쭉,
포테르길라, 잎갈나무는 단풍이 아름답고, 풍년화,
금사슬나무, 털설구화 '마리에시'는 꽃이 아름답다.
자작나무, 말채나무, 버드나무는 겨울 가지가 운치
있다.

　하지만 멋진 색깔을 뽐내는 식물은 세심하게
관리해야 한다. 강렬한 빨간색이나 노란색 식물이
가장 먼 구석에 있으면 정원의 길이가 짧아 보이는
효과가 있음을 기억하라. 반대로 정원의 끝에 연한
색깔의 식물을 심으면 정원이 더 길어 보인다.
(170쪽 참조)

색상의 배치 오른쪽
가을에 단풍이 불타오르면 시선을 뗄 수 없다. 은은한
색상들 사이에 단풍나무가 있으면 더욱 빛난다.

가까이 보기 맨 오른쪽 위
분홍색 완두콩 같은 유다박태기나무의 꽃은 이른 봄
잎이 나오기 전에 핀다. 꽃이 지고 난 다른 시절에는
나무의 수형이 눈길을 끈다.

또 하나의 아름다움 맨 오른쪽
수국 꽃은 오래도록 아름답다. 꽃이 피어나는 여름에는
화려하고, 시들어가는 가을에는 우아하며, 서리가 내리는
겨울에는 눈이 부시다.

이목을 사로잡는 형태
중앙에 위치한 큰 자작나무는 인상적인 겨울
햇빛을 받아 더욱 매력적이다.

토피어리의 즐거움
기발한 아이디어와 유머가 있으면 특징을
초점으로 바꿀 수 있다. 거대한 토피어리
프레임을 이용해 서양주목의 모양을
다듬었다.

사계절의 식재

사시사철 이어지는 즐거움을 선사하는 정원을 설계하는 건 어려운 일이지만, 그만큼 보람이 크다. 봄에 움이 트고, 새로운
꽃과 잎이 피어나는 모습을 기대할 때부터 한껏 설렌다. 기대는 여기에서 끝이 아니다. 울창한 여름과 따뜻한 가을의 색,
겨울의 강인한 아름다움으로 이어진다. 세심하게 식재를 계획하면 일 년 365일 식물의 색상과 향기, 형태, 윤곽으로
정원을 장식할 수 있다.

깨어나는 봄

우울한 겨울이 지나고 나면 봄에는 반가운 색과
에너지가 샘솟는다. 초봄부터 벚나무, 목련, 진달래가
화려한 꽃을 피워 강한 인상을 준다. 구근도 관심을
끈다. 파란 꽃(아네모네, 히아신스, 무스카리), 노란 꽃
(수선화, 튤립), 보라색 꽃(크로커스), 빨간 꽃(튤립)이
모두 봄에 활기를 더해준다. 신비한 분위기를
선호한다면 봄에 연한 색의 꽃이 피는 삼지구엽초,

프리틸라리아, 헬레보루스, 앵초 같은 작은 식물과
관목을 심어보라. 흰 꽃을 피워서 다채로운 풍경을
누그러뜨리는 봄 구근도 있다. 그렇지만 봄에는
울창하고 화려한 경치를 즐기는 것이 가장 좋을 수
있다. 단, 반드시 가을에 구근을 식재해야 한다.
그러지 않으면 봄의 장관을 보지 못하게 된다.

숲의 환경
나무 아래에서 성장하는 식물과 구근은
나뭇잎이 무성해지기 전에 빛과 수분을
흡수하여 꽃을 피운다.

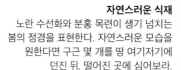

자연스러운 식재
노란 수선화와 분홍 목련이 생기 넘치는
봄의 정경을 표현한다. 자연스러운 모습을
원한다면 구근 몇 개를 땅 여기저기에
던진 뒤, 떨어진 곳에 심어보라.

울창한 여름

여름에 벌을 비롯한 가루받이 곤충들이 모습을
드러내면, 그와 동시에 여기저기에서 꽃이 피어난다.
이처럼 풍요로운 자연 속에서 다양한 색상과 크기,
형태를 선택할 수 있으므로, 특정한 효과를 내는
디자인을 비교적 쉽게 만들 수 있다. 개화 시기를
확인하고 다양한 식물을 조합하면, 여름 내내 꽃을
볼 수 있다. 잎이 아름다운 다년생식물을 심으면 꽃이
지고 나서도 화려함을 잃지 않는다. 각 유형의 식물을
최소한 세 그룹으로 나누면 가장 효과적이다.
마지막으로 더 풍성하게 보이게 하려면 알리움,
글라디올러스, 백합, 트리텔레이아처럼 여름 꽃이
피는 구근을 화단 여기저기에 심는다. 시든 꽃,
누런 잎이나 상한 잎은 제거하여 화단을 항상 산뜻한
모습으로 유지한다.

야단스럽게 뒤섞인 빛깔
여름이면 다양한 식물이 갖가지 색상으로 피어나, 색을
주제로 디자인하는 것이 수월하다. 사진은 타는 듯 강렬한
색상으로 채워 통일감 있게 보이는 화단이다.

가을의 색

비바람이 들이치지 않는 정원이라면, 다알리아와 칸나처럼 약간 단단하면서 부드러운 식물은 첫 서리가 내릴 때까지 꽃이 지지 않는다. 과꽃, 투구꽃, 노루삼 등 내한성 높은 여러해살이는 매우 늦게 꽃이 피고, 마젤란후크시아 같은 모양의 식물과 더불어 울긋불긋하게 단풍이 물드는 관목과 잘 어울린다.

일부 작약과 비비추 등 여름에 꽃을 피우는 여러 다년생식물은 짧게나마 단풍이 든다. 하지만 단연코 가을 정원의 주역은 단풍나무, 층층나무, 벚나무, 매자나무, 섬개야광나무, 백당나무와 같은 나무와 관목들이다.

계절의 변화
다년생식물이 시들어가는 동시에 울긋불긋한 단풍이 드는 시기는 정원의 멋진 황혼기다.

외부 환경을 식재 배경으로
멋진 너도밤나무를 배경으로 꾸민 정원인데, 안개나무, 벚나무, 그래스가 타는 듯이 물들면 모든 시선이 전경으로 향한다.

겨울의 흥취

추운 계절에 색과 흥취를 더해주는 식물이 있다. 겨울 꽃이 피는 포테르길라, 풍년화, 뿔남천, 사르코코카가 꽃과 향기를 발한다. 개암나무, 섬개야광나무, 산사나무, 가리아, 마가목의 열매와 꽃차례는 색과 질감을 더한다. 다양한 형태의 상록수에 겨울 단풍이 드는 동안, 루드베키아, 세둠 같은 휴면하는 다년생식물의 앙상한 가지와 억새 같은 풀의 줄기가 겨울 정원을 더 아름답게 해준다. 자작나무의 빳빳하고 하얀 기둥, 개암나무의 구부러진 실루엣, 춘추벚나무 '아우툼날리스'의 꽃이 만드는 겨울 풍경은 눈부실 정도로 멋지다.

아래로 끌리는 시선
아래쪽에 심은 설강화가 말채나무같이 어두운 관목을 배경으로 꽃을 피우자 어슴푸레한 빛처럼 보인다.

한 정원의 사계절

봄 구근과 함께 다양한 관목과 다년생식물을 하부에 식재하면 화단용 화초 없이도 일 년 내내 즐거울 수 있다. 알려지지 않은 겨울의 영웅은 낙엽수이다. 나무를 가리는 잎이 없어서 매력적인 나무껍질과 매끈한 실루엣을 감상할 수 있다.

봄: 상쾌하고 활기차다.

여름: 녹음이 우거진다.

가을: 울긋불긋해진다.

겨울: 빈 가지가 드러난다.

수공간의 식재

물은 정원의 다른 어떤 요소보다도 흥미롭고 매력적이다. 물의 움직임, 반사, 소리가 뒤섞여 새로운 감각을 깨운다. 생태 연못을 조성하든 인공 연못을 보완하든, 물이 있으면 곤충 및 다른 야생 생물을 정원으로 끌어들이는 다양한 식물이 자랄 수 있다.

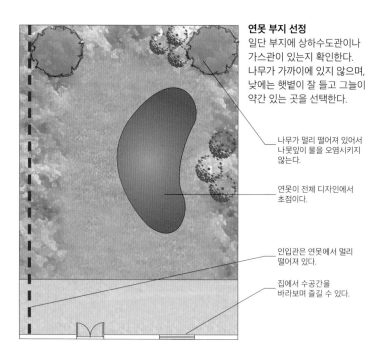

연못 부지 선정
일단 부지에 상하수도관이나 가스관이 있는지 확인한다. 나무가 가까이에 있지 않으며, 낮에는 햇볕이 잘 들고 그늘이 약간 있는 곳을 선택한다.

나무가 멀리 떨어져 있어서 나뭇잎이 물을 오염시키지 않는다.

연못이 전체 디자인에서 초점이다.

인입관은 연못에서 멀리 떨어져 있다.

집에서 수공간을 바라보며 즐길 수 있다.

수공간의 배치

자연스럽게 보이려면 작은 분수대나 물이 넘치는 항아리 같은 작은 장식품을 화단 사이에 놓는 것도 좋다. 연못은 햇볕이 잘 들고, 나무가 멀리 떨어져 있어서 썩은 낙엽이 물을 오염시킬 염려가 없는 곳이 가장 좋다. 전기선 같은 인입관에서도 멀리 배치되어야 한다. 모든 요소가 디자인의 일부가 되고, 필터와 펌프는 나무나 바위, 데크 아래 등 숨길 수 있는 곳에 배치한다. 어린이의 안전도 중요하게 고려해야 한다.

수생식물 선택하기

화단 식재를 설계하듯이 높이, 색상, 계절의 흥취를 고려하여 수변 식재를 설계한다. 식물의 라벨에 식물이 선호하는 물 깊이(식물의 꼭대기부터 또는 화분의 꼭대기부터 수면까지)가 표시되어 있으므로, 연못의 깊이와 크기에 따라 식물을 선택한다. 네 가지 수생식물군에서 조금씩 골라 섞어서 사용한다. 물을 깨끗하게 유지하는 산소 공급 식물, 물속에서 자라는 수중 식물, 물가를 운치 있게 만드는 수변 식물과 늪 식물로 구분할 수 있다.

늪 식물
축축하고 찐득한 토양에서 잘 자라며, 종류가 다양하다. 몇몇 붓꽃, 앵초, 부처꽃, 상록의 리시마키아 등 다채로운 수변 식물 중 일부가 해당된다.

수변 식물
물 깊이가 2-3cm인 물가에서 자라는 수변 식물은 물과 땅 사이의 경계를 부드럽게 한다. 삼백초, 오론티움 등은 다채롭고 흥미로운 꽃을 피우고, 소귀나물, 물옥잠 등은 잎 모양이 인상적이다.

수중 식물
수중 식물은 수면에서 약 50cm 아래인 연못의 바닥에 뿌리를 내린다. 이 식물군에 속하는 식물은 많지 않다. 50-120cm 깊이의 물에서 자라는 수련이 해당된다.

산소 공급 식물
연못에서 필수적인 요소인 산소 공급 식물은 산소를 공급하거나 조류가 이용한 영양분을 흡수한다. 라넌큘러스 아쿠아틸리스처럼 일부 식물은 수면 위에 꽃을 피운다.

사전 계획
초기 설계 단계에서 연못에 바위 턱과 웅덩이를 만들면, 각기 다른 수심이 필요한 다양한 식물을 키울 수 있다.

녹조를 줄이려면 영양분이 적은 수변에 식재한다.

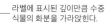

라벨에 표시된 깊이만큼 수중 식물의 화분을 가라앉힌다.

수변 식물의 깊이

수중 식물의 깊이

현대식 수공간

현대식 정원에서 수공간은 식물에게 물을 공급하는 역할보다는
반사하고 움직이는 특성 때문에 이용된다. 그러나 골풀, 사초,
방동사니, 속새 등 몇몇 수생식물은 현대적인 건축 양식을 보완한다.
깔끔하고 단순하게 보여야 하므로 식물의 종을 몇 가지로 제한하고,
강하게 보이는 형태를 이용하면 최상의 결과가 얻어진다. 상록
식물이 현대적인 환경에 특히 잘 어울린다.

극적인 표현
원시의 식물처럼 보이는 속새(쇠뜨기)는
땅에서 자랄 때 잘 번지지만, 연못
화분에 심으니 꼿꼿하게 위로 뻗은
모양이 현대적인 디자인과 잘 어울린다.

대칭적인 식재
수련의 둥근 잎이 이 정형적인 연못의
사각형을 돋보이게 한다. 칼라의
인상적인 잎은 무성하게 우거져서
연못과 주변 식물을 이어준다.

야생 생물이 사는 연못

물에 다양한 수생식물이 자라면 개구리, 잠자리,
수생곤충이 살기 좋은 서식지가 만들어지고,
물고기에게는 은신처가 생긴다. 토종 식물은 토종
곤충을 끌어들이지만, 외래종 수생식물은 개구리,
두꺼비, 도롱뇽에게 유익할 것이다. 공간이 충분해서

작은 폭포를 만들면 물보라와 습기가 생겨서
가장자리가 양치류와 이끼가 살기에 이상적인
환경이 된다. 깊은 물과 얕은 물이 모두 생겨서
다양한 식물이 자라고 자연스러운 외관이
갖추어진다.

자연 서식지
작은 연못일지라도 놀랄 만큼 많은 야생 생물을 끌어들인다. 아이들이 자연과
정원에 흥미를 갖게 할 수 있다.

작은 연못

공간이 좁다면 작은 분수, 맷돌 분수대 또는 반으로
가른 통에 물과 수초를 가득 채워 즐길 수 있다.
앉을 자리 옆에 두거나, 창에서 내다볼 수 있게 집
가까운 곳에 두면 좋다. 수조 안에 식재할 수 없다면,
연못 주위에서 자라곤 하는 비비추속, 노루오줌, 앵초,
물망초, 터리풀속, 붓꽃 같은 식물들 사이에 수조를
놓는다.

미니 오아시스
소형 연못에 식재할 때는 왕성하게 자라는 식물은 피하고,
각시수련 같은 작은 품종을 이용한다.

고려해볼 만한 기타 식물

현대식 수공간
종려방동사니
좀속새
사초
골풀
큰고랭이 '알베스켄스'

야생 생물을 위한 수공간
꽃골풀
동의나물
노랑꽃창포
물망초
미나리아재비

작은 수공간
고수골풀
오론티움 아쿠아티쿰
프리뮬라 비알리

변화하는 기후에 대비한 식물

기후가 계속 변화하기 때문에 정원의 식물이 날씨 패턴에 잘 대처하며 적응하는지 확인해야
한다. 비가 너무 많이 또는 너무 적게 오거나, 햇볕이 너무 강하거나, 바람이 너무 세거나,
토양이 척박하더라도, 아름답고 강하고 잘 적응하는 식물로 디자인해야 한다. 기후 변화는
큰 위협이 되고 있지만, 멋진 식물을 다양하게 심으면 여전히 아름다운 정원을 즐길 수 있다.

유포르비아 카라키아스 오른쪽 위
이 멋진 여러해살이는 원래 바위가 많은 지중해
경사지에서 자라기 때문에 한번 뿌리를 내리면
뜨거운 태양을 잘 견딘다. 봄에 피는 밝은 황록색
꽃이 눈길을 끈다.

램스이어 '빅 이어스' 오른쪽
아주 부드러운 잎이 연약해 보이지만, 사실은 자갈
정원에 어울리는 강인한 식물이다. 아름다운 은색
잎은 척박한 토양과 햇살이 따가운 환경을 잘 견딘다.

은행나무 아래
강하고 튼튼하고 모양이 불규칙한 은행나무는
기후 변화에 잘 적응한다. 사실 공룡이 살던 시대
이전부터 있었다. 부채꼴 모양의 잎은 가을에 화려한
노란색이 된다.

버들마편초 맨 위
다양한 곳에서 씨를 뿌리고 싹을 틔워서 인기가 있는 강인하고 예쁜
식물이다. 바람에 살랑살랑 흔들리는 보라색 꽃이 야생동물을 유인한다.

콩배나무 위
바람, 가뭄, 공해에도 끄떡없고 작은 정원에 어울리는 멋진 나무다.
한봄부터 늦봄까지 향기로운 하얀 꽃이 피며, 열매는 아주 근사한 장식이
된다.

큰나래새 위
가볍고 편안한 분위기를 연출하지만 강인한
풀이다. 가뭄과 거센 바람을 이겨내며
자란다.

백당나무 '로세움' 왼쪽
습한 토양과 그늘에서도 잘 자라는 이 낙엽
관목은 흰색 또는 분홍색 꽃이 향기롭게
핀다. 꽃이 지면 가을에 파란색이나 검은색
열매가 맺힌다.

야생동물이 좋아하는 식물

재배하려는 식물이 야생동물을 끌어들이고 생물 다양성을 높이는지 알아보는 것은 정원사가 첫 번째로 해야 할 일이다. 꽃가루 매개자가 좋아하고, 포유류에게 은신처를 제공하고, 양서류가 살기 좋고, 균형 잡힌 생태계가 조성되는 환경. 즉, 자연과 인간이 조화롭게 공존하는 곳은 다양한 식물을 심어서 쉽게 만들 수 있다. '영국왕립원예협회가 선정한 꽃가루 매개자가 좋아하는 식물(RHS plants for pollinators)'을 온라인에서 검색하면 벌과 나비 등이 좋아하는 식물의 목록이 나온다.

라벤더 오른쪽
여름 정원을 대표하는 라벤더는 기분 좋은 향을 내고 잎이 은색을 띤다. 종류가 다양하며 갖가지 벌과 나비를 끌어들인다.

해당화 아래 왼쪽
중간 크기의 관목으로 향기로우며, 야생동물이 좋아하는 자홍색 꽃이 홑꽃으로 피어서 곤충이 접근하기 쉽다. 가을에는 밝은 진홍색 열매가 열린다. 추위와 가뭄에 강하다.

유럽너도밤나무 아래 오른쪽
생울타리로 적합한데, 예쁘게 주름진 잎 때문에 인기가 많다. 야생동물에게 훌륭한 서식지가 되어 유익한 곤충과 새가 많이 모인다.

오레가노 맨 위
와일드 마조람 또는 꽃박하라고도 부른다. 지중해 요리에 자주 쓰이고, 꽃에 꿀이 많아서 벌과 나비가 좋아한다.

홍화커런트 위
관 모양의 검붉은 꽃에는 꿀이 가득하고, 가을에는 암청색 열매가 맺힌다. 나무가 그다지 크지 않아서 야생동물에게 좋은 서식지가 된다.

더치인동 왼쪽
반그늘에서 잘 자라는 아름다운 덩굴식물이다. 나방과 나비가 꿀을 많이 얻어가고, 가을에 열리는 빨간 열매는 새와 작은 포유류의 먹이가 된다.

서양산사나무 오른쪽
생울타리에 자주 쓰이지만, 나무 한 그루만 키우기도 한다. 작고 하얀 꽃은 곤충을 유인해 수분을 유도하고, 봄에 돋는 새순은 요리에 쓰이며, 가을에 맺히는 열매는 새의 먹이가 된다.

사시사철 즐길 수 있는 식물

식물은 대부분 가장 예쁜 전성기가 있지만, 어떤 식물은 일 년 내내 관심을 끈다. 잎이나 꽃, 변화하는 색상, 식물의 습성이 흥미로울 수 있다. 사람이나 야생동물이 일 년 중 서로 다른 시기에 이런 식물의 덕을 볼 수 있다. 사시사철 흥미로운 식물을 선택하면 정원에 색과 활기가 더해진다.

준베리 오른쪽 위
화려한 관목 또는 작은 교목이다. 봄에는 별 모양의 하얀 꽃으로, 여름에는 검은 열매로, 가을에는 붉은 단풍으로 항상 많은 즐거움을 준다.

남천 '소프트 커레스' 오른쪽
여느 남천과 다르게 잎이 부드럽고 가시가 없으며 건축적 요소를 더해준다. 늦여름에 노란 꽃이 예쁘게 핀다. 어느 토양에서나 잘 자라고 강인한 특별한 식물이다.

식나무 '크로토니폴리아' 아래
사시사철 매력이 있는 상록관목이다. 잎에 금색 반점이 있어서 구석에 있어도 빛을 발한다. 양달이든 응달이든 상관없이, 다른 식물들이 잘 자라지 못하는 곳에서도 잘 자란다.

동백나무 맨 위
산성 토양을 좋아하는 동백나무는 홑꽃부터 겹꽃까지 여러 가지 꽃이 있으며, 종류가 매우 많다. 반짝이는 예쁜 잎과 기쁨을 주는 꽃이 상록수처럼 변치 않는 흥취를 선사한다.

헤베 위
잎 모양과 색상, 꽃의 색이 다양해서 선택의 폭이 넓은 헤베는 늘 푸른 잎을 즐길 수 있는 멋진 나무다. 크기도 다양하고 가루받이 곤충을 끌어들이기도 한다.

꽃돌부채 '브레싱함 화이트' 위
관리가 수월하고 강인하다. 영어명처럼 '코끼리 귀'를 닮은 잎은 늘 푸르고 반짝이며 봄에는 하얀 꽃이 핀다. 토양 조건이 까다롭지 않고, 양달이든 응달이든 잘 자란다.

무고소나무 왼쪽
꽃이나 열매가 화려하지는 않아도 날씨가 추워질 때 녹색에서 금색으로 미묘하게 변하는 것이 매력이다. 어디에 심든 늘 푸르른 조형적 요소가 된다.

도시 정원에 어울리는 식물

요즘 도시의 식물은 생장에 어려움을 겪는다. 도시의 열섬 현상이 기온을 높이고, 건물의 비그늘 효과로 인해 강우량이 감소하며, 끊이지 않는 건설 사업으로 땅은 척박해졌다. 식물이 살기 어려운 환경이 되었지만, 도시의 생장 조건을 잘 견디면서도 아름답고 강인한 식물이 많아서 도시인의 삶의 질을 높여준다.

코토네아스테르 프란체티 오른쪽
잎이 작은 상록관목으로 약 3미터까지 자라고,
영국왕립원예협회에서 배기가스를 흡수하는 최고의
식물로 인정했다. 건조한 날 열흘간, 이 관목의
생울타리는 800킬로미터 이상 주행하는 차에서
배출되는 양만큼의 배기가스를 흡수할 수 있다.

큰보리장나무 아래
키가 크고 잎이 은백색인 상록관목이다. 가을에
작고 하얀 꽃이 핀다. 빽빽하게 자라서 농도 짙은
대기오염 물질을 잘 흡수한다.

왕쥐똥나무 오른쪽 아래
도시 도로변의 생울타리로 많이 쓰인다.
비를 머금고 있어서 홍수가 갑작스럽게 발생하는
위험을 줄여준다.

월계귀룽나무 맨 위
반짝이는 크고 둥근 잎은 도시의 소음을 줄이는 데
도움이 된다. 체리처럼 반짝이는 빨간 열매는
야생동물이 좋아한다.

아이비 위
아이비는 장점이 많다. 생명력이 강해서
아무 데서나 잘 자라고, 벽을 타고 자랄 때는
단열 효과가 뛰어나다. 늦은 봄에 꽃을 피워
야생동물에게도 도움이 된다.

황조죽 오른쪽
대나무는 도시 환경에 잘 어울리며
공간에 운동감과 흥취를
불어넣는다. 사생활을 보호하는
가림막의 역할도 한다.

매자나무 왼쪽
매자나무 종류는 잎의 색상과 열매가
다양하기로 유명하다. 가시가 있어서
외부인이 침입하기 어려우므로
담장으로 쓰이곤 한다.

계절별 화분

화분에 적합한 식물은 정원사의 손길이 덜 미쳐도 몇 달 동안 화려한 모습을 보여준다.
이따금 물을 주지 않거나 영양분이 부족해도 견뎌내고, 계속해서 예쁜 꽃이나
멋진 잎을 보여주는 식물이어야 한다. 화분 식물은 대체로 한 계절 동안 즐거움을 준다.
여름 화초는 높은 기온을 견디고 초가을까지 잘 자란다. 겨울에 고른 화분 식물은
습하고 추운 날씨에 강해야 하고, 봄까지 예쁜 모습을 유지하면 이상적이다.

에케베리아 엘레강스 맨 위
통통한 푸른 잎이 뭉친 듯한 이 다육식물은 많은 관리가
필요 없다. 덥고 수분이 부족해도 잘 살고, 여름에 원뿔형의
분홍색 꽃이 핀다. 잘 보호해주면 이듬해까지 산다.

베고니아 '글로잉 엠버스' 위
잎맥이 은색인 적갈색 잎 위로 주황색 꽃이 무리 지어 피고
서리가 내릴 때까지 멋진 모습을 유지한다. 여러 화분과
함께 섞여 있어도 좋지만, 벽걸이 화분 하나만 걸어놓을 때
가장 예쁘다.

제비꽃 맨 위
키우기도 쉽고 다용도로 쓰이는 삼색제비꽃은 다양한
색상의 꽃과 조화를 이룬다. 날씨가 온화하면 가을과
겨울을 지내고 봄까지 예쁜 꽃을 피운다. 시든 꽃을 따주면
예쁜 모습이 더 오래 유지된다.

네메시아 '위슬리 바닐라' 위
맛있는 바닐라 향이 나는 하얗고 노란 꽃이 여름 내내
피어난다. 낮게 자라서 화분이나 벽걸이 바구니에서
번성한다. 물 주는 것을 잊지 말고, 때때로 시든 꽃을
따준다.

펠리키아 아멜로이데스 왼쪽
여름 화분 식물 중 드물게 파란색 꽃이 핀다. 뜨겁고 햇볕이
잘 드는 환경에서 잘 자라고, 주기적으로 시든 꽃을 따주면
보기 좋다. 온화한 지역이라면 겨울에도 죽지 않는다.

수염패랭이꽃 페스티벌 시리즈 맨 위
늦여름과 가을에 하얀 무늬가 있는 분홍색, 빨간색 꽃이
화려하게 핀다. 다양한 종류가 있으며, 납작한 화분에
심으면 하나만 있어도 눈부시다. 이듬해 봄에 다시 꽃이
만발한다.

칼리브라코아 밀리언벨 시리즈 위
작은 피튜니아 같은 예쁜 꽃에 매료되지 않을 수 없다.
여러 색상의 꽃이 화분이나 벽걸이 바구니 안에서 서로
조화를 이루거나 완벽한 대조를 보인다. 너무 건조한
환경은 좋아하지 않는다.

감각적인 식물

감각을 자극하는 식물을 고를 때는 식물마다 각기 다른 특성이 있으므로 다양한
시각에서 보는 것이 좋다. 어떤 식물은 한 가지 특성이 두드러진다. 예를 들어 향이
강하거나, 맛이 있거나, 잎에 부드러운 솜털이 덮여 있거나 하는 식이다. 어떤 식물은
예쁠 뿐 아니라 바람에 하늘거리며 향기를 풍기는 등 여러 가지 매력이 있다. 무엇보다도
가시가 있거나 독성이 있는 식물, 즉 가까이 가고 싶지 않은 식물은 피해야 한다.

가는잎나래새 왼쪽
이 여러해살이풀은 늘 푸른 고운 잎이 바람에 흩날리는
아름다운 모습 때문에 사랑받는다. 개화기에는 깃털처럼
부드러운 꽃과 이삭을 볼 수 있다. 햇살이 내리쬐고 탁 트인
곳을 좋아한다.

실버세이지 왼쪽 아래
수명이 짧은 다년생식물로, 솜털이 난 커다란 잎은 햇빛을
받으면 은빛으로 빛난다. 여름에는 흰 꽃이 첨탑 모양으로
핀다. 주기적으로 파종해서 재배한다.

초콜릿 코스모스 아래
늦여름에 시선을 사로잡는 진자주색 꽃이 피며, 초콜릿
향이 나는 것으로 유명하다. 햇볕이 잘 들고 배수가 되는
곳을 좋아하고, 덩이뿌리를 관리해주면 여러해살이로 가꿀
수 있다.

라벤더 '그로소' 맨 위
라벤더 중에서 가장 향이 강한 품종이며, 여름 내내 긴 줄기
끝에 남보라색 꽃이 핀다. 생울타리로도 쓰이고 가루받이
곤충을 많이 끌어들인다.

레몬밤 위 가운데
기르기 쉽고 향이 좋다. 반양지나 그늘에서 번성하고 하부
식재에 유용하다. 레몬 향이 나는 잎은 씹으면 진한 향이
느껴지고, 차로 마시면 진정 효과가 있다.

더치인동 '센트세이션' 왼쪽
연노란색 꽃이 무리 지어 피고, 늦봄 특히 초저녁에
매혹적인 향기가 공기 중에 퍼진다. 덩굴이 감고 올라갈
나무나 울타리를 만들어줘야 한다.

참억새 위
하늘거리는 잎과 깃털 같은 이삭이 있어서 가을과 겨울에
멋진 모습을 보여준다. '코스모폴리탄' 품종은 잎에 무늬가
있고, '퍼플 폴' 품종은 붉은색을 띤다.

조경 자재 선택

정원을 특징을 보여주는 것은 식재만이 아니다. 바닥이나 담, 벽에 사용되는 단단한 조경 재료의 질감과 형태는 정원 디자인에서 절대적으로 중요하다. 다양한 재료를 사용하면 형태와 색상, 변화가 더해져 매력적인 정원이 되고, 시선을 끄는 지점이 생긴다. 한편, 집이나 주변 환경과 잘 어울리는 재료를 사용하면 편안한 인상을 주는 외관이 조성된다.

재료를 선택할 때 집에서 바라보는 풍경을 고려해야 한다. 천연 자갈과 점판암, 조개껍질과 나무처럼 여러 재료를 함께 사용하면 넓은 지역의 하드스케이프가 부드럽게 보일 수 있다. 이용이 잦은 길은 단단해야 하지만 보조적인 통행로는 자갈, 바크, 디딤돌로 시공해도 된다. 길과 테라스에 같은 재료를 사용하면 연속성이 생긴다. 반대로 다른 재료를 사용하면 구역을 나눌 수 있다.

조경 재료를 가로나 세로로 배치하면 시선이 옆으로 또는 앞으로 향하게 되지만, 길이 뚜렷하게 드러나 있지 않으면 여기저기 돌아보고 싶은 마음이 든다. 벽과 단단한 가림막은 시야를 차단하지만, 개방형 가림막을 설치하거나 벽 사이 틈새가 있으면 그 너머가 궁금해 엿보게 된다.

가구는 정원의 스타일과 어울려야 한다. 목재를 고를 때는 지속가능한 숲에서 생산되었음을 의미하는 국제삼림관리협의회(FSC)의 로고가 목재에 붙어 있는지 확인한다. 가구를 놓을 자리도 깊이 생각해봐야 한다. 큰 테이블과 의자를 놓고 싶다면 커다란 테라스를 시공해야 할 수도 있다.

많은 사람들이 정원에 예술작품뿐 아니라 수공간을 설치하길 원한다. 조명을 설치할 경우, 자격증이 있는 기술자가 전기 설비 공사를 해야 한다. 태양광 설비는 조도가 높은 곳에만 설치할 수 있다. 실외 난방기도 설치할 수 있지만, 환경에 미치는 영향을 고려하라.

맨위, 위
보행로 끝에 둔 키 큰 금속 화분이 공간을 분리하는 역할을 한다.
투수성이 있는 재료를 이용해 친환경적인 주차 공간을 조성했다.

바닥재

포장된 길이나 데크가 깔린 넓은 구역은 가장 먼저 눈에 들어오기 때문에 정원의 외관에 중요하다. 정원의 스타일을 보강할 수 있는 재료를 선택하고, 기존의 색상과 질감을 보완하며, 다양한 종류를 혼합하여 여러 가지 패턴을 만들어서 정원 전체에 눈길이 가게 해야 한다.(재료에 관한 정보는 350-367쪽 참조)

휘어지는 무늬가 있는 데크
데크는 쉽게 자를 수 있기 때문에 기하학적 레이아웃과 자연주의 레이아웃에 적합하다. 파란 타일이 들어간 복잡한 디자인에도 쉽게 이용할 수 있다.

바닥재와 데크

강렬한 디자인을 원하거나 한 구역의 바닥을 한 가지 색상으로 단순하게 꾸미고 싶으면 포장 재료를 넓게 깔면 된다. 판이든 돌이나 벽돌이든, 연결 부위도 패턴을 만든다는 사실을 명심해야 한다. 즉, 바닥재의 크기가 작을수록 패턴이 복잡해진다. 직선 모양의 바닥을 이어 붙여 커다란 사각형이나 격자 레이아웃을 만들 수 있다. 가장자리를 둥글게 해서 자연주의 형태를 만들고자 한다면 자갈이나 레미콘 같은 유동성 재료를 사용한다. 모든 포장은 단단한 바닥 위에 시공해야 하고, 배수를 위해 경사를 만들어야 한다.(225쪽 참조)

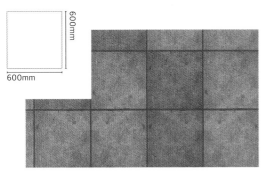

큰 바닥재는 절단 가공이 필요할 수 있다.
어떤 구역을 포장하고자 할 때, 자재를 절단하지 않으려면 전체 면적을 자재 크기의 배수로 만든다. 배수로 맞출 수 없다면 큰 바닥판은 더 많이 잘라야 할 수 있다.

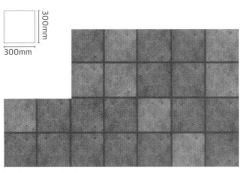

작은 바닥재는 좁은 공간에 적합하다.
크기가 작으면 다루기가 쉬워서 테라스 크기에 딱 맞게 깔 수 있다. 필요한 경우 절단하기도 수월하다.

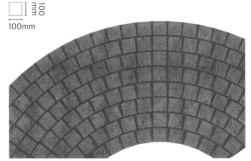

복잡한 디자인에는 작은 바닥재를 사용한다.
작은 바닥재나 모자이크 타일을 사용하면 복잡한 형태와 패턴을 쉽게 만들 수 있다. 하지만 이런 디자인을 시공하려면 대개 시간이 매우 많이 걸린다.

가로 방향 포장 위
길의 가장자리에 벽돌을 둘러 틀을 잡았다. 석판을 가로로 놓아서 시선이 식물로 향하게 만들었다.

길 방향의 벽돌 왼쪽
정원의 식물들을 관통하도록 벽돌을 깔았는데, 그에 따라 시선이 문으로 향한다.

패턴이 있는 바닥재
무작위 패턴의 길인데, 가장자리를 같은 재료로 마감해서 깔끔하고 날렵하게 보인다. 시공하기는 어렵지만 밝은 색상의 재료를 짜 맞춘 길이 연못의 잔잔한 물과 잘 어울린다.

통로와 보도

통로는 정원의 동맥이다. 자재를 엄선해서 걷기에 쾌적하고 주변의 식물을 보완할 수 있어야 한다. 바닥재와 바닥재 연결 부위를 이동 방향과 같은 방향으로 깔면 운동감을 주지만, 수직이 되는 방향으로 깔면 걷는 속도가 느려지고 주변을 둘러보게 된다. 정원 스타일에 맞는 포장을 선택해야 한다. 벽돌이나 자갈은 시골풍 정원에 적합하다. 콘크리트나 합성 소재 같은 최신 자재, 또는 현대적으로 응용한 전통 소재는 현대적인 공간에 어울린다.

여러 가지 재료의 사용

다양한 질감이나 높이뿐 아니라 갖가지 자재를
사용해 포장과 데크 디자인에 극적인 효과를 가져올
수 있다. 다른 재료를 사용해 주요한 요소를
강조하거나, 석재 바닥 위에 데크를 올리는 식으로
구역을 특정하거나 분리할 수 있다. 색상은 서로
비슷하게 어울려도 되고 뚜렷한 대조를 이루어도
괜찮지만, 별도의 작업이나 비용이 들지 않도록
치수가 정해져 있고 조화를 이루는 재료를 고르는
것이 최선이다. 두께가 서로 다른 자재들로
시공하거나 다양한 바닥재를 사용하는 경우에는
복잡한 시공 기술이 필요할 수 있다.

나무와 점판암
색상은 대조적이지만 톤이 비슷한 단단한 재료와
부드러운 재료가 4층으로 어우러져 큰 효과를 보인다.

돌과 모자이크 위
콘크리트 기초 위에 깐 작은 돌 블록과 모자이크 타일이
나무 주위에 장식적인 패턴을 만들고, 자갈을 돋보이게
한다.

상보적인 질감 왼쪽
조약돌, 화강암, 점판암, 자갈, 네 가지 재료가 두 길
사이의 경계에 재미있는 질감을 표현한다.

테두리 마감

기존의 콘크리트를 제외하고 대부분의 포장을 할
때, 또는 콘크리트 슬래브 위에 포장을 해야 할 때,
재료가 흐트러지지 않도록 테두리를 만들어야
한다. 이때 테두리는 정원의 스타일에 따라 세세한
장식을 할 수도, 기능성만 고려할 수도 있다. 또한
다른 재료나 식재 공간과 연결하거나 분리할 수도
있다. 그러나 식물이 자갈길과 어우러지게 하고
싶다면 테두리가 필요하지 않을 수 있다.

조약돌
데크와 좁은 수로
사이에 조약돌을
부어 자연스러운
테두리를 만들었다.

점판암과 화강암 블록
점판암과 화강암 조각의
끝을 맞대어 놓아서
대담한 디자인을
연출했다.

자갈과 포장
깔끔하고 장식적인
패턴으로 테두리를 만들어
눈에 띄게 디자인했다.

틈새 식물

연결 부위와 틈 사이에 식물을 끼워 넣으면 색과
질감이 다양해진다. 밟아도 죽지 않고 건조함을 잘
견디는 식물을 주의 깊게 선택한다. 밟았을 때 향이
난다면 가장 이상적이다. 포장과 식물을 조합할 때
연결 부위를 세심하게 고려한다. 콘크리트 기초는
대부분의 포장에 필요하지만, 토양 오염의 원인이
될 수 있다.

포장재 사이의 식물
멋지게 시공된 바닥에 대조적인 색상과 질감이 어우러져
있고, 가장자리는 솔레이롤리아가 장식한다.

배수 문제

모든 바닥에는 물이 빠지거나 모일 수 있도록 경사가
있어야 한다. 점토가 많은 토양이라면 자갈 포장을
하더라도 별도의 배수 시설이 필요할 수 있다.
건물에서 나오는 빗물은 배수구 같은 지점에 모여
흘러나가게 한다. 하지만 좁은 포장 구역에서 나온
물은 화단으로 흐르게 해도 된다.

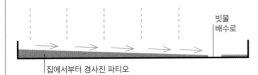

빗물
배수로

집에서부터 경사진 파티오

약간 경사진 파티오
집에서부터 물이 모이는 지점 쪽으로 경사를 주어야 한다.
파티오 바닥 마감재가 거칠다면 매끄러운 경우보다 경사를
가파르게 만들어야 한다.

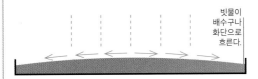

빗물이
배수구나
화단으로
흐른다.

중앙을 볼록하게 해서 만든 물길
물이 양옆으로 내려가는 측면도이다. 물이 양옆 수로로
모이거나 화단으로 빠질 수 있다.

가림막과 경계용 자재

담장과 경계, 그리고 그 재료들이 정원의 외관에 중요한 영향을 끼친다. 기존에는 돌, 벽돌, 목재, 생울타리 등 지역에서 많이 나오는 재료로 경계를 만들었지만, 이제 선택의 폭이 훨씬 넓어졌다. 현대식 정원에는 매끄러운 미장, 금속 스크린, 철근 콘크리트를 이용할 수 있다. 옆집과 담장을 공유하고 있으면 선택의 제약이 있을 수 있지만, 그렇지 않다면 원하는 만큼 정교하거나 두드러지게 만들 수 있다. 어떤 재료와 색상, 형태, 질감을 선택하느냐에 따라 개인의 취향이 드러난다.

돌
잘 시공된 돌담은 수명이 거의 영구적이지만, 초기 투자비가 많이 든다.

담과 견고한 가림막

벽돌, 돌, 미장 담이 공간을 에워싸면서 정원의 전체적인 틀을 형성한다. 견고한 기초와 전문가의 시공 기술이 필요하기 때문에, 건축 예산의 상당 부분이 담에 소요될 수 있다.

돌과 벽돌의 색은 시간이 흘러도 거의 변하지 않으므로 재료를 선택할 때 이를 고려해야 한다. 크기와 형태도 신중하게 선택해야 한다. 크기가 제각각인 잡석부터 잘 다듬어진 값비싼 돌 블록까지 다양하다. 콘크리트처럼 인공적인 재료는 색상과 형태 면에서 거의 제한이 없으며, 깔끔한 선이나 유동적인 구조를 만들 수 있다.

벽돌 오른쪽
벽돌은 수 세기 동안 사용되었다. 내구성이 강하고, 패턴이 있는 디자인을 만드는 데 유용하다.

미장 맨 오른쪽
빠르고 쉬운 시공을 위해선 담에 미장 마감을 한다.

담장 장식

재료를 정했다면, 미적 목적이든 실용적인 목적이든 덧붙일 수 있는 세부 사항들을 생각해보라. 재료에 따라 담장의 전체 또는 일부에 다른 색상이 추가될 수 있다. 돌담, 특히 모르타르, 미장, 점토 벽돌로 만든 돌담은 담 위에 덮개를 씌우는 두겁대 공사를 해서 물이 흘러내리게 하면 좋다. 이때 두겁대가 구조물의 규모와 균형이 맞는지 확인해야 한다. 틈 사이에 식재하는 방법도 있는데, 식물을 신중하게 골라야 한다.

특이한 재료

벽이 안정적이고 물을 머금고 있지 않다면, 야외에 적합한 재료는 대부분 사용해도 된다. 웹사이트나 박람회를 방문하고 책을 찾아보며 정보를 모으더라도, 전문적인 시공 기술이 필요하다는 점은 기억해야 한다.

담장 식재
식물이 담장의 위나 오목한 곳에서 자란다. 담이 물을 계속 머금고 있을 수 없으므로, 건조한 환경에서도 잘 자라는 식물을 선택해야 한다.

두겁대 공사
두겁대는 담장을 건조하게 유지하고 서리로부터 보호한다. 시각적으로도 중요한 요소이고, 장식 효과를 내거나 앉을 수 있는 유용한 수평면이 된다.

질감이 독특한 벽
작은 도시 정원의 벽에 비닐로 만든 오래된 광고판을 붙였다. 독특한 질감이 매우 인상적이다.

울타리와 격자 구조물

목제나 철제 울타리에는 튼튼한 줄기초나 무거운 건축 자재가 필요하지 않기 때문에 일반적으로 비용이 적게 들고 시공하기 쉽다. 대부분 긴 조각 자재로 만들어지므로 이 '선'들의 조합을 바탕으로 디자인을 구상해야 한다. 기존의 정원 디자인과 잘 어우러지도록 본래의 울타리와 같은 스타일로 연장하는 것이 최선일 수 있다. 새로운 디자인을 만들고 싶다면 다른 길이, 넓이, 형태의 목재로 패턴을 만들 수 있다. 비바람이 치는 구역에는 울타리 사이에 틈을 만들어 바람이 지나가게 한다.(아래 도해 참조)

효과적인 방풍 설비
가림막에 구멍이 없으면 바람이 통과할 수 없어서 바람이 불어가는 쪽에 난기류가 생긴다. 이 문제를 해결하려면 격자 구조물처럼 구멍이 있는 가림막을 사용한다.

바람이 가림막 위로 올라간다.

가림막 뒤편에 생긴 난기류

가림막의 구멍 사이로 바람이 통과한다.

뒤편에서 풍속이 줄어든다.

구멍이 없는 울타리
길쭉한 판자를 촘촘하게 붙인 울타리가 사적인 공간을 만들어준다. 전체가 잘 어우러지도록 회색을 칠했다.

구멍이 있는 울타리
바람을 막아주는 이 울타리는 패턴이 강렬해서 장식적인 역할을 한다.

문과 개구부

공간을 에워싸는 가림막과 담장은 움직임과 시야를 제한하는 장벽이 된다. 장벽의 중간중간에 출입구, 문, 창문 등 개구부를 만들면 정원의 다른 구역을 드나들거나 건너다볼 수 있다. 중요한 점은, 이런 요소들이 매력적인 요소가 될 수 있으므로 실용성만 생각해서는 안 된다는 것이다. 주변과 잘 어울리는 자재를 선택하고, 개구부를 통해 어떤 전망을 보게 될지를 고려한다. 또한 문과 입구는 열려 있을 때나 닫혀 있을 때나 멋지게 보이도록 디자인한다.

피켓 펜스
입구를 닫으면 문이 울타리와 비슷해서 잘 보이지 않는다. 울타리를 지탱하는 말뚝과 버팀목만이 연속성을 단절한다.

전통적인 문
널빤지와 버팀대로 만든 옛날식 문으로, 출입구 기능을 하면서 오래된 벽돌 담장에 미적 효과를 준다. 약간 열어두면 문 너머의 공간을 살짝 엿볼 수 있다.

현대식 개구부
구멍이 있는 철근 콘크리트 스크린은 시공하기 어렵지만, 현대적인 건축물을 그 너머의 식재와 아름답게 연결한다.

경사와 구조물 자재

돋움 화단, 옹벽 등 흙을 담고 있는 구조물은 얼지 않고 방수, 방오 기능이 있는 재료로 시공해야 한다. 돌이나 일부 금속 등 천연 재료를 흔히 사용하지만, 현대적인 외관에는 콘크리트와 금속판을 사용한다. 퍼걸러와 창고 같은 건축물에는 가볍고 주변과 쉽게 어우러지며, 색상, 질감, 패턴을 여러 가지로 조합해볼 수 있는 재료를 선택한다.

옹벽

옹벽에는 돌, 콘크리트 블록, 벽돌, 목재, 철판, 철근 콘크리트처럼 무겁고 단단한 재료가 필요하다. 옹벽은 토양뿐 아니라 물도 가둘 수 있어야 하며, 돌담처럼 물이 새는 재료가 아니라면 물이 고이지 않도록 배수 시설을 해야 한다.(옹벽 쌓기에 관한 자세한 정보는 258-259쪽 참조) 높이가 1미터 이상인 옹벽에 관하여 조언을 얻으려면 구조공학자에게 문의해야 한다. 정원에서 통일감을 느낄 수 있게 옹벽이 집, 연못, 가림막과 조화를 이루는지 신경 써야 한다.

목조벽
벽을 목재로 만들면 시공이 쉽다. 튼튼하고 견고하게 만들려면 각 부품을 나사로 고정해야 한다.

건식 돌담
돌담은 시골 정원에 잘 어울린다. 담 뒤에 제초 매트를 깔아서 토양은 가두되 물은 돌 사이의 틈으로 새게 하였다.

돋움 화단

본래 낮은 옹벽, 돋움 화단은 큰 구조물만큼 강하거나 무거울 필요가 없다. 기능만을 목적으로 하지 않고, 아름다움을 우선적으로 고려해 설계할 수도 있다. 흙의 수분은 유지하면서 누수와 오염은 방지하기 위해, 바닥에 배수 구멍이 있는 튼튼한 플라스틱 화단을 안쪽에 줄지어 놓는다. 그리고 정원의 구성과 식재에 잘 어울릴 만한 자재를 선택한다.

현대적인 화단
금속은 찍히고 움푹 들어갈 수는 있지만, 돋움 화단에 쓰면 현대적인 느낌을 준다. 밝은색과 아연도금된 금속은 어두운 금속보다 열 전도율이 낮으므로 뿌리가 탈 염려가 없다.

전원생활의 매력
채소와 토종 식물을 재배할 때 바구니를 이용해보라. 내구성이 낮은 편이라 몇 년 후에 교체해야 하지만, 부엌이나 작은 정원에 시골풍의 매력을 더한다.

세련된 화분
멋지게 마감된 목재 화단은 딱딱하고 현대적인 디자인의 격조를 높인다. 가장자리에 자갈을 두르면 목재가 더러워지지 않을 것이다.

정원의 구조물

다양한 조립식 정원 구조물이 생산되고 있는데, 만일 설계자가 특별한 계획을 갖고 있고 예산이 허락한다면 맞춤형 디자인을 선호할 수 있다. 정원이 작아서 구조물이 공간을 많이 차지한다면, 정원 디자인에 긍정적인 영향을 주도록 신중하게 계획해야 한다. 구조물에 사용되는 재료가 특정 스타일을 강조할 수 있다. 깔끔하게 절단한 목재를 유리 및 스테인리스강과 조합하면 세련되고 현대적인 외관이 탄생하고, 거칠게 자른 목재로 시골풍 정원의 창고를 만들 수

있다. 경목재는 비싸지만 내구성이 강하고 화학 처리가 필요하지 않다. 단, 지속가능한 삼림에서 수급된 FSC 인증 목재만을 사용해야 한다. 저렴한 목재를 고른다면, 내구성을 강화하기 위해 압력 처리를 하고 유색 방부제를 착색한 연목재나 재생 목재가 있다. 금속 구조물은 가볍고 멋지고 현대적일 수 있는데, 도장 처리된 아연도금 강판이 가장 널리 쓰인다. 지붕에 이상적인 코르텐강과 구리 같은 금속 산화물은 시간이 흐르면 녹청이 생기지만, 내후성이 뛰어나다.

개방형 구조물
이 퍼걸러는 분체도장을 한 알루미늄에 나무 장식을 붙여 만들었다.(퍼걸러 시공에 관한 자세한 내용은 266-267쪽 참조)

구조물의 조화
어두운 색으로 칠한 커다란 정원 사무실은 뒷전으로 물러나 보이고, 반면에 스테인리스강 계단은 현대적인 느낌을 준다.

계단의 유형

나무 계단과 금속 계단이 썩거나 녹슬지 않게 하려면 바닥에 견고한 틀을 만들어 받쳐주어야 한다. 석판도 같은 방식으로 시공할 수 있다. 아니면 돌이나 콘크리트, 목재 블록을 경사면에 직접 놓거나, 포장판 같은 작은 바닥재를 사용하고 경계석으로 고정시키는 방법도 있다. 주변의 식재와 계단 주변에 사용된 자재들과 어울리는지 생각하라. 식물이 계단 위로 올라오거나 사이에서 자랄 수도 있다.

합성수지 바닥재
이 현대식 계단의 챌판은 아연도금 금속이고, 디딤판은 자갈을 대체하는 합성수지다.

금속 계단
튼튼하고 영구적인 스테인리스강 격자 계단 사이로 식물이 뻗어 나올 수 있다.

나무 계단
기둥과 지지대로 받친 나무 계단은 다양한 높이로 만들 수 있다.

수공간의 재료

수공간을 선택하고 설계할 때 특색 있는 재료를 사용하려면, 정원의 구성에 잘 어울리는지 확인해야 한다. 수공간은 복잡하기 때문에 설계 전에 전문가에게 자문을 구하거나 워터 가든에 대하여 자세히 알아보아야 한다. 정원에 전기를 공급하려면 자격을 갖춘 전기기사에게 의뢰해야 하고, 일부 특별한 물장식 기구도 전문가가 설치해야 한다.

물 가둬두기

콘크리트와 같은 방수 석조공사를 해놓으면, 높게 설치된 연못이든 지면 아래의 연못이든 물을 가둬둘 수 있다. 벽돌처럼 접합부가 있는 재료에는 누수가 생길 수 있으므로 연못 안쪽에 특수 미장을 해야 하는데, 방수페인트를 칠하거나 타일을 덮을 수 있다. 아니면 방수포를 부착하는 방법도 있다. 방수층이나 방수포에 구멍을 낼 수 있는 장식은 설치하지 말아야 하고, 연못으로 들어가는 파이프의 연결 부위가 새지 않는지 철저히 확인한다.

야생 연못
방수포의 가장자리에 평평한 돌을 덮어 보호한다. 방수포에 구멍이 나지 않도록 돌의 모서리를 매끄럽게 만들어야 한다.

돋움 연못
이와 같은 연못은 제품화된 유리섬유 라이너로 만들 수 있다. 정원의 다른 장식이나 집과 어울리는 벽돌로 벽을 둘러쌓았다.

개울의 가장자리와 바닥

인공 개울이나 야생 연못처럼 자연을 본뜬 수공간은 대개 불규칙적인 모양이고, 바닥에 유연한 방수포가 깔려 있다.(270쪽 참조) 식재할 수생식물이 뿌리를 내릴 만큼 연못이 깊은지 확인한다.(214쪽 참조)

개울의 상단부에 웅덩이나 물 저장 시설이 필요하고, 펌프를 이용해 하단에 고인 물을 상단으로 올려야 한다. 웅덩이나 개울의 가장자리는 식물이나 평평한 돌로 덮어 방수포가 드러나지 않게 한다.

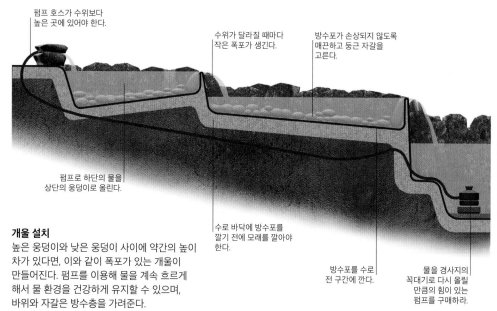

펌프 호스가 수위보다 높은 곳에 있어야 한다.

수위가 달라질 때마다 작은 폭포가 생긴다.

방수포가 손상되지 않도록 매끈하고 둥근 자갈을 고른다.

펌프로 하단의 물을 상단의 웅덩이로 올린다.

개울 설치
높은 웅덩이와 낮은 웅덩이 사이에 약간의 높이 차가 있다면, 이와 같이 폭포가 있는 개울이 만들어진다. 펌프를 이용해 물을 계속 흐르게 해서 물 환경을 건강하게 유지할 수 있으며, 바위와 자갈은 방수층을 가려준다.

수로 바닥에 방수포를 깔기 전에 모래를 깔아야 한다.

방수포를 수로 전 구간에 깐다.

물을 경사지의 꼭대기로 다시 올릴 만큼의 힘이 있는 펌프를 구매하라.

자연스러운 폭포
이 인공 연못은 두 단계로 되어 있는데, 바닥에 깐 방수포를 납작한 돌이 덮고 있다. 각 층의 가장자리에 돌출된 큰 돌은 방수포가 손상되지 않게 보호하고, 작은 폭포를 만든다.

조경 자재 체크리스트

다음의 표를 통해 다양한 자재, 정원 디자인을 위한 자재의 적합성, 시공자의 계획을 손쉽게 비교해볼 수 있다. 이 표는 하나의 지침에 지나지 않으며, 시공자가 자재를 선택할 때 다른 자료, 특히 상품을 소개하는 웹사이트를 찾아보고 자세한 정보를 얻어야 한다.

기호 설명

내구성		비용	
◆	낮음	₩	저가
◆◆	보통	₩₩	중간
◆◆◆	높음	₩₩₩	고가

자재	용도	내구성	환경에 미치는 영향	비용	시공 난이도
레미콘	기초, 벽, 연못, 외관, 계단	◆◆◆	상	₩₩	쉽지만, 고품질의 마감을 하려면 기술이 필요하다.
주조된 콘크리트	포장재, 블록, 건축 외장재, 환원 석재	◆◆◆	상	₩₩	쉽지만, 고품질의 마감을 하려면 기술이 필요하다.
미장	접합, 표면 마감	◆◆	중-상	₩-₩₩	초보도 할 수 있지만, 고품질의 마감을 하려면 기술이 필요하다.
골재	포장, 기초, 배수, 장식적인 마감	◆◆◆	재료에 좌우된다.	₩-₩₩	벽 마감을 제외하고는 쉽다.
벽돌	길, 외장재, 벽, 옹벽	◆◆◆	중	₩-₩₩₩	초보도 가능하지만, 고품질의 마감을 하려면 기술이 필요하다.
흙 건축	벽, 옹벽	◆◆◆	하	₩-₩₩₩	초보도 가능하지만, 고품질의 마감을 하려면 기술이 필요하다.
주변의 돌	포장, 벽, 구조물	◆◆◆	중	₩-₩₩₩	가변적. 기본적인 벽 쌓기를 제외하고 불규칙적인 돌을 다루는 기술이 필요하다.
수입산 석재	포장, 벽, 구조물	◆◆◆	상	₩-₩₩₩	가변적. 기본적인 벽 쌓기를 제외하고 불규칙적인 돌을 다루는 기술이 필요하다.
세라믹 타일	장식용 마감재	대부분 ◆◆◆	상	₩-₩₩₩	초보도 가능하지만, 고품질의 마감을 하려면 기술이 필요하다.
연목재	건축 내장재, 울타리, 문, 데크, 포장, 구조재, 가구	◆-◆◆	하-중	₩	쉽지만, 고품질의 마감을 하려면 기술이 필요하다.
경목재	세부적인 장식, 울타리, 문, 데크, 포장, 구조재, 가구	◆◆◆	지속불가능한 방식으로 생산되면 상	₩₩	초보도 가능하지만, 고품질의 마감을 하려면 기술이 필요하다.
나뭇가지 엮기	울타리, 이동식 울타리, 화분	◆	하	₩	상당히 쉽지만, 고품질의 마감을 하려면 기술이 필요하다.
연강	울타리, 난간, 설비, 구조물	보호되지 않으면 ◆◆	중	₩₩	어렵다. 전문 기술이 필요하다.
스테인리스강	울타리, 난간, 설비, 구조물	◆◆◆	상	₩₩₩	매우 어렵다. 전문 기술이 필요하다.
특수 철합금	울타리, 난간, 설비, 구조물	대부분 ◆◆◆	다양	₩₩₩	매우 어렵다. 전문 기술이 필요하다.
알루미늄	경량 구조물, 온실	◆◆◆	중	₩₩	초보도 가능하지만, 고품질의 마감을 하려면 기술이 필요하다.
구리	배관, 클래딩	◆◆◆	상	₩₩	어렵다. 전문 기술이 필요하다.
아연	화분, 클래딩	◆◆◆	중	₩₩	어렵다. 전문 기술이 필요하다.
유리	가림막, 벽, 창문, 외장재, 온실	◆◆	상	₩₩₩	매우 어렵다. 전문 기술이 필요하다.
플라스틱	파이프, 가구, 설비, 외장재	◆◆	상	₩	가변적. 초보도 가능하다.
아크릴	가림막, 구조물, 창문	◆◆	상	₩₩	어렵다. 전문 기술이 필요하다.

정원의 가구

잘 배치된 벤치, 리클라이너, 의자를 보면 정원에서 잠시 쉬고 싶은 마음이 든다. 영구적이든 임시로 쓰는 것이든, 정원의 가구는 실외 공간의 외관과 느낌을 크게 좌우한다. 특별히 눈길을 사로잡는 세련된 가구는 조소 작품처럼 보여서 정원의 예술로 비춰질 수도 있다. 물론 외관이 전부는 아니므로, 의자와 테이블이 안락하고 실용적인지 확인해야 한다.

정원 스타일에 맞춘 가구

가구는 디자인을 강화하고 눈길을 잡아끈다. 일본식 정원처럼 디자인의 스타일이 독특하면, 주제를 충실하게 따르거나 주제와 시각적으로 관련이 깊은 요소를 선택하는 것이 최선이다. 예를 들어, 전원풍 정원에는 부드럽고, 소박하고, 투박한 느낌을 주는 좌석이 좋다. 버들가지나 라탄으로 만든 의자, 재생 농가 부엌 가구를 사용할 수 있다. 이와 반대로, 현대적인 디자인에서는 매끈하고 단순한 선이 부각되고 알루미늄이나 플라스틱, 인조 라탄처럼 현대적인 재료와 직물로 만든 좌석이 가장 잘 어울린다. 집의 건축 양식이 정원 스타일에 영향을 주곤 하는데, 오래된 고택에 집의 분위기와 맞지 않는 다른 시대의 가구를 두어 조화를 깨뜨리는 경우가 있다. 그렇다고 원작을 구입할 필요는 없다. 많은 회사들이 좋은 품질의 복제품을 생산하고 있다.

후미진 공간
간단한 접이식 가구는 들고 다닐 수 있을 만큼 가벼워서, 정원의 다양한 구역을 이용하는 데 이상적이다. 페인트칠을 해서 눈에 띄는 장소로 만들 수 있다.

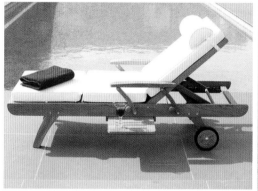

디자인과 잘 어울리는 가구

공간의 규모와 형태는 가구를 선택할 때 영향을 준다. 예를 들어, 식물로 둘러싸인 후미진 구석에는 접의자 두 개밖에 놓지 못할 수 있다. 야외 식탁에는 테이블과 의자의 크기를 세심하게 계산해서 편안하게 들어가는지 확인하고, 테라스나 파티오의 형태를 반영하는 가구를 선택한다. 예를 들어, 둥근 테이블은 둥근 파티오에 완벽하게 어울릴 뿐 아니라 곡선의 레이아웃을 강조한다. 장식적인 의자는 멋진 초점이 될 수 있다.

최소한의 선
현대적인 선베드처럼 대형 가구의 진가를 완전히 즐기려면, 공간이 충분하고 배경이 단순해야 한다.

하나로 어우러지는 디자인
정원 디자인에 어울리는 가구를 선택한다. 재생 목재로 제작된 맞춤형 벤치가 이 특이하고 소박한 공간을 돋보이게 한다.

휴게 공간
공간의 규모를 고려하여 가구를 구입하거나, 기존의 가구를 중심으로 정원을 디자인한다. 이 소파는 현대적인 캐노피 아래에 완벽하게 들어맞는다.

사용상 유의사항

일 년 내내 가구를 야외에서 사용하고 싶다면,
구매하기 전에 비와 자외선을 견딜 수 있는지
확인해야 한다. 현대적인 인조 등가구와 플라스틱,
합성수지 가구가 권장된다. 전천후 쿠션이 있는
소파와 의자는 비가 쏟아진 후에도 빠르게 마르지만,
정기적으로 사용하지 않을 때는 덮개를 덮는 것도
좋은 아이디어다. 야외용 보관함을 의자로 사용할
수도 있다. 목재 가구는 일 년 내내 밖에 있으면 낡고
색이 변할 수 있으므로 본래의 그윽한 멋을
유지하려면 정기적으로 닦고, 오일스테인이나 니스를
바르고, 겨울에는 되도록 덮개를 덮어놓는다.

야외 거실
변색되지 않는 방수포를 씌운 고급스러운 가구를
구입하고, 야외에서 사용할 만큼 프레임의
내구성이 강한지 확인한다. 자리에 무거운
물건을 올리지 않는다.

세련된 식탁
현대적인 도시 정원에 어울리는 식탁 세트이다.
활엽수, 알루미늄, 인조 라탄이 어우러져
세련되면서도 내구성이 뛰어나다.

환경에 미치는 영향

티크 같은 열대성 활엽수는 내구성이 뛰어나서
오래전부터 정원 가구를 만드는 데 쓰였다. 하지만
이런 종류의 목재는 지속가능한 삼림에서만 구할
수 있는 것이 아니다. 규제를 벗어난 무차별적인
벌목이 환경을 파괴하는 결과를 몰고 오고
있으므로, 목재를 구매하기 전에 반드시 공급처를
확인해야 한다. 참나무 같은 온대 활엽수나
내구성이 좋은 침엽수가 더 '친환경적'일 수 있다.
또는 전원풍의 느낌을 줄 수 있는 재생 목재로
제작된 가구를 찾아본다.

친환경적인 선택
목재 가구를 구매할 때 환경을 보전하며 삼림이 관리되고
있다는 것을 보증하는 국제산림관리협의회(FSC) 인증이
있는지 확인한다.

여러 가지 수납공간

도시의 작은 정원에는 정원 용품, 가구 쿠션,
아이들 장난감 같은 물품을 보관할 공간이 부족해
어려움이 있다. 한 가지 방법은 위에 뚜껑이 달린
벤치처럼 수납 기능이 있는 의자를 배치하는
것이다. 수납공간의 안쪽에 방수포를 덧대서
민감한 물품을 안전하게 보관해야 한다. 다른
대안은, 전문 가구업체로부터 겨울 동안 쿠션을
보관할 수 있도록 특별히 제작된 정원용
수납장이나 보관함을 구매하는 것이다.

보관함이 의자의 기능도 갖고 있다.

가구 스타일

정원 가구를 구입하는 방법은 여러 가지가 있다. 정원용품 숍이나 가정용품 매장도 있고, 다양한 스타일과 디자인, 가격대의 가구가 있는 온라인 쇼핑몰이 크게 늘고 있다. 어디에서든 찾고 있는 것을 분명히 발견할 수 있을 것이다. 가구를 찾기 시작하면 선택의 폭이 너무 넓다는 것을 깨닫게 되지만, 인내심을 갖고 정원에 완벽하게 어울리는 가구를 찾아야 한다.

전통적인 전원풍

여유로운 전원 스타일과 별장 스타일의 정원에 광이 나는 가구는 겉돌 수 있고, 자연주의 형태의 현대적인 가구가 적합할 수 있다. 잔가지를 엮어 만든 가구도 좋고, 독특한 재생 가구도 어울린다. 고리버들 가구는 비바람을 맞으면 빠르게 낡기 때문에 정자나 창고 같은 보관 장소가 필요하다. 전원풍 정원에 고전주의 스타일의 가구를 배치해도 될지 염려하지 않아도 된다. 나무와 금속으로 만들어져 가볍게 들고 다닐 수 있는 접이식 테이블 세트가, 빅토리아풍 의자나 루티언스 스타일의 벤치처럼 진품 같은 복제 가구로 꾸민 빅토리아 양식의 정원에도 잘 어울릴 수 있다.

소박한 스타일
전통적이고 튼튼하고 실용적인 디자인 가구는 농가의 전원풍 정원에 편안한 분위기를 더한다.

고리버들 의자
나무보다는 내구성이 약하지만, 이 원형 의자처럼 가지를 엮어 만든 가구는 복고풍 디자인에 낭만적인 매력을 더한다.

세련되고 현대적인 감각

디자이너의 의자로 꾸민 공간은 강한 인상을 남기는데, 특히 정원이 집의 연장으로 기능하는 도시의 안뜰이나 옥상 테라스에서 더 중요할 수 있다. 철이나 합성 메시 직물, 인조 라탄으로 만든 깔끔하고 단순한 집기가 현대적인 디자인에 우아함과 편안함을 더하고, 전천후 빈백은 형형색색의 포인트가 된다. 이는 야외를 실내처럼 꾸미는 디자인이기 때문에, 실내 분위기를 내주는 쿠션, 조명, 화분이 중요한 역할을 한다.

60년대 모델 왼쪽
이 최신 디자인은 1960년대 스타일을 반영하고 있다. 도넛 모양이 단순한 배경과 멋진 대조를 이룬다.

편안한 자리 위
실내에 둘 법한 스타일을 본뜬 의자와 테이블이 점점 인기를 모으고 있다.

현대적인 외관

왜 어떤 가구 스타일이 현대적인 느낌을 주는지 콕 집어 설명할 순 없지만, 대체로 깔끔한 선과 민무늬 중성색 직물이 철, 유리, 크롬과 같은 인공적인 요소와 결합하면 현대적으로 보인다. 때론 전통적인 집기나 좌석을 최첨단 재료로 만들어 21세기형으로 갱신하거나, 수십 년 전의 디자인을 부활시키는 경우도 있다. 오늘날의 디자이너들은 가구의 건축적인 역할을 점점 늘려가고 있으며, 전체와 잘 어우러지거나 특정 장소에 맞춘 디자인을 개발하고 있다.

매력적인 나선형 위
나선형 통로를 따라 올라가면 제일 높은 곳에 좌석이 있다. 투명한 유리 위에 떠 있는 듯한 모습이 그 자체로 예술이다.

대담한 색상 왼쪽
가구가 정원의 미학을 구성하는 데에 보조로 머물 필요가 없다. 대담한 색상을 써서 초점이 될 수 있다.

예술적인 가구

목재, 금속, 세라믹, 합성수지 등으로 만든 가구가 조형물로서 우수하다면, 일상의 기능적 의자가 아니라 예술의 범주에 속하게 된다. 조각 작품 같은 가구는 온라인으로 주문하거나 웹사이트에서 아티스트를 검색해서 구매할 수도 있고, 인근에 있는 장인의 작업실이나 가든쇼, 갤러리를 방문해서 맞춤형 가구를 의뢰할 수도 있다. 가능하다면 아티스트에게 정원과 가구를 놓을 장소를 보여주고, 최대한 많은 사진을 제공하라. 이에 따라 디자인의 성공 여부가 좌우되기 때문이다.

현대적인 추상 작품 위
이 나무 벤치는 달팽이 모양에서 영감을 받아 조각해 만들었다.

세련된 철제 가구 아래
디자인이 매우 과감한 의자인데, 타공이 된 철로 제작해서 전체적인 느낌이 부드러워졌다.

일체형 의자

계단, 움푹하게 들어간 곳, 돋움 화단의 벽을 활용하여 좌석을 만들 수 있다. 쿠션 몇 개만 추가하면 여러 사람이 편안히 쉴 수 있는 공간이 생긴다. 구불구불한 담장 같은 정원의 윤곽선이 의자나 테이블이 될 수 있다.

빌트인 가구
빌트인 의자가 아늑한 느낌을 준다. 쉴 수 있는 포근한 구석을 이 사진처럼 벽감에 만들거나, 높은 울타리 안을 깎아서 만들 수 있다.

접의자

정원은 계절에 따라 계속 변화하므로, 각 구역의 매력이나 접근성도 달라진다. 접의자를 이용해 특별한 공간을 즐기거나, 햇볕을 따라 여기저기 이동할 수 있다.

접의자
접이식 가구는 필요한 곳으로 쉽게 가져가서, 정원을 다른 각도에서 바라볼 수 있는 점이 매력이다.

디자인과 어우러지는 조형물

조형물을 고를 때, 인근 가드닝 쇼핑몰의 제품에 한정하여 고민할 필요가 없다. 아름다운 모양의 세라믹 화분, 유목, 둥근 바위, 심지어 사용하지 않는 기계까지, 다양한 물건들이 정원에 놓이면 예술 작품처럼 보인다. 상상력을 최대한 동원하라. 조형물이 주변과 잘 어울리는지, 어디에 두어야 가장 좋은지, 시간이 흐르면 외관이 어떻게 변할지를 세심하게 생각해야 한다.

어떤 조형물을 선택할까?

어떤 조형물이 매력적인가는 대부분 각자의 감정에 달렸다. 정원이 세련되고 현대적인 스타일이라면 추상적인 형태를 선호할 것이다. 하지만 야생화 정원이나 삼림 정원에도 현대적인 조형물들이 잘 어우러질 수 있으며, 고전적인 조각상이 현대적인 직선형 레이아웃에 뜻밖의 요소가 되어 도시 공간의 매력을 북돋을 수 있다. 코티지 정원이라면 가축, 벌통, 소박한 농기구를 이용할 수 있다.

식물의 형태
꽃이 피는 모습을 연상시키는 녹슨 철제 작품이 지중해 스타일의 배경과 잘 어울린다. 비바람을 맞으면 철이 변색되어갈 것이다.

조형물 맨 위
발가락 하나를 물에 담근 모습이 현대적인 경관에 편안하고 유쾌한 느낌을 더한다.

토피어리 위
가지를 다듬어 살아 있는 조각품을 빚는 토피어리에는 다양한 형태가 있다. 사진은 일본식 구름형 가지치기이다.

추상 조형물 왼쪽
대담한 조각품들은 형태와 색상에 주목하게 만든다. 빛과 그림자가 입체감을 더해준다.

조형물의 배치

조형물이 정원 디자인과 하나가 될 수 있도록, 적당한 자리를 물색하는 데에 시간을 들여 고심하라. 어떤 작품은 반사하는 연못 한가운데 있을 때, 어떤 작품은 식물로 둘러싸여 있을 때 가장 돋보인다. 예를 들어, 단순하고 구멍이 없는 조형물이라면 하늘거리는 풀과 대조를 이루게 두거나, 안개 같은 라벤더 사이에 배치한다. 복잡한 문양이 있는 조형물은 콘크리트 벽이나 다듬어진 생울타리 같은 단순한 배경과 가장 잘 어울린다. 자연석이나 풍화된 목재는 광택이 없어서 반짝이는 금속을 돋보이게 하고, 표면에 작은 조형물을 붙일 수도 있다.

하늘을 바라보는 아이
존 오코너의 어린이 동상이 파빌리온 지붕 위에 있는 장식을 응시한다. 동상의 색이 목재 틀과 조화를 이룬다.

초점
이 추상적인 조형물은 연못 위에 떠 있는 것처럼 보이고 수면에 반사된다. 작은 정원에서 시선을 사로잡는 초점이다.

규모와 비율

조형물이 작다면 크고 개방된 장소에서는 눈에 띄지 않을 수 있지만, 안뜰에 갖다 놓으면 주변과 크기 면에서 조화를 이룰 것이다. 작은 장식품들은 둥근 돌, 유목 조각, 대형 화분 같은 견고한 조형물 옆에 고정시켜야 한다. 아니면 벽과 생울타리의 우묵한 부분에 끼워 붙이거나, 받침대에 끼워 머리 높이로 올려둔다. 통로의 끝이나 연못의 한쪽에 초점을 만드는 경우처럼, 어느 정도 크기의 조형물이 그 자리에 적합한지 가늠해야 할 때가 있다. 이때 종이 상자나 플라스틱 쓰레기통을 쌓아놓고 조형물이 그 환경에 얼마나 잘 어울리는지를 상상해본다.

연출 공간
만화 주인공 같은 키 큰 여성이 성큼성큼 걷는 모습을 표현한 동상이 초점이 된다. 에너지와 운동감을 전달하려면 넓은 공간이 필요하다.

조형물 주문하기

국제적인 가든쇼나 지역의 가든쇼를 관람할 때, 아티스트의 작업실에 들르거나 조형물과 공간 예술에 관한 웹사이트를 방문할 때 탄성이 나오는 작품을 발견하는 경우가 있을 것이다. 그 아티스트에게 스케치나 사진을 보여주며 원하는 조형물의 형태를 알려주고, 가능하면 정원에 초대해보라. 디자인, 규모, 재료에 대하여 의견을 모으고, 작품 가격과 배송 날짜를 확인한다.

재료와 가격

조형물 재료 중에는 일반적으로 사용하는 것보다 저렴한 재료들도 있다. 예를 들어 석재 조각품보다 재생 석재, 테라코타, 세라믹 장식품이, 청동 주물보다 청동 수지가 싸다. 납 조각상은 재생산품이 비교적 저렴하다. 값비싼 견목 대신 유목이나 재생 목재를 사용하는 예술가도 있다.

가려진 토르소
풍화된 테라코타 토르소가 잎으로 반쯤 가려져 밖으로 나오는 것처럼 보인다. 동상보다 저렴하다.

절도 예방 및 보호

조형물을 설치할 때는 보호까지 염두에 두어야 한다. 외부인의 눈에 띄지 않게 하고, 경보기나 보안장치 사용을 고려하라. 앞뜰에는 크고 무거워서 쉽게 옮길 수 없는 작품을 선택해서 집에서 가까운 곳에 둔다. 조형물 도난 사고가 발생하면 손해보험에서 보상해주는지 확인하고, 새로운 조형물을 설치할 때는 보험회사에 알린다.

조명 디자인

창의적인 조명 디자인은 밤에 완전히 다른 모습의 정원을 만들어내는 매력이 있다. 두어 군데 지점을 골라 부드럽고
은은한 조명을 비추는 건 비교적 간단한 일이지만 다양한 질감과 윤곽을 만드는 효과를 낸다. 특별한 조명기구를 다양하게
이용하면 극적인 디자인을 연출할 수 있다. 안전 및 보안과 관련하여 고려해야 할 중요한 점들이 있으므로, 항상
전기기사와 계획을 논의해야 한다.

정원의 조명

위에서부터 내리비치는 조명이 정원에 가득하면 눈에 거슬려서 이웃에게 폐가 되며, 빛 공해 문제까지 발생한다. 눈이 부실 정도의 강한 조명은 피해야 한다. 어두운 곳은 어두운 대로 두면, 조명의 극적인 효과가 두드러지면서 야경의 흥취가 고조될 수 있다.

설계도를 그리고, 각 영역에 맞는 유형의 조명을 선택한다. 예를 들어 데크에는 매립형 조명을, 바비큐장에는 직접적인 국부 조명을, 연못에는 수중 조명을 설치한다. 전기 배선과 플러그 위치를 계획하고, 조경 공사가 끝나기 전에 자격을 갖춘

전기기사나 조명 엔지니어와 아이디어를 논의한다. 간단히 밝은 전등 하나를 이용하거나, 다양한 각도에서 여러 전등을 이용하는 등 조명 효과를 실험해볼 수 있다.

밤의 유흥
휴식과 오락을 위한 야외 공간을 조도가 낮은 조명으로 집 안처럼 밝게 비추고, 스포트라이트로 장식적인 요소를 돋보이게 한다.

수공간의 조명
작은 폭포같이 움직이는 물에는 정적인 연못보다 조명을 설치하기 쉽다. 식물들이 전선을 가려주고, 요동치는 수면이 광원을 감춰주기 때문이다.

컬러 조명
현대적인 디자인에는 컬러 조명을 적절하게 사용하면 세련된 분위기가 난다. 역동적인 볼거리를 원하면 프로그램에 따라 색이 변화하는 LED등을 이용한다.

전기 공사에서 고려해야 할 점

태양광 조명을 사용할 계획이 없다면 손쉽게 전원을 공급받을 수 있는 설비를 갖춰야 한다. 전기기사가 야외용 특수 방수 소켓을 설치하고, 사고 예방을 위해 모든 주전원 케이블은 외장용 전선관 안에 넣어야 한다. 변압기의 전류를 이용하는 저전압 조명을

이용할 경우, 변압기를 방수가 되는 상자에 보관하거나 집 안에 둔다. 변압기는 주전원에서 나오는 전압을 정원의 조명기구에 맞는 저전압으로 낮춰준다. 필요한 변압기의 크기는 사용할 조명의 전압과 수에 따라 달라진다. 조명을 쉽게 켜고 끌 수

있게 전기기사에게 스위치를 집 안에 설치해달라고 요청한다. LED조명은 에너지 효율이 좋고 열을 발생시키지 않기 때문에 정원에서 안전하게 사용할 수 있다. 선택의 폭도 매우 다양하다. 햇볕이 잘 드는 곳이라면 태양광 조명도 고려해볼 만하다.

안전한 통로
밤에 정원을 이용할 생각이라면, 눈이 부시지 않게 낮은 높이의 조명과 매립형 간접 조명을 이용하여 통로, 계단, 높이가 달라지는 곳에 빛을 비춘다.

통로 조명
기둥 조명의 디자인은 태양광 모델, 변압기를 이용하는 조명 세트 등 매우 다양하다. 통로의 가장자리에 배치한다.

깜박이는 불꽃
촛불, 호롱불, 기름 램프는 환상적인 분위기를 자아낸다. 보는 사람이 없을 때는 절대 켜놓지 말고, 인화성 물질에 불꽃이 닿지 않도록 조심한다.

조명 효과

LED 꼬마전구는 설치하기 쉽고, 퍼걸러 위의 덩굴식물 사이에 엮어두면 낭만적인 분위기를 연출한다. 소형 스포트라이트는 나무나 조각상을 위로 비추거나, 질감이 있는 표면을 강렬하게 비추면 제격이다. 눈이 부시지 않게 바닥에 설치한 매립등은 계단, 벽, 데크 위에 부드러운 빛을 발산한다. 컬러 조명은 현대적인 느낌을 연출하므로 나무나 미장된 벽을 투광기로 비출 때, 연못에 빛을 비출 때에도 쓰인다. 현대적인 외관을 연출하려면 데크가 깔린 구역에는 흰색 또는 컬러 LED 꼬마전구를 설치하고, 수중 조명 몇 개로 맑은 연못을 비춘다.

반사
단 하나의 불빛이 수영장의 테라스를 은은하게 감싸고, 빛이 없는 어두운 표면에 그대로 반사된다.

상향등
광택이 없는 검은색 미니 상향등은 낮에는 눈에 띄지 않다가, 밤에는 식물, 장식품, 벽, 가림막 등을 비추며 형태와 실감을 드러낸다.

투광 조명
일정한 간격으로 설치된 밝은 조명은 주로 안전을 위해 사용되고, 적외선 센서를 통해 작동할 수 있다. LED 스포트라이트도 상향등과 하향등으로 사용되어 극적인 분위기를 연출한다.

스포트라이트
스포트라이트를 담장 위에 설치하고 각도를 조절해 사물을 직접 비추면, 눈부심을 염려하지 않고 특정 구역을 강조할 수 있다.

역광
약한 역광은 앞에 있는 사물을 돋보이게 하고, 뒤에 있는 벽에 멋진 그림자 패턴을 만든다. 장식적인 가림막을 역광으로 비출 수도 있다.

간접 조명
간접 조명은 벽이나 바닥을 따라서 또는 가까이에 설치한다. 각도를 조절해서 한 지점을 비춤으로써 질감과 형태를 드러낸다.

조명과 난방 기구

요즘에는 독특한 정원 조명이 매우 많아서 마음에 꼭 드는 조명을 결정하기 어려울 수 있다. 여기에서는 각 조명의 장점을 비교해본다. 최근 수년간 난방 시스템의 종류와 스타일이 늘어나고 인기도 높아졌으나, 그것이 환경이 끼치는 영향과 유지 비용에 대해 신중히 고려해야 한다.

조명의 종류

태양광 조명과 양초, 기름 램프 이외의 모든 조명 기구는 전원에 연결해야 한다. 조명은 전원에 직접 연결하거나 저전압 전류를 공급하는 변압기에 플러그를 꽂아야 켜진다. 직류 전원이 물에 닿으면 안 되기 때문에 정원에는 변압기가 꼭 필요하다.

정원 조명은 효율적인 LED등과 더욱 안정적이고 정교한 태양광 제품이 도입되면서 크게 발전했다. LED등은 빛깔을 변화시키거나 스마트폰으로 제어하는 시스템을 이용하면 온갖 멋진 설계가 가능하다. DIY 매장에도 점점 더 많은 제품이 나와 있지만 온라인이나 전문 회사를 통해 가장 폭넓은 선택을 할 수 있다.

조명을 설치하고, 주전원에 연결하고, 새로운 스위치와 플러그를 달려면 언제나 자격을 갖춘 전기기사에게 의뢰해야 한다.

조명 쇼
밤이면 LED등이 이 안뜰의 벽과 현대적인 연못을 비추어 은은한 빛으로 감싼다.

조명의 유형

이 표는 주요 조명의 장단점을 보여준다. 하지만 전기기사나 조명 엔지니어와 논의하는 것이 가장 바람직하다.

설치 장소

조명의 범위

비용

설치

유지 관리

정원의 난방 기구

친환경적인 난방 기구를 갖추면 서늘한 밤이나 봄가을에도 정원을 이용할 수 있다. 가급적 정원에서 자른 나무와 가지를 연료로 사용한다. 가공 목재는 사용하지 말고, 제품 사용설명서를 반드시 읽어 태워도 되는 연료의 종류를 확인한다. 재 거르개는 매우 뜨겁기 때문에 안전장갑은 필수이며, 치머네이어의 뚜껑을 닫기 전에 항상 식었는지 확인한다. 가까운 곳에 소화기를 비치하고 난로 앞에 철망을 친다.

난방 기구의 종류	장점	단점
화덕	직접 조립이 가능. 일부는 휴대 가능. 사방으로 둘러앉을 수 있다. 난방과 요리가 가능. 정원에서 자른 가지를 연료로 사용할 수 있다.	여유 있는 공간과 안전 가림막이 필요하다. 재가 주변을 더럽힌다. 어린이와 동물에게 위험하므로 항상 지켜봐야 한다.
벽난로	주철 난로를 비롯해 다양한 모델이 있다. 정원 내에서 다양한 연료를 태울 수 있다.	석재 난로 등 큰 모델은 공간을 차지하고 고정 설치된다. 주철은 녹이 슨다.
치머네이어	작은 공간에 적합하다. 점토 재질은 예쁜 장식이 된다. 덮개를 덮어 비바람을 막을 수 있다.	점토 제품이든 철제든 금이 갈 수 있다. 점토는 습기를 흡수하면 부서질 수 있다. 재를 깨끗이 치우기 어렵다.
가스/전기 제품	편리하고 사용 후 청소할 필요가 없다. 난방과 요리를 즉각적으로 할 수 있고 다루기 쉽다.	화석 연료 사용. 에너지에 비해 열이 적게 나서 비효율적이다. 가스난로에는 무거운 연료통이 연결된다.

LED	살아 있는 불꽃	전구	태양광 정원등
	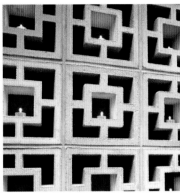		
거의 모든 곳에 사용된다. 연못 조명, 매립등, 꼬마전구, 스포트라이트, 보안등으로 이용된다.	촛불, 기름 램프, 초롱을 바닥이나 테이블 위, 벽감 안에 놓거나, 벽에 걸거나 물 위에 띄울 수 있다.	형광등과 할로겐 전구를 스포트라이트, 전등, 보안용으로 사용하지만, 요즘은 LED등을 더 선호한다.	통로나 파티오의 가장자리, 연못(물 위 또는 바위 사이), 담장 위, 식물 옆. 스포트라이트로 적합한 유형도 있다.
등기구의 크기에 비해 매우 밝다. 전등갓은 광출력을 강화하고 집중시키며, 확산기는 빛을 부드럽게 바꿔준다.	낮은 곳에 설치하여 좋은 분위기를 만든다. 촛대와 초롱은 야외 식탁에 어울린다.	설비에 따라 다르다. 할로겐 전구는 정원 전체를 밝힐 수 있다. 컬러 형광등은 특수 효과를 낸다.	최신 태양광 LED등은 상당히 밝다. 밝기는 배터리 유형에 따라 다르다.
초기 설치 비용은 상황에 따라 다른데, 유지 관리 비용은 매우 낮다. 전구는 여러 해 쓸 수 있다.	양초, 고체 연료나 기름을 쓰는 램프는 전기 기구에 비해 저렴하지만, 밝지 않다.	구매 비용은 저렴한 편이지만 전기요금이 더 든다. LED등보다 전구 교체 주기가 짧다.	품질에 따라 비용이 천차만별이다. 전원 설비가 필요 없고 유지 비용이 들지 않는다.
기존의 전구와 같다. 주전원이나 변압기에 연결해 쓴다. 손이 쉽게 닿지 않는 곳에 유용하다.	비바람을 막을 수 있는 곳, 불연성의 평평한 곳에서 안전하게 사용한다. 불은 곁에서 항상 지켜봐야 한다.	주전원이나 변압기를 통해 켤 수 있다. 전기기사에게 설치를 의뢰하라.(240쪽 참조)	안전하고 쉽게 DIY 설치를 할 수 있다. 막힘이 없는 곳에 설치해야 잘 작동하며, 겨울에는 빛이 오래 지속되지 못한다.
LED등의 수명은 다른 전구에 비해 몇 배 길고, 한번 설치하면 관리가 거의 필요 없다.	불을 작게 유지하고 효율을 높이기 위해 심지를 자른다. 스너퍼로 불을 끈다. 양초가 액체 상태일 때 촛불을 옮기지 않는다.	전구가 나가면 교체한다. 전구와 적외선 센서를 깨끗하게 유지해야 한다.	전지판을 정기적으로 닦아준다. 고품질 충전식 배터리의 수명은 20년이다.

화덕
현대판 모닥불로, 친목 모임에서 인기가 있고 요리에도 사용된다.

치머네이어
원래는 멕시코에서 난방과 요리에 쓰던 장치로, 여러 가지 디자인으로 나와 있다. 연기가 많이 나지 않도록 불이 구멍 밖으로 나오지 않게 한다.

벽난로
커다란 벽난로가 야외 테이블을 돋보이게 만들어준다. 보통 규모의 정원에는 이보다 작고 단순한 디자인의 제품이 이용된다.

식재

정원 만들기

시공 준비

새로운 정원을 맨 처음부터 조성하거나 대규모 하드스케이프 공사를 하는 건 어려운 작업이다. 착수하기로 결정했는데 주말에만 시간이 있거나 모든 것을 직접 준비해야 한다면, 완료하기까지 몇 달이 걸릴 수도 있다. 하지만 손수 해냈다는 만족감이 크고 인건비가 절감된다는 장점이 있다. 무엇보다도 세밀하게 준비하고, 모든 자재값과 장비 대여료, 전문가의 수수료를 잘 계산해서 예산에 맞추는 것이 가장 중요하다.

손수 하기 vs 전문가에게 의뢰하기

간단한 포장 공사나 격자를 세우고 데크를 까는 일은 경험이 있다면 할 만하다고 느낄 것이다. 요즘에 출시되는 건축 및 조경 자재는 시공하기 쉽게 고안되었다. 어떤 일이든 직접 할 때는 반드시 적절한 안전 장비를 갖추어야 한다. 예를 들어, 목재를 자를 때는 보안경, 건축 작업을 할 때는 강철캡 안전화를

손수 바닥재 깔기
전문가용 절단 공구 사용 등 충분한 기술과 경험, 힘이 있다면 파티오나 목재 데크는 직접 만들어볼 수 있다.

착용한다. 무거운 자재를 쓰거나 고난도의 기술이 필요한 일은 전문가에게 맡기는 것이 가장 좋다. 예를 들어 자연석은 큰 덩어리로 판매되기 때문에 자르고 설치할 때 기술이 필요하다. 또한 현대식 정원은 윤곽이 뚜렷해서 눈에 거슬리지 않게 하려면 수준 높은 마감 처리가 필요하다. 특히 안전과 관련해서 경험과 전문성이 중요하다. 문제가 생기지 않게 하려면 재료를 잘 다룰 수 있어야 한다.

잘할 수 있다는 확신이 서지 않는다면 정원 디자이너나 토목 기사에게 전문적인 조언을 구한다. 그들의 개인 정보는 그들이 속한 전문 기관을 통해 얻는다. 또한 도급업자를 고용할 때는 보험에 가입되어 있는지, 모든 안전 기준과 건축 법규를 준수하는지 반드시 확인한다.

어려운 지형에서 포장하기
연못의 수면에 디딤돌이 떠 있는 것처럼 보이게 놓기는 쉽지 않다. 수면의 높이가 미세하게 다르기 때문이다. 사고가 나지 않게 하려면 디딤돌은 바위처럼 단단해야 한다.

작업 순서 정하기

경험이 많은 시공업자는 땅 파기, 기초 공사, 조적 공사 등의 시공 기간을 알고 있다. 다음 단계로 넘어갈 때 필요한 기술 인력을 조달할 수 있는 것도 장점이다.

어떤 작업이든 악천후나 배송 지연 같은 예상치 못한 문제로 차질이 생길 수 있다. 시공업자는 여러 공사를 동시에 진행하는 경우가 많아서 다른 정원의 공사가 지연되면 연쇄적으로 우리 정원에도 영향을 준다. 공사 감독자는 모든 작업자와 원활하게 의사소통하고 문제를 미리 예견하며 무리 없이 진행하는 방법을 찾아야 한다. 시공업체와 머리를 맞대고 세부적인 사항을 함께 살펴봐야 한다. 그리고 합의하에 일정표를 작성한 후 주기적으로 참조하라.

시공 전 조명 설계하기
내장형 조명은 시공 전에 미리 설계해야 설비가 내장되고 전선이 드러나지 않는다.

예산에서 벗어나지 않기

계약업체에 처음부터 끝까지 전체 시공을 맡겨서 공사 기간, 자재 종류, 비용을 계약서에 자세하게 작성한다면 예산을 초과하는 문제에 부딪히지 않는다. 일반적으로 문제가 발생하는 것은 건축 과정에서 설계를 바꾸고 자재를 변경할 때이다. 직접 공사를 진행한다면 인력을 고용할 때 일의 체계를 잘 세워야 한다. 인부들이 자재가 배송되기를 기다리느라 일거리가 없는 상황이라도 임금을 지급해야 하기 때문이다.

특수한 효과
일부 조명과 수공간을 다루는 일은 전문가가 설치해야 한다. 전문가가 조달해야 하는 자재도 많이 있다. 계약업체가 관련 경험이 있는지 항상 확인하라.

시공 전 체크리스트

부지 측량을 완료하고 디자인을 완성했다면, 누가 언제 시공과 식재를 할지 결정할 때다. 몇 가지 준비는 직접 하고 특정 작업만 전문가에게 맡겨서 진행해도 된다. 어떤 식으로 하든지 프로젝트를 처음부터 끝까지 구체화해서 최대한 효율적으로 진행한다.

단계	프로젝트명	상세 정보
1	허가	온실을 짓는다든지 진입로를 변경하는 것과 같이 큰 공사는 건축 허가가 필요하다. 염려되는 점이 있는지 돌아보고 이웃에게 계획을 설명하고 문제가 될 만한 점은 해결한다.
2	시공업자와 계약하기	보통 한두 명의 시공업자가 공사를 감독하고, 때에 따라 부문별 전문가를 데려온다. 직접 공사를 지휘한다면 벽돌공, 포장공, 창호공, 전기공 등을 직접 찾아서 고용해야 한다.
3	조경 자재 선택	시공업자에게 조경 자재 견본을 요청하거나, 석재 및 건축자재 판매상과 목재 판매소를 직접 방문한다. 특정 물품을 직접 선택해서 맞춤 제작을 의뢰한다.
4	자재 주문과 배송	자재가 모자라거나 남지 않게 필요량을 다시 확인한다. 각 공사 단계에 맞게 배송 일정을 조율한다. 그래야 자재가 걸리적거려서 자꾸 자리를 옮겨야 하는 상황이 생기지 않는다.
5	대지 정리	대지에 말뚝을 박고 감독관을 고용한다. 원치 않는 하드스케이프 요소를 제거한다. 잔디를 다시 깔아야 하는 경우 기존의 잔디를 들어낸다. 기존의 식물도 재사용할 것은 들어내서 옮긴다.
6	표토 제거	양질의 표토는 재사용해야 하므로 따로 모아 두고 심토와 섞지 않는다. 표토는 손이나 미니 굴착기로 제거한다. 공사 부지에서 떨어진 곳의 표토를 찾아 앞으로 식재할 구역에 쌓는다.
7	장비 대여와 이용	땅을 많이 파고, 도랑을 만들고, 땅을 고르는 작업을 해야 한다면 미니 굴착기를 불러야 한다. 적당한 진입로를 확보하고 통로를 정리하고, 필요시 울타리를 제거해야 할 수도 있다.
8	기초 공사와 배수 공사	각 부지의 높이를 정하고 각 높이에 맞게 땅을 판다. 바닥을 정리하고 배수로 공사를 한 다음, 콘크리트 기초를 타설하고 배수관을 놓는다. 때에 따라서 기존의 배수관을 옮길 수도 있다.
9	조명과 전기 공사	전기업자나 조명 기술자를 불러 정원의 모든 전기 기구에 전력을 공급할 배선 공사를 한다. 정원이 완성될 때까지 전선을 연결하면 안 되는 전기 기구도 있다.
10	건축과 외장	벽, 계단, 테라스, 통로, 수공간, 돋움 화단 등 단단한 재료로 조경 공사를 한다. 목재 데크, 퍼걸러, 가림막을 설치한다. 새로운 잔디밭을 마련한다.
11	울타리 설치	시공 계약업체나 건축업자, 조경업자의 장비, 차량, 자재가 경계를 넘어 들어올 일이 더는 없을 때 담장이나 울타리를 완공하거나 보수한다.
12	표토와 식재	공사 중 쉬는 기간에 기본적인 식재 작업을 해야 한다. 표토를 옮기거나 구매하여 지면을 고른 다음, 나머지 식재 작업을 한다.

초목이 무성한 공간 정리

새로운 정원을 계획할 때 이전에 있던 것의 흔적을 모두 없애고 싶을 것이다. 너무 무성하고 오래도록 손이 닿지 않은 곳이라면 그런 마음이 더 간절하다. 하지만 지금 무엇이 있는지부터 우선 평가하지 않고 모두 없애버린다면, 잘 자란 나무나 새로운 정원에서 다른 용도로 계속 쓰일 수 있는 유용한 식물까지 잃어버릴 수 있다. 기존의 담, 울타리, 정원 건축물도 수리하거나 재사용하면 돈과 자원을 모두 아낄 수 있다.

정원 평가

정원 평가는 시간이 걸리는 작업이다. 정원을 개조하기 전에 1년 동안 관리하면 아침, 점심, 저녁으로 어느 영역에 해가 드는지, 어디가 여름에 습하고 시원한지 관찰할 수 있다. 기존에 무엇이 있는지 자세히 살펴본다. 예를 들어, 주변 건물에서 정원을 건너다보는 시야를 가려주는 나무가 있다면, 이를 훼손한 뒤 복구하려면 몇 년이 걸릴 수 있다. 정원에 기존의 레이아웃이 있으면 정원을 개조하거나 새것처럼 바꿀 수 있는지 평가한다. 기존의 건축물은 철거하지 않고 이전하거나 가릴 수 있다. 울타리와 담의 상태를 확인하고, 석재 포장재 등을 다시 사용할 수는 없는지 살펴본다. (144-145쪽 참조)

정글 개간하기 오른쪽
초목이 지나치게 우거진 부지를 평가하긴 어렵다. 우선 어느 정도 잡초를 제거하고 무성하게 자란 나무를 잘라내야 잘 보이지 않던 공간까지 파악할 수 있다.

옛 모습이 남아 있는 정원 위
하드스케이프나 성숙한 관목 등 이전에 있던 정원의 자취가 뚜렷하게 남아 있는 경우가 있다. 그러면 보수하고 개조하거나 새로운 것을 추가할 수 있다.

보이는 것이 전부일 때 왼쪽
잔디밭이 대부분을 차지하는 작은 정원은 몇 가지만 평가하면 된다. 울타리가 튼튼한가? 어떤 식물을 계속 기를 수 있을까?

정원의 보물 찾기 위
기존의 정원에서 어느 식물을 계속 기를지 정확하게
판단하려면 일 년이 걸린다.

질긴 잡초 오른쪽
서양메꽃 같은 다년생 잡초는 근절하려면 시간이 걸린다.
채광을 방해한다면 뿌리를 뽑아 다시 자라지 못하게 한다.

기존의 식물 평가

기존 식물을 확인하기가 어려울 수 있지만, 어느 식물을 계속 기를지 결정하려면 필요한 일이다. 추식 구근이나 겨울철 관상용 관목 등 기존의 식물이 어떤 모습을 보이는지 알아보려면 일 년 내내 관찰하는 것이 가장 좋다. 흉한 덤불 아래에 설강화가 깔려 있을 수 있는데, 한번 걷어내고 나면 복원까지 몇 년이 걸린다.

다년생 잡초가 자라는 곳은 정돈하려면 특별한 조치가 필요하다. 울타리 너머로 이웃이 어떤 식물을 기르는지를 보면 심을 수 있는 식물의 종류를 가늠할 수 있으니 참고해보자. 예를 들어, 진달래와 동백나무가 건강하게 자란다면 토양이 산성임을 알 수 있다. 코르딜리네나 카나리아야자가 무성하면 그 지역에 서리가 별로 내리지 않는다는 뜻이다.

벅찬 과제 위 왼쪽
정원 조성의 첫 번째 단계는 초목이 무성한 부지를 정리하는 것이다. 불필요한 조경 재료를 치우면 어떤 정원이 만들어질지 상상하기 쉽다.

전문가가 해야 하는 일 위
전기톱을 사용해본 적이 없다면 무성한 나무를 빠르고 안전하게 제거할 수 있는 전문가에게 의뢰하는 것이 최선이다.

대지 정리

정원 평가가 끝났다면 정리를 시작한다. 전기톱이나 나무 절단기 같은 장비를 사용하는 일은 전문가가 안전하고 신속하게 해야 한다. 현장에 남기는 식물은 리본이나 스프레이 페인트로 분명하게 표시해둔다. 옮겨 심을 식물은 전용 묘상에 임시로 심어둘 수 있는데, 다년생 잡초가 없는지 확인하고 물을 잘 주어야 한다. 재사용하거나 용도를 변경할 조경 재료는 보관하고, 오래된 벽돌이나 부서진 콘크리트처럼 쓰지 않을 재료가 있으면 사용할 사람을 찾아본다. 소셜 미디어를 통해 필요한 물건이나 필요 없는 물건을 사람들에게 널리 알릴 수 있다.

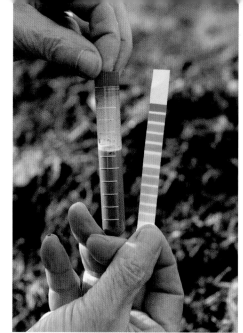

토양 복원하기

정원의 토양은 식물에 항상 영향을 준다. 정원 조성의 초기 단계에는 흔히 토공사를 한다.
잔디를 벗기고 들어 올리는 일은 간단하다. 경사진 정원을 계단식으로 정비하는 것과 같이
복잡한 일은 전문가의 도움이 필요하다. 흙이 더 필요하거나 부서진 콘크리트 같은 기존의
재료를 폐기할 때, 일을 추진하고 비용을 맞추기 위해 계획이 필요하다. 환경에 미치는
악영향을 줄이려면 현장에 있는 토양을 가능한 한 그대로 두는 것이 좋다.

처음부터 시작하기

정원 조성에서 가장 지저분하고 어수선한 일은 기초
공사가 진행되는 초기 단계에 벌어진다. 가장 중요한
이 단계는 말 그대로 새로운 정원의 기초를 다지는데,
일정 구역의 바닥 높이를 조정하며 기존의 대지를
대대적으로 변경한다. 즉, 흙을 없애거나, 옮기거나,
추가해서 계단식으로 만들고, 옹벽을 세우고,
단단하게 포장하고, 기존의 이용하지 않는 구조물을
철거하는 일 등이다. 이 모든 일은 비용과 시간이
많이 소요되지만, 꼭 필요하다. 상당한 변동이 있는
공사는 오시공이나 공사비가 급증하는 문제가
발생하지 않도록 세심하게 지휘해야 한다. 전문가를
활용하면 현장 작업과 배송이 원활하게 진행될 수
있다. 전문가는 필요한 장비를 갖추고 있으므로 기초
공사를 단기간에 기술적으로 잘 수행할 수 있다.

흙이 부족한 경우 위
포장재를 제거했을 때 드러난 빈 공간이
깊어서 놀랄 수 있다. 대부분의 파티오는
단단한 기초가 되는 경골재 층에 세워지기
때문이다.

땅 고르기 위 가운데
잔디밭이 될 넓은 영역은 전문가가 기계로
수평을 맞추는 것이 가장 효율적이다. 많은
양의 표토를 넓게 펴야 하는 경우에 특히
전문가가 필요하다.

토양 걷어내기 위
가파른 경사지를 계단식으로 만들려면
대규모 토공사가 필요하다. 일부 흙을
걷어내기도 하지만, 새 정원을 위해 양질의
표토를 충분히 남겨두어야 한다.

토양 산성도 테스트 맨 위
테스트기로 새 정원의 토양을 검사한다.
토양의 산성도에 따라 기를 수 있는 식물의
종류가 결정된다. 표토를 사서 들여온다면
기존의 정원에 적합한지 확인한다.

콘크리트 제거하기

넓은 면적의 콘크리트 파티오나 길을 부수는 작업은 매우 고된 일이다. 작은 면적에 콘크리트가 얇게 깔려 있다면 큰 해머로 때려 부수면 되지만, 대개는 전문가가 전동 공구로 해야 작업이 수월하고 훨씬 안전하다. 처음에 겉으로 보았던 것보다 실제로 치워야 할 콘크리트 양이 많다는 점을 기억해야 한다. 콘크리트 아래에 경골재 층이 두꺼운 경우가 많아서 제거하고 나면 빈 곳이 생기므로 표토를 사다가 이곳을 메워야 한다. 건축업자에게 잔해를 제거해달라고 요청하기 전에 쓸모가 있지 않은지 생각해보자. 향후 공사에 재활용할 수 있을지, 이웃이 잔해를 이용할지 폐기물 처리 업체를 부르기 전에 알아보는 것이 좋다.

콘크리트 파쇄 작업
콘크리트를 깰 때 안전 수칙을 엄격하게 준수해야 한다. 강철캡 안전화, 보안경, 마스크를 착용한다.

전문가의 협조
콘크리트 포장 바닥을 제거하고 폐기할 때는 빠르고 안전하게 작업을 완료할 전문가에게 의뢰하는 것이 좋다.

잔디 걷어내기

새로운 화단을 만들거나 확장할 때, 길이나 파티오를 만들 때, 기타 대부분의 토공사를 할 때 우선 기존의 잔디를 걷어내야 한다. 버리고 싶을 수도 있겠지만 그런다면 실수하는 것인지도 모른다. 정원에서 가장 비옥한 부분인 표토는 지면에서 5-20cm 사이에 있다. 잘 경작하면 조금 빠르겠지만 자연적으로 2-3cm의 표토가 형성되려면 약 1세기가 걸린다.

표토는 정원의 상태에 매우 중요하다. 잔디를 걷어내면 표토도 상당 부분 딸려 올라온다. 표토 구매는 가격이 높고 탄소발자국이 많이 발생하며, 제품의 가변성도 높다. 잔디밭이 좁으면 흙을 들어내고 새로운 땅을 만든 다음 식재하면 되지만, 넓은 영역에서는 현실적이지 않다. 최고의 해결책은 가능한 한 흙이 덜 붙도록 잔디를 조심스럽게 제거해서 정원에 잔디를 거꾸로 쌓은 뒤 자연적으로 분해시키는 것이다. 이렇게 이삼 년이 지나 만들어진 흙은 비옥하고 잘 바스러져서 정원의 흙에 섞으면 양질의 토양이 된다. 아니면 쇠스랑과 체를 사용해 잔디에서 흙을 최대한 많이 털어낸 후 잔디와 뿌리로 퇴비를 만든다.

잔디 걷어내기
토양의 최상층은 소중하다. 걷어낸 잔디는 눈에 띄지 않는 구석에 1-2년 동안 쌓아서 썩히고 화단에는 흙을 더 채운다.

꽃이 만발한 초원
일년생 초원 식물은 새로 조성된 부지처럼 표토가 매우 얕은 곳에서 잘 자란다.

척박한 토양의 풍요로움

신축 주택의 정원이나 새로 만든 화단의 표토는 대개 얕고 토양이 척박하다. 얕은 표토라 하더라도 유용하게 쓰일 수 있다. 모든 식물이 깊고 비옥한 토양을 좋아하는 건 아니기 때문이다. 많은 야생화, 내건성 한해살이식물, 지중해 지역의 다양한 식물은 얕고 건조하고 척박한 토양에서 잘 자란다. 이런 특성을 이용하여 한해살이 초원 식물을 심고, 배수가 잘되는 곳이라면 자갈 정원을 만들어 햇볕이 잘 들고 건조한 환경에서 잘 자라는 식물로 채운다. 처음에 조금 시험해봐야 하지만, 이런 식물들은 번성할 것이다. 몇 년이 흐르면 유기물이 더해지고 서서히 토양의 구조가 발달해서 토질이 점차 개선된다.

새로운 정원을 조성하기 전에

꿈의 정원을 처음부터 조성하겠다는 생각은 멋지지만, 막상 공사를 시작하기는 어려운 것이 현실이다. 어디부터 시작해야 할지를 아는 것이 가장 중요하다. 신축 공사 후에 부지를 복구하는 것이 우선되어야 한다. 정원에 무엇이 있는지, 즉 부지를 조사하고 지표 아래에 무엇이 있는지 자세히 살펴보면, 토양을 복구하거나 개선해야 하는 경우가 종종 있다. 정원 디자인을 시작하기 전에 복구하는 것이 가장 좋고, 전문가에게 의뢰하면 손쉽게 멋진 정원의 기반을 마련해줄 것이다.

꿈의 실현

새집으로 이사하는 것만큼 신나는 일은 없다. 처음에는 정원이 가장 중요하다고 생각하지 않겠지만, 이내 눈은 넓고 텅 빈 바깥 공간으로 향한다. 어떤 면에서는 새롭게 시작하는 것이 이전 정원 주인의 취향이나 선택과 타협하는 것보다 쉽다. 원하지 않는 기존의 요소나 식물에 얽매일 필요가 없기 때문이다. 한편 새로운 부지에서는 어떤 정원이 만들어질지 정확하게 알 수 없다. 이전에 정원이 만들어진 적이 없으므로 부지의 상태를 알 수 있는 지표가 적다.

새로 개발된 정원에는 외부의 영향을 막아주는 초목이 없어서 무방비로 노출된 경우가 많다. 최근에 진행한 건축 공사로 인해 정원의 표토와 심토가 뒤섞이고, 벽돌과 콘크리트 같은 건축 폐기물이 여기저기 흩어져 있을 것이다. 배수가 잘되지 않고 토층이 형성되지 않아서 식재가 어려운 토양이 가득하더라도, 토양을 개선하고 추가하는 작업과 돋움 화단 같은 디자인 해법으로 아름다운 정원을 만들 수 있다.

빈 캔버스 위
새집이 주는 즐거움 중 하나는 원하는 정원을 만들 수 있다는 것이다. 햇볕이 잘 드는 구석은 아름다운 꽃나무로 채우고, 현관문 위에 장미를 키우면 가장자리가 예뻐진다.

새집의 정원 오른쪽
새집의 정원은 흙을 얕게 깔고 울타리 패널을 둘러친 것이 전부인 경우가 있다. 입구를 어디에 만들고, 어떻게 변화시켜야 할지를 고심해야 한다.

부지 평가

우선 정원의 크기와 모양, 지형, 양상 등 정원의 상태를 살펴봐야 한다. 언제 어디에 햇볕이 비추는가? 어디가 늘 습하고 그늘이 지는가? 비바람을 막아주어야 하는 곳은 어디인가?(135쪽 참조) 이미 자라고 있는 식물은 무엇인가? 개발업자가 심은 새 관목이 정원의 조건에 적합하지 않아서 자리를 옮기거나 다른 나무를 심어야 할 수도 있다.

　새로 조성된 정원에 깔린 잔디 밑에 얇은 표토층이 있는데, 이것이 단 몇 센티미터 아래에 있는 토양의 상태를 가리곤 한다. 여러 지점에 구멍을 몇 개 뚫어서 표토의 깊이가 얼마나 되는지,

건축 폐기물이 얼마나 묻혀 있는지 알아봐야 한다.
　울타리 너머로 이웃집에 어떤 식물이 자라는지 살펴본다. 바깥의 넓은 경관을 보면 어떤 식물이 자연적으로 번성하는지 분명하게 파악된다. 정원 바로 밖에 있는 나무 캐노피가 시각적으로 '차용되어' 정원이 더 넓어 보일 수 있다.

잔디 조성 오른쪽
새집을 매매하기 전에 보통 정원에 간단하게 잔디를 까는데, 단단한 심토 위에 표토를 얇게 깔고 잔디를 심는 경우가 많다.

잡초도 부지에 대한 정보를 준다. 소리쟁이나 골풀이 있으면 습지임을 알 수 있고, 어떤 잡초는 토양이 척박하고 건조하다는 것을 나타낸다. 별꽃과 개쑥갓 같은 잡초는 비옥한 환경을 좋아하고, 우엉이나 질경이 같은 경우는 점질토에서 잘 자란다.
　이 모든 것이 정원을 구상하는 데 도움이 되고 무엇이 현실적으로 가능한지를 알려준다. 정원에 식물을 심고 싶다면 관목 몇 그루만 화분에 키워본다. 몇 년 후에 준비가 되고 정원이 개선되었을 때 어느 정도 자란 이 관목을 심으면 된다.

정원에 어떤 잡초가 있는가 왼쪽
잡초는 새집 주위의 땅에서 이내 자란다. 대부분은 황폐해진 땅에 뿌려진 씨에서 자란 일년생 잡초지만, 일부는 부지의 상태를 알려주는 단서가 될 수 있다.

땅 파기

신축 건물의 경우 토양이 상당히 많이 바뀐다. 굴착기 등 중장비가 토양을 다져서 구조가 손상될 수 있다. 건축 폐기물을 치운 후에 아래의 심토를 드러내는 작업을 시작한다. 다져지지 않고 다른 흙과 섞이지 않은 표토는 한구석에 쌓아둔다. 새 정원에 식재를 하려면 표토가 더 필요해서 사 들여와야 할 것이다. 큰 덩어리가 없이 선별된 양질의 표토를 구매하고, 잘 발효된 유기물을 충분히 섞는다. 지속적으로 재배를 하고 유기물을 첨가하면 시간이 흐를수록 토양의 질과 구조가 개선될 것이다. (134쪽 참조)

땅 아래에 무엇이 있나
표토는 공사 중에 긁어서 다른 곳에 보관했다가, 공사가 완료된 후 정원에 다시 까는 것이 이상적이다.

정원의 구조물

통로, 파티오, 울타리, 돋움 화단, 연못, 퍼걸러 등 하드스케이프와 영구적인 요소는 정원 디자인의 구조적 틀을 형성하고, 잔디, 식재 등의 소프트스케이프를 돋보이게 한다.

　쉽게 만들 수 있는 정원 구조물도 많아서, 일부 단순한 공사는 건축 기술이 조금밖에 없거나 전혀 없는 사람도 안전하게 작업하고 단 하루 이틀 만에 만족스러운 결과를 얻을 수 있다. 예를 들어, 퍼걸러 세트는 시중에 많으므로 구해서 간단하게 조립할 수 있고, 돋움 화단이나 데크를 만들 때는 압력 처리된 방부목을 미리 재단해서 파는 것으로 구입할 수 있다.

　디자인을 실행할 때는 하드스케이프부터 시작하는데, 착수 전에 시간을 갖고 정원을 꼼꼼히 측정한다. 통로 공간이 충분해서 쉽게 빠져나갈 수 있는지, 파티오나 테라스 공간이 들여올 가구와 잘 어울리는지 확인한다. 디자인을 완성하기 전에 가구를 선정하는 것이 좋다. 의자를 편하게 뒤로 빼고 의자 주위로 걸어 다닐 공간을 확보하려면 식탁 세트에 상당한 공간이 필요하기 때문이다. 주통로는 너비가 적어도 1.2m는 되어야 하고, 포장하거나 자갈을 까는 것이 좋다. 그래야 좁고 구불구불한 길이나 디딤돌보다 걷기 쉽다. 또한 길이 넓으면 다 자란 식물이 길 안쪽으로 넘쳐 나와도 발에 걸리지 않아서 좋다.

　파티오와 일부 통로는 손수 설치할 수 있지만 넓은 면적에 바닥재나 데크를 까는 경우, 특히 석재나 합성 슬래브처럼 무거운 자재를 사용한다면 전문가의 도움을 받아야 한다. 작은 블록이나 벽돌로 복잡한 디자인을 만들 때도 전문가가 필요하다. 자갈은 특별한 기술 없이 깔 수 있고, 식재 공간 주위나 통로에 쓰기 좋다.

　비정형적인 연못은 아름다우면서 시공도 쉽지만, 규모가 크다면 굴착기가 필요하다.

맨 위, 위
작고 아늑한 좌석 공간은 항상 애용된다.

다양한 디자인과 소재를 어떤 설계에서든 어우러지게 할 수 있다.

통로 만들기

블록, 벽돌, 자갈처럼 포장재의 크기가 작으면 통로를 융통성 있게 디자인할 수 있다. 다음 시공 예에서는 쉽고 빠르게 깔 수 있는 카펫 스톤을 사용했다. 재활용 벽돌을 사용한다면 서리에 강하고 내구성이 높은지 확인한다. 일반적인 주택용 벽돌은 적합하지 않다.

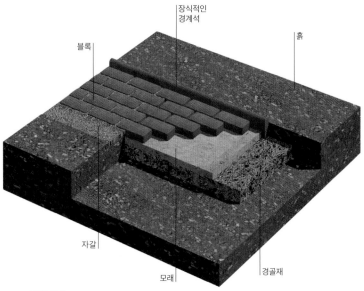

블록

장식적인 경계석

흙

자갈

모래

경골재

준비물

- 줄자
- 긴 나무못과 줄
- 망치
- 삽
- 수준기
- 못
- 거푸집널
- 경골재

- 다짐메 또는 플레이트 콤팩터
- 규사(모래)
- 카펫 스톤
- 큰 망치
- 말뚝 타설용 콘크리트
- 경계석
- 고무망치

- 빗자루
- 날카로운 칼, 흙손
- 배양토, 허브
- 자갈

🕐 1일

자리 표시하기

1 통로의 길이를 측정하고 1.5m마다 긴 나무못을 박고 줄로 연결해 통로를 표시한다. 거푸집널(4단계)과 장식적인 경계석을 놓는 것을 유념한다. 나무못이 단단히 박히도록 망치질한다.

2 줄 사이의 흙을 경골재와 모래층, 블록의 두께만큼의 깊이로 퍼낸다. 수준기를 이용해 경로를 따라가며 수평을 확인한다.

길 만들기

5 길을 따라 경골재를 8-10cm 깊이로 깐다. 길에 사람만 걸어 다닌다면 파낸 흙을 사용해도 된다. 다짐메나 플레이트 콤팩터로 흙을 다진다.

6 경골재 위에 규사를 한 층 깐다. 길을 따라 나무 막대를 밀면서 표면을 평평하게 만든다. 구멍이 생기면 여분의 모래로 채운다.

테두리 두르고 마감하기

9 거푸집널과 나무못을 조심스럽게 두드려서 빼고 줄을 제거한다. 삽으로 테두리에 수직면을 만든다. 통로의 양쪽을 경골재 바닥면의 깊이까지 파낸다.

10 통로의 양 가장자리에 경골재를 얇게 펼치고 큰 망치로 단단하게 다진다. 무거운 경계석을 놓을 계획이라면, 그 위에 말뚝 고정용 콘크리트를 깐다.

11 경계석을 놓고 고무망치로 부드럽게 두드려 고정한다. 경계석을 통로와 같은 높이로 놓거나 약간 높여서 흙이 통로로 들어가지 않게 막아준다. 뒷면을 흙으로 도로 메운다.

12 빗자루로 모래를 줄눈에 쓸어 넣는다. 모래는 모르타르와 달리 빗물이 잘 빠진다. 길 가장자리에 있는 블록을 몇 개 제거하여 식재 포켓을 만든다. 카펫 스톤은 아랫면에 붙은 매트에서 잘라내야 한다.

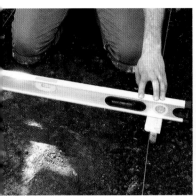

3 물이 고이지 않도록 한쪽으로 완만한 경사를 만들어 흙이나 배수구로 흘러나가도록 한다. 벽에 습기가 차지 않게 하려면 물이 집이나 정원의 벽에서 멀리 돌아서 나가야 한다. 높이를 다시 확인한다.

4 거푸집널을 나무못에 박아서 통로를 둘러싼다. 수준기로 높이를 다시 확인한다. 높이 조절이 필요하면 나무못을 위아래로 조금씩 움직인다.

블록 절단하는 방법

길을 만들 때 무늬를 맞추거나 맨홀, 벽 가장자리 등의 장애물 주위를 채우려면 블록이나 벽돌을 잘라야 한다.

깔끔하게 자르려면 단단하고 평평한 바닥 위에 블록을 놓은 다음, 벽돌 끌로 자르고 싶은 자리에 자국을 낸다. 그렇게 표시한 홈에 끌을 놓고 클럽 해머로 세게 내려친다. 매끄럽지 않게 잘린 면이 있으면 끌로 깔끔하게 다듬는다. 작업을 할 때 반드시 고글을 착용하여 눈을 보호한다.

크기에 맞게 블록 자르기

7 5단계처럼 모래를 다지고 표면이 평평한지 확인한다. 카펫 스톤을 깔기 시작한다. 카펫 스톤은 대개의 블록처럼 간격이 주어져 있는데, 벽돌을 까는 경우는 균일한 간격을 위해 간격재를 사용한다.

8 블록을 모두 깐 뒤에 틈새가 보이면 블록을 잘라 채운다.(오른쪽 위 참조) 판자를 놓고 다짐메로 누르거나 플레이트 콤팩터를 이용해 블록이 판판해지게 만든다.

정원의 길 위에서

길을 잘 깔면 안전하게 다닐 수 있을 뿐 아니라 그 자체로도 장식적이다. 위의 길은 마감재로 빅토리아풍 로프 타일을 이용해 고전적인 멋을 냈다.

13 모종삽으로 식재 포켓에서 모래와 경골재를 제거하고 원예용 배양토를 채운다. 백리향 같은 향기로운 허브를 심고 물을 준다.

14 빗자루로 자갈을 블록의 줄눈에 쓸어 넣는다. 이 사진에서처럼 통로의 한쪽에 흙을 남겨두어 배수로처럼 이용한다면 깔끔하게 보이도록 자갈을 덮는다.

파티오 만들기

포장용 돌과 슬래브는 형태와 크기가 다양하다. 포셀린, 자연석, 콘크리트 등 소재도 여러 가지이며 내구성 강한 표면을 만든다. 대형 바닥재를 까는 일은 고되기는 해도 빠르고 쉽게 해낼 수 있다. 가장 어려운 일은 기초를 다지는 작업이다.

준비물

- 나무못과 줄
- 건축용 직각자
- 삽
- 예초기(선택 사항)
- 다짐메 또는 플레이트 콤팩터
- 수준기
- 경골재, 규사
- 갈퀴
- 포장재
- 벽돌 흙손
- 재료에 적합한 모르타르
- 클럽 해머
- 나무 간격재
- 뻣뻣한 솔
- 포인팅 공구
- 마스킹 테이프

🕐 2-3일

구역 표시하기

1 사각형 파티오를 만든다면, 바닥재를 깔 곳에 완성된 바닥 높이로 나무못을 박고 줄을 팽팽하게 연결하여 구역을 표시한다. 건축용 직각자로 모서리가 90°인지 확인한다.

2 잔디를 삽으로 들어내거나 예초기로 깎는다.(잔디는 다른 곳에 재사용하거나 1년 동안 거꾸로 쌓아 보관해서 퇴비로 쓴다.) 포장재의 두께보다 15cm 더 깊게 흙을 파낸다.

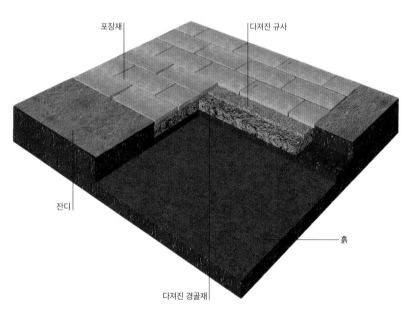

포장재 · 다져진 규사 · 잔디 · 흙 · 다져진 경골재

포장재 깔기

5 경골재 위에 규사를 5cm 두께로 평평하게 깐다. 가장자리의 줄을 따라 포장재 첫 장을 깐다. 포장재의 소재에 따라 모르타르를 바르기도 한다.

6 클럽 해머의 손잡이로 포장재를 내리쳐 다진다. 포장재의 줄눈에 나무 간격재를 넣어 균일한 간격을 유지한다. 포장재가 평평하게 놓였는지 계속 확인한다.

마감 작업

  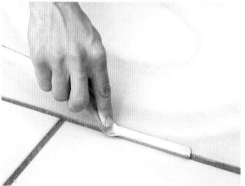

7 약 이틀을 기다린 후 나무 간격재를 제거한다. 드라이 모르타르(또는 건축용 모래와 시멘트를 3대 1로 섞은 것)를 빗질로 줄눈 안에 넣는다. 더 깔끔하고 내구성 있는 마감을 원하면 습식 모르타르를 사용한다. (8, 9단계 참조)

8 건조한 날씨에는 모르타르가 더 잘 붙도록 줄눈을 미리 적신다. 습식 모르타르 마감은 모르타르에 물을 섞고 흙손으로 포장재 사이의 줄눈에 밀어 넣는 것이다.

9 포인팅 공구로 모르타르를 제자리에 고정한다. 젖은 모르타르는 포장재에 얼룩을 만들 수 있는데, 줄눈을 따라 마스킹 테이프를 붙이면 오염을 막을 수 있다. 모르타르가 굳기 전에 넘치는 모르타르는 빗자루로 털어낸다.

3 다짐메나 플레이트 콤팩터로 바닥을 다진다. 완성된 바닥 높이로 나무못을 박고, 약간 비스듬히 만들어 빗물이 빠져나가게 한다. 수준기로 확인한다.

4 바닥에 10cm 깊이로 경골재를 깔고 갈퀴로 땅을 고르되, 빗물을 위한 경사는 유지한다. 다짐메나 플레이트 콤팩터로 단단하게 다진다.

석판 둥글게 자르기

바닥재의 형태는 매우 다양하지만, 크기가 안 맞거나 둥근 디자인에 맞추려면 잘라야 한다. 돌이나 콘크리트로 만든 바닥재는 의외로 잘 부서진다. 자를 때 깨뜨리지 않으려면 깊고 평평한 모랫바닥에 올려놓아야 한다.

1 고글, 귀마개, 진동 방지 장갑, 방진 마스크로 몸을 보호한다. 석판에 분필로 곡선을 그리고, 석재용 디스크를 장착한 앵글그라인더로 천천히 조금씩 자른다. 여러 차례 선을 조금 지나쳐서 자르며 방향을 돌린다.

2 버리는 부분에 분필로 평행선을 몇 개 표시한다. 평행선을 따라 조금씩 자른다. 깔끔한 곡선이 만들어질 수 있게 선을 지나치거나 훼손하지 않도록 주의한다.

3 석판의 한쪽에서 시작해서 반대쪽으로 나아가며 고무망치로 각 석판 조각을 세로 방향으로 세게 두드린다. 바닥이 잘 받쳐지고 있는지 확인한다.

4 석판 조각을 하나씩 단단히 잡고 절단선을 따라 딱 부러뜨린다. 이런 식으로 조각을 모두 제거한다. 앵글그라인더로 곡선의 거친 부분을 다듬는다.

즐길 수 있는 공간
잘 만들어진 파티오는 앉아 쉬거나 활동하는 실용적인 공간일 뿐 아니라, 전문적인 마감이 정원의 완성도를 높여준다.

모서리가 잘린 파티오
매끈한 곡선 몇 개로 네모난 파티오를 완전히 바꾸었다. 구석에 식재 포켓을 만들었으며, 잔디밭에 인접한 면이 둥글어졌다.

옹벽 세우기

옹벽은 콘크리트 블록, 벽돌, 표면 마감된 석재 등 다양한
재료로 만들 수 있다. 당연히 모든 옹벽은 구조적으로 견고해야
한다. 불안하다면 50cm 이상의 높이로 세워선 안 된다.
염려되는 점이 있으면 건축업자나 엔지니어에게 문의한다.
다음에 소개하는 옹벽은 벽돌 두 줄을 엇갈리게 쌓은 것이다.
비용을 줄이려면 앞에는 외장 벽돌을, 보이지 않는 뒤쪽의 배킹
벽돌에는 콘크리트 벽돌을 사용해도 된다.

준비물

- 줄자와 수준기
- 수평규준실 또는 건축용 마커
- 건축용 직각자
- 삽
- 럼프 해머
- 나무못
- 삽, 믹싱 트레이, 양동이,
  손수레(또는 콘크리트 믹서)
- 콘크리트(밸러스트와 시멘트의
  비율 8:1)
- 다짐용 나무 블록
- 벽돌 흙손

- 외장 벽돌과 배킹 벽돌
- 모르타르(모래와 시멘트의
  비율 4:1)
- 배수구멍과 월타이
- 둥근 톱이나 벽돌 끌
- 줄눈 흙손
- 벽돌 조인터
- 철제 브러시

🕐 1-2일, 바닥 콘크리트 양생
기간 별도 추가

벽 쌓기

1 수평규준실이나 마커로 벽을 쌓을 곳을 정확하게 표시한다. 30cm의 너비와 깊이로 땅을 판다. 나무못을 박아 옹벽의 바닥 높이를 표시한다.

2 땅을 판 곳에 콘크리트를 채운다. 밸러스트(모래, 돌, 자갈의 혼합)와 시멘트가 8대 1로 배합된 콘크리트를 사용한다. 콘크리트의 높이가 나무못의 꼭대기와 수평인지 확인한다.

7 벽돌을 엇갈리게 쌓아야 튼튼한 벽이 만들어진다. 우선 벽돌 하나를 다른 쪽 끝에도 세로로 놓아 모서리를 만든다. 수준기로 벽돌의 수직과 수평을 확인한다.

8 두 모서리 사이에 벽돌을 모두 쌓는다.(9단계 참조) 수평규준실과 수준기로 벽돌의 수평을 확인한다. 벽돌 사이에 있는 모르타르의 높이가 10mm 인지 확인한다.

튼튼한 벽
벽돌 두 줄로 쌓은 벽은 뒤에 있는 흙의 압력을 버틸 만큼 강하다.

3 콘크리트에 틈이 안 생기도록 나무 블록으로 누른다. 콘크리트가 마를 때까지 며칠 기다린다. 핀과 팽팽한 줄로 벽의 길이와 모서리를 표시한다.

4 벽돌을 서로 붙여주는 모르타르를 섞는다. 부드러운 모래와 시멘트를 4대 1로 혼합하는 것이 이상적이다. 각 벽돌의 끝에 모르타르를 바르고 벽에 놓는다.

5 첫 줄의 벽돌이 놓일 높이에 수평규준실을 맨다. 10mm 정도 모르타르를 바른다. 한쪽 끝에 모르타르를 바른 벽돌을 그 위에 하나씩 올리고 두드린다. 벽돌이 수평인지 확인한다.

6 첫 줄이 끝나면 첫 줄 뒤에 벽돌을 세로로 놓는다. 다음으로 벽돌 하나를 아래 두 벽돌에 걸치게 놓는다. 엇갈린 모양의 모서리가 만들어지고 두 번째 줄이 시작된다.

9 뒤쪽의 흙을 접하는 벽에서는 습기가 빠져나가야 한다. 두 번째 층의 벽돌 양 줄에 1m 간격으로 배수구멍을 삽입한다.

10 월타이로 외장 벽돌과 배킹 벽돌을 안정적으로 이어준다. 월타이는 높은 벽에서 특히 중요하다. 벽을 따라 약 1m 간격으로 월타이를 놓는다.

11 줄이 약간 어긋나면 둥근 톱이나 벽돌 끌로 벽돌을 자른다. 눈에 띌 정도가 아니면 괜찮다.

12 튀어나온 모르타르는 제거하고 벽이 깨끗한지 확인한다. 벽을 하루 안에 완성할 수 없으면 방수포 등으로 덮어둔다.

마감하기

벽의 맨 윗부분을 마감할 때는 벽의 윗면이 어떻게 보일지 생각한다. 덩굴식물이 넘어올까, 아니면 뒤에 하드스케이프가 있을까? 외관뿐 아니라 비, 추위, 잡초 등에 노출되어 벽에서 가장 약한 부분이라는 점을 유념한다. 오른쪽 사진처럼 상단에 벽돌을 놓을 수도 있고, 돌이나 포장용 석판을 벽에서 돌출되게 올리면 물이 벽으로 흐르지 않고 아래로 떨어진다.

1 같은 모르타르를 같은 두께로 깔고 벽의 양 끝에 벽돌 몇 개를 놓는다. 양 끝에 수평규준실을 연결하고 벽돌을 계속 올린다. 수준기로 수평과 수직 정렬을 확인한다. 벽돌을 제자리에 다져서 굳힌다.

2 벽돌 사이의 모르타르가 균일한 두께인지 확인한다. 그래야 외관이 깔끔하고 벽돌을 놓을 공간이 남거나 모자라지 않는다. 줄눈 흙손과 여분의 모르타르로 줄눈의 틈새를 메운다.

3 벽돌 조인터로 모르타르를 매끄럽게 다듬는다. 벽에 덮개를 덮고 24시간 동안 모르타르를 굳힌다. 모르타르가 굳으면 철제 브러시로 벽을 깨끗이 털어낸다.

데크 설치하기

데크는 어느 곳에나 설치할 수 있고 대부분의 정원 스타일에 잘 어우러진다. 데크는 경재나 연재로도 짓는데, 가장 흔하게 쓰는 것은 합성 목재이다. 목재를 사용한다면 책임감 있게 관리되는 공급원에서 조달되는지 확인한다. 대형 및 지상 구조물에 대한 건축 규정과 설계 요구 사항도 확인한다.

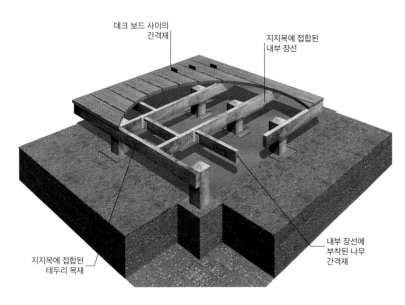

데크 보드 사이의 간격재

지지목에 접합된 내부 장선

지지목에 접합된 테두리 목재

내부 장선에 부착된 나무 간격재

준비물

- 나무못과 줄
- 건축용 직각자
- 지오멤브레인
- 줄자
- 삽
- 경골재
- 금속 기둥

- 75×75mm 지지목
- 말뚝 타설용 콘크리트
- 수준기
- 100×50mm 각목
- 드릴과 라우터
- 아연도금 볼트, 워셔, 나사, 못

- 톱과 망치
- 데크 보드
- 끌, 나무 간격재

🕐 2일

지지목 세우기

1 나무못과 줄로 사각형 데크를 표시한다. 직각자를 이용해 모서리가 90˚인지 확인한다. 잔디를 매우 짧게 깎거나 잔디를 걷어내어 정원의 다른 곳에 사용한다.

2 지오멤브레인을 깔고 이어지는 부위는 45cm가 겹치게 한다. 네 모서리의 지지목뿐 아니라 각 면에 지지목이 추가로 필요하다. 1.2m 정도 떨어진 곳에 나무못을 박아 추가 지지목의 위치를 표시한다.

데크 틀 제작하기

5 데크 틀을 제작하기 전에 24시간 동안 콘크리트가 굳도록 기다린다. 테두리 목재를 길이대로 자른다. 모서리 기둥에 딱 맞아야 한다. 미리 드릴로 볼트 구멍을 뚫고 라우터로 구멍 위쪽을 넓힌다.

6 첫 번째 테두리 목재를 기둥에 대는데, 이때 다른 사람 도움이 필요할 것이다. 목재가 연결되는 지지목에 볼트 구멍을 표시하고 드릴로 뚫는다. 워셔와 볼트를 넣고 조인다. 너무 세지 않게 조여서 약간 움직일 여지를 남긴다.

틀 내부 제작과 데크 올리기

9 내부 장선이 있어야 데크가 튼튼하다. 경간이 가장 짧은 쪽으로, 40cm 간격으로 장선을 설치한다. 여분의 지지목으로 장선을 지지한다.(안에 콘크리트를 타설할 때는 멤브레인을 자른다.)

10 모든 장선을 지지목과 볼트로 연결하고, 나무 간격재를 1.2m 간격으로 삽입하여 장선을 단단히 고정한다. 장선과 간격재를 못이나 나사로 고정하거나 장선걸이를 사용한다.(261쪽 설명 참조)

11 데크 보드를 틀 위에 올리면 장선과는 직각이 된다. 각 모서리에서 보드를 약간 나오게 한 뒤 처마돌림에 맞게 자른다. 장선과 보드를 잇는 나사는 장선 가운데 박혀야 한다.

12 데크 보드에 미리 구멍을 뚫은 다음, 부식 방지 데크 나사못이나 접시머리 스크류 두 개로 보드를 장선에 접합한다. 나머지 보드를 모두 크기에 맞게 잘라 장선에 나사로 고정한다.

3 말뚝 구멍을 가로세로 30cm, 깊이 38cm로 파고, 바닥에 경골재를 8cm 채운다. 금속 기둥으로 바닥을 단단히 다진 후, 지지목을 넣고 경골재를 더 채워서 똑바로 세운다.

4 구멍에 물을 채워 경골재를 적시고 물이 빠지게 한다. 말뚝 타설용 콘크리트를 붓는다. 수준기로 지지목이 수직인지 확인하고 조정한다.

장선걸이

데크를 바닥에 설치한다면 나사나 못으로 틀을 고정할 수 있다. 그런데 데크를 높이 설치하거나 장선이 벽에 맞닿는 경우 튼튼하게 지지해줄 장치가 필요하다. 아연도금 연강으로 만든 장선걸이는 장선에 못이나 볼트를 박은 다음 테두리 목재에 접합한다. 더 강한 철로 만든 장선걸이는 벽에 모르타르로 접합한다. 우선 긴 나무를 벽에 앵커볼트로 체결한 다음, 그 나무에 붙은 장선은 장선걸이에 걸면 쉽게 접합된다.

목재와 목재를 연결한 장선걸이

벽에 모르타르로 박힌 장선걸이

7 테두리 목재를 제자리로 올리고 수준기로 수평인지 확인한다. 목재와 지지목이 만나는 자리를 목재에 표시하고 드릴로 구멍을 뚫는다. 6단계처럼 볼트와 와셔를 넣고 조인다.

8 모든 테두리 목재를 같은 방식으로 고정하고 모서리를 깔끔하게 접합한다. 모든 중간 지지목에 테두리 목재를 볼트로 고정해서 틀을 완성한다. 지지목에서 틀보다 높은 부분은 자른다.

13 끌을 지레로 사용하여 데크 보드를 제자리에 놓는다. 얇은 플라스틱이나 나무 조각으로 보드 사이에 5mm씩 간격을 둔다. 간격이 있어야 더울 때 보드가 팽창하고 빗물이 잘 빠진다.

14 데크의 가장자리에 처마돌림을 덮으면 깔끔한 마감이 된다. 모서리에서 만나는 부분을 정확하게 겹치게 한다. 데크를 경사지에 설치하는 경우, 처마돌림은 보기 흉한 틈새를 가려준다.

목재 처리
전처리된 데크 목재는 원래의 색 그대로 사용하거나 다양한 색상의 스테인을 칠할 수 있다. 이 데크는 요즘 애용되는 다크 브라운이다.

울타리 기둥 세우기

튼튼한 울타리는 기둥이 좌우한다. 삼나무나 압력 처리한 침엽수 등, 75×75mm 방부목을 선택해서 콘크리트 안에 굳히거나 금속 기둥 지지대 안에 넣는다. 3, 4년마다 목재 방부 처리를 해서 썩지 않게 하고, 부식된 것처럼 보이는 낡은 기둥은 교체한다.

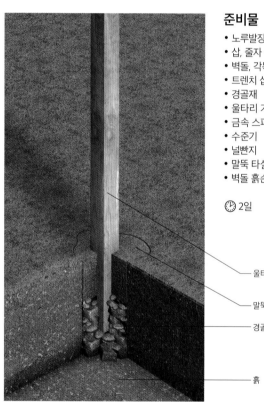

준비물

- 노루발장도리 또는 드라이버
- 삽, 줄자
- 벽돌, 각목, 밧줄
- 트렌치 삽
- 경골재
- 울타리 기둥
- 금속 스파이크 또는 철봉
- 수준기
- 널빤지
- 말뚝 타설용 콘크리트
- 벽돌 흙손

🕐 2일

울타리 기둥

말뚝 타설용 콘크리트

경골재

흙

낡은 울타리 기둥 교체하기

1 노루발장도리나 드라이버로 패널의 한쪽 끝을 빼낸다. 금속 클립과 고정 장치를 제거한다. 패널의 아래에서 흙을 깨끗이 치운 다음 나머지 한쪽 끝을 빼낸다. 패널을 지탱할 수 있게 맨 위의 고정 브래킷은 맨 마지막에 뺀다.

2 새 기둥을 세우기 전에 우선 기존의 콘크리트 기초를 제거한다. 울타리 패널을 제거하고 나서 콘크리트 덩어리가 드러나도록 각 기둥 주변의 흙을 파낸다.

기둥 구멍에 콘크리트 타설하기

7 기둥이 수직인지 알아보려면 기둥의 네 면에 수준기를 댄다. 기둥이 수직이 아니면 조정하고, 높이가 울타리 패널에 맞는지 확인한다.

8 콘크리트로 기둥을 굳히는 동안 기둥이 수직을 유지하도록 임시 버팀목을 기둥에 댄다. 임시 버팀목은 땅에 단단히 박힌 말뚝에 고정한다. 패널이 걸리는 면에는 임시 버팀목을 고정하지 않는다.

볼트 다운 지지대 고정하기

바닥재처럼 단단하고 평평한 바닥에 기둥을 세울 때는 볼트를 아래로 끼우는 아연도금 금속판을 사용한다. 이 지지대는 고정하기 쉽고, 나무 기둥을 지면에서 잡아주어 기둥이 더 오래간다.

1 기둥의 위치는 나중에 변경할 수 없으므로 위치를 정확하게 측정하고 표시한다. 바닥판을 제자리에 놓고 각 모서리의 볼트 구멍을 연필로 표시한다.

2 퍼커션 드릴이나 해머 드릴에 석재용 비트를 장착하고 볼트 구멍을 뚫는다. 드릴을 똑바로 세우고 바닥재를 관통해서 아래의 단단한 부분까지 닿는지 확인한다.

3 드릴로 뚫은 구멍에 케미컬 앵커를 주입하고 롤 볼트를 삽입한다. 다 굳으면 스패너로 볼트를 단단히 조인다. 볼트가 펼쳐지면서 구멍을 메운다.

3 기둥을 지렛대 삼아 콘크리트 덩어리를 구멍 속에서 꺼낸다. 긴 각목을 기둥에 묶고 사진처럼 벽돌 더미 위에서 평형을 잡는다. 이 간단한 지렛대를 이용하면 기둥을 꺼낼 때 힘이 덜 든다.

4 새 기둥을 같은 자리에 넣는다면 구멍을 다시 메우고 흙을 다진 후에 트렌치 삽으로 새 구멍을 판다. 구멍은 너비 30cm, 깊이 60cm 정도로 판다.

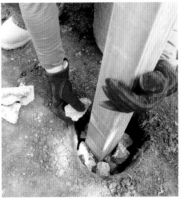

5 구멍의 바닥에 경골재를 10cm 두께로 채운다. 기둥을 바닥에 세우고 기존의 울타리 선과 수평을 이루는지 확인한 후, 옆에 경골재를 채운다.

6 금속 스파이크나 철봉으로 경골재를 쑤셔 넣고 기둥을 살살 앞뒤로 움직여 경골재가 자리 잡게 한다. 다져진 경골재로 구멍의 절반 깊이까지 채운다.

9 기둥 구멍에 물을 채우고 물이 빠질 때까지 기다린다. 이 과정은 경골재를 가라앉히고 콘크리트의 접착력을 향상시킨다. 말뚝 타설용 콘크리트를 부을 수 있는 농도로 만든다.

10 구멍에 콘크리트를 붓고 부드럽게 저어서 공기 방울을 없앤다. 비가 오면 흘러내리도록 흙손으로 기둥 주위를 비스듬하게 만든다. 48시간 후에 패널을 다시 건다. 3주 후에 버팀목을 제거한다.

금속 스파이크 지지대

땅바닥이 단단하고 흔들림이 없다면, 금속 스파이크 지지대를 사용한다. 스파이크를 제자리에 놓고 특수 포스트 드라이버 '돌리'를 사각형 컵 안에 넣는다. 나무망치로 돌리를 내리쳐서 땅에 박는다. 수준기로 스파이크의 각도를 확인해서 수직으로 들어가고 있는지 본다. 수직이 아니면 돌리의 손잡이를 돌려서 수정한다. 스파이크가 땅속에 박히면 돌리를 제거한다. 기둥을 둘러싼 사각 컵을 죔쇠로 고정해서 단단히 조인다.

새 기둥, 새 패널
새로운 울타리는 정원 식물의 멋진 배경이 된다. 색깔이 있는 페인트를 칠해도 좋고, 자연스러운 멋을 즐겨도 좋다.

자갈 화단 만들기

자갈은 차량 진입로와 통행로에만 깔지 않는다. 화단에 멀칭을 할 때 이용하면 식물이 돋보인다. 재사용할 수 있는 제초매트 위에 자갈을 두껍게 깔면 잡초가 나지 않고 토양의 수분이 유지된다.

준비물

- 가위 또는 날카로운 칼   ⏱ 1일
- 재사용할 수 있는 제초매트
- 금속 핀
- 콩자갈
- 줄자

자갈

벽돌 테두리

제초매트

흙

제초매트 깔기

1 제초매트를 화단에 맞게 자른다. 화단 면적이 넓으면 여러 조각을 이어야 한다. 잇는 경우 가장자리를 넓게 겹치고 핀으로 고정한다.

2 화분에서 키운 식물을 물통에 30분 정도 미리 담가두었다가, 화분째 제초매트 위에 놓는다. 식물의 이름을 확인하고, 각 식물이 퍼져 자랄 공간이 충분한지 가늠한다. 자갈을 깔고 나면 식물을 옮기기 어렵다.

3 가위나 날카로운 칼로 각 식물의 아래에 있는 매트를 커다란 십자 모양으로 자른다. 자른 부분을 뒤로 젖힌다. 식재 구멍을 넉넉히 파낼 수 있을 만큼 입구를 충분히 크게 만든다.

화단에 식물 심기

4 화분에서 식물을 꺼내서 각각 할당받은 식재 구멍에 심는다. 식물은 화분에 있었을 때와 같은 깊이로 땅속에 심어야 한다. 뿌리 주위로 흙을 채운다.

5 뿌리 주변을 손으로 단단히 다진 뒤, 젖혔던 매트를 식물의 바닥 주위로 끼워 넣는다. 매트가 식물의 줄기 주위로 깔끔하게 맞도록 손질한다. 물을 충분히 준다.

6 매트 위에 자갈을 두껍고 고르게 덮는다. 5-8cm 두께로 덮어주면 어디에도 바닥이 드러나지 않는다. 식물을 나중에 심어야 한다면, 식재 공간의 매트 조각을 핀으로 고정하여 잘린 부분에서 잡초가 올라오지 못하게 한다.

다양한 재료

자갈 대신 골재를 제초매트 위에 깔아도 된다. 이 밖에 식재 공간을 장식하는 재료로 점판암 조각(오른쪽), 조약돌, 재활용 분쇄 유리, 깨진 조개, 컬러 자갈 등이 있다.(재료에 관한 자세한 정보는 352-353쪽 참조)

깔끔한 관리
완성된 자갈 정원이 주는 즐거움은 크다. 자갈의 부드러운 색조와 식물이 잘 어우러져 푸르르면서 활용도 높은 비정형적 공간이 된다.

투수성 높은 통로

투수성이 있는 바닥 재료를 쓰면 빗물이 흙으로 배수된다는 큰 장점이 있다. 내구성이 높고 시공이 쉬우며 가성비까지 있는 재료라면 포장의 대체재로 충분히 매력적이다.

자갈
자세히 보면 벌집 모양 금속 틀에 자갈을 부은 것이다. 영리하게 설계된 투수성 높은 매트로, 이것을 카펫처럼 깔면 자갈이 정원이나 진입로로 튕겨가지 않는다.

셀프바인딩 자갈
자갈은 대개 모래와 돌 없이 깨끗이 씻어져 있지만, 브리던 자갈 같은 셀프바인딩 자갈은 그렇지 않다. 압축될 때 자갈, 먼지, 모래, 점토가 결합하여, 강하고 잡초가 나지 않고 투수성이 있는 바닥을 만든다.

바크
바크를 밟으면 기분 좋은 탄성이 느껴진다. 제초매트나 다진 흙 위에 바로 깔아준다. 어디에 놓든지 몇 년이 지나면 부서지기 시작하므로 새로운 바크로 교체해야 한다.

퍼걸러 설치하기

지붕이 있는 통행로를 만들기 위해 일련의 아치를 연결한 것이
퍼걸러이다. 퍼걸러의 틀은 향기로운 인동덩굴과 장미 같은
덩굴식물이 타고 오르기 좋다. 틀은 주로 목재나 금속으로
만드는데, 다음에 소개하는 것처럼 조립식 목재 틀을 사용하는
경우도 많다. 조립 방법은 대개 비슷하다.

추가적인 가로대

두 기둥에
접합된 가로대가
아치를 형성한다.

지붕 목재

수직 기둥

측면 목재

준비물

- 조립식 퍼걸러 세트
- 나무못과 줄
- 건축용 직각자
- 바이스
- 드릴
- 드라이버

- 아연도금 나사와 볼트
- 줄자, 수준기
- 망치
- 널빤지
- 스프레이 페인트
- 삽

- 경골재
- 금속 스파이크
- 레미콘

🕐 2일

아치 만들기

1 퍼걸러 세트를 열고 부속을 모두
확인한다. 퍼걸러의 레이아웃을
땅바닥에 나무못과 줄로 표시한다. 건축용
직각자로 90˚인지 확인한다. 그 영역을
포장할 계획이면 잔디는 걷어내서 다른
곳에 재사용한다.

2 부속을 바닥에 늘어놓고 연결 부위가
잘 맞는지 확인한다. 잘 안 맞으면
조정한다. 목재에 드릴 구멍이 뚫려 있지
않으면 바이스에 목재를 고정하고 나사와
볼트 구멍을 뚫는다.

아치 세우기

5 스프레이 페인트로 두 수직 기둥이 첫
번째 아치임을 표시한다. 깊이 60cm
지름 30cm의 구멍을 판다. 10cm 깊이로
경골재를 채운다.(263쪽 5단계 참조)

6 금속 스파이크나 철봉으로
경골재를 단단하게 쑤셔 넣는다.
수직 기둥을 구멍 안에 똑바로 넣고
각 기둥의 네 면이 수직인지 수준기로
확인한다.

지붕 만들기

9 두 번째 아치의 수직 기둥이
들어갈 구멍 두 개를 판다.(5, 6
단계 참조) 측면 목재를 각 수직 기둥
위에 놓아서 두 아치의 상대적인
위치를 마지막으로 확인한다.

10 수준기로 측면 목재가
수평인지, 수직 기둥이
수직인지를 확인한 후 수직 기둥을
콘크리트로 고정한다. 모든 아치를
콘크리트로 제자리에 고정할 때까지
5-10단계를 반복한다.

11 콘크리트가 굳도록 48시간을
기다린 후 모든 측면 목재를
나사와 볼트로 고정하고 접합부를
단단하게 조인다. 나무가 쪼개지지
않도록 드릴로 구멍을 미리 뚫는 것이
좋다.

12 대부분의 퍼걸러에는 가로대가 더
있어서 지붕을 튼튼하게 해준다.
이 가로대를 지지하는 수직 기둥은 없다.
수직 기둥 사이의 중간 지점에 가로대의
위치를 표시한다. 각 부속에 드릴로 미리
나사 구멍을 뚫는다.

3 수직 기둥의 꼭대기에 각 가로대의 끝을 나사나 볼트로 연결하여 아치를 만든다. 나무 밑에 보드를 받치면 흔들림 없이 부품을 중심에 맞출 수 있다.

4 각 아치의 꼭대기와 아래에서 두 기둥 사이의 거리를 측정하고 간격이 같아질 때까지 기둥을 조정한다. 기둥이 벌어지지 않게 교차해가며 못을 박는다.

7 콘크리트를 굳히는 동안 기둥이 수직을 유지하도록 임시 버팀목을 박는다.(262쪽 8단계 참조) 기둥에 콘크리트를 타설한다.(263쪽 9, 10 단계 참조)

8 두 번째 아치를 세우기 위해 측면 목재를 바닥에 놓고 간격을 계산한다. 기둥 구멍의 위치를 페인트로 표시한다. 측면 목재가 기둥과 만나는 위치에서 약간 겹치게 한다.

그늘이 드리워진 휴식처
식물로 뒤덮여 그늘진 퍼걸러 아래를 걸으면 더운 여름에 이만한 호강이 없다. 집 밖에서 재미있게 놀 수 있는 완벽한 장소다.

13 가로대를 나사와 볼트로 제자리에 고정한다. 드릴로 박을 때 가로대가 돌아가지 않도록 누가 흔들림 없이 붙잡고 있어야 한다. 틀의 모든 접합부가 단단하게 고정되었는지 확인한다.

14 가로대 위에 지붕 목재를 올린다. 구멍을 표시하고 미리 구멍을 뚫은 후, 나사로 고정한다. 콘크리트가 완전히 굳을 때까지 3주 동안 수직 기둥의 버팀목을 그대로 둔다.

덩굴식물용 와이어
퍼걸러의 수직 기둥에 와이어를 부착하면 덩굴식물이 의지하며 타고 올라갈 수 있는 지지대가 된다. 수직 기둥의 네 면에 30cm 간격으로 나사를 고정한다. 가장 아래에 있는 고리 모양의 나사에 와이어를 건 후, 같은 면의 모든 나사 고리를 통과시키고, 맨 위에 있는 고리에 와이어를 단단히 고정한다. 나머지 세 면에서도 똑같이 설치한다. 휘감는 식물은 어린 가지를 와이어에 이어주고, 곧게 뻗는 덩굴식물의 가지는 묶어준다.

덩굴식물이 타고 오를 와이어를 설치한다.

돋움 화단 만들기

나무 틀로 된 사각형 돋움 화단은 만들기 쉽다. 재단된
부품을 구매하면 일이 더 수월하다. 몇 년 동안 상하지 않는
압력 처리된 목재를 구매하거나, 나무에 방부 처리를
하고 작업을 시작한다. 화단이 잔디밭 옆에 있다면
269쪽 설명처럼 벽돌 테두리를 만든다.

준비물

- 삽
- 재단된 목재 침목
- 수준기, 줄자
- 고무망치
- 드릴, 드라이버
- 대형 코치 나사
- 돌무더기와 표토
- 바크
- 🕐 1일

재단된 목재를
사용하면 마감이
깔끔하다.

상부 목재가 바닥
위에 있다.

두꺼운 표토층

흙과 돌무더기가
섞여 있어서
배수가 잘된다.

벽돌 테두리

바닥 측정하기

1 목재를 놓을 만큼 넓게 잔디를
파낸다. 참나무처럼 썩지 않는 활엽수
대신 압력 처리된 목재를 사용하면
경제적이다. 재생 활엽수를 구매하는
것도 고려해볼 만하다.

2 목재를 제자리에 놓고 수준기로
수평인지 확인한다. 수준기가 짧으면
널빤지로 받친다. 목재의 각 변뿐 아니라
대각선도 수평인지 확인한다.

3 대각선의 길이가 같은지 확인해서
바닥이 사각형인지 본다. 완벽한
사각형 화단을 만들려면 목재상에서
미리 재단하는 것이 좋다.

화단 만들기

4 고무망치로 나무를 가볍게 두드려
이어지는 부분이 딱 맞게 한다.
수준기로 확인해서 수직과 수평을
맞춘다. 필요한 만큼 흙을 제거한다.

5 목재 끝 연결 부위의 위와 아래에
긴 코치 나사 두 개가 들어갈
구멍을 두 개 뚫는다. 나사를
체결한다.

6 맨 아래 목재의 위에 다음 목재를
올린다. 연결 부위가 엇갈리게 해서
구조물을 더 견고하게 만든다. 수준기로
수평을 확인한 후 나사를 모두 조인다.
(5단계 참조)

7 배수가 더 잘되도록 바닥에
돌무더기를 부분적으로 채우고
다년생 잡초가 없는 표토를 추가한다.
약 8cm 두께로 흙을 채워 식물을 심고,
바크나 자갈로 멀칭을 한다.

채소 재배용 돋움 화단

채소, 과일, 허브를 재배하는 데에 돋움 화단이 이상적이다. 무거운 점토에서 물이 잘 빠지게 해주고, 당근과 감자 같은 작물은 뿌리를 깊이 내릴 수 있다. 또한 기는줄기인 딸기 같은 경우 열매가 땅에 닿아 썩는 것을 막아준다. 잡초와 질병이 없는 새로운 표토를 구입해 깔아주면 작물이 더 잘 자랄 것이다.

화단 높이기
화단이 높으면 시선을 사로잡을 뿐 아니라, 식물이 잘 보인다. 또한 식물을 보살필 때 허리에 부담이 적게 간다.

벽돌 테두리 만들기

돋움 화단 가까이에는 잔디가 잘 자라지 않는다. 흙이 건조해지고 뻗어 나온 식물이 그늘을 만들기 때문이다. 그 자리에 벽돌로 테두리를 두르면 깔끔해 보이고 쉽게 잔디를 깎을 수 있다.

1 남은 벽돌로 예초기를 사용하기에 적당한 테두리의 너비를 측정하고, 기준으로 삼을 줄 하나를 설치한다. 벽돌과 2.5cm 두께의 모르타르가 들어갈 만큼의 깊이로 흙을 퍼낸다.

2 퍼낸 곳의 바닥에 모르타르를 평평하게 깔아 벽돌을 놓을 기초를 만든다. 사이에 작은 간격을 두면서 벽돌을 모르타르 위에 올린다.(이 디자인은 직선이지만 곡선 주위에도 테두리를 만들 수 있다.)

3 수준기로 벽돌이 가지런하고 잔디보다 약간 아래에 위치하는지 확인한다.(제자리에 놓으면, 벽돌 위에서 잔디를 똑바로 깎을 수 있다.) 고무망치로 벽돌을 살살 두드려 제자리에 넣는다.

4 마지막으로 벽돌 사이의 줄눈에 흙손으로 드라이 모르타르를 넣어 접합하고, 넘치는 모르타르는 뻣뻣한 비로 털어낸다.

깔끔하게 잘린 풀
벽돌 테두리를 만들면 장식이 될 뿐 아니라 예초기로 쉽게 풀을 깎을 수 있다.

연못 만들기

미리 제작된 단단한 유형이 아닌, 유연한 부틸 고무나 PVC 라이너로 연못을 설계하면 크기와 형태의 제약을 거의 받지 않고 만들 수 있다. 라이너의 필요량을 계산하려면 계획 중인 연못의 두 배 되는 깊이에 최대한의 폭과 너비를 더한다. 나무 아래에 짙은 그늘이 드리우는 곳은 피하고, 비바람이 들이치지 않고 햇볕이 잘 드는 곳에 연못을 만든다.

준비물

- 호스 파이프
- 삽
- 곡괭이
- 수준기, 널빤지
- 모래
- 연못 밑깔개
- 유연한 연못 라이너
- 방수 모르타르, 양동이, 흙손
- 날카로운 칼
- 장식용 석재
- 🕐 2일

접힌 여분의 라이너

식재 선반

장식적인 석판

방수 모르타르   연못 라이너   흙   연못 밑깔개나 카펫 밑깔개

비정형적인 연못 파기

1 호스로 연못의 윤곽을 표시한다. 날카로운 모서리가 없이 둥글고 자연스러운 형태로 만든다. 겨울에 꽁꽁 얼지 않으려면 연못의 한 부분은 깊이가 적어도 45cm가 되어야 한다.

2 땅을 파기 전에 잔디를 걷어내고 잔디는 다른 곳에 재사용한다. 비옥한 표토는 심토와 따로 보관하는데, 표토는 재사용한다. 다져진 심토를 곡괭이로 부드럽게 파쇄한다.

라이너 깔기와 가장자리 만들기

5 라이너를 보호하기 위해 연못의 측면과 바닥에 연못 밑깔개를 깐다. 땅에 돌이 많다면 우선 바닥에 모래를 5cm 깐다.

6 라이너를 구덩이 위에 놓고 바닥에 닿도록 누른다. 가장자리에 여분을 많이 남긴다. 연못의 모양에 딱 맞게 라이너에 주름을 잡는다. 연못에 빗물이 채워지게 그대로 둔다.

시냇물 만들기

시냇물이나 수로는 정원에 빛과 역동성을 더한다. 자격증이 있는 전기기사에게 전원 공급 장치 설치를 의뢰한다.

준비물

- 나무못과 줄
- 삽
- 모래
- 수준기
- 수조
- 플라스틱 라이너
- 날카로운 칼
- 벽돌
- 방수 모르타르
- 수중 펌프, 파이프, 필터
- 자갈, 왕자갈
- 금속망
- 재사용 천
- 🕐 1일

1 대지를 깨끗이 정리하고 수평을 맞춘다. 나무못과 줄로 시냇물의 길이와 너비를 표시한다. 그 영역을 15-20cm 깊이로 파낸다. 가장자리에 벽돌을 두르기 위해 시냇물 주위를 모두 얕게 파낸다.

2 바닥에 모래를 깔고 나무 막대로 다진다. 수준기로 바닥이 평평한지 확인한다. 한쪽 끝에 구멍을 파고 수조를 넣는다. 가장자리가 시내의 바닥과 수평을 이루는지 확인한다.

3 플라스틱 라이너를 바닥에 깔고 주름을 편다. 날카로운 칼로 수조 끝부분의 라이너를 손질해서 가장자리 위로 걸친다. 세 면의 라이너를 20cm 남긴다.

3 연못을 45cm 깊이로 판다. 측면을 완만하게 만든다. 가장자리에 30-45cm 너비의 선반을 만들고, 연못 가운데는 45cm로 판다.

4 막대기 위에 수준기를 올려서 연못 꼭대기 주위의 땅이 수평인지 확인한다. 연못의 측면과 바닥에서 푸석푸석한 흙과 크거나 날카로운 돌을 모두 제거한다.

7 연못에 빗물이 가득 차면 라이너를 가장자리에서 45cm 남기고 자른다. 남은 라이너는 주름을 잡아서 평평하게 놓고 가장자리는 땅에 묻는다. 가장자리에 방수 모르타르를 바른다.

8 모르타르 위에 석판을 까는데, 5cm 정도 돌출되게 놓아서 라이너를 가린다. 수직으로 돌을 세울 때는 접혀 있는 여분의 라이너 위에 놓아서 찢어짐을 방지한다.

수생식물 심기
모르타르가 굳을 때까지 일주일을 기다린 후, 연못 바닥과 가장자리의 선반에 수련을 놓는다.(수생식물에 관한 정보는 214-215쪽 참조)

4 수조의 끝을 제외하고 세 면의 가장자리에 벽돌을 놓는다. 방수 모르타르를 2cm 두께로 깔고 벽돌을 놓는다. 벽돌이 시내로 떨어지지 않는지 확인한다. 벽돌 사이에 모르타르를 바른다.

5 펌프를 수조 안에 넣는다. 펌프의 배출구에 파이프를 넣고 시내의 끝에 맞게 파이프를 자른다. 파이프가 막히지 않도록 끝에 필터를 끼운다.

6 바닥에 자갈을 평평하게 깔고 파이프 위에 덮개를 씌운다. 수조 위에 금속망을 놓고 왕자갈을 올리는데, 이때 재사용 천 위에 올리면 이물질이 물속에 떨어지는 것을 막는다.

마무리 작업
수조에 물을 채우고, 펌프에 마중물을 붓고, 제조사의 설명서에 따라 유량을 조절한다. 점판암 조각이 가장자리를 멋지게 장식했다.

식재 기법

아름다운 정원을 설계하고, 토양과 방위를 측정하고, 어떤 식물을 살지 결정했다면, 이제 집으로 가져와서 땅에 심고 구상을 실현할 때다. 식재할 때는 시간을 갖고 신중하게 일을 진행해야 보물 같은 식물이 우거질 것이다.

흙이 얼어 있거나 너무 축축하지 않을 때, 건조하고 맑은 날 식재한다. 시작하기 전에 갈퀴, 삽, 유기질 비료, 물뿌리개 등 필요한 원예 도구를 모두 한자리에 놓으면 준비가 끝났다. 흙에 잡초, 특히 해로운 다년생식물이 없는지 확인한 후 갈퀴로 비료를 흩트리고 구멍을 판다. 새로운 식물은 심기 전에 물에 흠뻑 적셔야 하는데, 가장 좋은 방법은 화분째로 물에 담그고 거품이 흩어질 때까지 그대로 두었다가 꺼내서 물이 빠지게 두는 것이다. 맨뿌리묘 상태의 교목, 장미, 관목은 가을과 초봄 사이에 심어야 한다. 화분에서 자란 식물은 아무 때나 땅에 심어도 되지만, 내한성 높은 식물은 가을에 흙이 아직 따뜻하고 촉촉할 때 심는 것이 가장 좋다. 묘목처럼 여린 식물은 춥고 습한 겨울에 살아남을 수 없으므로 봄까지 기다린다.

관목과 교목이 퍼져나갈 공간을 확보한다. 식물의 라벨을 보면 필요한 면적을 알 수 있다. 중간에 비는 곳이 생기면 언제든지 계절별 꽃을 심거나, 새를 위한 물통이나 가벼운 조형물 등 쉽게 옮길 수 있는 장식물이나 화분으로 가리면 된다.

떼잔디를 심든 잔디 씨를 뿌리든, 잔디를 심는 적기는 초봄이나 초가을이다. 새 잔디는 두어 달 동안 밟아선 안 된다. 심은 직후와 건조기에는 자주 물을 줘야 한다.

새로 구입한 식물을 처음에 잘 심어놓으면 몇 년 동안 튼튼하고 건강한 식물로 자라 계절마다 좋은 모습으로 보답할 것이다.

맨 위, 위
화분 식물은 어느 공간에나 활기를 불어넣는다.
수생식물은 야생 생물의 새로운 보금자리가 된다.

교목 식재

나무를 잘 심으면 몇 년 동안 건강하게 자란다. 화분묘는 일 년 중 거의 아무 때나 땅에 심어도 되지만, 그중에서도 잎이 떨어지기 시작하는 가을이 가장 좋다. 맨뿌리묘는 값이 싸고 가을과 겨울에 살 수 있다. 혹한의 날씨나 가뭄이 오래 지속된 때가 아니라면 집에 가져오자마자 심어야 한다.

준비물
- 양동이
- 삽, 쇠스랑
- 잘 썩은 유기물
- 대나무 막대기
- 나무 버팀목
- 망치와 못
- 간격 조정이 가능한 식물 고정끈
- 멀칭용 바크

🕐 최대 2시간

화분묘 심기

1 나무를 흠뻑 적신 후 물이 빠지게 둔다. 물을 빼는 동안 식재할 구역에서 잡초와 쓰레기를 치운다. 나무를 화분째 식재 위치에 놓고, 다른 식물이 걸리적거리는지 확인한다.

2 넓은 영역에 걸쳐 뿌리 덩어리의 깊이만큼 흙을 흩트린다. 점토나 사토에 유기물을 더한다. 구멍의 깊이는 화분보다 깊지 않아도 되며, 지름은 뿌리 덩어리의 3배가 되게 판다.

식재와 버팀목 세우기

5 화분묘는 뿌리가 서로 빽빽하게 뭉쳐 있을 수 있다. 뿌리가 뭉쳐 있으면 새로운 땅에 잘 정착하지 못하므로, 이 경우 뿌리를 부드럽게 풀어준다.

6 다른 사람이 나무를 똑바로 잡은 상태에서 파낸 흙을 구멍에 도로 채운다. 뿌리 사이와 뿌리 덩어리 주변의 흙을 손가락으로 눌러서 공기 주머니가 있는지 확인한다.

7 뿌리 주변에 틈이나 공기 주머니가 없다고 생각되면 나무를 똑바로 쥐고 발끝이 줄기를 향하게 하고 단단히 눌러서 심는다.

8 작은 나무는 괜찮지만, 윗부분이 무겁거나 큰 나무는 버팀목으로 받쳐주어야 한다. 흙에 나무 말뚝을 45˚ 각도로 박는다. 말뚝이 뿌리 덩어리에 닿지 않게 한다.

생울타리 심기

자생 수종이 혼합된 비정형적인 생울타리는 야생동물의 서식지가 될 뿐 아니라 멋진 꽃을 피우고 열매를 맺는다. 맨뿌리묘를 사서 심는다면 시장에 나오기 시작하는 가을이 가장 좋다.

필요한 자재
- 삽
- 갈퀴
- 줄자
- 줄과 막대기
- 전지가위

🕐 최대 3시간

1 식재하기 2주 전에 잡초를 제거하고, 식재할 영역을 파 엎은 후 위의 2단계처럼 유기물을 섞는다. 식재할 때 다시 잡초를 제거하고 땅이 단단해지도록 밟고 갈퀴로 고른다.

2 나무못과 줄로 식재 공간을 표시한다. 공간이 넓으면 식물을 두 줄로 심어 더 가릴 수 있게 한다. 중간에 죽는 식물이 생겨도 틈이 덜 생겨서 좋다. 두 줄 사이의 간격은 40cm로 한다.

3 식물을 80cm 간격으로 심는다. 생울타리는 간격이 매우 중요하므로 어림짐작하지 말고 줄자나 80cm가 표시된 막대기를 이용한다. 뿌리가 잘 들어갈 수 있게 구멍을 크게 판다.

3 뿌리가 쉽게 뻗을 수 있도록 구멍의 벽과 바닥에 작은 구멍을 만들어준다. 그러면 나무가 더 튼튼하게 자란다. 식수 후 나무가 가라앉지 않게 하려면 바닥의 흙을 너무 흐트러선 안 된다.

4 나무를 화분에서 꺼낸다. 구멍 안에 나무를 넣고 첫 번째로 갈라져 나온 뿌리가 지표와 수평인지 확인한다. 첫 번째 뿌리가 보이지 않으면 배양토의 맨 위를 긁어본다.

9 버팀목 높이는 나무의 3분의 1이 되어야 하며, 끝은 바람이 많이 부는 쪽을 향하게 한다. 간격 조정이 가능한 식물 고정끈을 버팀목과 줄기에 끼운다. 나무가 자라면 끈을 조정한다.

10 고정끈이 미끄러지지 않도록 고정끈을 버팀목에 못으로 박는다. 물을 흠뻑 주고 나무 주변에 제초 매트를 깔아 잡초가 나지 않게 한다.

화단에 만발한 봄
정원이 자그마하다면 작아도 매력이 넘치는 나무를 골라보자. 산사나무는 봄에 예쁜 분홍색 꽃을 피우고, 뒤이어 보기 좋은 열매가 달려서 이상적이다.

4 맨뿌리묘를 심을 때는 들에서 자라고 있을 때의 깊이만큼 심는다. 줄기에 묻은 검은 흙 얼룩으로 깊이를 알 수 있다. 장미는 약간 깊게 심어야 안정적이다. 손으로 흙을 다져 나무를 단단히 고정한다.

5 두 번째 줄의 식물은 엇갈리게 심어 최대한으로 가린다. 맨 앞줄의 끝에서부터 40cm 안쪽에 첫 번째 나무를 심는다. 심는 동안 맨뿌리묘의 뿌리가 마르지 않게 싸둔다.

6 식물 주변의 흙이 단단히 다져졌는지 확인한 후, 한 그루 한 그루 충분히 물을 준다. 키가 크거나 줄기가 긴 관목은 끝을 다듬어서 새로운 성장을 촉진시켜준다.

야생동물이 살기 좋은 울타리
여러 수종을 혼식한 생울타리는 일 년 내내 야생동물을 끌어들인다. 여름에 꽃을 피우고 가을에 열매를 맺게 하려면 강전정을 삼가고, 봄에 둥지를 트는 새들을 방해하지 말아야 한다.

관목 식재

관목은 구조를 형성하고 꽃과 잎을 즐길 수 있게 해주는 등 식재 디자인에서 중추적인 역할을 한다. 화분묘는 일 년 중 아무 때나 심을 수 있다. 땅이 얼었을 때나 지나친 우기와 건기만 피하면 된다. 식재하기 전에 라벨을 읽어보고 관목이 좋아하는 장소와 흙을 확인한다.

준비물
- 삽과 쇠스랑
- 유기물
- 양동이
- 멀칭 재료

⏱ 1시간

1 땅을 파서 잡초를 제거하고 잘 썩은 거름이나 정원용 배양토를 충분히 섞는다. 구멍은 화분보다 지름은 두 배 넓게, 깊이는 약간 더 깊게 판다.

2 식물을 화분째로 양동이 물에 담가 흠뻑 젖도록 기다린다. 그런 다음 화분에서 꺼내 빽빽하게 뭉친 뿌리를 가지런하게 편다. 화분에 있었을 때의 깊이로 심는다. 흙을 도로 덮는다.

3 관목이 똑바로 세워져 있는지, 얕고 움푹한 곳에 있어서 물을 쉽게 줄 수 있는지 확인하면서 단단히 심는다. 물을 흠뻑 준 다음, 유기물이 줄기에 닿지 않게 하면서 멀칭을 한다.

다년생식물 식재

일년생이나 연약한 테라스 식물과 달리 다년생식물은 해마다 새싹이 새로 나온다. 요즘의 품종들은 대개 봄에 시든 꽃을 잘라주고 나뭇가지를 잘라주는 것 외에 손이 많이 필요하지 않다. 심을 때 토양을 개선하고 잡초가 물과 영양분을 가져가는 것을 막는다면 새로운 땅에서 잘 정착할 것이다.

준비물
- 삽과 쇠스랑
- 유기물
- 유기질 비료
- 양동이
- 멀칭 재료

⏱ 최대 1시간

1 다년생 잡초와 큰 돌을 치우는 등 식재 구역을 정리한다. 마른 땅이나 무거운 점토에는 위의 1단계처럼 유기물을 섞는다. 사토에는 유기질 비료도 섞는다.

2 화분보다 약간 깊고 넓게 구멍을 판다. 식물을 흠뻑 적신 후 화분에서 빼낸다. 구멍에 흙을 더 넣으면서 뿌리의 윗부분이 지표와 수평이 되게 한다. 흙을 채우고 손으로 살살 다진다.

3 물을 흠뻑 준다. 멀칭을 두툼하게 해서 수분을 유지하고 잡초를 억제하며 뿌리가 서리를 맞지 않게 한다. 민달팽이와 달팽이 피해를 예방하고 싹 끝에 진딧물이 있는지 살핀다.

계절별 색상과 흥취
관목과 다년생식물이 섞여 다양한 색상과 형태,
질감을 수놓으며 계절마다 색다른 분위기를
연출한다. 공간이 넉넉할 때 다년생식물을 무리
지어 심으면 큰 효과가 난다.

여러 가지 멀칭

멀칭은 수분을 보존해주므로 식재 후 땅이 젖어 있을
때 해준다. 일부 멀칭은 토양의 구조를 개선해주며,
대부분의 멀칭은 식물의 물과 영양분을 빼앗아가는
잡초를 억제한다. 자갈 멀칭은 보기 좋고, 부엽토
멀칭은 딱정벌레 같은 유익한 곤충의 서식처가 된다.

정원 퇴비 멀칭
잘 썩은 퇴비와 거름은
흙 속에 수분과 영양분을
가둬둔다. 멀칭이 썩으면서
식물의 양분을 배출하고
토양의 구조를 개선한다.
늦겨울에 10cm 두께로
덮어야 잡초의 성장이 가장
잘 억제된다.

부엽토 멀칭
부엽토에는 영양분이 별로
없지만, 토양을 개선하고
수분을 보유하게 한다.
부엽토 멀칭은 삼림 스타일
식재에 잘 어울린다.
부엽토를 만들려면 구멍
뚫린 봉지에 낙엽을 채우고
입구를 닫은 뒤 18개월
동안 그대로 둔다.

바크 조각 멀칭
바크는 가장 흔히 쓰이는
멀칭 재료로 등급이
다양한데, 최고급 바크는
장식용이다. 천천히
썩으면서 잡초를 억제하고
수분을 보존하지만,
영양분은 별로 없다. 해마다
낡은 바크를 보충해준다.

자갈 멀칭
고산 식물이나 지중해 식물을
심은 뒤 제초매트를 깔고
자갈을 올려놓으면, 잡초도
억제하고 식재도 돋보이게
해준다. 매트를 십자
모양으로 자르고 뒤로 접어
구멍에 식물을 심은 후에
자갈을 덮는다.
(264-265쪽 참조)

덩굴식물 식재

담장, 울타리, 격자에서 다양한 덩굴식물과 울타리용 관목을
가꿀 수 있다. 수직으로 식재하는 방식은 공간이 좁은 안뜰에서
특별히 중요하다. 꽃과 잎은 허전한 담과 경계 가림막을
부드럽게 만들어줄 뿐 아니라, 새들이 둥지를 틀 공간을
제공한다. 지나치게 왕성하게 자라서 주변을 압도하는
덩굴식물은 어울리지 않는다.

준비물

- 원형 고리 나사
- 아연도금 와이어 또는 격자
- 쇠스랑, 삽
- 조대유기물
- 유기질 비료
- 대나무 막대기
- 정원용 노끈
- 모종삽
- 멀칭용 바크
- ⏱ 1-2시간

식재 준비

1 흙을 준비하기 전에 원형 고리 나사를
묶은 수평 와이어 지지대, 또는 격자를
담이나 울타리에 부착한다. 최하단의
와이어를 지면에서 50cm 위에 설치하고,
그 위로 30~45cm 간격으로 설치한다.

2 식재 구역 주변을 넓게 파낸다.
잘 썩은 거름이나 정원 퇴비 등
조대유기물을 많이 뿌려서 울타리
바닥이 건조해지지 않게 한다.

식재와 사후 관리

5 식재 구멍 뒤에 대나무 막대기를
부채꼴 모양으로 배열하고 울타리에
기댄다. 막대기를 통해 덩굴식물의
줄기가 수평 와이어까지 이어지고 넓게
퍼질 수 있다.

6 덩굴식물을 심고 구멍을 비옥한
흙으로 채운다. 식물의 줄기를
기존의 지지대에서 분리하고 엉킨 부분을
풀어준다. 약한 싹은 잘라내고 막대기에
붙일 수 있게 펼친다.

7 부드러운 정원용 노끈으로 느슨한
8자 매듭을 지어 줄기를 막대기에
묶는다. 바깥쪽 줄기를 아래 와이어에
연결하고 가운데 줄기는 위쪽 와이어에
연결한다.

8 식물을 손으로 꼭 쥐고, 모종삽으로
다져진 흙을 파서 퍼올린다. 그런 다음
식물 주위에 물이 얕게 담길 수 있게
둥그렇게 판다.

덩굴식물의 지지대

덩굴식물과 관목은 다양한 방식으로
수직면을 오르므로, 성장 속도와
오르는 방법에 따라 다른 지지대를
세워줘야 한다. 털마삭줄, 인동덩굴,
등나무 같은 식물은 덩굴을 감으며
올라가고, 클레마티스에는 휘감는
잎자루가 있다. 스위트피, 시계꽃,
포도는 덩굴손으로 감고 올라간다.

수평 와이어
덩굴식물, 벽을 기어오르는 관목,
과일나무에 가장 적합한 지지대이다.
줄기를 수평으로 자라게 하면 꽃과
열매가 더 많이 맺는다.

나무와 기타 숙주식물
덩굴장미가 과일나무를 기어오르게
하려면, 과일나무에서 1m 떨어진 곳에
덩굴장미를 심고 밧줄을 타게 만든다.
밧줄을 땅에 고정하고 가장 낮은 가지에
묶는다.

격자
나무 격자는 벽에 기대서 사용하거나
가림막으로 사용할 수 있다. 장미, 인동덩굴,
클레마티스, 시계꽃은 스스로 잘
기어올라가지만 묶어주는 것도 도움이 된다.

3 척박한 토양에는 유기질 비료를 제조사의 설명서에 따라 뿌린다. 식재하기 몇 시간 전에 덩굴식물에 물을 흠뻑 주거나 화분째로 물통에 담근다.

4 울타리에서 45cm 떨어진 곳에 뿌리 덩어리 지름의 두 배 크기로 구멍을 판다. 뿌리의 위치가 본래 화분에 있을 때와 같은지 확인한다. 단, 클레마티스는 10cm 더 깊게 심어야 한다.

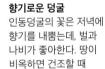

9 물을 흠뻑 준 다음 바크로 멀칭을 한다. 바크는 잡초를 방지하고 수분을 유지하며, 클레마티스의 경우 뿌리를 시원하게 만들어준다. 멀칭이 줄기에 닿지 않게 주의한다.

향기로운 덩굴
인동덩굴의 꽃은 저녁에 향기를 내뿜는데, 벌과 나비가 좋아한다. 땅이 비옥하면 건조할 때 발생하는 흰곰팡이병이 생기지 않는다.

오벨리스크
스위트피, 나팔꽃, 적화강낭콩 같은 일년생 덩굴식물이나, 큰 꽃을 피우는 클레마티스, 털마삭줄, 덩굴장미의 지지대로 이상적이다.

지지대가 필요 없는 덩굴식물
담쟁이덩굴 같은 식물은 벽에 달라붙는 덩굴손이 있어서 지지대가 필요 없다. 담쟁이와 등수국은 줄기에서 뿌리가 나와 다른 데 달라붙는다. 처음에는 약간 지지해주는 것이 좋다.

화분에 심는 덩굴식물
큰 화분, 특히 유약을 바른 세라믹 화분이나 반으로 가른 오크통에 덩굴식물을 심어 벽, 울타리, 가림막을 뒤덮을 수 있다. 격자 지지대가 내장된 화분도 있고, 오른쪽 사진처럼 손수 격자를 넣을 수도 있다. 클레마티스알피나, 클레마티스 마크로페탈라 같은 중소형 품종뿐 아니라, 에크레모카르푸스 스카베르와 나팔꽃 같은 일년생 덩굴식물도 심을 수 있다.

잔디 식재

새로운 잔디를 깔거나 잔디 씨를 뿌리기에 가장 좋은 때는 초가을이나 봄이다. 가장자리에 15cm 여백을 두고 땅을 판다. 무거운 점토와 축축한 흙의 경우 표토에 모래를 많이 섞어서 배수를 개선한다. 물이 잘 빠지는 토양에는 8-10cm 두께로 조대유기물을 섞어 넣어서 수분과 영양분을 보존한다.

준비물

- 삽, 쇠스랑
- 갈퀴, 괭이
- 유기질 비료
- 원예 모래가 섞인 표토
- 널빤지

- 빗자루
- 호스
- 잔디용 테두리 삽이나 각삽

🕐 1일

토양 준비

1 잔디를 깔 구역을 파서 큰 돌과 다년생 잡초를 제거하고, 겉흙을 부숴서 고운 부스러기로 만든다. 갈퀴질을 한 다음 뒤꿈치에 무게 중심을 두고 땅을 밟는다.

2 발로 밟은 후 움푹 파인 곳이 없도록 갈퀴로 땅을 고른다. 잡초의 싹이 날 때까지 5주 동안 그대로 둔 다음, 괭이로 잡초를 제거한다. 갈퀴로 수평을 고르면서 유기질 비료를 뿌린다.

잔디 깔기

3 유기질 비료를 뿌리고 며칠 후에 잔디를 배달시킨다. 잔디를 조심스럽게 풀어서 전체 조각을 내려놓고 가장자리부터 깔기 시작한다. 체중을 분산시키기 위해 널빤지 위에 선다. 갈퀴로 잔디를 누른다.

4 잔디가 서로 붙어서 깔리도록 잔디의 가장자리를 맞대고 들어 올려서 눌렀을 때 거의 겹치게 한다. 그러면 줄어드는 것을 방지할 수 있다. 갈퀴로 다시 단단하게 누른다.

마무리와 모양 만들기

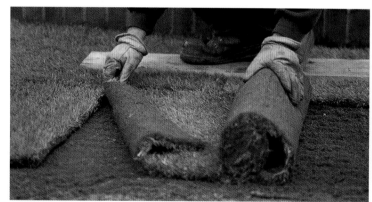  

5 벽돌 쌓기처럼 연결부가 서로 엇갈리게 하면서 다음 줄의 잔디를 계속 깐다. 그러면 구조가 더 튼튼해진다. 자를 때는 낡은 칼을 사용하고, 가장자리에는 작은 조각을 깔지 않도록 한다.

6 이어진 잔디 조각이 함께 자라고 뿌리를 단단히 내리도록 고운 표토와 원예용 모래를 솔질해서 사이에 넣는다. 뻣뻣한 빗자루로 맨 위를 쓸어 납작해진 잔디는 들어 올린다.

7 가물 때는 잔디가 줄어들 수 있으므로 물을 많이 준다. 잔디가 뿌리를 내렸을 때 가장자리의 모양을 잡아준다. 호스로 곡선을 만들고 잔디용 테두리 삽이나 각삽으로 자른다.

잡초 제거

잔디를 까는 동안 다년생 잡초가 뿌리를 내리곤 한다. 특히 로제트형으로 자라는 민들레와 엉겅퀴는 잔디를 압도한다. 낡은 부엌칼, 쌍지창, 예초기로 잡초를 뿌리까지 모두 제거한다.

녹색 카펫
잘 관리된 잔디의 벨벳 같은 녹색은 화단의 꽃을 돋보이게 한다. 잔디는 정원에 공간감을 주고 한겨울에도 색채를 띤다.

잔디 씨 뿌리기

잔디 심을 구역이 넓을 때는 씨를 뿌리는 것이 가장 비용이 적게 든다. 잔디를 잘 사용할 수 있으려면 약 1년이 걸리지만, 한 달만 있어도 파릇파릇한 싹이 올라와서 보기는 좋다. 기존의 잔디밭에서 일부 잔디가 죽은 경우도 혼합 잔디 씨앗을 파종해 보수할 수 있다.

1 가족이 사용할 내구성이 강한 잔디나 관상용 고급 잔디 등 잔디밭의 조건과 용도에 맞는 혼합 씨앗을 선택한다. 포장의 설명서에 따라 1제곱미터당 필요한 씨앗의 무게를 잰다. 종이컵에 붓고 그 양을 종이컵에 표시한다.

2 최소한 5주 전에 땅을 파고, 다지고, 평평하게 고르고, 갈퀴질을 한다.(280쪽 참조) 파종하기 며칠 전에 잡초를 제거하고 유기질 비료를 위에 뿌린다. 갈퀴로 땅을 고르고 돌을 제거한다.

3 토양이 따뜻하고 축축한 초가을이나, 식물이 활발하게 자라기 시작하는 봄에 씨를 뿌린다. 막대기로 1제곱미터를 표시하고, 표시해놓은 종이컵으로 씨앗의 양을 측정한다.

4 씨앗의 반을 한 방향으로 뿌린 다음, 남은 반은 그 방향의 수직 방향으로 뿌린다. 틀을 벗어나지 않도록 한다. 틀을 옆으로 이동시키고 이 과정을 반복한다. 참고로 씨앗 한 줌이 대충 30g이다.

5 흙이 씨를 덮을 때까지 가볍게 갈퀴질한다. 그물을 이용해 새가 잔디 씨를 먹지 못하게 막는다. 14일 이내에 싹이 나올 것이다. 잔디가 5cm 자라면 잔디 깎기의 날을 높게 설정해서 자른다.

초원을 모방한 식재

정원을 가진 사람들의 위시리스트에는 초원을 연상시키는 자연스러운 식재가 다섯 손가락 안에 들 것이다. 이는 화단과
풀밭을 합친 것처럼 여러 가지 식물과 다양한 식재 밀도와 기법을 사용하여 자연의 분위기를 연출하는 식물 군락이다.
이런 식재의 인기는 야생 생물의 서식지로서 정원의 중요성이 주목받고, 외부 세계를 벗어나 시각적 · 물리적 탈출구를
원하는 요구가 늘어나고 있음을 드러낸다.

'초원' 같은 분위기 만들기

초원처럼 보이게 만드는 방법은 다양하고, 저마다
다소 다른 모습을 보여준다. 가장 간단한 방법은 잔디
깎는 것을 멈추고 길게 자라게 두는 것이다. 이런
'초원'의 구성 식물은 대부분 풀이라서, 풀이
무성해지지 않게 하려면(283쪽 참조) 제라늄
프라텐세, 불란서국화 같은 야생화를 심는다.

가장 빠른 방법은 잘 고른 토양에 특수하게 배합된
씨앗을 뿌리는 것이다. 여러 가지 혼합 씨앗을 사용할
수 있는데, 대부분은 빠르게 자라는 야생화와 유입된
외래종을 섞는다. 대개 씨앗은 해마다 다시 뿌려야
한다.

'새로운 여러해살이풀 심기 운동'을 일으킨 유럽
디자이너들이 옹호하는 다년생 식재 디자인은 엄선된
여러해살이를 무리 지어 심어 매해 세련된 모습을
계속 보여준다.

잔디를 깎지 않은 초원
초원의 분위기를 조성하는 가장 쉬운
방법은 잔디가 길게 자라게 두는 것이다.
통로는 깎아서 대비되게 한다.

빠져드는 매력 왼쪽
초원을 모방한 식재 사이의 통로로 들어가야
온전하게 감상할 수 있다. 천연 목재 데크가 잘
어울린다.

여러해살이의 극치 위
에키나시아 등 무리 지어 심은 초본 식물이 해마다
만발하여 새로운 여러해살이풀 심기 운동의 특징을
보여준다.

초원 식재의 이점

아주 단순한 형태로 만들더라도 초원 같은 정원은 많은 매력이 있다. 잔디를 덜 깎는다는 건 일이 준다는 뜻이다. 긴 풀과 잔디밭에 핀 꽃은 물과 비료를 주거나 지지대를 받쳐줄 필요가 없다. 초원 같은 식재는 정원의 다른 부분과 대비를 이루어 공간을 나누는 효과를 내고, 풀이 깎인 길과 가장자리는 이 효과를 강화한다. 식물은 곤충에게 새로운 서식처를 제공하고, 정원을 찾아온 곤충은 꽃가루를 나르고 해충을 잡아먹으며 정원 전체에 도움을 준다.

일년생 야생화 혼합 씨앗을 이용하면 적은 비용과 노력으로 화려한 장관을 이룰 수 있다. 싹이 나면 돌봐주긴 해야 하지만, 훨씬 적은 노력으로 다년초 화단만큼 다채롭게 만들 수 있다. 다년생 초원은 조성하기까지는 일이 더 많지만, 대개 스스로 잘 자란다. 또 야생동물을 유인하는 멋진 줄기와 시든 꽃송이를 겨울까지 즐길 수 있다.

5성급 곤충 호텔
초원 식물을 벤 뒤 곤충 호텔을 설치하면 겨울을 나는 곤충들이 서식할 수 있다. 이는 어린이의 마음을 사로잡기도 한다.

꽃가루 매개자가 살기 좋은 목초지
벌통은 인석이 없으면서 햇볕이 잘 들고 비바람이 치지 않는 정원 구석에 설치하는 것이 가장 좋다. 풀과 야생화가 자유롭게 자라기에 완벽한 장소다.

야생화 초지의 성공 비법

반기생 식물인 옐로 래틀의 씨를 가을에 야생화 초원에 뿌리면 풀이 무성해지지 않고, 어린 야생화가 풀밭에 자리를 잡을 수 있다. 수선화와 카마시아 같은 구근도 심을 수 있다. 다양한 야생화가 담긴 특별 야생화 잔디를 이용할 수도 있다.

봄이나 가을에 갈퀴질해서 잘 고른 땅에 일년생 야생화 혼합 씨앗을 뿌린다. 씨앗에 마른 모래를 섞으면 씨앗이 고르게 퍼지면서 뿌려진다. 이후 땅을 다지고 물을 준다. 그물을 쳐서 새들이 씨를 먹지 못하게 한다.

다년생 초원은 초본 화단과 비슷한데, 화분에서 자란 다년생식물을 잘 갈아놓은 땅에 심는다. 각 식물을 다양한 형태로 넓게 무리 짓거나 줄을 맞추어 심는다. 앞뒤가 구분되지 않는 3차원의 식물 카펫이 펼쳐진다.

한데 어우러진 아름다움
일년생 야생화 혼합 씨앗에는 종종 기르기 쉬운 외래종이 섞여 있어서 풍성한 아름다움을 오래 즐길 수 있다.

정원 관리와 유지

정원 조성은 시공과 식재가 완료되었다고 해서 끝난 것이 아니다. 관리가 별로 필요하지 않은 정원이라도 식물을 가꾸고 흙을 다시 채워야 식물이 잘 자란다. 매주 정기적으로 해야 하는 일도 있지만, 대부분의 일은 1년에 한두 번만 해주면 된다.

뿌리 과습 방지
회양목처럼 뿌리가 얕은 식물은 물을 자주 주면 배양토의 코팅 물질이 해질 수 있다. 물이 서서히 분산되도록 큰 그릇이나 타일을 타고 물이 흐르게 하면 문제가 줄어든다.

언제 어떻게 물을 줄까

정원이 어디에 있든지 물을 주는 일은 반드시 해야 한다. 기후가 계속 변화하고 있으므로 물을 최대한 아끼는 지혜를 발휘해보자. 일부 채소와 화단 식물, 화분 식물은 여름에 정기적으로 물을 줘야 한다. 관목, 나무, 다년생식물은 심을 때와 첫 한두 해의 가물 때, 또는 잘 정착할 때까지 물을 신경 써서 준다. 잔디가 아무리 노랗게 변하더라도, 한번 조성된 잔디밭은 물을 주지 않아도 된다. 가뭄이 지나면 결국 회복할 것이다.

물을 주어야 한다면 증발량이 최소화되도록 아침이나 저녁에 선선할 때 주며, 특정 식물에 물을 줄 때 흙 가까이에서 주고 위에서 뿌리지 않는다. 바크나 사용한 버섯 배지 등으로 멀칭을 해주면 수분을 가둬두고 잡초의 성장을 억제한다. 물을 자주 조금씩 주는 것보다 긴 간격으로 흠뻑 주는 것이 좋다. 물이 흙 속으로 잘 들어가서 뿌리가 깊게 내릴 수 있기 때문이다.

쉽게 물 주는 방법

시간이 없거나 정원이 매우 넓다면 물 주는 비법이 필요하다. 정원에서 모은 빗물, 목욕물이나 설거지물 같은 물을 재사용할 수도 있다. 단, 향이 진한 제품이 들어간 물은 사용하지 않는다. 자동 관개 장치도 매우 효율적이므로 적절하게 조절하면 물을 아낄 수 있다.

구멍 뚫린 호스
정원의 수전이나 빗물통에 연결된 호스에 구멍을 뚫었다. 잎이 많은 작물이나 새로 식재한 화단 사이에 호스를 두어 필요한 곳에 물을 직접 공급한다.

시간에 맞춰 물주기
며칠 이상 집을 비우거나 너무 바빠서 테라스의 화분에 정기적으로 물을 줄 수 없다면, 타이머가 장착된 자동 관개 장치를 설치하는 것이 좋다.

빗물통
물이 나오는 꼭지에 물뿌리개를 편하게 대기 위해 빗물통을 높이 올려놓았다. 빗물통은 수돗물을 덜 사용할 수 있는 간편한 방식이다. 용량을 늘리려면 연결 장치를 이용해 대용량 물탱크와 연결한다.

시든 꽃을 따주어야 새로운 꽃이 잘 핀다.

데드헤딩의 이점

식물은 씨를 뿌리고 번식하기 위해 산다. 이를 위해서 꽃을 피우고 거의 온 힘을 쏟아서 씨를 맺는다. 꽃을 더 많이 보려면 씨를 맺기 전에 시든 꽃을 제거하는 데드헤딩을 해야 한다. 한해살이는 데드헤딩을 하지 않으면 개화를 멈추고 심지어 죽을 수도 있으므로 데드헤딩이 특히 중요하다. 소위 테라스 식물을 포함한 여러해살이도 데드헤딩을 해주면 더 오래 꽃을 피울 수 있다. 오래되고 손상된 꽃송이를 제거하면 보기도 좋고 질병 예방에도 좋다.

가지치기의 이점

모든 식물의 가지를 잘라야 하는 건 아니지만, 가지를 솎아내거나 잘라내면
좋은 점이 많다. 오래되고 지나치게 우거진 식물은 다시 활기를 찾고, 수명이 짧은
관목은 더 오래 산다. 꽃을 피우거나 열매를 맺는 수목이 늘어나며, 식물의 형태와
외관도 보기 좋아진다. 질병을 예방하는 데도 도움이 된다.

올바른 가지치기
튼튼한 눈이나 한 쌍의 눈 바로 위를 잘라야 한다.
눈과 눈 사이를 자르면 가지마름병이 생길 수
있다.

비스듬히 자르기
가지를 따라 눈이 번갈아 나올 경우, 가지를
비스듬히 잘라서 빗물이 눈에서 흘러 내려가게
한다.

가지 제거하기

나무가 다 자라면 공간에 비하여 너무 커지거나
가지를 불편한 방향으로 뻗어서 가지치기가
필요해진다. 손상되거나 병든 가지와 엇갈린
나뭇가지도 제거해야 나무가 건강하게 살 수 있다.
매우 큰 가지나 사람 키보다 높은 가지를 자른다면
자격을 갖춘 전문가에게 의뢰해야 한다. 가지를 자를
때는 군데군데 하나씩 자른다. 나무의 몸통에 가까운
가지를 한 번에 자르면, 자체 무게가 실리기 때문에
떨어지며 몸통의 나무껍질이 찢어지고 나무는 감염에
취약해진다.

1 나뭇가지를 자를 때는 두 번에 걸쳐
자른다. 한 번은 가지의 아래에서부터
반만 자르고, 한 번은 위에서부터 잘라
아래에서 자른 곳과 만나게 한다.

2 나뭇가지를 잘라내고 남은 부분을
제거할 때는 나뭇가지가 몸통과 만나는 곳의
윗면에 나무껍질이 주름진 곳부터 시작한다.
몸통에서 멀어지는 각도로 자른다.

3 이렇게 하면 절단면이 깔끔하고,
치유를 담당하는 조직이 손상되지
않는다. 나무는 곧 나무껍질을
만들어서 노출된 부위를 덮을 것이다.

비료 주기와 잡초 제거

점질 양토는 본래 비옥하지만, 모래흙은 척박한 경우가 많다.
잘 썩은 거름 같은 조대유기물을 섞으면 영양분이 공급될 뿐 아니라
점토와 사토 모두의 구조와 질이 개선된다. 식물의 성장기에는
유기질 비료를 더 주어야 한다. 잡초는 파내고 괭이질하거나,
필요하다면 천연 제초제로 방제한다. 잔디밭에는 잔디 제초제를
사용한다.

화분
꽃이 피는 화분 식물은
유기질 비료가 더
필요하다. 매주 비료를
줄 수 없다면 간편한
완효성 비료를 이용한다.

수용성 비료
액상 비료는 토마토와
같은 온실 작물뿐 아니라
테라스에 있는 화분 식물,
화단 식물에도 이상적이고
빠르게 작용한다.

제초제
가능하면 원치 않는
식물은 되도록 손으로
제거한다. 잡초가
해롭거나 넓게 퍼져
있다면 제초제를
사용한다. 좁은
영역에서는 화염
제초기가 상당히
효과적일 수 있다.

손으로 풀 뽑기
어린 잡초는 손으로
뽑는다. 건조한 날에는
괭이를 사용해서 흙 바로
아래 뿌리에서 이어지는
줄기를 잘라내거나
쇠스랑으로 뿌리를
파낸다.

식물과 자재 가이드

식물 가이드

장소에 따라 알맞은 식물을 고르는 일은 정원 디자이너에게 필수적인 기술이다. 여기에서는 그 결정에 도움이 되는 내용들을 담았다.

RHS 내한 온도 가이드

오른쪽 표는 일반적인 등급과 함께 사용되는 RHS 내한 시스템 내의 등급별 최저 온도 범위를 나타낸다. 더 많은 정보는 370쪽을 참조하라.

H1a	15℃ 이상
H1b	10~15℃
H1c	5~10℃
H2	1~5℃
H3	-5~1℃
H4	-10~-5℃
H5	-15~-10℃
H6	-20~-15℃
H7	-20℃ 이하

키 큰 나무

미모사아카시아

Acacia dealbata

은빛이 감도는 회녹색 잎이 양치식물처럼 갈라져서 나는 상록수다. 꽃은 봉오리일 때는 주황색을 띠다가 노란색으로 피어난다. 향기로운 꽃송이들이 겨울부터 봄까지 색과 향을 선사한다. 추위에 약하므로 비바람이 없고 해가 잘 드는 곳에 심는다.

↕15~30m ↔ 6~10m ❄❄ H3 ☼ 💧

유럽들단풍

Acer campestre

갈라진 모양의 잎이 있는 낙엽수로 어린잎은 빨갛고, 늦여름까지 녹색을 띠다가 가을에 노랗고 붉게 물든다. 봄에 피는 녹색 꽃에 헬리콥터 모양 열매가 달리면 아이들의 장난감이 된다. '슈베린' 품종은 생울타리로 훌륭하며, 대형 화분에서 키울 수도 있다.

↕8~25m ↔ 4m ❄❄❄ H6 ☼ ◑ 💧

노르웨이단풍 '크림슨 킹'

Acer platanoides 'Crimson King'

활기차게 뻗어나가는 낙엽수로, 크고 갈라진 모양의 검보라색 잎은 가을이 되면 주황색으로 변한다. 붉은빛이 감도는 노란 꽃은 한봄에 핀다. 성장이 빨라 울타리로도 유용하지만, 중앙에 심어 관상수로 즐기는 것이 가장 좋다.

↕25m ↔ 15m ❄❄❄ H7 ☼ ◑ 💧

참꽃단풍 '악토버 글로리'

Acer rubrum 'October Glory'

갈라진 모양을 한 광택 있는 진녹색 잎이 가을이면 선홍색으로 변한다. 봄에 붉은색 작은 꽃들이 꼿꼿한 모양으로 무리 지어 핀다. 산성 토양에서 기르면 최고의 색을 감상할 수 있다. 이 거대한 낙엽수의 아름다움을 충분히 감상하려면 널찍한 공간이 필요하다.

↕20m ↔ 10m ❄❄❄ H6 ☼ ◑ 💧

흑자작나무

Betula nigra

수피가 벗겨지는 모습이 가장 큰 매력으로, 어려서는 적갈색을 띠다가 자라면서 검은색 또는 회백색으로 변한다. 초봄에 황갈색 꽃이 피고, 윤기 도는 다이아몬드형 잎은 가을에 노랗게 물든다. 공간이 허락한다면 여러 그루를 함께 심어 효과를 극대화하라.

↕18m ↔ 12m ❄❄❄ H7 ☼ 💧 💧 💧

자크몽자작나무

Betula utilis var. *jacquemontii*

하얀 수피는 매끈하면서 벗겨지는 성질이 있는데, 겨울 정원에서 진가를 발휘한다. 끝이 뾰족한 타원형의 진녹색 잎은 가을에 노랗게 물들고, 황갈색 꽃은 초봄에 나온다. '실버 섀도'는 믿을 만한 품종으로 순백의 줄기가 눈길을 잡아끈다.

↕18m ↔ 10m ❄❄❄ H7 ☼ 💧

❋ ❋ ❋ H7-H5 추위에 강함.　❋ ❋ H4-H3 온화하거나 비바람이 없는 곳에서 잘 자람.　❋ H2 겨울 서리로부터 보호가 필요함.　❅ H1c-H1a 서리를 견디지 못함.
☼ 양지　☀ 반양지　☀ 음지　◌ 배수가 잘되는 토양　◐ 축축한 토양　● 습지　◡◠◝◠◠◠◠◠↑ 수형

아틀라스개잎갈나무 글라우카
Cedrus atlantica f. *glauca*

흰빛이 도는 청록색 잎, 가을에 나오는 원뿔 모양 열매, 은회색 수피가 이 침엽수의 매력이다. 백악질 토양에서 잘 자라고 양지바른 풀밭에 관상수로 심으면 매력적인데, 매우 크게 자라므로 아주 큰 정원이 아니라면 그다지 어울리지 않는다.

↕40m ↔10m ❋ ❋ ❋ H6 ☼ ◌ ◠-◌

계수나무
Cercidiphyllum japonicum

성장이 빠른 낙엽수로, 새잎은 구리색을 띠며 녹색을 거쳐 가을이 되면 울긋불긋 물든다. 산성 토양에서 가장 아름다운 색깔의 잎을 볼 수 있다. 낙엽을 바스러뜨리면 설탕 타는 냄새가 난다. 삼림 정원에서 관상수로 널리 심는 나무다.

↕20m ↔15m ❋ ❋ ❋ H5 ☼ ◌ ◠

유럽너도밤나무 '리베르시'
Fagus sylvatica (Atropurpurea Group) 'Riversii'

'리베르시'의 매력은 진자주색 잎인데, 햇빛을 흠뻑 받을 때 최고의 색깔을 볼 수 있다. 넓게 퍼져 자라는 낙엽수로 삼림 정원에서 생울타리로 쓰이거나, 정원의 초점 역할을 한다. 꽃개오동 '아우레아'처럼 금빛 잎사귀가 달린 나무 옆에 심으면 근사하다.

↕25m ↔15m ❋ ❋ ❋ H6 ☼ ◌ ◠

백합나무 '아우레오마르기나툼'
Liriodendron tulipifera 'Aureomarginatum'

활기차고 크게 자라는 낙엽수로, 곧게 자라 둥근 수형을 이룬다. 녹색 잎은 셋으로 갈라진 모양이 독특한데, 가장자리가 밝은 노란색이었다가 늦여름에 연두색으로 변한다. 잎은 노랗게 물든 뒤 떨어진다. 여름이면 녹색과 주황색을 띤 튤립 닮은 꽃이 핀다.

↕20m ↔8m ❋ ❋ ❋ H6 ☼ ◌ ◠

부탄잣나무
Pinus wallichiana

넓고 우아한 원뿔형으로 자라는 상록수다. 청록색 잎은 길고 늘어지는 모양이며, 수피는 어려서는 매끈하고 회색을 띠는데 점점 색이 짙어지고 갈라져 터진다. 봄에 초록색 새잎이 나고, 가을에 갈색으로 익은 열매가 장식처럼 맺힌다.

↕20~35m ↔6~12m ❋ ❋ ❋ H6 ☼ ◌ ◠

호랑잎가시나무
Quercus ilex

위풍당당하고 둥그렇게 자라는 상록수로, 어린잎은 은회색을 띠고 점점 윤기 나는 진녹색으로 변한다. 노란색 꽃이 피면 눈길을 끌고, 가을에는 작은 도토리가 달린다. 가림막이나 울타리로 유용하다. 해안가의 노지나, 얕은 백악질 토양에서도 잘 자란다.

↕25m ↔20m ❋ ❋ H4 ☼ ☀ ◌ ◠

주목
Taxus baccata

천천히 자라는 상록침엽수로, 바늘처럼 생긴 진녹색 잎이 특징이다. 교회 뜰에서 자주 볼 수 있으며, 세심하게 다듬으면 훌륭한 울타리나 토피어리가 된다. 잎이 황금색인 '스탄디스히' 품종은 그늘진 곳을 밝게 해준다. 모든 부위에 독성이 있다.

↕20m ↔10m ❋ ❋ ❋ H7 ☼ ☀ ☀ ◌ ◠

서어잎느티나무
Zelkova carpinifolia

성장이 느린 낙엽수로, 타원형을 이루며 빽빽하게 자란다. 낮은 부분부터 줄기가 뻗어나가고, 곧게 자란 줄기들이 캐노피를 형성한다. 다 자란 나무에서는 부드러운 회색 수피가 벗겨진다. 잎은 다소 거칠고 톱니 모양이며, 봄에 녹색 꽃이 조그맣게 핀다.

↕25~30m ↔20m ❋ ❋ ❋ H6 ☼ ☀ ● ◌ ◠

푸르름을 선사하는 나무

중간 키 나무

네군도단풍 '바리에가툼'
Acer negundo 'Variegatum'

단풍은 봄에 꽃을, 여름에 잎을, 가을에 물드는 것을 볼 수 있다. 네군도단풍은 성장이 빠른 낙엽수로, 잎 모양이 물푸레나무를 닮았다. '바리에가툼'은 가장자리에 흰색 무늬가 있다. 어두운색 잎이 달린 식물 옆에 심으면 보기 좋다.

↕15m ↔10m ❄ ❄ ❄ H6 ☀ ◑ ◊ ◊ ⌣

유럽서어나무 '파스티기아타'
Carpinus betulus 'Fastigiata'

듬직한 낙엽수로, 봄에 꽃이 피며 가을에는 구릿빛으로 물든다. 울타리로 제격이다. 건조한 토양에 너도밤나무 대신 심기에 좋다. '파스티기아타'는 좁고 곧게 자라는 품종으로, 자랄수록 펼쳐지는 모습이 되어 매력적인 관상수가 된다.

↕15m ↔12m ❄ ❄ ❄ H7 ☀ ◑ ◊ ◊

꽃개오동 '아우레아'
Catalpa bignonioides 'Aurea'

넓게 퍼져 자라는 아름다운 낙엽수이다. 커다랗고 멋진 하트 모양의 잎, 무리 지어 피는 대롱 모양의 꽃, 콩처럼 긴 꼬투리 때문에 인기가 높다. 눈길을 잡아끄는 관상수인데 화단에 심을 수도 있다. '아우레아'의 새잎은 구릿빛을 띠고 자라면서 노래진다.

↕12m ↔12m ❄ ❄ ❄ H6 ☀ ◊ ◊ ⌣

황금실화백
Chamaecyparis pisifera 'Filifera Aurea'

이 강인한 상록수는 침수된 땅만 아니라면 대부분의 토양에서 살아갈 수 있다. 관상수나 울타리로 적합하다. 화백나무에는 보통 가느다란 채찍 같은 새싹과 진녹색 잎이 달린다. 황금실화백도 비슷한데, 다만 잎이 노랗고 성장이 느리다.

↕12m ↔5m ❄ ❄ ❄ H7 ☀ ◊ ◊ ⌣

손수건나무
Davidia involucrata

봄에 작은 꽃을 둘러싸고 흰 포엽이 나오면 매우 눈에 띈다. 여기에서 이 우아한 나무의 이름이 유래했다. 붉은 줄기에 매달린 잎은 끝이 뾰족하며, 수피는 부드러운 회색이다. 가을이 되면 긴 줄기 끝에 골이 진 모양의 열매가 달린다. 관상수로 좋다.

↕15m ↔10m ❄ ❄ ❄ H5 ☀ ◑ ◊ ◊ ⌣

미국주엽나무 '선버스트'
Gleditsia triacanthos f. *inermis* 'Sunburst'

아름다운 낙엽수로, 잎은 양치식물처럼 섬세하고 줄기와 가지에는 가시가 있으며, 가을에는 굽은 모양의 기다란 씨앗 꼬투리가 열린다. '선버스트' 품종은 성장이 빠르고 가시가 없으며, 봄과 가을에 노란 잎을 볼 수 있다. 관상수로 훌륭하다.

↕12m ↔10m ❄ ❄ ❄ H6 ☀ ◊ ◊ ⌣

미국풍나무 '워플레스돈'
Liquidambar styraciflua 'Worplesdon'

빨강, 주황, 노랑으로 화려하게 단풍 드는 모습을 보기 위해 기르는 낙엽수로, 넓은 수형을 형성한다. 여름에 광택 나는 초록색 잎이 달리는데, 가느다란 다섯 갈래로 나뉜 것이 손을 닮았다. 줄기와 어린 가지에 코르크 같은 껍질이 있으며, 열매에 가시가 있다.

↕15m ↔15m ❄ ❄ ❄ H6 ☀ ◑ ◊ ◊ ⌣

검뽕나무
Morus nigra

둥그런 수형의 낙엽수로, 잎은 하트 모양인데 윗면은 거칠고 가장자리는 톱니 모양이다. 열매는 초록에서 빨강을 거쳐 검자줏빛으로 변해가는데, 완전히 익어야만 먹을 수 있다. 옅은 색 포장도로 옆에 심으면 열매 때문에 얼룩이 생기므로 조심하라.

↕12m ↔15m ❄ ❄ ❄ H6 ☀ ◑ ◊ ⌣

니사 시넨시스
Nyssa sinensis

예쁜 잎과 가을의 화려한 단풍을 보려고 심는 나무로, 넓은 원뿔형 수형을 지닌 낙엽수이다. 잎은 좁고 끝이 가느다란데, 가을에 주황, 빨강, 노랑으로 물들어 근사한 장식이 된다. 물가에 심으면 더욱 멋진 관상수가 된다.

↕12m ↔10m ❄ ❄ ❄ H5 ☀ ◑ ◊ ◊ ⌣

❀❀❀ H7-H5 추위에 강함.　❀❀ H4-H3 온화하거나 비바람이 없는 곳에서 잘 자람.　❀ H2 겨울 서리로부터 보호가 필요함.　❀ H1c-H1a 서리를 견디지 못함.

☼ 양지　☼ 반양지　☀ 음지　◊ 배수가 잘되는 토양　◐ 축축한 토양　● 습지　♤♡◁◊◊♧♧ 수형

참오동나무
Paulownia tomentosa

성장이 빠른 낙엽수이다. 우아하게 자라는 기질과 매력적인 큰 잎, 디기탈리스를 닮은 화려한 꽃을 보려고 키운다. 늦봄에 잎이 나기 전 연보라색 꽃이 향기롭게 피는데, 꽃잎 안쪽에 노란색과 자주색 반점이 있다. 가지치기를 해주면 잎이 더 크게 자란다.

↕12m ↔10m ❀❀❀ H5 ☼ ◊ ♡

브루어가문비나무
Picea breweriana

내한성 높고 성장이 느린 청록색의 침엽수로, 인기가 많다. 수평으로 뻗은 가지에서 길고 가느다란 잔가지가 드리워진 모습이 인상적이다. 가을에 자주색 원뿔형 열매가 장식처럼 매달린다. 방풍 효과가 높으며, 관상수로 기르기에도 좋다.

↕15m ↔4m ❀❀❀ H6 ☼ ◊ ◐ ◊

은청가문비나무 글라우카 그룹 '코스터'
Picea pungens (Glauca Group) 'Koster'

추위에 강한 상록수로 비늘로 뒤덮인 회색 수피, 날카롭고 단단한 은청색 잎이 특징이다. 공간에 여유가 있다면 멋진 관상수가 될 것이다. '코스터'의 바늘 같은 잎은 은청색이었다가 해가 갈수록 녹색으로 변한다. 연갈색의 원뿔형 열매에는 얇은 비늘이 있다.

↕15m ↔5m ❀❀❀ H7 ◊ ◐ ◊-♡

구주소나무 아우레아 그룹 '아우레아'
Pinus sylvestris (Aurea Group) 'Aurea'

목재로 쓰기 위해 많이 기르는데, 정원수로도 훌륭해서 한 그루든 무리 지어 심든 좋다. 곧추선 모양으로 자라는 침엽수로 어려서는 소용돌이 모양으로 자라고, 해가 지날수록 둥근 수형을 형성한다. '아우레아'는 겨울에 잎이 노래지는 것이 특징이다.

↕15m ↔9m ❀❀❀ H7 ☼ ◊ ◐ ♡

귀룽나무 '와테레리'
Prunus padus 'Watereri'

넓게 퍼져 자라는 낙엽수로, 한봄에 향기로운 흰색 별 모양 꽃이 피어난다. 뒤이어 작고 검은 열매가 달린다. 잎은 가을이면 노랗고 붉게 물든다. '와테레리'는 기다란 수상꽃차례가 특징으로, 봄에 장관을 연출한다.

↕15m ↔10m ❀❀❀ H6 ☼ ◊ ◐ ♡

중국흰버들
Salix alba var. *sericea*

성장이 빠른 낙엽수로, 어려서는 원뿔 모양이었다가 점차 퍼지는 수형으로 자라난다. 잎은 길고 좁으며 강렬한 은회색을 띠는데, 초봄에 노란색 꽃이 필 때 동시에 돋아난다. 바람이 불면 잎이 반짝여서 우아한 관상수가 된다.

↕15m ↔8m ❀❀❀ H6 ☼ ◊ ◊ ♡

황금능수버들
Salix x *sepulcralis* var. *chrysocoma*

넓게 퍼져 자라는 낙엽수로, 유연한 노란색 줄기는 땅까지 닿는다. 풍성하게 늘어지는 모습이 아름답다. 초봄에 좁다란 모양의 연두색 잎이 날 때 노란색 또는 녹색의 가느다란 꽃이 함께 핀다. 물가에 심으면 더욱 보기 좋다.

↕15m ↔15m ❀❀❀ H5 ☼ ◊ ◐ ♡

참죽나무 '플라밍고'
Toona sinensis 'Flamingo'

봄에 분홍색 새잎이 눈부시게 돋아나는 모습이 멋지다. 얼마 뒤 미색으로 변했다가 몇 주 지나면 녹색이 된다. 큰 잎은 깃털처럼 생겼다. 줄기는 하나 또는 여럿으로 자라며, 강렬한 기세로 위를 향해 자라 좁은 캐노피를 형성한다. 여름에 원뿔형 흰 꽃이 핀다.

↕12m ↔8m ❀❀❀ H4 ☼ ◊ ◊

초점이 되는 나무

키 작은 나무

중국복자기
Acer griseum

이 낙엽수의 가장 큰 매력은 특이한 나무껍질인데, 주황색이나 적갈색을 띠는 수피가 그야말로 종이처럼 말려 벗겨진다. 진녹색 잎은 가을이 되면 다홍색이나 진홍색으로 변한다. 작은 정원에 겨울이 찾아오면 장식성 강한 수피가 이 나무의 진가를 보여준다.

↕10m ↔10m ❋ ❋ ❋ H5 ☼ ☼ ◐ ◊ ◊ ♤

일본당단풍 '비티폴리움'
Acer japonicum 'Vitifolium'

아름다운 낙엽수로, 부채 모양의 넓은 잎은 가을에 주홍색, 노란색, 자주색으로 물든다. 잎이 '비티폴리움'이라는 포도와 닮아서 이런 품종명이 붙었다. 한봄에 작고 우아한 자주색 꽃이 무리 지어 핀다. 무성한 교목 또는 커다란 관목으로 키울 수 있다.

↕10m ↔10m ❋ ❋ ❋ H6 ☼ ☼ ◐ ◊ ◊ ♤

단풍나무 '블러드굿'
Acer palmatum 'Bloodgood'

장식성이 뛰어나고 아름다운 낙엽수로, 우거진 관목 또는 작은 교목으로 자라난다. 깊게 갈라진 진자주색 잎은 가을에 선홍색으로 변한다. 한봄에 자주색 작은 꽃이 피고, 이어서 붉은 날개가 달린 열매가 보기 좋게 열린다.

↕5m ↔5m ❋ ❋ ❋ H6 ☼ ☼ ◊ ◊ ♤

단풍나무 '오사카주키'
Acer palmatum 'Ōsakazuki'

가을 색이 매우 아름다운 단풍이다. 초록색 잎은 보통의 단풍보다 큰 편인데, 낙엽 지기 전에 새빨갛게 물든다. 늦여름에 붉은 날개가 달린 열매가 앙증맞게 열린다. 큰 화분에서도 키울 수 있는데, 흙이 마르면 안 되고 찬 바람을 막아주어야 한다.

↕6m ↔6m ❋ ❋ ❋ H6 ☼ ☼ ◊ ♤

단풍나무 '상고가쿠'
Acer palmatum 'Sango-kaku'

일 년 내내 멋진 색을 감상하고 싶을 때 탁월한 선택이다. 깊게 갈라진 잎은 봄에는 주홍빛이 돌다가 자라면서 초록이 되고, 가을에 노랗게 물든 뒤 떨어진다. 겨울에 줄기가 산호색을 띠는데 계절이 깊어갈수록 색이 짙어진다.

↕6m ↔5m ❋ ❋ ❋ H6 ☼ ☼ ◊ ♤

자귀나무
Albizia julibrissin

여름에 꽃이 피어 즐거움을 선사하는 낙엽수로, 날씬한 줄기 위에 넓은 우산 모양의 수형으로 자란다. 잎은 30cm 정도로 길고, 가늘게 갈라진 모습이 고사리를 닮았다. 여름에 화려한 분홍색 수술과 함께 솜털 같은 꽃이 핀다. 비바람과 추위를 싫어한다.

↕8m ↔8~10m ❋ ❋ H4 ☼ ◊ ♤

준베리
Amelanchier lamarckii

추위에 강한 낙엽수로 관목이나 작은 나무로 기를 수 있다. 사계절 즐거움을 선사하는데 봄에는 풍성한 흰 꽃을, 가을에는 화려한 빨간 잎을 보여준다. 타원형의 구릿빛 어린잎이 나온 뒤 별 모양 꽃이 피고, 뒤이어 열리는 작고 붉은 열매는 새들이 좋아한다.

↕10m ↔12m ❋ ❋ ❋ H7 ☼ ☼ ◊ ◊ ♤

우네도딸기나무
Arbutus unedo

얇게 벗겨지는 적갈색 수피와 윤기 나는 녹색 잎이 근사한 상록수다. 비바람이 없는 정원에서 큰 관목 또는 작은 교목으로 기를 수 있다. 초겨울에 은방울꽃 닮은 꽃이 피고, 가을에는 둥근 열매가 빨갛게 익어가는데 이 때문에 딸기나무라는 이름이 붙었다.

↕8m ↔8m ❋ ❋ ❋ H5 ☼ ◊ ♤

캐나다박태기나무 '포레스트 팬지'
Cercis canadensis 'Forest Pansy'

줄기가 여럿인 교목 또는 관목으로 자란다. 강렬한 자주색의 하트 모양 잎은 벨벳처럼 부드럽다. 잎이 돋기 전, 한봄에 진분홍색 봉오리에서 완두콩 같은 연분홍색 꽃이 피어난다. 한 그루만으로도 강렬한 인상을 줄 수 있고, 화단 뒷줄에 심어도 효과적이다.

↕10m ↔10m ❋ ❋ ❋ H5 ☼ ☼ ◊ ◊ ♤

❋❋❋ H7-H5 추위에 강함.　❋❋ H4-H3 온화하거나 비바람이 없는 곳에서 잘 자람.　❋ H2 겨울 서리로부터 보호가 필요함.　✿ H1c-H1a 서리를 견디지 못함.

☼ 양지　☼ 반양지　☼ 음지　◊ 배수가 잘되는 토양　◕ 축축한 토양　● 습지　◡◯◖◗◍◭◊◊◠◗⇞ 수형

유다박태기나무
Cercis siliquastrum

퍼지는 수형으로 무성하게 자라며 눈길을 끈다. 봄에는 분홍색 꽃이 피고 늦여름에는 자주색 기다란 꼬투리가 맺힌다. 잎은 하트 모양인데, 어린잎은 구리색이고 가을에 노랗게 물든다. 추위에 강한 편이지만 지중해가 원산지이므로 너무 추운 곳은 피하라.

↕10m ↔10m ❋❋❋ H5 ☼ ☼ ◊◕ ◡

무늬층층나무
Cornus controversa 'Variegata'

수평으로 층층이 뻗은 가지가 독특한 조형미를 보여주는 우아한 낙엽수이다. 초여름에 별 모양의 흰 꽃들이 납작한 형태로 피고, 이어서 검푸른 열매가 나온다. 무늬층층나무의 연두색 잎 가장자리에는 미색 테두리가 있어서 아름다움을 더한다.

↕8m ↔8m ❋❋❋ H5 ☼ ◊ ◡

중국산딸나무 '차이나 걸'
Cornus kousa var. *chinensis* 'China Girl'

넓은 원뿔형으로 자라는 낙엽수다. 여름에 녹색 작은 꽃이 피고, 흰색 포엽이 꽃을 둘러싼다. 그 뒤에 다육질의 열매가 맺히고, 가을에는 잎이 붉게 물든다. '차이나 걸'은 어려서부터 꽃을 잘 피우고, 크고 흰 포엽은 해가 갈수록 분홍색을 띤다.

↕7m ↔5m ❋❋❋ H6 ☼ ◐ ◕ ◭

유럽개암나무 '콘토르타'
Corylus avellana 'Contorta'

성장이 느린 작은 낙엽수 또는 관목으로, 싹이 독특한 모양으로 꼬여 자란다. 노란색 꽃이 기다랗게 피는 겨울이 가장 볼 만하다. 겨울 정원의 주인공으로 기르는 것이 이상적이며, 줄기를 잘라 실내에 장식하면 눈길을 끌 수 있다.

↕5m ↔5m ❋❋❋ H6 ☼ ☼ ◊ ◕ ◡

동방산사나무
Crataegus orientalis

산사나무는 울타리나 관상용으로 널리 쓰인다. 대개의 산사나무와 달리 동방산사나무는 가시가 거의 없다. 매력적이고 아담한 낙엽수로, 진녹색 잎은 깊게 갈라져 있다. 늦봄에 흰 꽃이 풍성하게 피고, 뒤이어 노랑이 감도는 붉은 열매가 열린다.

↕6m ↔6m ❋❋❋ H6 ☼ ◐ ◊ ◕ ◡

산사나무 '프루니아폴리아'
Crataegus persimilis 'Prunifolia'

근사한 작은 낙엽수로, 풍부한 갈색의 수피와 길고 눈에 띄는 가시가 있다. 광택이 나는 진녹색 잎이 가을이면 주황과 빨강으로 물드는 모습이 가장 큰 매력이다. 초여름에 흰 꽃들이 무리 지어 피고, 이어서 붉은 열매가 열려 오래 지속된다.

↕8m ↔10m ❋❋❋ H7 ☼ ◐ ◊ ◕ ◡

쿠프레수스 '골드크레스트'
Cupressus macrocarpa 'Goldcrest'

야생에서는 해안가에서 자란다. 건조한 환경을 잘 견디므로 노지에서 울타리나 방풍림으로 심으면 유용하다. '골드크레스트'는 가느다란 원뿔형으로 자라는 잘생긴 나무로, 황금색 잎에서 레몬 향이 난다. 어두운 배경을 등지고 자라는 모습은 매우 근사하다.

↕5m ↔2.5m ❋❋ H4 ☼ ◊◕

나무고사리
Dicksonia antarctica

외관이 화려하고 내한성이 높으며, 정원에 멋진 연출을 가능하게 한다. 봄이 되면 줄기를 형성하는 수염뿌리의 윗부분에서 연두색 잎이 기다란 아치를 그리며 펼쳐진다. 온화한 기후에서는 상록수로 자라는데, 겨울이 추운 지역이라면 짚으로 꼭대기를 덮어준다.

↕6m ↔4m ❋❋ H3 ☼ ◐ ◊ ◕ ⇞

봄을 즐겁게 해주는 나무

키 작은 나무

무화과나무 '브라운 터키'
Ficus carica 'Brown Turkey'

인기 있는 무화과 품종으로, 서늘한 기후에서도 자란다. 잎은 크고 갈라졌으며, 열매는 녹색에서 적갈색으로 익어간다. 양지바른 벽을 타고 부채꼴로 키울 수도, 지지대 없이 키울 수도 있다. 추운 곳에서는 화분에 심어 겨울에 추위 없는 자리로 옮긴다.

‍↕3m ↔ 4m ❄ ❄ H4 ☼ ◊ ◊ ⌒

워터러금사슬나무 '보시'
Laburnum x watereri 'Vossii'

우아하게 퍼져 자라는 낙엽수다. 광택 나는 녹색 잎은 타원형으로 갈라져 있고, 늦봄에 완두콩 모양의 꽃이 기다란 금빛 사슬처럼 아름답게 핀다. 작은 정원에서 인상적인 관상수가 될 수 있으며, 퍼걸러 위로 자라게 할 수도 있다. 잎과 씨앗에 독성이 있다.

↕8m ↔ 8m ❄ ❄ ❄ H5 ☼ ◊ ⌒

월계수
Laurus nobilis

원뿔형으로 자라는 상록수이다. 가죽 질감의 향기로운 진녹색 잎은 요리에 향미를 더하는 데 쓰인다. 봄에 작은 녹황색 꽃이 무리 지어 피고, 가을에는 검은색 열매가 달린다. 화분에서 기를 수 있으며, 정형적인 모양으로 다듬어주면 보기 좋다.

↕10m까지 ↔ 8m까지 ❄ ❄ H4 ☼ ◐ ◊ ◊ ⌒

사과나무 '에베레스테'
Malus 'Evereste'

말끔한 원뿔형으로 자라기 때문에 작은 정원에 심기 좋다. 봄이면 분홍색 봉오리에서 접시 모양의 흰 꽃이 풍성하게 핀다. 뒤이어 붉은빛 도는 주황색 작은 열매가 맺힌다. 초록 잎은 가을에 노랑과 주황으로 물들었다가 떨어진다.

↕7m ↔ 6m ❄ ❄ ❄ H6 ☼ ◐ ◊ ◊ ⌒

사과나무 '로열티'
Malus 'Royalty'

봄에 검붉은 봉오리에서 진분홍에서 연자주색에 이르는 꽃이 가득 피는 모습이 아름답다. 광택 나는 잎은 줄곧 검자주색을 띠다가 가을이면 빨갛게 변한다. 꽃이 지면 자주색 열매가 작게 맺히는데, 먹을 수는 없다. 관상수로 훌륭하다.

↕8m ↔ 8m ❄ ❄ ❄ H6 ☼ ◐ ◊ ◊ ⌒

올리브나무
Olea europaea

천천히 자라는 아름다운 상록수다. 잎은 회녹색이며, 여름에는 미색 작은 꽃이 향기롭게 피어난다. 초록색 올리브는 덥고 건조한 환경에서만 까맣게 익는다. 양지바르고 비바람이 없는 곳에서 잘 자란다. 큰 화분에 심는다면 겨울에는 추위 없는 곳으로 옮긴다.

↕10m ↔ 10m ❄ ❄ H4 ☼ ◊ ⌒

벚나무 '마운트 후지'
Prunus 'Mount Fuji'

작은 정원에 심으면 아주 매력적인 관상수다. 아름다운 낙엽수로, 어린잎은 연두색을 띠다가 진녹색으로 짙어져가고, 가을이 되면 주황, 빨강으로 물든 뒤 떨어진다. 한봄에 접시 모양의 희고 향기로운 꽃이 무리 지어 피어난다.

↕6m ↔ 8m ❄ ❄ ❄ H6 ◊ ◊ ⌒

티베트벚나무
Prunus serrula

겨울 정원에 흥미를 더해주는 낙엽수로, 광택 나는 적갈색 수피에 옅은 가로줄이 나 있어 눈길을 끈다. 늦봄에 새잎과 동시에 작고 흰 꽃이 피어난다. 이어서 긴 줄기에 작은 버찌가 열리는데 먹을 수는 없다. 가을에는 잎이 노랗게 물든다.

↕10m ↔ 10m ❄ ❄ ❄ H6 ☼ ◊ ◊ ⌒

벚나무 '스파이어'
Prunus 'Spire'

계절을 넘기며 오랫동안 매력을 드러내는, 곧은 수형으로 자라는 낙엽수다. 어린잎은 구리색인데 여름에 녹색으로, 가을에 주황색과 빨간색으로 변한다. 봄에 새잎을 배경으로 컵 모양 연분홍 꽃이 무리 지어 핀다. 작은 정원을 아름답게 만들어준다.

↕10m ↔ 6m ❄ ❄ ❄ H6 ☼ ◊ ◊ ⌒

❀❀❀ H7-H5 추위에 강함.   ❀❀ H4-H3 온화하거나 비바람이 없는 곳에서 잘 자람.   ❀ H2 겨울 서리로부터 보호가 필요함.   ❀ H1c-H1a 서리를 견디지 못함.
☼ 양지   ☼ 반양지   ☀ 음지   ◌ 배수가 잘되는 토양   ◖ 축축한 토양   ● 습지   ⌒⊔⊓⌇△⌂⌒⇡ 수형

춘추벚나무 '아우툼날리스 로세아'
Prunus x subhirtella 'Autumnalis Rosea'

개화 시기가 일러서 인기가 높다. 우아하게 퍼져 자라며 작은
정원에 아주 잘 맞는다. 온화한 날씨가 이어지는 겨울에 연분홍의
작은 겹꽃들이 피어난다. 잎은 좁다란 모양이며, 어린잎은 구리색을
띠고 녹색을 거쳐 가을에 황금색으로 물든다.

↕8m ↔8m ❀❀❀ H6 ☼ ◌ ● ⌒

버들잎배나무 '펜둘라'
Pyrus salicifolia 'Pendula'

아름다운 관상수로, 우아하게 늘어지는 성질이 있고 은회색 잎은
버들잎을 닮았다. 봄에 미색 꽃이 풍성하게 피고, 늦여름에 작고
단단한 배가 열리는데 먹을 수는 없다. 잔디밭에 관상수로 심으면
우아하게 늘어지는 특성이 더 돋보인다.

↕5m ↔4m ❀❀❀ H6 ☼ ◌ ⌒

미국붉나무
Rhus typhina

벨벳 질감의 붉은 열매 때문에 '사슴뿔 붉나무'라는 뜻의 영어명을
지닌 독특한 낙엽수다. 잎이 주황색, 빨간색으로 물드는 가을에
특히 보기 좋다. 암그루에는 털이 많은 진홍색 열매가 무리 지어
열린다. 단독으로 심거나 관목 화단에 심으라.

↕5m ↔6m ❀❀❀ H6 ☼ ◌ ● ⌒

유럽팥배나무 '루테센스'
Sorbus aria 'Lutescens'

예쁜 낙엽수로, 눈길을 사로잡는다. 어린잎은 은회색을 띠고 점차
회녹색으로 변해간다. 늦봄에 흰 꽃이 피고, 가을에 주황색 열매가
열린다. 단독으로 심어도 아름답고, 모아 심거나 가림막으로 심을
수도 있다.

↕10m ↔8m ❀❀❀ H6 ☼ ☼ ◌ ⌒

마가목
Sorbus commixta

대기오염에 강하므로 도시의 정원에 적합한 관상수다. 봄에 흰색
꽃이 크게 피어나고, 우아한 잎사귀는 가을이면 노란색, 빨간색,
자주색으로 물든다. '엠블리' 품종은 늦가을에 잎이 선홍색으로
변하고, 진홍색 열매가 가득 열린다.

↕10m ↔7m ❀❀❀ H6 ☼ ☼ ◌ ● ⌒

중국노각나무
Stewartia sinensis

가을 단풍을 즐기고 싶다면 이 작은 낙엽수를 선택하라. 적갈색
수피가 독특하게 벗겨지고, 한여름에 향기로운 흰 꽃이 화려하게
피어나 인기가 높다. 가을에 빨강, 주황, 노랑의 강렬한 단풍을 볼
수 있다. 산성 토양에서 잘 자란다.

↕6m ↔3m ❀❀❀ H5 ☼ ☼ ◌ ● ⌒

서양주목 '파스티기아타'
Taxus baccata 'Fastigiata'

가늘고 곧추선 모양으로 자라는 성질이 있어서 독특한 기둥
모양을 형성한다. 화단에 심으면 눈길을 끌고 악센트가 되어준다.
여름에 빨간색 작은 열매가 열린다. '파스티기아타 아우레아'는
연두색 무늬가 있는 잎이 특징이다. 모든 부위에 독성이 있다.

↕10m ↔2m ❀❀❀ H6 ☼ ☼ ● ◖ ❘

캐나다솔송나무 '아우레아'
Tsuga canadensis 'Aurea'

근사한 침엽수인 캐나다솔송나무는 품종이 매우 다양하다. 그중
'아우레아'는 품위 있고 아담하며, 아주 느리게 자란다. 어린잎은
황금색을 띠며 점차 녹색으로 짙어져간다. 반음지에서 상록수를
기르고 싶을 때 좋은 선택지다.

↕8m ↔4m ❀❀❀ H6 ☼ ☼ ◌ ● ⌒

가을 단풍을 위한 나무

키 큰 관목

두릅나무 '바리에가타'
Aralia elata 'Variegata'

우아한 낙엽관목이다. 매력적인 회녹색 잎은 가을에 노란색, 주황색, 자주색 등으로 다채롭게 물든다. 늦여름에 작고 흰 꽃이 큰 무리를 지어 핀다. '바리에가타'의 잎은 가장자리가 미색이어서 그늘진 자리에 심으면 주변이 환해진다.

↕5m ↔5m ❄❄❄ H5 ☼ ◐ ○ ◐

아자라 마이크로필라
Azara microphylla

매력적인 상록관목 또는 작은 나무로, 광택 나는 진녹색 작은 잎이 흩뿌려진 듯 퍼져 난다. 늦겨울에서 초봄에 바닐라향의 진노란색 꽃이 작게 무리 지어 피어 겨울 정원에 생기를 불러온다. 반음지에서 잘 견디며, 담장 밑에서 기르기 좋다.

↕7m ↔4m ❄❄❄ (경계) H4 ☼ ◐ ○ ◐

부들레야 알테르니폴리아 '아르겐테아'
Buddleja alternifolia 'Argentea'

활기 넘치는 낙엽관목으로, 가느다란 아치형 가지에 좁다란 회녹색 잎이 달리고, 여름에 향기 짙은 연보라색 꽃이 촘촘하게 핀다. 가지가 늘어지는 성질이 있으므로 모양을 잡아주는 것이 좋다. 꽃이 지면 가지들이 엉키지 않도록 가지치기를 하라.

↕4m ↔4m ❄❄❄ H6 ☼ ◐ ○ ◐

자주받침꽃 '아프로디테'
Calycanthus 'Aphrodite'

크게 자라는 낙엽관목이다. 여름에 최대 10cm에 이르는 자주색 꽃이 화려하게 피는데, 노란색 무늬가 있고 향기롭다. 꽃은 타원형 광택 있는 초록 잎 위에서 피고, 잎은 가을에 노랗게 물든 뒤 떨어진다. 무성하게 퍼져 자라며, 비바람이 없는 곳에서 잘 자란다.

↕4m ↔4m ❄❄❄ H5 ☼ ○ ◐

동백나무 '레너드 메셀'
Camellia reticulata 'Leonard Messel'

봄에 꽃을 피우는 귀한 상록관목으로, 비바람이 차단된 구역의 산성 토양이 적합하다. '레너드 메셀'은 봄에 분홍색의 커다란 반겹꽃이 피는데, 광택이 없는 진녹색 잎을 배경으로 생생함을 뽐낸다. 관상수로 심거나 삼림 정원에 심으면 좋다.

↕4m ↔3m ❄❄❄ H5 ☼ ◐ ○ ◐

납매 '그란디플로루스'
Chimonanthus praecox 'Grandiflorus'

낙엽관목으로, 잎이 없는 나뭇가지에 연노랑 꽃이 겨우내 매달려 있는 동안 매혹적인 향기가 공중에 떠돈다. 관상수로 기르거나, 화단의 한쪽에 심거나, 양지바른 벽을 타고 자라도록 가꾸기도 한다. 줄기를 잘라 실내장식에 이용하기도 한다.

↕4m ↔3m ❄❄❄ H5 ☼ ○ ◐

누리장나무
Clerodendrum trichotomum var. *fargesii*

구리색 어린잎이 매력인, 곧게 자라는 낙엽관목이다. 늦여름에 분홍색, 연두색 감도는 흰 봉오리에서 별 모양의 향기롭고 흰 꽃이 피어나는데 초록색 꽃받침을 달고 있다. 꽃이 지면 적갈색 받침에 둘러싸여 보석 같은 푸른 열매가 맺힌다.

↕6m ↔6m ❄❄❄ H5 ☼ ○ ◐

코르딜리네 아우스트랄리스 '레드 스타'
Cordyline australis 'Red Star'

잎 모양이 독특해 인기 높은 상록관목이다. 온화한 지역에서 추위를 피해 뜰에서 기르면 뛰어난 조형미가 눈길을 사로잡을 것이다. 서리가 내리는 지역이라면 서늘한 온실에서 월동하라. '레드 스타'의 잎은 적갈색 검처럼 생겼다.

↕3~10m ↔1~4m ❄❄ H3 ☼ ○ ◐

서양산수유
Cornus mas

산수유처럼 겨울에 꽃을 피우는 나무는 정원 디자이너에게 소중한 자산이다. 늦겨울, 잎이 돋기 전의 빈 나뭇가지에 노란색 조그만 꽃이 작은 무리를 지어 피어난다. 늦여름에 선홍색 열매가 열리며, 가을에는 잎이 붉게 물든다.

↕5m ↔5m ❄❄❄ H6 ☼ ◐ ○ ◐

❋❋❋ H7-H5 추위에 강함.　❋❋ H4-H3 온화하거나 비바람이 없는 곳에서 잘 자람.　❋ H2 겨울 서리로부터 보호가 필요함.　❄ H1c-H1a 서리를 견디지 못함.
☼ 양지　◐ 반양지　● 음지　◌ 배수가 잘되는 토양　◍ 축축한 토양　◉ 습지

막시마개암나무 '푸르푸레아'
Corylus maxima 'Purpurea'

진자주색 잎이 강렬한 낙엽수로, 정원에서 강한 인상을 남긴다. 늦겨울에 자주색의 매력적인 꽃이 피고, 가을에는 견과가 익는데 먹을 수 있다. 관상수로 기르거나 관목 정원에서 초점이 되게 기를 수 있다. 양지바른 데서 자랄 때 색깔이 가장 보기 좋다.

↕6m ↔5m ❋❋❋ H6 ☼ ◉ ◌

안개나무 '그레이스'
Cotinus 'Grace'

안개나무 중에서도 활기 넘치는 품종이며 작은 덤불로도, 여러 줄기의 키 큰 관목으로도 키울 수 있다. 여름에 잎 위로 진분홍색 큰 꽃이 무리 지어 피고, 부드러운 자주색 잎은 눈부신 주황색으로 물들었다가 잎을 떨군다. 가을의 색깔을 즐기기에 좋다.

↕6m ↔5m ❋❋❋ H5 ☼ ◉ ◍

프리기두스개야광나무 '코뉴비아'
Cotoneaster frigidus 'Cornubia'

아치형으로 자라는 커다란 반상록관목으로, 좁다란 녹색 잎은 가을이면 구리색으로 물든다. 초여름에 미색 꽃이 풍성하게 핀 뒤에 선홍색 열매가 가득 열리는데 새들에게 인기가 많다. 가지치기를 해서 외목대로 키울 수도 있다.

↕10m ↔10m ❋❋❋ H6 ☼ ◌

늦개야광나무
Cotoneaster lacteus

울창하게 자라는 상록관목으로, 가죽질의 진녹색 잎이 특징이다. 여름에 컵 모양 우윳빛 꽃이 피고, 뒤이어 짙은 빨간색 열매가 무리 지어 열려서 겨울까지 매달려 있다. 울타리나 가림막으로 심기 좋으며, 작은 나무로 키울 수도 있다.

↕4m ↔4m ❋❋❋ H6 ☼◐ ◉ ◌

꽃개병꽃나무
Dipelta floribunda

계절마다 흥미로움을 선사하는 아름다운 낙엽수다. 늦봄에 노란 무늬가 있는 연분홍색 꽃이 무리를 지어 향기롭게 피어난다. 연녹색 잎은 가을이면 노랗게 물들고, 겨울에는 수피가 벗겨지는 모습이 매력적이다. 관상수로 키우거나 관목 화단에 심는다.

↕4m ↔4m ❋❋❋ H5 ☼ ◌

에빙보리장나무 '길트 에지'
Elaeagnus x ebbingei 'Gilt Edge'

내한성 강하고 울창한 상록관목이다. 갈색 줄기는 비늘 모양이고, 윤기 나는 초록 잎의 가장자리에는 황금색 무늬가 있다. 한가을부터 늦가을 사이 작은 꽃들이 은은한 향기를 내며 피어난다. 강인하므로 특히 해안 지역에서 방풍림이나 울타리로 심기 좋다.

↕4m ↔4m ❋❋❋ H5 ☼ ◌

은엽보리수나무 '퀵실버'
Elaeagnus 'Quicksilver'

성장이 빠른 관목으로, 은색 싹과 은회색의 좁다란 잎이 어두운색 식물을 돋보이게 해준다. 꼭대기가 퍼지며 무성하게 자라는 성질이 있지만 작은 나무로도 가꿀 수 있다. 늦봄이나 여름에 은색 봉오리에서 별 모양 미색 꽃이 향기롭게 핀다.

↕4m ↔4m ❋❋❋ H5 ◉ ◌

인테르메디아풍년화 '팔리다'
Hamamelis x intermedia 'Pallida'

잘생긴 관목으로, 겨울에 맨가지에서 거미처럼 생긴 향기로운 꽃이 핀다. 품종이 다양한데, '옐레나'는 주황색의 큰 꽃과 가을에 주황과 빨강으로 물드는 잎이 특징이다. '팔리다'는 크고 향기로운 노란 꽃과 가을에 노랗게 단풍 드는 잎이 있다.

↕4m ↔4m ❋❋❋ H5 ☼◐ ◌ ◍

초점이 되는 관목

키 큰 관목

비타민나무
Hippophae rhamnoides

혹독한 환경에서도 잘 자라며, 해안가 정원에서 훌륭한 가림막이 된다. 무성하게 자라는 습성이 있지만 작은 나무로 가꿀 수도 있다. 가시 달린 줄기에는 은회색 좁다란 잎이 자란다. 암그루와 수그루를 함께 심으면 주황색 열매가 맺힌다.

↕6m ↔6m ✿ ✿ ✿ H7 ☼ ◐ ◊ ◊

나무수국 '유니크'
Hydrangea paniculata 'Unique'

나무수국은 보통 화려한 꽃을 보기 위해 심지만, 아름다운 수피나 가을 단풍을 즐기기 위한 종류도 있다. '유니크'는 한여름에서 초가을 사이 미색 큰 꽃이 핀다. 잎은 떨구기 전에 노랗게 변한다. 단독으로 심거나 관목 화단에 심으면 좋다.

↕3~7m ↔2.5m ✿ ✿ ✿ H5 ☼ ◐ ◊ ◊

유럽호랑가시나무 '실버 퀸'
Ilex aquifolium 'Silver Queen'

호랑가시나무의 잎은 대개 진녹색이지만, 흰색, 미색, 노란색 등 다양한 품종이 있다. '실버 퀸'은 곧게 자라는 상록수로, 수나무라 열매를 맺지 않는다. 자주색 줄기와 미색 테두리가 있는 넓적한 잎이 특징이다. 울타리나 가림막으로 제격이다.

↕10m ↔4m ✿ ✿ ✿ H6 ☼ ◐ ◊ ◊

이테아 일리키폴리아
Itea ilicifolia

근사한 상록관목으로, 호랑가시나무처럼 반짝이는 진녹색 잎이 있다. 늦여름에 연한 연두색의 작은 꽃들로 이루어진 기다란 꽃이 피고 저녁이면 꿀 향을 내뿜는다. 온화한 지역에서는 버팀대 없이 길러도 좋고, 노지라면 담장을 타도록 키워도 좋다.

↕3~5m ↔3m ✿ ✿ ✿ H5 ☼ ◊

두송 '히베르니카'
Juniperus communis 'Hibernica'

두송은 다양한 토양과 생장 환경, 더위와 강한 태양도 견딜 수 있으며, 가지치기가 거의 필요하지 않다. '히베르니카'는 은색 선이 있는 바늘 같은 잎이 잔뜩 모여 늘씬한 기둥을 만들며 자란다. 정형적인 정원에서 훌륭한 구조물 역할을 한다.

↕3~5m ↔30cm ✿ ✿ ✿ H7 ☼ ◊

황금왕쥐똥나무
Ligustrum ovalifolium 'Aureum'

활기 넘치는 반상록관목이다. 잎의 가장자리에 밝은 노란색 무늬가 있고, 한여름에 흰 꽃이 무리 지어 피고 나면 이어서 검은 열매가 달린다. 가지치기가 수월해서 울타리나 토피어리에 적합하다. 음지에서 잘 자라므로 그늘진 곳에 심어 구석을 밝힐 수 있다.

↕4m ↔4m ✿ ✿ ✿ H5 ☼ ◐ ◊ ◊

메디아뿔남천 '채러티'
Mahonia x media 'Charity'

매력적인 잎, 눈부신 노란색 꽃, 장식적인 열매가 있어서 뿔남천은 겨울 정원의 훌륭한 건축적 요소가 된다. '채러티'는 성장이 빠르고, 호랑가시나무처럼 잎에 가시가 달렸다. 늦가을에서 늦겨울까지 노란색 꽃이 수상꽃차례로 피어난다.

↕5m ↔4m ✿ ✿ ✿ H5 ☼ ◊ ◊

올레아리아 마크로돈타
Olearia macrodonta

생명력 넘치는 상록관목이다. 연중 그윽한 색깔을 선사하는 회녹색 잎에는 날카로운 가시가 달려 있다. 초여름에는 데이지를 닮은 향기로운 흰 꽃이 핀다. 온화한 기후에서 버팀대 없이 근사하게 기를 수 있고, 해안가 정원의 노지에 심으면 훌륭한 가림막이 된다.

↕6m ↔5m ✿ ✿ ✿ (경계)H4 ☼ ◊

프레이저홍가시나무 '레드 로빈'
Photinia x fraseri 'Red Robin'

추위에 강한 상록관목으로, 봄에 가지 끝에서 나오는 눈에 띄는 빨간 잎이 매력이다. 삼림 정원이나 관목 화단에 잘 어울리고, 울타리로 심기도 한다. '레드 로빈'은 특히 선홍색 어린잎을 볼 수 있는 소형 품종이다.

↕5m ↔5m ✿ ✿ ✿ H5 ☼ ◐ ◊ ◊

❀ ❀ ❀ H7-H5 추위에 강함.　❀ ❀ H4-H3 온화하거나 비바람이 없는 곳에서 잘 자람.　❀ H2 겨울 서리로부터 보호가 필요함.　❀ H1c-H1a 서리를 견디지 못함.
☼ 양지　☀ 반양지　☀ 음지　◊ 배수가 잘되는 토양　◑ 축축한 토양　● 습지

뉴질랜드돈나무 '실버 퀸'
Pittosporum tenuifolium 'Silver Queen'

검은 줄기에서 나온 회녹색 잎이 물결치며 빛나고, 잎의 가장자리는 미색이다. 단정하고 빽빽한 원뿔형으로 자라는 상록관목으로, 겨울에 보기 좋다. 지지대 없이 기를 수도, 추운 지역에서는 담을 타고 기를 수도 있다. 작게 키우려면 가지치기를 해준다.

↕6m까지 ↔4m ❀ ❀ H4 ☼ ◊

갈매나무 '아르겐테오바리에가타'
Rhamnus alaternus 'Argenteovariegata'

울창한 상록관목으로, 윤기 나는 회녹색 잎에는 미색 테두리가 있다. 초여름에 연두색 작은 꽃이 핀 뒤 동그랗고 빨간 열매가 맺혀 검은색으로 익어간다. 해안가 정원이나 도시 정원에서 잘 자라며, 추운 지역에서는 보호가 필요하다.

↕5m ↔4m ❀ ❀ ❀ H5 ☼ ◊

노랑철쭉
Rhododendron luteum

품격 있는 낙엽수로, 늦봄에 고깔 모양의 노란 꽃이 둥글게 무리 지어 피는데 향기가 좋다. 진녹색 잎은 가을이면 빨강, 자주, 주황으로 물들어 계절이 깊어가도록 소중한 정원 식물 역할을 한다. 산성 토양에서 잘 자란다.

↕4m ↔4m ❀ ❀ ❀ H5 ☼ ◊ ●

쉐프렐라 타이와니아나
Schefflera taiwaniana

상록의 관목 또는 작은 나무로, 광택 나는 잎은 7-11개로 갈라져 있다. 봄에 은빛을 띤 새잎이 난다. 줄기를 하나 또는 여럿으로 키울 수 있으며, 둥그런 캐노피를 형성한다. 흰색의 작은 꽃과 검은색 둥그런 열매가 열린다. 비바람을 막아주어야 한다.

↕4m ↔2.5m ❀ ❀ H4 ☼ ☀ ◑

라일락 '미시즈 에드워드 하딩'
Syringa vulgaris 'Mrs Edward Harding'

넓게 퍼져 자라는 낙엽관목으로 하트 모양의 예쁜 잎이 있으며, 가림막으로 유용하다. 봄에서 초여름에 달콤한 향을 내는 꽃이 피어난다. 라일락 품종은 500가지가 넘는데, '미시즈 에드워드 하딩'은 자주색 겹꽃이 핀다.

↕7m까지 ↔7m까지 ❀ ❀ ❀ H6 ☼ ◊

팔방위성류 '핑크 캐스케이드'
Tamarix ramosissima 'Pink Cascade'

해안가 정원의 노지에 심으면 훌륭한 가림막이 되는 낙엽관목이다. 바늘 같은 잎들이 모여 매력적인 깃털 모양의 잎을 이룬다. 가지는 아치형으로 자라며, 분홍색 작은 꽃들이 모인 기둥은 곧게 자란다. '핑크 캐스케이드'는 분홍색 꽃이 풍성하게 핀다.

↕5m ↔5m ❀ ❀ ❀ H5 ☼ ◊

트리스리낙스 캄페스트리스
Trithrinax campestris

느리게 자라는 독특하고 튼튼한 야자수이다. 청회색 잎은 끝이 뾰족하고 단단한데, 가시가 있고 섬유질로 덮인 튼튼한 줄기 위에 달린다. 가뭄에 강하므로 자갈 정원처럼 해가 잘 들고 건조한 곳이 어울린다. 가시가 날카로우니 보행로에서 멀찍이 심는다.

↕4m ↔2m ❀ ❀ H3 ☼ ◊

백당나무
Viburnum opulus

새들이 반투명의 빨간 열매를 좋아하므로 야생 생물 정원에 심으면 좋다. 여기에 가을에 붉게 물드는 잎은 보너스다. 늦봄에 피는 레이스 모자 모양의 흰 꽃도 매력적이다. 활기차게 자라는 낙엽수로, 울타리로 제격이다.

↕5m ↔4m ❀ ❀ ❀ H6 ☼ ☀ ◊ ◑

뜨겁고 건조한 지역에 적합한 관목

중간 키 관목

꽃댕강나무
Abelia x grandiflora

활기 넘치는 반상록관목으로 잎은 윤기 나는 진녹색이며, 분홍빛 도는 흰 꽃이 한여름에서 한가을까지 향기롭고 풍성하게 핀다. 단독으로 심거나, 비정형적인 울타리로 심으라. 추운 곳에서는 양지바른 담장을 타고 부채꼴로 자라도록 가꾸어주면 좋다.

↕3m ↔4m ❀ ❀ ❀ H5 ☼ ◐ ◊

공작단풍
Acer palmatum

대개의 단풍나무는 키가 작고 관목 같으며, 정원 앞줄에 심을 때 가장 보기 좋다. 또 아름다운 잎은 가을이 되면 불타오르듯 물든다. 공작단풍은 좁고 가는 이빨 같은 잎이 풍성하게 나는데, 가을에는 짙은 노란색이나 주황색으로 물든다.

↕2m ↔3m ❀ ❀ ❀ H6 ☼ ◐ ◊ ◊

식나무 '크로토니폴리아'
Aucuba japonica 'Crotonifolia'

내한성 높은 상록관목이다. 키우기 쉬우며 음지, 건조한 토양, 심지어 대기오염이 심한 곳처럼 다양한 환경에서도 잘 견딘다. '크로토니폴리아'의 잎은 크고 윤기가 나며, 노란색 반점들이 찍혀 있다. 한봄에 자주색 작은 꽃이 피고, 이어서 빨간 열매가 달린다.

↕3m ↔3m ❀ ❀ ❀ H5 ☼ ◑ ◊ ◊ ◊

다윈매자나무
Berberis darwinii

활기 넘치고 밀집하여 울창하게 자라는 상록관목으로, 가시 달린 줄기에서 윤기 도는 진녹색 잎이 난다. 봄에는 밝은 주황색 꽃들이 늘어지게 피고, 뒤이어 검푸른색 둥근 열매가 열린다. 비정형적인 울타리로 매력적이고, 묵직한 점토질에서도 잘 자란다.

↕3m ↔3m ❀ ❀ ❀ H5 ☼ ◑ ◊

줄리언매자나무
Berberis julianae

멋진 상록관목으로, 광택 나는 진녹색 잎의 가장자리에는 가시가 있어 울타리로 많이 심는다. 봄에서 초여름까지 향기로운 노란색 꽃이 무리 지어 피고, 뒤이어 달걀 모양의 검푸른 열매가 달린다. 향기를 맡을 수 있는 자리에 심는 것이 가장 좋다.

↕3m ↔3m ❀ ❀ ❀ H5 ☼ ◑ ◊

부들레야 다비디 '다트무어'
Buddleja davidii 'Dartmoor'

'다트무어'는 부들레야 다비디 중에서도 눈에 띄는 품종이다. 줄기는 아치를 이루고, 잎은 부드러운 녹색인데 밑면은 흰색이다. 늦여름에서 가을 사이 향기가 강한 보라색 꽃이 기둥처럼 뻗으며 피어난다. 나비가 좋아하며, 야생 생물 정원에 이상적이다.

↕2.5m ↔2.5m ❀ ❀ ❀ H6 ☼ ◑ ◊

부들레야 '선 골드'
Buddleja x weyeriana 'Sun Gold'

늦게 꽃을 피우는 낙엽관목으로 아주 믿음직하다. 주황색의 향기로운 꽃이 화려하게 핀다. 시든 꽃을 따주면 여름부터 첫서리 내릴 때까지 풍성하게 핀다. 다양한 꽃가루 매개자가 좋아한다. 양지바른 곳에서 잘 자라며 해마다 가지치기를 해준다.

↕3m ↔3m ❀ ❀ ❀ H6 ☼ ◊

동백나무 '밥스 틴지예'
Camellia japonica 'Bob's Tinsie'

동백나무는 우아한 상록의 꽃나무로, 산성 토양에 알맞다. 해마다 새로운 품종이 개발되어 선택의 폭이 매우 넓다. '밥스 틴지예'는 곧게 자라는 성질이 있으며, 초봄에서 늦봄까지 선명한 붉은색의 작은 꽃을 피운다. 차갑고 건조한 바람을 막아준다.

↕2m ↔1m ❀ ❀ ❀ H5 ☼ ◊ ◊

캘리포니아라일락 '콘차'
Ceanothus 'Concha'

캘리포니아라일락은 파란색, 흰색, 분홍색 꽃을 보기 위해 기른다. '콘차'는 양지바른 담장이나 울타리에 심기 좋다. 울창하게 자라는 상록관목으로, 진녹색 잎 가장자리에는 작은 톱니가 있다. 늦봄에 자주색 봉오리가 무더기로 나온 뒤 파란색 꽃이 핀다.

↕3m ↔3m ❀ ❀ H4 ☼ ◊

❀ ❀ ❀ H7-H5 추위에 강함.　❀ ❀ H4-H3 온화하거나 비바람이 없는 곳에서 잘 자람.　❀ H2 겨울 서리로부터 보호가 필요함.　❀ H1c-H1a 서리를 견디지 못함.

☼ 양지　☼ 반양지　☼ 음지　◊ 배수가 잘되는 토양　◔ 축축한 토양　● 습지

명자나무 '무어루세이'
Chaenomeles speciosa 'Moerloosei'

믿음직한 정원 관목으로, 그늘진 벽이나 울타리를 타도록 기를 수도 있다. '무어루세이'는 '애플 블로섬'이라고도 부르는데, 봄에서 초여름에 진분홍 무늬가 있는 흰 꽃이 무리 지어 피고, 이어서 향기로운 열매가 열린다. 꽃이 지면 가지치기를 해준다.

↕2.5m ↔5m ❀ ❀ ❀ H6 ☼ ☼ ◔ ◊

코이시아 데위테아나 '아즈텍 펄'
Choisya x *dewitteana* 'Aztec Pearl'

작고 우아한 품종의 상록관목이다. 가느다란 초록 잎이 있어 작은 정원이나 화분에서 키우기 알맞다. 늦봄에 분홍색 봉오리에서 향긋한 별 모양의 흰 꽃이 무리 지어 피어나며, 늦여름과 가을에 다시 개화하는데 이때는 수량이 적다.

↕2.5m ↔2.5m ❀ ❀ H4 ☼ ☼ ◔ ◊

흰말채나무 '아우레아'
Cornus alba 'Aurea'

황금빛 잎이 달린 활기 넘치는 나무로, 여름과 겨울 모두 즐길 수 있다. 여름내 넓적한 녹황색 잎이 무성하게 달리고, 늦가을에 잎이 지면 검붉은 줄기가 드러나며 멋진 풍경을 연출한다. 봄에 줄기를 3분의 1가량 잘라주면 새순이 잘 자란다.

↕3m ↔3m ❀ ❀ ❀ H7 ☼ ☼ ◔ ◊

흰말채나무 '시비리카'
Cornus alba 'Sibirica'

곧게 자라는 낙엽수로, 다홍색 줄기가 빽빽한 덤불을 이룬다. 해가 비출 때 가장 보기 좋으며, 타오르는 듯한 색깔이 칙칙한 겨울 정원을 밝혀준다. 진녹색 잎은 떨어지기 전 빨갛게 물드는데, 가을 단풍을 감상하기에 좋다.

↕3m ↔3m ❀ ❀ ❀ H7 ☼ ☼ ◊

노랑말채나무 '플라비라메아'
Cornus sericea 'Flaviramea'

양지바른 곳에 심어야 겨울에 가장 생생한 색깔을 보여준다. 늦봄에서 초여름에 흰 꽃이 피고, 가을이면 진녹색 잎이 빨강, 주황으로 물든다. '플라비라메아'는 겨울이 되면 줄기가 밝은 황록색으로 변한다.

↕2m ↔4m ❀ ❀ ❀ H7 ☼ ☼ ◊

네팔서향 '재클린 포스틸'
Daphne bholua 'Jacqueline Postill'

화단 또는 바위 정원에 적합하며, 비바람이 없는 곳이 향기로운 꽃을 즐기기에 좋다. '재클린 포스틸'은 늦겨울에 개화가 시작해 오래 지속된다. 진분홍색 꽃망울이 무리 지어 맺혔다가 흰 꽃으로 피어난다. 수분 유지를 위해 멀칭을 하라.

↕2m ↔1.5m ❀ ❀ H4 ☼ ☼ ◔ ◊ ●

에리카 아르보레아 알피나
Erica arborea var. *alpina*

촘촘하게 밀집하여 직립으로 자라는 상록관목으로, 바늘 모양의 연두색 잎이 가득하다. 봄에는 종 모양의 작고 향기로운 흰 꽃이 잔뜩 핀다. 산성 토양에서 키우는 게 가장 좋으며, 꽃이 지면 강전정을 해서 모양을 관리하고 새로운 성장을 촉진하라.

↕2m ↔90cm ❀ ❀ H4 ☼ ☼ ◊

큰꽃가침박달 '더 브라이드'
Exochorda x *macrantha* 'The Bride'

퍼져 자라는 상록관목으로, 늦봄이면 아치형 가지에 순백의 접시모양 꽃이 화려하게 피어나 아름다운 광경을 연출한다. 키보다 넓게 퍼지며 둥근 언덕처럼 자라는데, 관상수로도 적합하지만 관목 화단에 심어도 좋다.

↕2m ↔3m ❀ ❀ ❀ H6 ☼ ☼ ◔ ◊ ◔

음지에 적합한 관목

중간 키 관목

유포르비아 파스테우리

Euphorbia x pasteurii

넓게 자라는 상록관목으로, 줄기가 옆으로 퍼진 뒤에 곧게 자란다. 종종 아래쪽이 잎이 안 달리기도 한다. 기다란 창 모양의 잎에는 은색의 가운데잎줄이 있으며, 가을과 겨울에는 붉게 물든다. 늦봄에 갈색 꽃이 피는데, 끝이 라임색이다. 비바람을 막아주어야 한다.

↕3m ↔3m ❄ H4 ☼ ◊

팔손이

Fatsia japonica

대담한 상록의 잎과 건축적인 형태로 인기가 높다. 긴 줄기와 손바닥 모양의 빛나는 진녹색 잎은 아열대의 분위기를 연출한다. 가을에는 미색 꽃이 가지를 뻗어 피어나 눈길을 끌고, 뒤이어 검은색 작은 열매가 열린다. 해안가 노지에서도 잘 견딘다.

↕1.5~4m ↔1.5~4m ❄ H6 ☼ ◑ ◊ ◗

마젤란후크시아

Fuchsia magellanica

내한성 강한 후크시아로, 서리가 내리지 않는 지역에서는 이 낙엽관목을 단독으로 또는 비정형적인 생울타리로 키울 수 있다. 한여름부터 가을 동안 등 모양의 작은 꽃이 피는데, 빨간색 관과 긴 꽃받침, 보라색 꽃잎으로 이루어져 있다. 열매는 검은색이다.

↕3m까지 ↔3m까지 ❄ ❄ H4 ☼ ◑ ◊ ◗

헤베 '미드써머 뷰티'

Hebe 'Midsummer Beauty'

화분을 포함하여 다양한 환경에 잘 적응하는 상록관목이다. '미드써머 뷰티'는 둥그런 형태로 곧게 자라는데, 줄기는 적갈색이고 잎은 연두색이다. 한여름에서 늦가을까지 연보라색 꽃이 피는데 끝이 가느다란 깃털 모양을 하고 있다.

↕2m ↔1.5m ❄ H4 ☼ ◊ ◗

무궁화 '다이애나'

Hibiscus syriacus 'Diana'

크고 화려한 꽃이 무궁화의 큰 매력이다. 양지바른 화단에 심으면 꽃을 오래 볼 수 있다. '다이애나'는 곧게 자라는 낙엽관목으로, 진녹색 잎의 가장자리는 톱니 모양이다. 늦여름에서 한가을까지 나팔 모양 흰 꽃이 피는데 꽃잎에 물결무늬가 있다.

↕3m ↔2m ❄ ❄ ❄ H5 ☼ ◊ ◗

미국수국 '애나벨'

Hydrangea arborescens 'Annabelle'

수국은 다재다능한 관목이다. 관상수로, 그룹으로, 혼합 식재 화단에, 또는 화분에 심을 수도 있다. '애나벨'은 그중에서도 우아한 품종의 낙엽수다. 여름에서 초가을까지 미색 꽃이 크고 둥근 모양으로 핀다.

↕2.5m ↔2.5m ❄ ❄ ❄ H6 ☼ ◑ ◊ ◗

아스페라수국 '핫초콜릿'

Hydrangea aspera HOT CHOCOLATE ('Haopr012')

덤불처럼 자라는 낙엽관목으로 가지가 넓게 퍼져 자란다. 어린잎은 진자주색이고, 천천히 갈색이 도는 녹색으로 변하는 모습이 인상적이다. 벨벳 질감의 잎은 부드러운 털로 덮여 있다. 늦여름에 레이스 모자 모양의 큰 꽃이 청보라색이나 분홍색으로 핀다.

↕3m ↔2m ❄ H4 ☼ ◑ ◗

수국 '마리에시 리라키나'

Hydrangea macrophylla 'Mariesii Lilacina'

둥그렇게 자라는 낙엽관목이다. 한여름에서 늦여름까지 연보라 또는 파란색을 띠는 레이스 모자 모양의 꽃을 보기 위해 기른다. 단독으로 심어도 훌륭하고, 그늘진 땅에 그룹으로 심어도 좋다. 겨우내 서리해를 입지 않도록 시든 꽃을 자르지 말고 내버려두라.

↕2m ↔2.5m ❄ ❄ ❄ H5 ☼ ◑ ◊ ◗

떡갈잎수국 '스노우 퀸'

Hydrangea quercifolia SNOW QUEEN ('Flemygea')

주로 잎을 즐기기 위해 기르는데, 깊게 갈라진 진녹색 잎은 가을에 낙엽이 지기 전에 연갈색과 자주색으로 아름답게 물든다. '스노우 퀸'은 한여름에서 가을까지 크고 흰 원뿔형 꽃을 피우는데, 시간이 지날수록 분홍색을 띤다.

↕2m ↔2.5m ❄ ❄ ❄ H5 ☼ ◑ ◊ ◗

❀❀❀ H7-H5 추위에 강함.　　❀❀ H4-H3 온화하거나 비바람이 없는 곳에서 잘 자람.　　❀ H2 겨울 서리로부터 보호가 필요함.　　❀ H1c-H1a 서리를 견디지 못함.
☀ 양지　☀ 반양지　☀ 음지　◌ 배수가 잘되는 토양　◔ 축축한 토양　◕ 습지

꽝꽝나무
Ilex crenata

작고 광택이 나는 진녹색 잎이 조밀하게 자라는 상록수로 성장이 느리다. 회양목 대신 심기 좋다. 정기적으로 가지치기를 해 생울타리나 토피어리로 가꾸기 좋다. 여름에 흰색의 작은 꽃이 피고, 가지치기를 해주지 않는다면 뒤이어 검은 열매를 맺는다.

↕6~8m ↔1.5m ❀❀❀ H6 ☀ ◌

히말라야낭아초
Indigofera heterantha

양치류 닮은 회녹색의 우아한 잎이 아치형 가지를 뒤덮고 있는, 여러 줄기로 퍼져서 자라는 낙엽관목이다. 초봄부터 가을까지 완두콩 같은 진분홍색 작은 꽃들이 수상꽃차례로 핀다. 추운 지역에서는 양지바른 벽에 부채꼴로 모양을 잡아주면 잘 자란다.

↕2~3m ↔2~3m ❀❀❀ H5 ☀ ◌ ◕

영춘화
Jasminum nudiflorum

겨울에서 초봄에 걸쳐 잎이 없는 길고 가느다란 아치형 줄기에서 노란색 꽃이 핀다. 꽃이 지면 진녹색 타원형 잎이 돋는다. 낮은 벽이나 지지대를 타고 자라게 하면 보기 좋다. 개화기가 지나면 가지치기를 하여 모양을 말끔하게 가꾸어준다.

↕3m ↔3m ❀❀❀ H5 ☀ ☀ ◌

위실나무 '핑크 클라우드'
Kolkwitzia amabilis 'Pink Cloud'

내한성 강한 낙엽관목으로, 잔가지가 촘촘하게 자란다. 늦봄에서 초여름, 분홍색 종 모양 꽃이 풍성하게 피는데 꽃잎 안쪽에 노란 무늬가 있다. 꽃이 지면 연한 색의 털이 많은 씨가 무리 지어 열린다. 단독으로 심거나, 비정형적인 생울타리로 가꾸면 좋다.

↕3m ↔4m ❀❀❀ H6 ☀ ◌

자목련 '니그라'
Magnolia liliiflora 'Nigra'

목련 가운데에서도 믿을 수 있는 품종이다. 초여름과 간헐적으로 가을에 꽃을 피우는데, 진자주색의 아름답고 커다란 꽃이 위를 향해 자란다. 작은 품종의 낙엽수로, 윤기 도는 진녹색 잎이 꽃을 감싸준다. 관상수로 심으면 가장 효과가 좋다.

↕3m ↔2.5m ❀❀❀ H6 ☀ ☀ ◌ ◕

별목련
Magnolia stellata

우아함을 지닌 낙엽관목으로, 성장이 느리지만 기다릴 가치가 있다. 잎이 나기 전인 초봄에 별 모양의 순백색 꽃이 피는데, 가끔 연분홍 무늬가 있는 것도 있다. 소형 관목으로, 처음에는 덤불처럼 자라다가 퍼진다. 봄에 서리를 맞으면 일찍 나온 꽃이 상할 수 있다.

↕3m ↔4m ❀❀❀ H6 ☀ ☀ ◌ ◕

뿔남천
Mahonia japonica

겨울 정원에 소중한, 멋있는 상록관목으로 음지에서 잘 자란다. 날카로운 톱니가 있는 진녹색 잎이 장관이다. 늦가을에서 초봄까지, 연노란색 향기로운 꽃이 수상꽃차례로 핀다. 열매는 검푸른색이다.

↕2m ↔3m ❀❀❀ H5 ☀ ◌ ◕

남천
Nandina domestica

열매, 꽃, 잎이 오랜 기간에 걸쳐 즐거움을 선사하는 상록관목이다. 봄가을에는 잎이 따뜻한 붉은색으로 물들고, 한여름에는 별 모양의 작고 흰 꽃이 피며, 뒤이어 선홍색 열매가 열린다. '파이어 파워'는 소형 품종으로 잎이 선홍색이다.

↕2m ↔1.5m ❀❀❀ H5 ☀ ◌ ◕

잎을 감상하는 관목

중간 키 관목

버크우드목서
Osmanthus x burkwoodii

내한성 강한 상록관목으로, 광택 있는 진녹색 잎과 꽃을 즐기기 위해 기른다. 한봄부터 늦봄까지 나팔 모양의 작은 미색 꽃이 무리 지어 피어나며, 달콤한 향이 난다. 조밀하게 자라므로 울타리나 토피어리로 유용하다. 개화기가 지나면 모양을 다듬어준다.

↕3m ↔3m ❄ ❄ H5 ☀ ◐ ◌

드라베모란
Paeonia delavayi

초여름이 되면 길게 늘어진 줄기 끝에 컵 모양의 진홍색 꽃이 피어난다. 진녹색의 근사한 잎은 깊게 갈라졌으며, 봄에 자주색을 띤다. 혼합 식재 화단을 아름답게 해주는 낙엽관목으로, 옮겨심기에 약하다.

↕2m ↔1.2m ❄ ❄ H5 ☀ ◌ ◐

고광나무 '벨 에투아르'
Philadelphus 'Belle Étoile'

고광나무는 꽃을 감상하기 위해 기르는데, 꽃은 대개 흰색이고 향이 난다. '벨 에투아르'는 아치형으로 자라는 낙엽관목으로, 잎은 끝이 뾰족하다. 홑꽃으로 피는 향기로운 흰 꽃의 중앙에 갈색 무늬가 있으며, 늦봄에서 초봄 사이 흐드러지게 핀다.

↕1.2m ↔2.5m ❄ ❄ H6 ☀ ◌ ◐

양국수나무 '디아볼로'
Physocarpus opulifolius 'Diabolo'

자주색 잎과 붉은 줄기가 매력이다. 퍼져 자라는 낙엽관목으로, 늦봄에 분홍빛 도는 작고 흰 꽃이 무리 지어 피고, 이어서 갈색 열매가 맺힌다. 수피가 벗겨지는 모습은 겨울철의 볼거리다. 봄에 밑동 가까이 잘라주면 새순이 잘 자란다.

↕2m ↔2.5m ❄ ❄ H7 ☀ ◐ ◌

마취목 '블러쉬'
Pieris japonica 'Blush'

산성 토양에서 잘 자라는 상록관목이다. 잎은 좁고 광택이 나는데, 어린잎은 매력적인 적갈색이다. 초봄에서 한봄 사이 흰 꽃이 술처럼 매달린다. 소형 품종인 '블러쉬'는 잎이 진녹색이며, 진분홍색 봉오리에서 분홍 무늬가 있는 흰 꽃이 핀다.

↕2m ↔2m ❄ ❄ H5 ☀ ◐ ◌ ◐

피라칸타 '사피르 존느'
Pyracantha SAPHYR JAUNE ('Cadaune')

지지대 없이 기를 수도, 담장을 타게 하거나 울타리에 심을 수도 있다. '카다우네'라고도 부르며 곧게 자라는 상록관목이다. 가시 달린 가지와 진녹색 잎이 있으며, 늦봄에 작고 흰 꽃이 핀다. 가을에 노란 열매가 열리는데 겨울이 다가올수록 빛을 발한다.

↕4m ↔3m ❄ ❄ H6 ☀ ◐ ◌

홍화커런트 '풀버로우 스칼렛'
Ribes sanguineum 'Pulborough Scarlet'

어려서는 아주 곧게 자라다가 점점 퍼지는 형태가 된다. 왕성한 낙엽관목으로, 잎에서 향이 난다. 봄에 진홍색 꽃이 무리 지어 피는데, 중앙에 흰색 관이 있다. 이어서 검푸른색 둥근 열매가 달린다. 혼합 식재 화단의 뒷줄에 심기 알맞다.

↕3m ↔2.5m ❄ ❄ H6 ☀ ◌

장미 '제라늄'(모예시)
Rosa 'Geranium' (*moyesii* hybrid)

아치형 가지와 진녹색 작은 잎을 가지고 있는 멋진 관목이다. 여름에는 다홍색 꽃이 풍성하게 활짝 피는데, 미색 수술이 도드라져 보인다. 가을에는 강렬한 다홍색의 로즈힙이 열려 감상하는 즐거움을 더 오래 누리도록 해준다.

↕2.5m ↔1.5m ❄ ❄ H6 ☀ ◌ ◐

노란해당화 '카나리아'
Rosa xanthina 'Canary Bird'

크게 퍼져 자라며, 꽃이 일찍 핀다. 아치형 가지에는 가시가 있고, 고사리를 닮은 잎이 앙증맞다. 봄이면 5장의 꽃잎으로 이루어진 연노란색 홑꽃이 얼굴을 위로 향하여 은은한 향을 내며 피어 근사한 장면이 연출되고, 다양한 곤충이 모여든다.

↕2.5m ↔4m ❄ ❄ H6 ☀ ◌

❀❀❀ H7-H5 추위에 강함.　❀❀ H4-H3 온화하거나 비바람이 없는 곳에서 잘 자람.　❀ H2 겨울 서리로부터 보호가 필요함.　❀ H1c-H1a 서리를 견디지 못함.
☀ 양지　☀ 반양지　☀ 음지　◌ 배수가 잘되는 토양　◖ 축축한 토양　● 습지

블랙엘더베리 '에바'
Sambucus nigra f. *porphyrophylla* 'Eva'

거의 일 년 내내 매력을 보여주는 우아한 관목이다. 레이스 같은
진자주색 잎은 혼합 식재를 할 때 색깔의 대비를 이룬다. 한여름에
레몬 향이 나는 화려하고 납작한 연분홍 꽃이 피고, 뒤이어 검붉은
열매가 열린다. 햇빛을 풍부하게 받을 때 잎 색깔이 가장 예쁘다.

↕3m ↔2m ❀❀❀ H6 ☀ ☀ ◌ ●

레드엘더베리 '풀루모사 아우레아'
Sambucus racemosa 'Plumosa Aurea'

아치형으로 무성하게 자란다. 깊게 갈라진 잎은 어려서는 구리색을
띠고 점차 황금색으로 변해가는데, 정원에 밝은 색깔을 제공한다.
한봄에 연노란색 작은 꽃이 피고, 여름에는 윤기 나는 빨갛고 둥근
열매가 맺힌다. 강한 햇빛을 받으면 잎이 마른다.

↕3m ↔3m ❀❀❀ H7 ☀ ☀ ●

스키미아 콘푸사 '큐그린'
Skimmia x *confusa* 'Kew Green'

봄이 되면 이 무성한 상록관목에 꽃이 핀다. 끝이 뾰족하고 향기
나는 진녹색 잎 위로 향기로운 미색 꽃이 원뿔형으로 조밀하게
피어난다. 그늘진 화단이나 삼림 정원에 적합하고, 화분에 심어도
매력적이다. 적응력이 뛰어나고, 오염된 공기에도 강하다.

↕3m ↔1.5m ❀❀❀ H5 ☀ ☀ ◌ ●

일본바위조팝나무 '스노우마운드'
Spiraea nipponica 'Snowmound'

초여름에 절정을 보여준다. 아치형 줄기의 윗부분에 흰 꽃들이
동글동글하게 무리 지어 피어 장관을 연출한다. 성장이 빠른
낙엽관목으로, 잎이 조밀하게 나고 퍼져서 자란다. 양지바른 혼합
식재 화단의 뒷자리에 심기에 적합하다.

↕2.5m ↔2.5m ❀❀❀ H6 ◌ ●

올분꽃나무 '돈'
Viburnum x *bodnantense* 'Dawn'

겨울 정원에 즐거움을 가져오는 관목이다. 늦가을부터 봄까지
개화기가 오래 지속되는데, 벌거벗은 나뭇가지에 관 모양의 장밋빛
꽃이 무리 지어 향기롭게 핀다. 곧게 자라는 낙엽관목으로, 진녹색
잎은 톱니 모양이다. 품종이 다양하며, '데벤'은 흰 꽃을 피운다.

↕3m ↔2m ❀❀❀ H6 ☀ ☀ ●

분꽃나무 '오로라'
Viburnum carlesii 'Aurora'

화단이나 삼림 정원에 어울리는 낙엽관목이다. 불규칙적인 톱니
모양의 진녹색 잎이 빽빽하고 무성하게 자란다. '오로라'는 봄에
무리 지어 피는 향기로운 꽃을 즐기려고 키운다. 꽃봉오리는
처음에는 빨간색을 띠다가 분홍색 관 모양으로 피어난다.

↕2m ↔2m ❀❀❀ H6 ☀ ☀ ◌ ●

털설구화 '킬리만자로'
Viburnum plicatum f. *tomentosum* KILIMANJARO ('Jww1')

가지가 층층이 배열되며 피라미드 형태로 자라는 습성이 있다.
여름에 피는 납작한 레이스 모양의 흰 꽃은 나중에 분홍빛을 띠며,
진녹색 잎과 대조를 이룬다. 가을에 잎이 자주색으로 물들고, 두
번째 개화를 볼 수도 있다. 열매는 붉은색에서 검은색으로 변한다.

↕4m ↔4m ❀❀❀ H6 ☀ ☀ ◌

털설구화 '마리에시'
Viburnum plicatum f. *tomentosum* 'Mariesii'

가지가 가로로 뻗는 모습이 독특해서 조형미를 멋지게 드러내는
관목이다. 특히 잔디밭에 관상수로 심을 때 진가를 발휘할 수 있다.
하트 모양의 흰색 꽃이 피고, 진녹색 잎은 잎맥이 또렷하며 가을이
되면 붉게 물든다.

↕3m ↔4m ❀❀❀ H5 ☀ ☀ ◌ ●

지면을 덮는 관목

키 작은 관목

아르테미시아 아르보레스켄스
Artemisia arborescens

깃털 같은 은회색 잎을 즐기려고 기르는 상록관목이다.
노지에서도 잘 견디므로 해안가 정원에 적합하다. 여름과 가을에
노란색 작은 꽃이 무리 지어 피는데, 그보다는 우아한 잎에 더
주목한다. 허브 정원이나 바위 정원에도 잘 어울린다.

↕1m ↔1.5m ❋ H4 ☼ ◊

발로타 '올 핼로우즈 그린'
Ballota 'All Hallows Green'

지중해 원산으로, 건조하고 배수가 잘되며 양지바른 곳에서 잘
자라며 매력적인 울타리 식물 역할을 한다. 이 품종은 무성하게
자라는 상록아관목으로, 잎은 황록색이다. 한여름에 연두색
작은 꽃이 핀다. 조밀하게 자라도록 봄에 가지치기를 하라.

↕60cm ↔75cm ❋ ❋ ❋ H5 ☼ ◊

산호담매자나무 '코랄리나 콤팍타'
Berberis x stenophylla 'Corallina Compacta'

산호담매자나무의 소형 품종으로, 비정형적인 울타리로 기를 수
있다. 줄기는 아치형이고, 좁다란 진녹색 잎의 끝은 뾰족하다.
늦봄에 가지를 따라 맺힌 빨간 봉오리에서 연주황색 작은 꽃이
무리 지어 피어난다.

↕30cm ↔30cm ❋ ❋ ❋ H5 ☼ ◑ ◊

황금일본매자나무
Berberis thunbergii 'Aurea'

이 작은 낙엽수가 정원에 화사한 색깔을 선사해줄 것이다.
어린잎은 선명한 노란색인데, 점차 연두색으로 변해간다.
한봄에 연노란색 꽃이 핀 뒤에 광택 나는 빨간 열매가 열린다.
울타리로 적합하며, 강한 햇빛을 받으면 잎이 마른다.

↕1.5m ↔2m ❋ ❋ ❋ H7 ☼ ◊

자엽일본매자 '아트로푸르푸레아 나나'
Berberis thunbergii f. *atropurpurea* 'Atropurpurea Nana'

반구형으로 자라는 소형 품종이다. 자주색 둥근 잎이 있고,
조밀하게 자라며 잔가지가 많다. 선홍색 작은 열매는 새들이
좋아한다. 오염된 공기에 강하고 적응력이 뛰어나며, 화단에
심거나 바위 정원에서 기르기 적합하다.

↕60cm ↔75cm ❋ ❋ ❋ H7 ☼ ◊

자엽일본매자 '헬몬트 필라'
Berberis thunbergii f. *atropurpurea* 'Helmond Pillar'

기둥같이 생긴 줄기는 눈에 띄는 낙엽관목이다. 진자주색 잎은
가을이면 선홍색으로 물든다. 봄에 노란색 작은 꽃이 피고, 이어서
빨간 열매가 맺힌다. 곧게 자라는 성질이 있어서 화단의 틈새를
메우는 데 유용하다.

↕1.2m ↔60cm ❋ ❋ ❋ H7 ☼ ◑ ◊

서양회양목 '수프루티코사'
Buxus sempervirens 'Suffruticosa'

아주 천천히 자라는 소형 품종으로, 울타리나 가림막으로 좋다.
매듭 정원이나 파르테르에 아주 적합하다. 조밀하게 자라는 특성
때문에 여러 모양으로 다듬기 쉽다. 반음지를 좋아하지만 너무
건조하지만 않으면 강한 햇빛도 견딘다.

↕1m ↔1.5m ❋ ❋ ❋ H6 ◊

칼루나 불가리스 '골드 헤이즈'
Calluna vulgaris 'Gold Haze'

손쉬운 관리를 통해 지면을 덮을 수 있는 식물이다. 야생에서는
산성 토양에서 자라는 강인하고 무성한 상록관목인 칼루나
불가리스로부터 다양한 품종이 생겨났다. '골드 헤이즈'의 잎은
연노란색이고, 종 모양의 흰 꽃이 짧은 수상꽃차례로 핀다.

↕60cm ↔45cm ❋ ❋ ❋ H7 ☼ ◊

칼루나 불가리스 '스프링 크림'
Calluna vulgaris 'Spring Cream'

소형 품종으로, 봄이면 초록색 잎이 나오는데 끝부분은 미색이다.
한여름부터 늦가을까지 흰색 종 모양 꽃이 짧은 수상꽃차례로
핀다. 다른 품종과 마찬가지로 벌들이 좋아한다. 습하되 물이 잘
빠지는 볕 잘 드는 둔덕에서 키우면 좋다.

↕35cm ↔45cm ❋ ❋ ❋ H7 ☼ ◊

❀❀❀ H7-H5 추위에 강함.　❀❀ H4-H3 온화하거나 비바람이 없는 곳에서 잘 자람.　❀ H2 겨울 서리로부터 보호가 필요함.　❀ H1c-H1a 서리를 견디지 못함.

☼ 양지　◐ 반양지　● 음지　◊ 배수가 잘되는 토양　◖ 축축한 토양　◕ 습지

층꽃나무 '우스터 골드'
Caryopteris x clandonensis 'Worcester Gold'

작지만 선명하게 푸른 꽃이 층꽃나무의 가장 큰 매력이다.
'우스터 골드'는 늦여름에서 초가을까지 남보라색 꽃이 핀다.
낙엽성의 잎은 따뜻한 노란빛을 띠고 무성하게 자라는데,
잎을 배경으로 꽃이 더욱 돋보인다.

↕1m ↔1.5m ❀❀ H4 ☼ ◖

케아노투스 델리리아누스 '글루아르 드 베르사유'
Ceanothus x delilianus 'Gloire de Versailles'

캘리포니아라일락으로도 알려져 있는데, 풍성하게 피는 파란색,
분홍색, 흰색 꽃이 매력이다. '글루아르 드 베르사유'는 성장이
빠르고 무성하게 자라는 낙엽관목으로, 녹색 잎은 가장자리가
톱니 모양이다. 한여름에서 가을까지 푸른 꽃이 향기롭게 핀다.

↕1.5m ↔1.5m ❀❀ H4 ☼ ◖

눈캘리포니아라일락
Ceanothus thyrsiflorus var. *repens*

키가 작고 쓰임새 좋은 상록관목이다. 광택 있는 녹색 잎이
자연스럽게 둔덕을 형성하면, 늦봄에 하늘색에서 진파란색에
이르는 꽃이 솜털처럼 풍성하게 핀다. 화단 앞줄에 심거나
양지바른 언덕의 지면을 덮기에 적합하다.

↕1m ↔2.5m ❀❀❀ (경계)H4 ☼ ◊

케라토스티그마 윌모티아눔
Ceratostigma willmottianum

느슨한 반구형을 이루는 낙엽관목으로, 늦여름에서 가을까지
파란색 꽃이 무리 지어 핀다. 잎은 끝이 뾰족하고 털이 달렸는데,
처음에는 테두리가 자줏빛을 띠는 녹색이고, 가을에 붉게 물든다.
따뜻하고 볕이 잘 들며 비바람이 없는 자리를 좋아한다.

↕1m ↔1.5m ❀❀❀ (경계)H4 ☼ ◊ ◖

키스투스 단세레아우이 '데쿰벤스'
Cistus x dansereaui 'Decumbens'

키스투스는 양지바른 자리를 좋아하고, 화단이나 화분에서 기를 수
있다. 꽃은 대개 흰색이나 분홍색이며, 하루 만에 지지만 계속해서
새로 핀다. '데쿰벤스'는 키가 작고 퍼져 자라는 상록관목이다.
커다란 흰 꽃이 피는데, 각 꽃잎의 아래쪽에 진홍색 무늬가 있다.

↕60cm ↔1m ❀❀ H4 ☼ ◊

키스투스 푸르푸레우스
Cistus x purpureus

둥그렇게 자라는 상록관목이다. 여름내 주름진 모양의 진분홍색
홑꽃이 연달아 피는데, 좁다란 초록 잎이 멋진 배경이 된다.
각 꽃잎의 아래쪽에 진홍색 무늬가 있다. 줄기는 곧게 자라며
붉은빛이 돈다. 건조함을 잘 견디며, 양지바른 자리를 좋아한다.

↕1m ↔1m ❀❀ H4 ☼ ◊

비단목메꽃
Convolvulus cneorum

은빛이 도는 부드러운 잎과 줄기가 있어서 꽃이 피지 않을 때도
보기 좋다. 늦봄에서 여름까지 분홍색 봉오리에서 섬세한 꽃이
피어나는데, 고깔 모양의 흰 꽃이며 가운데는 노란색이다. 추운
지역이라면 화분에 심어서 겨울이 오면 온실로 옮겨준다.

↕60cm ↔90cm ❀❀ H4 ☼ ◊

코로닐라 글라우카
Coronilla valentina subsp. *glauca*

둥그런 형태로 무성하게 자라는 상록관목으로, 청록색의 다육질
잎이 매력적이다. 늦겨울에서 초봄까지, 그리고 늦여름에 다시
한번 완두콩 같은 노란 꽃이 향기롭게 핀다. 뒤이어 가느다란
꼬투리가 맺힌다. 관목 화단이나 양지바른 담장 밑에 심으라.

↕80cm ↔80cm ❀❀ H4 ☼ ◊

봄을 즐겁게 해주는 관목

키 작은 관목

백자단
Cotoneaster dammeri

일 년 내내 색깔과 질감을 선사하는 상록수로, 열매가 맺히는 가을에 특히 아름답다. 백자단은 활기 넘치는 종으로, 아치형 긴 줄기를 뻗어가며 지면을 뒤덮는 재주가 뛰어나다. 초여름에 작고 하얀 꽃이 피고, 가을에는 동그랗고 빨간 열매가 열린다.

↕20cm ↔2m ❀ ❀ ❀ H6 ☼ ◊

버들잎개야광나무 '놈'
Cotoneaster salicifolius 'Gnom'

소형 상록관목으로, 작고 좁다란 진녹색 잎이 달린 가지가 넓게 뻗어 빽빽한 반구형을 이루며 지면을 덮는다. 초여름에 흰 꽃이 피고, 가을에 선홍색 열매가 무리 지어 달린다. 지면을 덮고 싶을 때 유용하다.

↕30cm ↔2m ❀ ❀ ❀ H6 ☼ ◊

서향 '아우레오마르기나타'
Daphne odora 'Aureomarginata'

서향은 겨울 정원에서 가장 향기롭게 꽃을 피우는 상록관목 중 하나다. '아우레오마르기나타'는 무늬가 있는 품종으로, 잎은 좁다랗고 둘레가 노란색이다. 한겨울부터 초봄까지 나팔 모양의 분홍 꽃이 무리 지어 피고, 뒤이어 빨간 열매가 열린다.

↕1.5m ↔1.5m ❀ ❀ H4 ☼ ◊

서향 '이터널 프래그런스'
Daphne x transatlantica ETERNAL FRAGRANCE ('Blafra')

작고 느리게 자란다. 광택 나는 진녹색 잎이 조밀하고 단정한 모습으로 둥그렇게 자란다. 연분홍 꽃은 4장으로 이루어져 있는데, 봄에서 가을까지 달콤한 향을 내며 계속해서 핀다. 말끔한 형태로 키우기 쉬우며, 향기로운 관목을 원할 때 좋은 선택이다.

↕1m ↔1m ❀ ❀ ❀ H5 ☼ ◊

좀사철나무 '에메랄드 게이어티'
Euonymus fortunei 'Emerald Gaiety'

척박한 토양과 강한 햇빛에도 잘 자란다. 지면을 덮으며 자라고, 지지대를 이용해 담장에 부채꼴로 키울 수도 있다. '에메랄드 게이어티'는 무성하게 자라는 소형의 상록관목이다. 테두리에 흰 무늬가 있는 녹색의 잎은 겨울에 분홍색으로 변한다.

↕1m ↔1.5m ❀ ❀ ❀ H5 ☼ ◊ ◊

유포르비아 카라키아스 '존 톰린슨'
Euphorbia characias subsp. *wulfenii* 'John Tomlinson'

매력 넘치는 상록관목이다. 곧게 자란 줄기에 처음에는 회녹색 잎만 달려 있다. 이듬해 봄에 밝은 연두색의 컵 모양 작은 꽃들이 크고 화려하게 피어나 초봄에서 초여름까지 오래 지속된다. 가뭄에 강한 편이다.

↕1.2m ↔1.2m ❀ ❀ H4 ☼ ◊

헤베 '그레이트 오르메'
Hebe 'Great Orme'

헤베는 적응력이 뛰어나 혼합 식재 화단부터 바위 정원까지 다양한 환경에서 자랄 수 있다. '그레이트 오르메'는 둥그렇게 자라는 상록관목으로, 줄기는 자주색이고 잎은 진녹색이다. 한여름에서 한가을까지 꽃이 피는데 진분홍색에서 점차 흰색으로 변한다.

↕1.2m ↔1.2m ❀ H4 ☼ ◊ ◊ ◊

헤베 마크란타
Hebe macrantha

무성하게 자라는 상록수로, 처음에는 가지를 뻗다가 이후에 타원형의 다육질 밝은 초록색 잎이 퍼져 자란다. 초여름에 크고 흰 꽃이 세 송이씩 무리 지어 핀다. 화분이나 바위 정원에 적합한데, 가지치기는 거의 필요하지 않다.

↕60cm ↔90cm ❀ ❀ H4 ☼ ◊ ◊ ◊

헤베 핑귀폴리아 '파게이'
Hebe pinguifolia 'Pagei'

반포복성의 상록관목으로, 청록색 작은 잎은 살짝 오므린 모양이다. 늦봄이나 초여름에 섬세한 형태의 순백색 꽃이 풍성하게 핀다. 바위 정원에, 또는 지면을 덮고 싶을 때 적합하며, 가지치기가 거의 필요 없다. 양지바른 곳에서 꽃이 잘 핀다.

↕30cm ↔90cm ❀ ❀ ❀ H5 ☼ ☼ ◊ ◊

❀❀❀ H7-H5 추위에 강함.　❀❀ H4-H3 온화하거나 비바람이 없는 곳에서 잘 자람.　❀ H2 겨울 서리로부터 보호가 필요함.　❀ H1c-H1a 서리를 견디지 못함.

☼ 양지　☀ 반양지　☀ 음지　◌ 배수가 잘되는 토양　◐ 축축한 토양　● 습지

헤베 '레드 에지'
Hebe 'Red Edge'

장식성 강한 소형 관목이다. 잎은 회녹색인데, 어린잎의 테두리와 잎맥은 붉은색을 띤다. 여름에 수상꽃차례로 연보라색 꽃이 피는데 점차 흰색으로 변한다. 둥그런 형태로 자라며, 가장자리나 화단 앞줄에 심으면 매력적이다.

↕45cm ↔60cm ❀❀ H4 ☼☀ ◌◐

헬리안테뭄 '위슬리 프림로즈'
Helianthemum 'Wisley Primrose'

햇빛을 좋아하고 양탄자처럼 지면을 덮는 식물로, 바위 정원이나 양지바른 둑에서 잘 자란다. '위슬리 프림로즈'는 낮은 둔덕 모양으로 자라는 상록수로 잎은 회녹색이다. 여름내 접시 모양 꽃이 풍성하게 피어나는데, 연노란색 꽃잎의 한가운데는 진노란색이다.

↕30cm까지 ↔45cm까지 ❀❀ H4 ☼ ◌

커리플랜트
Helichrysum italicum subsp. *serotinum*

키 작은 상록관목으로, 줄기에는 솜털이 나 있고 가느다란 은회색 잎은 향기롭다. 여름에서 가을까지 진노란색 꽃이 피는데, 잎을 주로 사용하는 디자이너들은 꽃을 제거한다. 건조하고 양지바른 자리에 아주 적합한 은빛 관목이다.

↕60cm ↔1m ❀❀ H4 ☼ ◌

수국 '런어웨이 브라이드 스노우화이트'
Hydrangea RUNAWAY BRIDE SNOW WHITE ('Ushyd0405')

둥그스름한 낙엽관목으로, 줄기는 늘어지면서 거의 덩굴처럼 자란다. 흰색 또는 연분홍색의 레이스 모양 꽃이 지속적으로 피어나는 모습을 즐기려고 기른다. 개화는 봄에 시작되어 서리가 내리면 끝난다. 진녹색 타원형 잎을 배경으로 꽃송이가 돋보인다.

↕1.5m ↔1.5m ❀❀ H5 ◐ ◌

파이저향나무 '피체리아나 아우레아'
Juniperus x pfitzeriana 'Pfitzeriana Aurea'

향나무는 내한성 높은 침엽수로, 다양한 성질의 토양과 환경을 견딘다. 파이저향나무는 퍼져 자라는 관목으로 잎이 층을 이루며 뻗고 꼭대기는 평평하다. '피체리아나 아우레아'의 황금색 잎은 겨울 동안 황록색을 띤다. 가지치기는 거의 필요하지 않다.

↕90cm ↔2m ❀❀ H6 ☼ ◌

섬향나무
Juniperus procumbens

소형 품종으로, 길고 뻣뻣한 가지가 돗자리처럼 엮이며 자라 지면을 덮고 싶을 때나 바위 정원에 아주 잘 어울린다. 바늘 같은 청록색 잎과, 갈색 또는 검은색의 작은 열매가 있다. 해가 잘 들고 개방된 자리에서 가장 잘 자란다.

↕50cm까지 ↔2m까지 ❀❀❀ H7 ◐ ◌

고산향나무 '블루 카펫'
Juniperus squamata 'Blue Carpet'

활기찬 포복성 식물로 줄기가 넓게 퍼져 자란다. 바늘 같은 잎이 파도가 널리 굽이치는 듯한 낮은 매트를 형성하므로 지면을 덮는 데 뛰어나다. '블루 카펫'은 성장이 빠르고, 바늘 모양 잎은 향이 있으며 금속성의 밝은 푸른빛을 띤다.

↕30cm ↔2~3m ❀❀❀ H7 ☼ ◌

라벤더 '먼스테드'
Lavandula angustifolia 'Munstead'

무성하게 자라는 소형 상록관목으로, 좁다란 회녹색 잎에서 향기가 난다. 한여름에서 늦여름까지 긴 줄기에서 작고 향기로운 청보라색 꽃이 촘촘히 피어난다. 따뜻한 곳을 좋아하지만, 관목 화단에서 바위 정원에 이르기까지 다양한 환경에 적응할 수 있다.

↕45cm ↔60cm ❀❀❀ H5 ◐ ◌

여름의 색을 위한 관목

키 작은 관목

프렌치라벤더
Lavandula stoechas

늦봄에서 여름까지 꽃을 피우는 소형 관목이다. 은회색 잎들 위로 길게 뻗은 줄기에서 향기로운 진보라색 꽃이 촘촘히 피는데, 꼭대기에 달린 연보라색 포엽이 눈길을 끈다. 따뜻하고 양지바른 자리에서 잘 자라며, 화분에도 잘 어울린다.

‡60cm ↔ 60cm ❋ H4 ☼ ◌

회양괴불나무
Lonicera pileata

넓게 퍼져 자라는 성질이 있어서 지면을 덮기에 좋은 식물이다. 키 작은 상록수로 잎은 좁다랗게 생겼고 진녹색을 띤다. 늦봄에 작은 고깔 모양의 미색 꽃이 피고, 꽃이 지면 뒤이어 종종 보라색 열매가 맺힌다.

‡60cm ↔ 2.5m ❋ ❋ ❋ H6 ☼ ◌

오레가노 '켄트 뷰티'
Origanum 'Kent Beauty'

허브 오레가노의 한 품종으로, 장식성 강한 아관목이다. 화분이나 바위 정원에 심으면 아름다움을 더해준다. 가느다란 기는줄기와 부드럽고 향기로운 잎이 있다. 늦여름에 붉은빛 도는 녹색 포엽 위로 연분홍 꽃이 무리 지어 핀다. 양지바른 자리를 좋아한다.

‡10cm ↔ 20cm까지 ❋ ❋ H4 ☼ ◌

예루살렘세이지
Phlomis fruticosa

작은 둔덕 모양으로 자라는 상록관목으로, 주름진 회녹색 잎은 향기로우며 잎의 밑면은 솜털로 덮여 있다. 초여름에서 한여름까지 모자 모양의 진노란색 꽃이 핀다. 화단에 많이 모아 심으면 효과적이며, 양지바른 자갈 정원에도 잘 어울린다.

‡1m ↔ 1.5m ❋ ❋ ❋ H5 ☼ ◌

피겔리우스 렉투스 '아프리카 퀸'
Phygelius x rectus 'African Queen'

곧게 자라는 상록관목으로, 진녹색 잎과 우아하게 위로 뻗는 가지가 있다. '아프리카 퀸'의 꽃은 관처럼 긴 모양인데, 색깔이 선명하다. 꽃잎은 주황색이 가미된 빨간색이고, 꽃잎 안쪽은 노란색이다. 시든 꽃을 정기적으로 따주면 새 꽃이 피어난다.

‡1m ↔ 1.2m ❋ ❋ ❋ H5 ☼ ◌ ◌

무고소나무 '몹스'
Pinus mugo 'Mops'

둥그런 언덕 모양으로 자라는 상록수로, 두꺼운 줄기에 진녹색 바늘잎과 갈색 솔방울이 달린다. 해가 잘 드는 자리에서 가장 잘 자라고, 바위 정원이나 큰 화분에도 어울린다. 둥그런 수형 덕분에 대량으로 심으면 구름 같은 효과를 자아낸다.

‡1m ↔ 1m ❋ ❋ ❋ H7 ☼ ◌

뉴질랜드돈나무 '골프 볼'
Pittosporum tenuifolium 'Golf Ball'

소형 상록관목으로, 빽빽하고 낮게 자라며 공 모양을 형성한다. 밝은 녹색의 반짝이는 잎이 일 년 내내 신선한 느낌을 주므로, 식재 디자인에 구조를 더하고 싶을 때 좋은 선택이다. 화분에 기르기 좋다. 추운 곳에는 적합하지 않고, 해안가 정원에 잘 어울린다.

‡1m ↔ 1m ❋ ❋ H4 ☼ ◌ ◌

뉴질랜드돈나무 '톰 섬'
Pittosporum tenuifolium 'Tom Thumb'

인기 높은 소형의 상록관목이다. 광택 나는 자주색 잎은 살짝 주름이 졌으며, 촘촘하고 둥그런 모습으로 자란다. 봄이면 자주색 잎을 배경으로 연두색 새잎이 싱싱하게 돋아 대조를 이룬다. 추운 곳에서 기르기에는 적합하지 않고, 해안가 정원에 잘 어울린다.

‡1m ↔ 1m ❋ ❋ H4 ☼ ◌

애기돈나무
Pittosporum tobira 'Nanum'

어린잎이 에나멜가죽처럼 반짝이는 상록수로, 비바람이 없는 정원을 위한 탁월한 선택이다. 성장이 느리고, 넓적한 연두색 잎이 조밀하게 나고, 낮은 언덕 모양으로 자란다. 초여름에 달콤한 향의 미색 꽃이 핀다. 추운 지역이라면 화분에서 길러보자.

‡1m ↔ 1.2m ❋ ❋ H3 ☼ ◌

❋❋❋ H7-H5 추위에 강함.   ❋❋ H4-H3 온화하거나 비바람이 없는 곳에서 잘 자람.   ❋ H2 겨울 서리로부터 보호가 필요함.   ❋ H1c-H1a 서리를 견디지 못함.

☀ 양지   ☀ 반양지   ☀ 음지   ◌ 배수가 잘되는 토양   ◐ 축축한 토양   ● 습지

물싸리 '애버츠우드'
Potentilla fruticosa 'Abbotswood'

둥그렇게 자라는 키 작은 관목으로, 여름과 초가을이면 청록색의
갈라진 잎을 배경으로 작고 흰 꽃들이 가득 핀다. 물싸리는 작고
무성하게 자라는 낙엽수로, 개화기가 길어서 혼합 식재 화단에
심거나 낮은 생울타리로 제격이다.

↕75cm ↔1.2m ❋❋❋ H7 ☀ ◌

물싸리 '골든핑거'
Potentilla fruticosa 'Goldfinger'

물싸리의 품종은 다양해서 흰색, 노란색, 주황색에서 분홍색과
빨간색에 이르기까지 꽃 색깔의 선택지가 넓다. '골든핑거'는
늦봄에서 가을까지 접시 모양의 진노랑색 큰 꽃으로 뒤덮이는데,
잎은 작고 진녹색을 띤다.

↕1m ↔1.5m ❋❋❋ H7 ☀ ◌

월계귀룽나무 '자벨리아나'
Prunus laurocerasus 'Zabeliana'

무성하게 자라는 상록관목으로, 컵 모양의 향기로운 흰 꽃이
수상꽃차례로 길게 피어나는 봄에 가장 보기 좋다. '자벨리아나'는
키가 작고 넓게 퍼지는 습성이 있어서 지면을 덮기에 적합하다.
꽃이 지면 체리 같은 빨간 열매가 맺히고 검게 익어간다.

↕1m ↔2.5m ❋❋❋ H5 ☀ ◌ ◐ ●

만병초 '골든 토치'
Rhododendron 'Golden Torch'

소형의 상록관목으로 잎은 중간 크기이며 꽃이 아름다워 인기가
높다. 늦봄에서 초여름 사이 새먼핑크색 봉오리에서 미색 꽃이
고깔 모양으로 피어나는데, 꽃들이 트러스 구조로 연결되어 있다.
산성 토양과 반음지에서 잘 자란다.

↕1.5m ↔1.5m ❋❋❋ H6 ☀ ◌ ◐

아잘레아 '구레노유키'
Rhododendron 'Kure-no-yuki' (Kurume)

조밀하게 자라는 성질의 소형 철쭉으로, 잎은 자그맣고 한봄에
순백색 꽃들이 무리 지어 핀다. 산성의 깊은 토양과 비바람이
들이치지 않는 환경을 좋아하며, 삼림 정원의 나무 그늘 아래서
가장 잘 자란다. '구레노유키'는 일본식 정원에 잘 어울린다.

↕1m ↔1m ❋❋❋ H5 ☀ ◌ ◐

장미 '안나 포드'
Rosa ANNA FORD ('Harpiccolo')

장미는 품종이 아주 많아 거의 모든 상황에 대응할 수 있지만,
화분이든 담장이든 화단이든 대부분 양지바른 자리를 좋아한다.
'안나 포드'는 소형의 플로리분다 계열 장미로 잎은 진녹색이다.
여름에서 가을까지 주홍색이 감도는 빨간색 반겹꽃이 핀다.

↕45cm ↔40cm ❋❋❋ H6 ☀ ◌ ◐

장미 포 유어 아이즈 온리
Rosa FOR YOUR EYES ONLY ('Cheweyesup')

아름답고 활기 넘치며 가시가 많다. 연분홍색 꽃의 중심은 진한
분홍색이다. 늦여름에 피기 시작하며, 시든 꽃을 따주면 첫서리가
내릴 때까지 개화가 지속된다. 기르기 쉽고 병에도 강하다.
해마다 가지치기를 해서 작게 유지하는 것이 좋다.

↕1.4m ↔1.4m ❋❋❋ H6 ☀ ◌

장미 '골든 윙스'
Rosa 'Golden Wings'

무성하게 퍼져 자라는 관목으로, 울타리나 화단에 알맞다. 줄기에는
가시가 많고 연녹색 잎이 달린다. 여름부터 가을까지 컵 모양의
연노랑색 홑꽃이 향기롭게 피어난다. 해가 풍부하게 드는 자리에
심으면 계속해서 꽃을 피운다. 꽃이 지면 녹황색 로즈힙이 열린다.

↕1.1m ↔1.3m ❋❋❋ H6 ☀ ◌ ◐

가을과 겨울에 꽃이 피는 관목

키 작은 관목

장미 '펄 드리프트'
Rosa PEARL DRIFT ('Leggab')

왕성하게 자라는 관목으로, 퍼져 자라는 습성이 있다. 광택 나는 진녹색 잎을 배경으로, 은은한 향을 풍기는 연분홍색 반겹꽃이 여름에서 가을까지 무리 지어 핀다. 전원주택 정취의 혼합 식재 화단에 잘 어울린다. '레그갭'이라는 이름으로 불리기도 한다.

↕1m ↔1.2m ❀ ❀ ❀ H6 ☼ ◌ ◑

장미 '더 페어리'
Rosa 'The Fairy' (Poly)

화단이나 화분에 알맞은 소형 품종인 '더 페어리'는 조밀하게 자라 폭신한 쿠션을 연상시킨다. 가시 달린 줄기를 작고 윤기 나는 잎이 뒤덮는다. 늦여름에서 가을까지 분홍색의 작은 겹꽃이 가득 피어난다.

↕60~90cm ↔60~90cm ❀ ❀ ❀ H6 ☼ ◌ ◑

장미 '와일드이브'
Rosa WILDEVE ('Ausbonny')

긴 아치형 줄기가 무성하게 자라는 튼튼한 품종이다. 꽃봉오리는 분홍색이고, 살굿빛 도는 분홍색의 향기로운 겹꽃이 늦봄에서 초여름까지 피어난다. '와일드이브'는 혼합 식재 화단이나 생울타리로 심기 알맞다. 공식 명칭은 '오스보니'이다.

↕1.1m ↔1.25m ❀ ❀ ❀ H7 ☼ ◌ ◑

루
Ruta graveolens

운향이라고 부르기도 하는데, 향기롭고 깊게 갈라진 청록색 잎을 즐기기 위해 기르는 상록관목이다. 종종 약초로 쓰인다. 여름에 노란색 꽃이 핀다. '잭맨스 블루'는 흰빛이 도는 청록색 잎이 특징인 소형 품종이다.

↕1m ↔75cm ❀ ❀ ❀ H5 ☼ ◌

살비아 '블루 스파이어'
Salvia 'Blue Spire'

톱니 모양의 회녹색 잎이 풍성하게 자란다. 늦여름, 곧게 자란 회백색 줄기에 관 모양의 청보라색 작은 꽃들이 첨탑처럼 아름답게 핀다. 화단에서 키우면 눈길을 끄는데, 그룹으로 심을 때 특히 효과적이다. 겨울에 서리 내린 듯 보이는 줄기가 매력적이다.

↕1.2m ↔1m ❀ ❀ ❀ H5 ☼ ◌

살비아 미크로필라
Salvia microphylla

늦여름에서 가을까지, 초록과 진초록을 띠는 잎들 사이에서 진홍색 꽃이 핀다. 철 지난 화단이나 허브 정원에 다채로운 색깔을 부여해준다. 가장 아름다운 꽃을 보기 위해서는 해가 잘 드는 자리에 심어야 한다.

↕90~120cm ↔60~100cm ❀ ❀ H4 ☼ ◌

세이지 '푸르푸라스켄스'
Salvia officinalis 'Purpurascens'

상록관목 또는 반상록의 다년생으로, 솜털 같은 잎은 향기롭다. 어린잎은 보라색이고 자라면서 점차 회녹색으로 변한다. 식용 허브인데, 자갈 정원이나 혼합 식재 화단에 관상용으로 심기도 한다. 초여름과 한여름에 청보라색 꽃이 수상꽃차례로 핀다.

↕80cm까지 ↔1m ❀ ❀ H4 ☼ ◌

세이지 '트라이컬러'
Salvia officinalis 'Tricolor'

회녹색 잎에 미색 테두리가 있고, 어린잎은 분홍빛을 띤다. 아담한 크기로 자라며, 해가 잘 드는 곳에서 기를 때 색깔이 가장 아름답다. 잎에서는 향기가 나며 요리에 쓸 수 있다. 꽃은 벌과 나비들이 좋아한다.

↕80cm까지 ↔1m ❀ ❀ ❀ H5 ☼ ◌

로즈마리
Salvia rosmarinus

지중해 원산의 강인한 상록관목으로, 향기로운 잎을 즐기기 위해 기른다. 곧게 자라며, 잎은 가늘고 가죽질이다. 봄 중순에서 초가을까지 정보라색에서 흰색에 이르는 관 모양 꽃이 핀다. 배수가 잘되는 곳에서 잘 자라고, 바위 정원이나 허브 정원에 어울린다.

↕1.5m ↔1.5m ❀ ❀ H4 ☼ ◌

❀❀❀ H7-H5 추위에 강함.　❀❀ H4-H3 온화하거나 비바람이 없는 곳에서 잘 자람.　❀ H2 겨울 서리로부터 보호가 필요함.　❀ H1c-H1a 서리를 견디지 못함.

☼ 양지　☀ 반양지　☀ 음지　◊ 배수가 잘되는 토양　◗ 축축한 토양　◆ 습지

산톨리나 핀나타 '술푸레아'
Santolina pinnata subsp. *neapolitana* 'Sulphurea'

지중해가 원산인 상록관목으로, 키가 작고 반구형으로 자란다. 솜털 같은 가느다란 회녹색 잎 위로 긴 줄기가 올라와 관 모양의 연노란색 꽃들이 모여 피는데 단추처럼 보인다. 가장자리에 심기 좋으며, 지중해식 정원을 꾸미는 데에도 유용하다.

↕75cm ↔1m ❀❀❀ H5 ☼ ◊

사르코코카 후케리아나 디기나
Sarcococca hookeriana var. *digyna*

겨울에 꽃을 피우는 강인한 상록관목으로, 정원 내 척박한 땅에서 유용하다. 건조하고 그늘진 곳, 오염된 공기도 잘 견디며 자주 돌보지 않아도 괜찮다. 진녹색 잎은 좁고 가늘며, 흰 꽃은 매우 향기로워 인기가 높다. 꽃이 지면 검은 열매가 맺힌다.

↕1.5m ↔2m ❀❀❀ H5 ☀ ☀ ◊ ◗

사르코코카 후케리아나 '윈터 젬'
Sarcococca hookeriana WINTER GEM ('Pmoore03')

잘생긴 소형 상록수로, 잎이 많은 줄기는 곧게 뻗고 곁눈이 자라는 성질이 있으며 넓고 단정한 모양으로 성장한다. 반짝이는 진녹색 타원형 잎은 작지만 향이 강한 흰색의 겨울 꽃과 대조를 이룬다. 꽃은 특유의 붉은 봉오리에서 풍성하게 피며, 향이 널리 퍼진다.

↕70cm ↔1m ❀❀❀ H5 ☼ ☀ ◊

버크우드분꽃나무 '앤 러셀'
Viburnum x *burkwoodii* 'Anne Russell'

소형의 낙엽관목 또는 반상록관목으로, 한봄부터 늦봄까지 향기로운 흰 꽃이 무리 지어 피어난다. '앤 러셀'은 관목 화단이나 삼림 정원에 알맞다. 좌석 공간이나 통로 가까이 심어서 봄의 향기를 만끽하라.

↕1.5m ↔1.5m ❀❀❀ H6 ☼ ☀ ◊ ◗

비브르눔 다비디
Viburnum davidii

상록관목으로, 줄기에 반짝이는 진녹색 잎들이 둥근 모양을 형성한다. 타원형 잎에는 잎맥이 뚜렷하고, 그 위로 늦봄에 꽃이 피는데, 작고 흰 꽃들이 납작한 송이를 이룬다. 암그루와 수그루를 함께 심으면 암그루에서 금속성 푸른빛을 띤 열매가 열린다.

↕1~1.5m ↔1~1.5m ❀❀❀ H5 ☼ ☀ ◊ ◗

빈카 '라 그라브'
Vinca minor 'La Grave'

야생에서는 삼림 지대에서 자라는데, 가느다란 줄기에서 별 모양의 장식성 강한 꽃이 핀다. 비록 강력하게 번져서 정기적으로 쳐내야 할 수도 있지만, 상록의 잎과 어여쁜 꽃이 지면을 덮는 모습은 매력적이다. '라 그라브'는 연보라색 꽃이 핀다.

↕10~20cm ↔무한대 ❀❀❀ H6 ☼ ☀ ◊ ◗

붉은병꽃나무 '폴리스 푸르푸레이스'
Weigela florida 'Foliis Purpureis'

아치형으로 자라는 낙엽관목이다. 늦봄에서 초여름에 고깔 모양 꽃이 피는데, 겉은 진분홍색이고 안쪽은 연분홍 또는 흰색이다. 끝이 좁다란 구릿빛 도는 녹색 잎을 배경으로 꽃이 피면 매력적이다. 혼합 식재 화단이나 관목 화단에 어울린다.

↕1m ↔1.5m ❀❀❀ H6 ☼ ☀ ◊

실유카 '브라이트 에지'
Yucca filamentosa 'Bright Edge'

조형미를 극적으로 보여준다. 덥고 건조한 장소에 알맞으며, 따뜻한 정원에서 좋은 관상수가 된다. 한여름에서 늦여름에 꽃대에서 종 모양 꽃이 피는데 초록빛이 살짝 도는 흰색이다. '브라이트 에지'의 잎은 가장자리에 노란색 무늬가 넓게 있다.

↕75cm ↔1.5m ❀❀❀ H5 ☼ ◊

상록관목

덩굴식물

쥐다래
Actinidia kolomikta

낙엽성 덩굴식물로, 가장 큰 매력은 잎이다. 어린잎은 자주색을 띠고, 자라면서 진녹색으로 변하는데 독특한 분홍색과 은색 무늬가 생긴다. 초여름에 은은한 향을 내는 작고 흰 꽃이 핀다. 개성을 드러내기까지 오래 걸리지만 기다릴 만한 가치가 있다.

↕5m ❈ ❈ H5 ☀ ◐

으름덩굴
Akebia quinata

활기찬 반상록으로 매력적인 잎과, 휘감으며 자라는 강한 덩굴줄기가 있다. 컵 모양의 자주색 암꽃이 봄에 피고, 뒤이어 특이하게도 소시지처럼 생긴 열매가 열린다. 벽을 타고 자라게 하거나, 나무나 퍼걸러를 휘감고 자라게 하라.

↕10m ❈ ❈ H6 ☀ ◐ ◐ ◑

개머루
Ampelopsis brevipedunculata

낙엽성의 활기찬 덩굴식물로, 매력적인 잎과 열매를 즐기려고 키운다. 여름에 초록색 작은 꽃이 핀다. 이어서 자주색 열매가 열리고 선명한 푸른색으로 변해간다. 양지바른 곳에서 열매가 잘 열리므로 따뜻하고 비바람이 적은 담장에 심으면 좋다.

↕5m ❈ ❈ H6 ☀ ◐ ◐ ◑

나팔능소화 '마담 게일런'
Campsis x tagliabuana 'Madame Galen'

성장이 빠른 낙엽성 덩굴식물로, 공기뿌리로 매달려 자란다. 진녹색의 잎을 배경으로 늦여름이나 초가을에 관 모양 다홍색 꽃이 무리 지어 피어 눈길을 끈다. 자리를 잡기까지 몇 계절이 걸릴 수도 있다.

↕3~5m ❈ ❈ H4 ☀ ◐ ◑

클레마티스 아르만디
Clematis armandi

클레마티스 중 인기 있는 품종이다. 활기찬 덩굴식물로 내한성 강한 상록수로 꼽힌다. 잎은 광택 나는 진녹색이며, 초봄에 향기로운 작고 흰 꽃이 풍성하게 핀다. 햇빛이 잘 들고 비바람이 없는 자리를 좋아하며, 벽을 초록 잎으로 쉽게 덮어줄 것이다.

↕3~5m ❈ H4 ☀ ◐ ◐ ◑

클레마티스 '빌 매켄지'
Clematis 'Bill MacKenzie'

활기차게 뻗어가는 품종이다. 늦여름과 가을에 작고 노란 홀꽃이 피는데 흔들리는 등불처럼 보인다. 뒤이어 비단실 같은 커다란 씨앗이 모습을 드러낸다. 철사나 망 따위로 지지해주거나, 관목이나 나무를 타고 기어가도록 해준다.

↕7m ❈ ❈ ❈ H6 ☀ ◐ ◐ ◑

클레마티스 '에투알 바이올렛'
Clematis 'Étoile Violette'

낙엽성 덩굴식물로 한여름에서 늦가을까지 꽃이 가득 핀다. 진보라색 작은 꽃은 흔들거리며, 수술은 미색을 띤다. 꽃은 그해에 새로 자란 부분에 피어난다. '에투알 바이올렛'은 다른 관목이나 담, 울타리 등을 타고 자랄 수 있다.

↕3~5m ❈ ❈ H6 ☀ ◐ ◐ ◑

클레마티스 플로리다 '시에볼디아나'
Clematis florida var. *florida* 'Sieboldiana'

낙엽성 또는 반상록의 덩굴식물이다. 늦봄이나 여름에 화려한 미색 홀꽃이 피는데 보라색의 반구형 수술이 독특하다. 따뜻하고 해가 살 들며 비바람이 없는 곳을 좋아하는데, 이때 뿌리가 있는 자리는 그늘지고 습해야 한다. 큰 화분에서 길러도 좋다.

↕2~2.5m ❈ H3 ☀ ◐ ◐ ◑

클레마티스 '훌딘'
Clematis 'Huldine'

여름에 꽃이 피는 활기 넘치는 낙엽성 덩굴식물로, 담이나 울타리에 심기 적당하다. 컵 모양의 작고 흰 꽃은 반투명한 느낌이며, 꽃의 가장자리와 밑면에 연보라색 무늬가 있다. 햇빛에서 보면 무늬가 더욱 선명하게 보여 더 매력적이다.

↕3~5m ❈ ❈ ❈ H6 ☀ ◐ ◐ ◑

❋❋❋ H7-H5 추위에 강함.   ❋❋ H4-H3 온화하거나 비바람이 없는 곳에서 잘 자람.   ❋ H2 겨울 서리로부터 보호가 필요함.   ❀ H1c-H1a 서리를 견디지 못함.

☼ 양지   ☼ 반양지   ☀ 음지   ◌ 배수가 잘되는 토양   ◐ 축축한 토양   ◗ 습지

클레마티스 '마캄즈 핑크'
Clematis 'Markham's Pink'

개화가 빠르고 원기 왕성하며 꽃이 많이 피는 품종이다.
봄에서 초여름까지 종 모양의 분홍색 겹꽃이 풍성하게
피어난다. 가을에는 비단실 같은 씨가 맺힌다. 관목이나 작은
나무, 또는 담이나 울타리를 타고 자라도록 키워보라.

↕2.5~3.5m ❋❋❋ H6 ☼ ◌ ◗

클레마티스 몬타나 '테트라로즈'
Clematis montana var. *montana* 'Tetrarose'

왕성하게 자라는 낙엽성 덩굴로, 울타리나 정원 건물을 덮는 데
유용하다. 늦봄에 꽃이 피어 폭포처럼 흘러넘치는데, 연분홍의
큰 꽃은 꽃잎이 4장이고, 중앙에는 황금색 수술이 있다. 개화는
몇 주 동안 지속된다. 잎은 구릿빛이 감돈다.

↕8m ❋❋ H5 ☼ ◌

에크레모카르푸스 스카베르
Eccremocarpus scaber

성장이 빠른 다년생 상록 덩굴식물로 양치식물을 닮은 잎이
매력적이다. 따뜻한 지역에서 키우면 격자 지지대나 퍼걸러를
빠르게 뒤덮으며, 큰 관목이나 작은 나무를 기어오르기도 한다.
늦봄에서 가을까지 관 모양의 주홍색 꽃이 핀다.

↕3~5m ❋ H3 ☼ ◌

하르덴베르기아 비올라케아
Hardenbergia violacea

쑥쑥 자라는 호주 원산의 덩굴식물이다. 양지바른 실외에서 가장
잘 자라지만, 추운 지역이라면 온실에서 키우는 것이 알맞다.
늦겨울에서 초여름까지, 가죽질의 진녹색 잎 위로 완두콩 같은
보라색 꽃이 무리 지어 핀다.

↕2m 또는 그 이상 ❋ H3 ☼ ☼ ◌

콜치카아이비 '설퍼 하트'
Hedera colchica 'Sulphur Heart'

콜치카아이비 중 '설퍼 하트'와 '덴타타 바리에가타' 모두 연두색
큰 잎에 미색 무늬가 있다. 다만 '설퍼 하트'는 성장이 더 빠르고
잎이 더 길쭉하며, 무늬가 있는 미색 부분에 노란빛이 돈다.
'패디스 프라이드'라고 부르기도 한다.

↕5m ❋❋❋ H5 ☼ ◌ ◗

아이비 '오로 디 보글리아스코'
Hedera helix 'Oro di Bogliasco'

'골드하트'라고도 부르며, 광택 나는 짙은 색 상록의 잎 가운데에
황금색 무늬가 있다. 기어오르는 힘이 뛰어나 담장에서 키우기
좋은데, 자리 잡기까지는 시간이 걸려도 그 뒤로는 빠르게 자란다.
무늬가 있는 대개의 아이비와는 달리 그늘에서도 잘 자란다.

↕8m ❋❋❋ H5 ☼ ☼ ◌ ◗

아이비 '파슬리 크레스티드'
Hedera helix 'Parsley Crested'

이름에서 알 수 있듯, 진녹색 잎의 가장자리는 파슬리처럼 물결
모양이다. 기어오르는 힘이 강한 활기 넘치는 상록수로 굵고 곧게
자라는 줄기가 있다. 강하고 기르기 쉬우며 정원 담장과 울타리에
이상적이다. 다만 공기뿌리가 오래된 벽돌을 손상시킬 수 있다.

↕2m ❋❋❋ H5 ☼ ◌ ◗

황금호프
Humulus lupulus 'Aureus'

양지바른 곳에서 가장 멋진 색깔을 보여주지만, 그늘진 담과
울타리에서 길러도 좋다. 튼튼한 다년생 초본 덩굴식물로,
깊게 갈라진 연두색 잎과 휘감으며 자라는 털이 난 줄기가 있다.
늦여름에 암꽃이 피는데, 이 꽃이 맥주의 원료인 호프다.

↕6m ❋❋❋ H6 ☼ ☼ ◌ ◗

봄과 여름에 꽃이 피는 덩굴식물

덩굴식물

등수국
Hydrangea anomala subsp. *petiolaris*

활기 넘치는 수국으로, 여름에 둥글넓적한 잎 위로 커다란 레이스 모자 형태의 미색 꽃이 핀다. 진갈색 줄기는 수피가 벗겨지는 성질이 있다. 자리를 잡을 수 있도록 어릴 때는 지지대를 받쳐주어야 하고, 그다음부터는 공기뿌리로 스스로 기어오른다.

↕15m ❋ ❋ ❋ H5 ☀ ◑ ◌ ◊

약자스민 '아르겐테오바리에가툼'
Jasminum officinale 'Argenteovariegatum'

튼튼하게 자라는 반상록 식물로, 양치식물 같은 어여쁜 잎이 있고 여름이면 별 모양의 흰 꽃이 강한 향을 풍기며 무리 지어 핀다. 무늬가 있는 품종인 '아르겐테오바리에가툼'은 회녹색 잎이 섬세하게 갈라졌으며, 테두리에 미색 무늬가 있다.

↕12m ❋ ❋ ❋ H5 ☀ ◑ ◌ ◊

더치인동 '세로티나'
Lonicera periclymenum 'Serotina'

휘감으며 활기차게 자라는 덩굴식물이다. 단독으로, 또는 작은 나무나 관목을 타고 자랄 수 있다. 봄에 잎이 무성하게 나며, 어린잎은 자줏빛을 띤다. 여름에 긴 관 모양의 향기로운 미색 꽃이 피는데 진홍색 무늬가 있다.

↕7m ❋ ❋ ❋ H6 ☀ ◑ ◌

은선담쟁이덩굴
Parthenocissus henryana

낙엽성의 관상용 덩굴로, 덩굴손 끝부분이 끈끈해서 표면에 달라붙어 담을 타고 자라는 데에 유리하다. 부분적으로 그늘진 곳에서 최고의 색깔을 보여준다. 은색 잎맥이 있는 잎은 가을에 진한 붉은색으로 물들었다가 떨어진다.

↕10m ❋ ❋ ❋ (경계) H4 ☀ ◑ ◌ ◊

담쟁이덩굴 '베이트키'
Parthenocissus tricuspidata 'Veitchii'

원기 왕성하고 울창하게 자라기 때문에 다른 도움 없이도 담장이나 지지대를 아주 빠르게 덮어버린다. '베이트키'는 가을에 단풍색이 아름답기로 유명한데, 초록색 잎이 진홍색으로 물들었다가 낙엽이 진다.

↕20m ❋ ❋ ❋ H5 ☀ ◊

시계꽃
Passiflora caerulea

햇빛이 잘 들고 따뜻한 담이나 울타리에 적합한 덩굴식물이다. 진녹색의 갈라진 잎이 나고, 성장이 빠르다. 꽃이 매우 매력적인데, 꽃잎은 대개 흰색이며 보라색, 파란색, 흰색 부화관이 있다. 주황색 열매가 열리는데 장식적이긴 하나 먹을 수는 없다.

↕10m 또는 그 이상 ❋ ❋ H4 ☀ ◌ ◊

장미 '컴패션'
Rosa 'Compassion'

하이브리드 타이 장미로 잎은 진녹색이고, 곧게 자라며 자유롭게 가지를 뻗으며 기어오른다. 꽃잎이 풍성한 겹꽃이 둥글게 피는데, 새먼핑크색으로 향기롭다. 여름에서 가을까지 개화하며, 시든 꽃을 따주면 더 오래 꽃을 볼 수 있다. 담장에서 키우면 좋다.

↕3m ❋ ❋ ❋ H6 ◌ ◊ ◊

장미 '펠리시테 페르페튀'
Rosa 'Félicité Perpétue'

반상록 덩굴장미로, 줄기는 길고 늘씬하며 잎은 진녹색이다. 여름에 꽃잎이 풍성한 겹꽃이 피는데, 연분홍색 꽃봉오리에서 분홍이 살짝 감도는 흰 꽃으로 핀다. 아치나 정자에서 기르면 아름다우며, 관목이나 작은 나무를 타고 오르게 할 수도 있다.

↕5m까지 ❋ ❋ ❋ H6 ☀ ◌ ◊

장미 '마담 알프레드 카리에르'
Rosa 'Madame Alfred Carrière'

멋지고 역사가 오래된 덩굴장미로, 활기차고 강해서 응달에서도 잘 자라고 꽃이 풍성하다. 녹색 줄기에는 가시가 적다. 크고 향기로운 겹꽃은 처음에는 연분홍색을 띠고 점차 흰색이 되어간다. 여름부터 서리가 내릴 때까지 우아하게 핀다. 기르기 쉽고 병충해에 강하다.

↕8m ↔2.5m ❋ ❋ ❋ H5 ☀ ◑ ☀ ◌

❋❋❋ H7-H5 추위에 강함.　❋❋ H4-H3 온화하거나 비바람이 없는 곳에서 잘 자람.　❋ H2 겨울 서리로부터 보호가 필요함.　❀ H1c-H1a 서리를 견디지 못함.
☼ 양지　☀ 반양지　❂ 음지　◊ 배수가 잘되는 토양　◐ 축축한 토양　● 습지

장미 '제너러스 가드너'
Rosa THE GENEROUS GARDENER ('Ausdrawn')

튼튼하고 훌륭한 덩굴장미다. 개화가 거듭 지속되고 병충해에 강한 현대적인 특성과, 옛 품종의 아름다움을 동시에 지니고 있다. 여름부터 가을까지 연분홍색 반겹꽃이 달콤한 향기를 내며 연속해서 피어난다. 잎은 밝은 녹색이며 광택이 있다.

↕3m ↔1.5m ❋❋❋ H6 ☼☀ ◐ ◊

중국바위수국
Schizophragma integrifolium

성장이 느린 식물로, 수국을 닮은 꽃을 보기 위해 키운다. 여름에 뾰족한 초록 잎들 위로 미색의 납작한 두상화가 피는데, 타원형 미색 포엽이 눈길을 끈다. 공기뿌리로 담장 표면에 달라붙어 자란다.

↕12m ❋❋❋ H5 ☼☀ ◐

칠레배풍등 '글레스네빈'
Solanum crispum 'Glasnevin'

활기차게 뻗어가는 칠레배풍등은 따뜻하고 양지바른 담장이나 울타리에 제격이다. '글레스네빈'은 온화한 지역에서는 상록수로 자라는데, 여름에서 가을까지 짙은 청보라색 별 모양 꽃이 가득 피어 오래간다. 관목이나 작은 나무를 타고 오르게 가꾸면 좋다.

↕6m ❋❋ H3 ☼☀ ◊ ◐

솔라눔 락크숨 '알붐'
Solanum laxum 'Album'

반상록 또는 상록의 덩굴식물로, 영어명은 '감자 덩굴'이라는 뜻이다. 여름에서 가을까지 긴 기간 동안 은은한 향을 풍기는 꽃이 무리 지어 핀다. 대개는 파란 꽃이 피는데 '알붐' 품종은 흰 꽃이 핀다.

↕6m ❋❋ H3 ☼☀ ◐ ◐

트로파에올룸 스페키오숨
Tropaeolum speciosum

휘감아 오르는 다육질의 줄기, 긴 잎자루에서 나오는 갈라진 모양의 잎이 있다. 나무나 관목, 생울타리를 타고 오르게 키우면 화려한 꽃이 초록 잎과 대조를 이루어 보기 좋다. 여름에서 가을까지 붉은 꽃이 피고, 뒤이어 동그랗고 푸른 열매가 맺힌다.

↕3m까지 또는 그 이상 ❋❋❋ H5 ☼☀ ◐ ◐

머루
Vitis coignetiae

장식성 강한 잎과 단풍색을 즐기는 관상용 식물이다. 원기 왕성한 낙엽성 덩굴로, 하트 모양의 큰 잎은 밑면에 갈색 털이 있고, 가을이면 선홍색으로 물든다. 이때 작은 암청색 열매가 열리는데 먹을 수는 없다. 나무나 관목, 퍼걸러를 타고 오르게 길러보라.

↕15m ❋❋❋ H5 ☼☀ ◐ ◊

포도 '푸르푸레아'
Vitis vinifera 'Purpurea'

따뜻하고 햇볕이 잘 드는 담이나 울타리에 제격이다. 활기 넘치는 포도 덩굴이지만 열매는 먹을 수 없고 가을 단풍을 보기 위해 기른다. 목질의 낙엽성 덩굴식물로, 톱니 모양의 잎은 처음에는 회색이었다가 자주색으로 변해가며, 가을에는 진자주색이 된다.

↕7m ❋❋❋ H5 ☼☀ ◊ ◐

등 '물티주가'
Wisteria floribunda 'Multijuga'

초여름에 완두콩 모양의 화려한 꽃이 주렁주렁 드리우는데, 정원 디자이너들에게 인기가 많다. 작고 예쁜 잎이 있으며 활기차게 휘감으며 자라는 덩굴로, 품종이 다양하다. '물티주가'는 향기로운 연보라 꽃이 피고, '알바'는 흰 꽃이 핀다.

↕9m 또는 그 이상 ❋❋❋ H6 ☼☀ ◊ ◐

잎과 단풍을 즐기는 덩굴식물

키 큰 다년생식물

아칸투스 스피노수스
Acanthus spinosus

늦봄부터 한여름까지 뾰족한 진녹색 잎들 위로 보라색 포엽에 감싸인 흰 꽃이 수상꽃차례로 위풍당당하게 올라온다. 무리를 형성하며 자라며, 비옥한 흙을 좋아하고 뛰어난 조형미를 자랑한다. 절화를 꽃꽂이에 이용해도 좋다.

↕1.5m ↔60~90cm ❋ ❋ ❋ H5 ☀ ◐ ◌

아코니툼 '스파크즈 버라이어티'
Aconitum 'Spark's Variety'

투구꽃의 일종으로, 깊게 갈라진 진녹색 잎 위로 모자처럼 생긴 진보라색 꽃이 핀다. 한여름에서 늦여름까지 꽃이 피는데, 삼림 정원 또는 화단의 습하고 기름진 땅에서 가장 잘 자란다. 키가 크게 자라면 지지대가 필요하다. 모든 부위에 독성이 있다.

↕1.2~1.5m ↔45cm ❋ ❋ ❋ H7 ☀ ◐ ◌

대상화
Anemone x hybrida

늦여름에서 한가을까지 분홍색의 반겹꽃이 가느다란 줄기 위에서 핀다. '오노린 조베르'는 흰 꽃이 피는 종으로, 정원의 어느 곳에 심든 자리를 환히 밝혀줄 것이다. 비옥한 흙을 좋아하고, 겨울에는 춥고 습한 환경을 싫어한다.

↕1.2~1.5m ↔무한대 ❋ ❋ ❋ H7 ☀ ◐ ◌

아스포델리네 루테아
Asphodeline lutea

별 모양의 노란 꽃이 정원에서 폭죽처럼 피어나면 늦봄에 피는 다른 여러해살이 꽃들보다 도드라져 보인다. 눈길을 사로잡는 청록색 잎은 꽃의 키만큼 자란다. 무리를 지어 자라며, 배수가 잘되는 토양에서 기르기 적합하다.

↕1.5m ↔30cm ❋ ❋ ❋ (경계)H4 ☀ ◌

밥티시아 아우스트랄리스
Baptisia australis

늦봄이나 초여름에 개화하는 여러해살이로, 파란색 또는 보라색 꽃이 완두콩 모양으로 핀다. 꽃은 곧게 자란 튼튼한 줄기 꼭대기에 피는데, 줄기에는 셋으로 갈라진 모양의 생기 넘치는 잎이 무성하게 달린다. 꽃이 지면 씨앗 꼬투리가 맺힌다.

↕1~1.5m ↔1m ❋ ❋ ❋ H7 ☀ ◌

케팔라리아 기간테아
Cephalaria gigantea

여름에 키 큰 꽃대에 연노란색 주름진 모양의 꽃이 피는데, 그 모습을 돋보이게 하려면 상당히 넓은 화단이 필요하다. 침엽수 울타리와 같이 짙은 색을 배경으로 두고 화단의 뒷자리에 심으면 두드러지는 대비 효과를 내는 데 가장 좋다.

↕2.5m까지 ↔60cm ❋ ❋ ❋ H7 ☀ ◐ ◌ ◌

엉겅퀴 '아트로푸르푸레움'
Cirsium rivulare 'Atropurpureum'

무리 지어 피는 여러해살이식물로, 진홍색 꽃이 피어 뾰족한 잎과 짝을 이룰 때 화단에서 더욱 인기를 끌 것이다. 야생 생물 정원의 습한 환경이 적합하며, 꽃이 피는 초여름에서 한여름에는 곤충들을 유인한다.

↕1.2m ↔60cm ❋ ❋ ❋ H7 ☀ ◌ ◌

꽃케일
Crambe cordifolia

색종이 조각을 흩뿌려놓은 듯한 작고 흰 꽃들은 공중에 걸려 있는 것처럼 보인다. 늦봄에서 한여름에 꽃이 구름처럼 피어나면, 진녹색 잎의 투박함이 감춰진다. 야생 생물 정원에 어울리며, 해안가 정원에서도 잘 자란다. 꽃은 벌들에게 인기가 많다.

↕2.5m까지 ↔1.5m ❋ ❋ ❋ H5 ☀ ◌

아티초크
Cynara cardunculus

꽃이 커다랗기로는 손에 꼽힌다. 사납게 생긴 포엽 위로 붓을 닮은 보라색 꽃이 피면, 여름과 초가을에 걸쳐 눈부신 장면이 펼쳐진다. 강한 바람은 피하도록 해주어야 하며, 추운 지역에서는 밑동 주위에 멀칭을 해준다.

↕1.5m ↔1.2m ❋ ❋ ❋ H5 ☀ ◌ ◌

❀❀❀ H7-H5 추위에 강함.　　❀❀ H4-H3 온화하거나 비바람이 없는 곳에서 잘 자람.　　❀ H2 겨울 서리로부터 보호가 필요함.　　❀ H1c-H1a 서리를 견디지 못함.

☼ 양지　　☀ 반양지　　☀ 음지　　◊ 배수가 잘되는 토양　　◖ 축축한 토양　　● 습지

델피니움 퍼시픽 하이브리즈
Delphinium Pacific Hybrids

코티지 정원에 잘 어울리는 키 큰 다년생식물로 파란색, 분홍색, 흰색, 보라색 등 색깔이 다채롭다. 여름 중반 즈음 꽃이 지면 줄기를 잘라서 늦여름과 초가을에 꽃이 다시 피도록 북돋아준다. 거센 바람으로부터 보호해주어야 한다.

↕1.2~2m ↔90cm ❀❀❀ H6~H5 ☼ ◊

디에라마 풀케리뭄
Dierama pulcherrimum

좁다란 초록 잎을 배경으로, 분홍색 종들이 낚싯대처럼 드리워져 살랑이는 바람에 우아하게 흔들리는 모습은 '천사의 낚싯대'라는 유쾌한 영어 이름에 딱 어울린다. 화단의 중앙에 심거나, 통로를 따라 가장자리에 심으면 보기 좋다.

↕1~1.5m ↔60cm ❀❀ H4 ☼ ◊

드리오프테리스 왈리키아나
Dryopteris wallichiana

덴마크의 식물 수집가인 나다니엘 윌리치의 이름을 딴, 낙엽성 양치식물이다. 봄에 셔틀콕처럼 생긴 녹색 어린잎이 멋진 모습을 드러내는데, 가운데잎줄은 황갈색 털로 덮여 있다. 비바람을 막아주고, 그늘과 넉넉한 깊이의 기름지고 습한 토양을 갖춰주라.

↕90cm 또는 그 이상 ↔75cm ❀❀❀❀ H5 ☀ ●

절굿대
Echinops bannaticus

야생 생물 정원에 적합한 식물이다. 한여름에서 늦여름까지 뾰족한 회녹색 잎들 위로 동그랗고 파란 꽃이 피는데, 벌들에게 인기가 많다. 조밀하게 자라면 가을에서 봄까지 포기나누기를 할 수 있다. '태플로 블루' 품종은 꽃이 담청색이다.

↕0.5~1.2m ↔75cm ❀❀❀ H7 ☼ ◊

용설에린지움
Eryngium agavifolium

아르헨티나가 원산으로, 화단에 심으면 드라마틱한 실루엣을 연출한다. 검 모양의 긴 잎은 로제트형으로 나는데, 가장자리에는 날카로운 가시가 있다. 연둣빛 감도는 흰 꽃은 원뿔 모양이며, 말려서 장식에 활용하기도 한다.

↕1~1.5m ↔60cm ❀❀ H4 ☼ ◊ ◖

자주회향
Foeniculum vulgare 'Purpureum'

아니스 향이 나는 씨와 깃털 같은 연두색 잎으로 잘 알려져 있는데, 씨와 잎 모두 요리에 쓰인다. 한여름에서 늦여름까지 노란색 작은 꽃들이 납작한 모양을 이루며 핀다. 자주회향은 회향 중에서도 내한성이 강하며, 자주색 잎이 특징이다.

↕1.8m ↔45cm ❀❀❀ H5 ☼ ◊

해바라기 '레몬 퀸'
Helianthus 'Lemon Queen'

화단 뒷줄에 심는 식물로 해바라기는 언제나 좋은 선택이 되며, '레몬 퀸'도 마찬가지다. 연노란색 꽃과 살짝 어두운 중심부를 지니고 있어서 더욱 절묘한 색상 선택이 될 것이다. 늦여름에서 한가을까지 오랫동안 꽃을 볼 수 있다.

↕1.7m ↔1.2m ❀❀❀ (경계) H4 ☼ ◊ ◖

대왕금불초
Inula magnifica

성장이 빠르고 무리를 형성하여 자라므로 공간이 여유로워야 한다. 늦여름이면 밑면에 부드러운 털이 달린 진녹색 잎들 위로, 크고 주름진 꽃잎이 달린 꽃이 한 번에 스무 송이까지 핀다. 야생 생물 정원에 이상적이며, 햇빛을 좋아하면서도 습한 토양을 잘 견딘다.

↕1.8m까지 ↔1m ❀❀❀ H6 ◊ ◖ ●

조형미가 뛰어난 다년생식물

키 큰 다년생식물

레우칸테멜라 세로티나
Leucanthemella serotina

데이지처럼 생긴 꽃이 크게 피어서 절화로 많이 쓰이며, 꽃병에서 오래간다. 원기 왕성한 식물로 줄기가 튼튼해서 지지대가 필요 없으며, 양지바른 곳에 있든 반음지에 있든 습한 환경을 좋아한다. 정원의 으슥한 부분을 환하게 밝혀주는 역할을 한다.

↕1.5m까지 ↔90cm ❀ ❀ ❀ H7 ☼ ◑ ◊ ◖

마클레아이아 미크로카르파 '켈웨이스 코럴 플럼'
Macleaya microcarpa 'Kelway's Coral Plume'

회녹색 잎들의 물결 위로 분홍색 꽃이 큰 무리를 지어 피는데, 초여름에서 한여름에 절정을 이룬다. 키가 크고 화려해 그 자체로 눈길을 끄는 가림막이 될 수 있고, 대형 혼합 식재 화단의 배경으로 심으면 좋다. 확산력이 강하다.

↕2.2m까지 ↔1m 또는 그 이상 ❀ ❀ ❀ H6 ☼ ◊ ◖

멜리안투스 마요르
Melianthus major

꽃보다는 가장자리가 톱니 모양인 회녹색 잎을 보기 위해 기른다. 해풍에 강하므로 해안가 정원에 심기 알맞다. 조형미를 갖춘 초점으로 삼거나, 정원에서 이 식물의 각진 모양을 감상하기 좋은 자리를 전략적으로 찾아 배치해보자. 서리에 약하다.

↕2~3m ↔1~3m ❀ ❀ H3 ☼ ◊ ◖

파초
Musa basjoo

키가 5m까지 자란다. 서늘한 기후에서 꽃도 피우고, 비록 먹을 수는 없지만 열매도 맺는다. 관상수로 이상적이며, 열대 분위기를 연출할 때 중심에 두면 좋다. 강한 바람에 잎이 찢어질 수 있으니 보호 대책이 필요하다.

↕5m까지 ↔4m까지 ❀ H2 ☼ ◖

풀협죽도 '블루 파라다이스'
Phlox paniculata 'Blue Paradise'

5장의 청보라색 꽃잎이 원뿔 모양을 이루며 피어 눈길을 끈다. 꽃잎의 중앙은 짙은 붉은색이고, 달콤하고 사랑스러운 향기를 내뿜는다. 한여름 지나서 튼튼한 적갈색 줄기에 꽃이 피는데, 지지대가 필요하지 않으며 개화는 몇 주 지속된다.

↕1.2m ↔60cm ❀ ❀ ❀ H7 ☼ ◑ ◖ ◊

신서란 푸르푸레움 그룹
Phormium tenax Purpureum Group

밑동에서 기다란 검 모양의 섬유질 잎이 솟아난다. 자주색 잎이 옅은 색의 다른 신서란이나 그래스들과 대조를 이룰 것이다. 아니면 화단에 심어 존재감을 드러낼 수도 있다. 비옥한 흙과 강한 햇빛을 좋아한다. 서리가 내리는 지역이라면 겨울에 멀칭을 하라.

↕2.5~2.8m ↔1m ❀ ❀ ❀ H5 ☼ ◊ ◖

롬네이아 코울테리 '화이트 클라우드'
Romneya coulteri 'White Cloud'

한번 자리를 잡으면 결국 나무 같은 여러해살이식물이 될 것이다. 중앙에 방울 같은 노란색 수술이 있는 크고 흰 꽃이 근사하다. 추위와 강풍, 서리로부터 보호해주고, 따뜻한 담장 밑에서 기르면 좋다.

↕1~2.5m ↔무한대 ❀ ❀ ❀ H5 ☼ ◊

살비아 울리기노사
Salvia uliginosa

남미가 원산지로, 늦여름에서 한가을까지 모습을 드러낸다. 녹색 톱니 모양의 잎 위로 각진 줄기에서 선명한 푸른색 꽃이 핀다. '보그(늪) 세이지'라는 영어명에서 알 수 있듯이 습기를 좋아한다. 키가 커서 양지바른 화단 뒷줄에 잘 어울린다.

↕2m까지 ↔90cm ❀ ❀ ❀ H4 ☼ ◖

셀리눔 왈리키아눔
Selinum wallichianum

섬세한 생김새가 특징인 미나리과 전호속의 하나로, 여름과 가을에 아주 우아한 꽃이 피는 다년생식물이다. 튼튼한 자주색 줄기 끝에 레이스 같은 흰 꽃이 아름답게 피고, 길라진 모양으로 나는 녹색 잎은 싱그럽다. 꽃이 시든 뒤에 꽃을 그대로 두면 겨울까지 간다.

↕1.5m ↔60cm ❀ ❀ ❀ H6 ☼ ◖

❀ ❀ ❀ H7-H5 추위에 강함.   ❀ ❀ H4-H3 온화하거나 비바람이 없는 곳에서 잘 자람.   ❀ H2 겨울 서리로부터 보호가 필요함.   ❀ H1c-H1a 서리를 견디지 못함.

☼ 양지   ☼ 반양지   ☼ 음지   ◊ 배수가 잘되는 토양   ◓ 축축한 토양   ● 습지

심포트리쿰 '오흐텐트글로른'
Symphyotrichum 'Ochtendgloren'

데이지를 닮은 연자주색 꽃은 늦여름에 줄기 끝에서 피어나 오래 지속된다. 튼튼한 식물로 깔끔한 모양으로 무리를 이루며 자라고, 정기적으로 나누어줄 필요는 없다. 화단을 환히 밝혀주며 화분에서도 키울 수 있다. 절화로도 좋다.

↕1.2m ↔80cm ❀ ❀ H4 ☼ ◊

꿩의다리 '엘린'
Thalictrum 'Elin'

키가 크게 자라는 다년생초본으로, 늦여름에 꽃이 핀다. 자주색 줄기 꼭대기에 미색 수술이 달린 연보라색 작은 꽃이 구름처럼 피어난다. 무리를 이루어 자라며, 청록색의 우아한 잎이 매력을 더한다. 지지대가 필요할 수 있다.

↕2.5m ↔1m ❀ ❀ ❀ H6 ☼ ● ◓

탈리크트룸 플라붐
Thalictrum flavum subsp. *glaucum*

꿩의다리의 일종으로, 무리 지어 자라는 여러해살이며 땅속줄기로 번식한다. 청록색 잎은 여름에 피는 연노란색 꽃과 조화를 이룬다. '일루미네이터'는 다른 품종에 비해 키가 크며 잎은 연두색을 띤다.

↕1m까지 ↔60cm ❀ ❀ ❀ H7 ☼ ● ◓

발레리아나 푸 '아우레아'
Valeriana phu 'Aurea'

어린잎은 부드러운 노란색이고, 여름이 되면 녹색 또는 황록색으로 변한다. 밑동과 가까운 잎에서는 향이 난다. 초여름에 작고 흰 꽃이 피어 볼거리를 완성한다. 야생에서는 삼림 지대에 자라는데, 코티지 정원이나 비정형적인 정원에 잘 어울린다.

↕1.5m까지 ↔60cm ❀ ❀ ❀ H5 ☼ ☼ ◓

베르바스쿰 '코츠월드 퀸'
Verbascum 'Cotswold Queen'

코티지 정원에 잘 어울리는 반상록의 여러해살이다. 접시 모양의 노란색 꽃이 수상꽃차례로 피어나 여름 정원을 환하게 밝혀줄 것이다. 키가 크므로 비바람에 노출된 정원에서 키우려면 지지대가 필요하다. 베르바스쿰은 대개 수명이 짧다.

↕1.2m ↔30cm ❀ ❀ ❀ H7 ☼ ◊

버들마편초
Verbena bonariensis

인기 있는 식물로 풀과 함께 기르면 진가를 발휘하는데, 가지 위에서 꽃이 필 때 디스플레이가 완성된다. 화단의 뒷줄에 심을 수도 있지만, 앞줄에 심으면 가느다란 줄기가 매력을 뽐낼 것이다. 개화기는 한여름부터 초가을까지다.

↕2m까지 ↔45cm ❀ ❀ H4 ☼ ◊ ●

버지니아냉초
Veronicastrum virginicum

여름부터 가을까지, 귀엽게 생긴 꽃이 정원에 흰색, 분홍색, 보라색의 색조를 선사한다. 순백색의 꽃을 원한다면 '알붐' 품종을 찾아 길러보라. 잎 색깔이 어두운 관엽식물과 함께 기르면 최고의 효과를 낼 수 있다.

↕2m까지 ↔45cm ❀ ❀ ❀ H7 ☼ ☼ ◓

버지니아냉초 '패시네이션'
Veronicastrum virginicum 'Fascination'

여름에 꽃이 피는 여러해살이로, 인상이 강렬하고 믿음직하다. 곧게 자라는 줄기에는 창 모양 잎이 나고, 줄기 끝에는 연보라색 작은 꽃들이 가느다란 첨탑처럼 피어난다. 개화는 가을까지 지속되고, 가루받이 곤충들에게 인기가 높다. 지지대는 거의 필요 없다.

↕1.5m ↔1m ❀ ❀ ❀ H7 ☼ ☼ ◓

야생 생물을 유인하는 다년생식물

중간 키 다년생식물

꽃톱풀 '락스쇤하이트'

Achillea 'Lachsschönheit' (Galaxy Series)

깃털 같은 잎, 크고 납작한 새먼핑크색 꽃이 무리 지어 피는 다년생식물이다. 연어의 색과 닮아서 '새먼 뷰티'라고 불리기도 한다. 야생화와 어우러지게 심거나 혼합 식재 화단에서 기르면 좋다. 색상 종류가 다양한 갤럭시 하이브리드 시리즈의 하나.

↕75~90cm ↔60cm ❊ ❊ ❊ H7 ☼ ◊ ◊

꽃톱풀 '타이게티아'

Achillea 'Taygetea'

여름에서 가을까지 연노란색의 큰 꽃이 피어나면 꿀을 찾아다니는 여름 곤충들에게 완벽한 착륙장이 된다. 섬세하게 자른 모양의 회녹색 잎이 줄기를 따라 나와서 꽃과 대조를 이루며 꽃을 돋보이게 만든다.

↕60cm ↔45cm ❊ ❊ ❊ H7 ☼ ◊ ◊

꽃배초향 '블랙애더'

Agastache 'Blackadder'

늦여름부터 가을까지 사랑스러운 청보라색 꽃이 피는, 곧게 자라는 여러해살이다. 향기롭고 싱그러운 녹색 잎은 톱니 모양이고, 그 위로 거룩한 스파이크가 올라와 꽃이 핀다. 가루받이 곤충들이 좋아한다. 개방되어 있되 비바람이 없는 곳에 심으면 가장 좋다.

↕0.8~1m ↔60cm ❊ ❊ H4 ☼ ◊ ◊

히말라야떡쑥

Anaphalis triplinervis

정원에서 기르기 쉬운 식물로, 하얀색과 은색으로 강조된 화단에 심으면 아주 효과적이다. 한여름부터 늦여름까지 꽃이 무리 지어 피는데, 흰색의 얇은 포엽이 있다. 절화로 활용하기 좋다.

↕80~90cm ↔45~60cm ❊ ❊ ❊ H7 ☼ ◊

새매발톱꽃 '윌리엄 기네스'

Aquilegia vulgaris 'William Guiness'

새매발톱꽃은 종류가 다양한데, 그중에서도 '윌리엄 기네스'는 강렬한 색상 때문에 인기가 높다. 갈라진 모양의 잎 위로 키 큰 꽃대가 올라온다.(위의 사진에서 배경으로 보이는 잎은 비비추다.) 코티지 정원이나 혼합 식재 화단에 어울린다.

↕90cm ↔45cm ❊ ❊ ❊ H7 ☼ ◊ ◊ ◊

루이지아나쑥 '실버 퀸'

Artemisia ludoviciana 'Silver Queen'

주로 솜털이 뒤덮인 은색 잎을 보기 위해 기르는데, 혼합 식재 화단에서 대조를 이루게 할 때나, 흰색과 은색으로 설계된 정원에서 소재로서 쓰기 좋다. 황갈색 꽃이 한여름에서 가을까지 핀다. '발레리 피니스'는 잎 가장자리가 더 깊이 갈라져 있다.

↕75cm ↔60cm ❊ ❊ ❊ H6 ☼ ◊

골고사리 크리스품 그룹

Asplenium scolopendrium Crispum Group

기다란 잎의 가장자리가 물결 모양인 상록 식물로, 일 년 내내 정원을 장식해주는 자산이 된다. 무성하게 키우기 위해 나무 아래 그늘이 지는 습하고 비옥한 곳에 자리를 잡아주고, 뜨거운 햇빛은 막아준다. 혼합 삼림 정원의 화단이 이상적이다.

↕30~60cm ↔60cm ❊ ❊ H6 ☼ ◊ ◊

아스텔리아 카타미카

Astelia chathamica

은빛으로 뒤덮인 아치형 잎이 무성하게 자라는 모습이 근사해서 화단이나 화분에 심기 알맞다. 한봄에서 늦봄 사이 연한 연둣빛 꽃이 기다란 줄기에서 피고, 암그루에서는 뒤이어 주황색 열매가 맺힌다. 겨우내 뿌리 쪽이 과습이 되지 않도록 주의하라.

↕1.2m ↔2m까지 ❊ ❊ H3 ☼ ◊

아스트란티아 '하스펜 블러드'

Astrantia 'Hadspen Blood'

아스트란티아는 정원에서 나무 아래 그늘지는 자리에 심기 적합하다. '하스펜 블러드'는 무리 지어 자라는 성질이 있다. 녹색 잎은 깊게 갈라진 모양이고, 암적색 꽃이 그와 비슷한 색깔의 포엽에 둘러싸여 무리 지어 핀다.

↕30~90cm ↔45cm ❊ ❊ ❊ H7 ☼ ☼ ◊

❀❀❀ H7-H5 추위에 강함.　❀❀ H4-H3 온화하거나 비바람이 없는 곳에서 잘 자람.　❀ H2 겨울 서리로부터 보호가 필요함.　❀ H1c-H1a 서리를 견디지 못함.
☼ 양지　☀ 반양지　☁ 음지　◊ 배수가 잘되는 토양　◐ 축축한 토양　● 습지

암개고사리
Athyrium filix-femina

암개고사리의 진면목을 보면 19세기 영국 사람들이 왜 그토록 양치식물을 좋아했는지 알 수 있다. 크고 섬세하게 갈라진 잎과 적갈색 줄기는 정원 한구석에 있는 나무 그늘에 잘 어울린다. 응달, 비바람이 없는 곳, 또는 삼림에서 키우면 가장 좋다.

↕1.2m까지 ↔90cm까지 ❀❀❀ H6 ☀ ☁ ◐

캄파눌라 '버걸티'
Campanula 'Burghaltii'

무리 지어 자라는 여러해살이로, 잎이 하트 모양이다. 그 잎을 배경으로 한여름에 청보라색 봉오리에서 연보라색 종 모양 꽃이 나와 매달린다. 알카리성 토양보다 중성 토양에서 잘 자란다. 큰 화분에서 키울 수도 있다.

↕60cm ↔30cm ❀❀❀ H7 ☼ ☀ ◊ ◐

캄파눌라 글로메라타 '수페르바'
Campanula glomerata 'Superba'

곧게 자란 줄기에서 종 모양의 진보라색 꽃이 무리 지어 피어나 여름내 지속된다. 첫 개화가 끝난 뒤 가지치기를 해주면 꽃을 오래 볼 수 있다. '수페르바'는 원기 왕성하여 다른 식물의 자리까지 침범하는 경우가 있다.

↕60cm ↔무한대 ❀❀❀ H7 ☼ ☀ ◊ ◐

센토레아 데알바타 '스틴버지'
Centaurea dealbata 'Steenbergii'

건조한 환경에 강하며, 벌과 나비를 끌어모은다. 여름에 깃털 같은 꽃잎이 달린 진분홍색 꽃이 피는데, 실내장식을 위한 절화로 쓰인다. 정원에서 야생 파트를 담당하거나, 코티지 정원을 가꾸는 데 이용하기 매력적인 식물이다.

↕60cm ↔60cm ❀❀❀ H7 ☼ ◊

클레마티스 인테그리폴리아
Clematis integrifolia

초본 여러해살이로, 그해에 성장한 부분에서 한여름부터 늦가을까지 꽃이 핀다. 꽃은 푸른색인데, 살짝 꼬여 있는 '꽃잎'과 미색 꽃밥이 있다. 이어서 은색 씨가 모습을 드러내 감상하는 기간을 연장해준다. 지지대가 필요할 수도 있다.

↕60cm ↔60cm ❀❀❀ H6 ☼ ☀ ◊

디아스키아 '호플리스'
Diascia 'Hopleys'

꽃의 활기로 치면 최상급이다. 매력적이고 부드러운 연분홍 꽃이 여름과 가을을 거쳐 첫서리가 내릴 때까지 계속 핀다. 줄기에는 고운 잎들이 하늘거리고, 그 꼭대기에 작은 꽃들이 핀다. 햇빛을 좋아하고 비바람을 싫어한다. 줄기에 지지대를 받쳐주면 좋다.

↕1m ↔80cm ❀❀ H4 ☼ ◊

디기탈리스 '골드크레스트'
Digitalis GOLDCREST ('Waldigone')

아담한 크기의 멋진 여러해살이로, 반상록의 잎은 로제트형으로 난다. 여름에서 가을까지 가느다란 줄기 끝에 관 모양 꽃이 매달리는데, 꽃잎은 분홍색 또는 노란색이고 붉은 반점이 있다. 약간 그늘진 화단의 앞자리나, 담장 가까이에 심으면 보기 좋다.

↕50cm ↔50cm ❀❀❀ H6 ☼ ☀ ◐

디기탈리스 메르토넨시스
Digitalis x *mertonensis*

디기탈리스 그란디플로라와 디기탈리스의 교배종으로, 늦봄에서 초여름 사이에 분홍색 관 모양의 큰 꽃이 풍성하게 핀다. 꿀벌을 유인하는 데 뛰어나다. 스스로 씨를 뿌려서 어미 식물 근처에 새로운 개체가 자라날 것이다.

↕90cm까지 ↔30cm ❀❀❀ H5 ☼ ◐

개화가 이른 다년생식물

중간 키 다년생식물

홍지네고사리
Dryopteris erythrosora

한국, 중국과 일본 등에서 나는 천천히 퍼지는 고사리로, 땅에서 적갈색의 어린잎이 올라온다. 차차 분홍색을 거쳐 은녹색이 되며 레이스 모양으로 땅을 덮는다. 뿌리를 습하게 유지하고, 비바람이 들이치지 않는 곳에서 키우면 눈에 띄는 정원 식물이 될 것이다.

‡60cm ↔40cm ❄ H4 ☀ ◐

에키나시아 '글로잉 드림'
Echinacea 'Glowing Dream'

데이지 모양의 큰 꽃은 흔치 않은 코럴핑크색이며, 중앙은 진갈색을 띤다. 6월에서 가을까지 꽃을 볼 수 있다. 무리를 형성하며 자라는데, 좋은 자리를 차지하기 위한 경쟁이 심하지는 않다. 가루받이 곤충을 유인하며, 은은한 향이 있다.

‡50~60cm ↔50cm ❄ ❄ H5 ☀ ◐ ◐

에키나시아 '버지니아'
Echinacea purpurea 'Virginia'

튼튼한 줄기 위에 연둣빛이 살짝 도는 흰색 데이지 모양 꽃이 예쁘게 피고, 꽃의 한가운데는 진녹색이다. 여름에서 가을까지 향기로운 꽃이 계속 피어 가루받이 곤충들을 유혹한다. 자라는 데 여유 공간이 필요하므로 너무 밭게 심지 않는다.

‡60~70cm ↔50cm ❄ ❄ H5 ☀ ◐ ◐

에레무루스 스테노필루스
Eremurus stenophyllus

여름에 꽃이 피어나는데 끝이 점점 가늘어지는 모양이 아름답다. 키 큰 줄기가 쓰러지지 않도록 지지대를 설치해야 할 수 있다. 배수가 잘되는 자리에 심고, 가을에는 정원의 배양토로 멀칭을 하라. 화단의 뒷줄에 심으면 잘 어울린다.

‡1m ↔60cm ❄ ❄ H6 ☀ ◐

지중해에린지움 '피코스 블루'
Eryngium bourgatii 'Picos Blue'

생김새가 강렬하다. 무성하게 자라는 회녹색 잎은 갈라져 있고 가시처럼 날카로우며 은색 잎맥이 있다. 여름에 푸른 줄기에서 엉겅퀴 닮은 꽃이 피는데, 금속성의 푸른빛을 띠고 별처럼 생겼다. 꽃부리와 꽃대는 가을까지 꼿꼿하게 서 있다. 곤충들이 좋아한다.

‡60~70cm ↔40cm ❄ ❄ H5 ☀ ◐

유포르비아 그리피티 '딕스터'
Euphorbia griffithii 'Dixter'

녹색 잎을 지닌 다른 유포르비아와 좋은 대비를 이루는 매력적인 여러해살이식물이다. 주황색 포엽이 눈에 잘 띄지 않는 진짜 꽃을 감싸고 있으며, 구릿빛이 감도는 진녹색 잎이 효과적인 배경이 된다. 나무 아래 그늘에서 기를 때 최고의 색깔을 볼 수 있다.

‡75cm ↔1m ❄ ❄ H7 ☀ ◐

유포르비아 마르티니
Euphorbia x martinii

지난해의 싹으로부터 녹색과 빨간색이 섞인 특이한 꽃이 나와서, 이 식물은 어느 정원에서든 환영받을 것이다. 봄에서 한여름까지 개화기가 오랫동안 지속되고, 양지든 음지든 잘 견디고 적응력이 매우 뛰어나다.

‡1m ↔1m ❄ ❄ H5 ☀ ◐ ◐

유포르비아 실링기
Euphorbia schillingii

철사 같은 줄기에 잎이 무성하게 나고, 그 위에 연노란색 꽃이 핀다. 다른 여러해살이식물과 함께 심되 색깔을 신중하게 골라서, 늦여름에서 가을까지 개화하는 이 식물의 묘미를 끌어내보라. 기름진 토양과 나무 그늘을 좋아한다.

‡1m ↔30cm ❄ ❄ H5 ☀ ◐

제라늄 '브룩사이드'
Geranium 'Brookside'

촘촘하게 자라는 여러해살이로, 화단 가장자리에 심으면 좋다. 원기 왕성하고 잘 번지며, 양지 또는 반음지의 지면을 멋지게 덮어준다. 여름에 섬세하게 갈라진 녹색 잎의 무리 위로 청보라색 꽃이 풍성하게 피는데, 꽃의 가운데는 연한 빛깔이다.

‡60cm ↔45cm ❄ ❄ H7 ☀ ◐ ◐

❁ ❁ ❁ H7-H5 추위에 강함.　❁ ❁ H4-H3 온화하거나 비바람이 없는 곳에서 잘 자람.　❁ H2 겨울 서리로부터 보호가 필요함.　❁ H1c-H1a 서리를 견디지 못함.
☼ 양지　☼ 반양지　☀ 음지　◌ 배수가 잘되는 토양　◑ 축축한 토양　● 습지

제라늄 마크로리줌
Geranium macrorrhizum

톱니 모양의 잎은 강한 향기와 끈적임이 있으며, 가을에는 매력적인 붉은색으로 물든다. 초여름에 마구 뻗은 줄기에서 꽃이 피는데, 분홍색의 납작한 꽃에는 수술이 툭 튀어나와 있다. 지면을 덮을 때나, 다른 식물 아래 그늘진 자리에 심기 좋다.

↕50cm ↔ 60cm ❁ ❁ ❁ H7 ☼ ◌

제라늄 '님버스'
Geranium 'Nimbus'

활기차고 꽃이 풍성하게 피는 제라늄으로, 여름에 연보라색 꽃이 피면 푸른 바다가 떠오른다. 음지에서 강하므로 어두운 화단이나, 직사광이 거의 들지 않는 구석 자리에 심기 적당하다. 시든 꽃을 따주면 거듭해서 꽃이 피어난다.

↕1m까지 ↔ 45cm ❁ ❁ ❁ H7 ☼ ☀ ◌

제라늄 패움
Geranium phaeum

정원에서 키우기 까다롭지 않은 품종이다. 햇빛을 잘 견디는 한편, 짙은 그늘에서도 잘 자란다. 초여름에 밤색 꽃이 피는데 가운데는 흰색이다. 좀더 밝은 색을 보고 싶다면 제라늄 프실로스테몬을 시도해보라. 진분홍색 꽃이 피며 가운데가 검은색이다.

↕80cm ↔ 45cm ❁ ❁ ❁ H7 ☼ ☼ ☀ ◌

뱀무 '토털리 탄제린'
Geum 'Totally Tangerine'

늦봄부터 여름 내내, 부드러운 오렌지색의 홑꽃 또는 반겹꽃이 지속적으로 아름답게 피는 다년생이다. 녹색의 부드러운 잎들 위로 털이 많고 키 큰 줄기가 올라오는데, 그 끝에 꽃이 무리 지어 핀다. 여름을 보내는 동안 놀랍도록 풍성하게 개화한다.

↕80cm~1m ↔ 60cm ❁ ❁ ❁ H7 ☼ ◑

숙근안개초 '브리스틀 페어리'
Gypsophila paniculata 'Bristol Fairy'

한여름에 줄기 위로 작고 흰 겹꽃이 풍성하게 피어나 꽃구름을 형성한다. 혼합 식재 화단에서 키우면 경탄을 자아내며, 절화로도 유용하다. '브리스틀 페어리' 품종은 흰색의 겹꽃인데 보통의 숙근안개초보다 수명이 짧다.

↕1.2m ↔ 1.2m ❁ ❁ ❁ H7 ☼ ◌

헬레니움 '모하임 뷰티'
Helenium 'Moerheim Beauty'

초여름에서 늦여름에 주홍색 꽃이 피는데, 동그란 중심부가 눈길을 끈다. 정원을 따뜻한 색깔로 채워주는데, 시든 꽃을 따주면 개화기 동안 꽃이 거듭 핀다. 매력적인 색깔과 형태가 난색 또는 파스텔 계열의 색조와 잘 어우러진다.

↕90cm ↔ 60cm ❁ ❁ ❁ H7 ☼ ◌ ◑

헬레보루스 아르구티폴리우스
Helleborus argutifolius

겨울을 장식해줄 소재를 찾는 정원사에게 소중한 식물이다. 잎에 광택이 나는 여러해살이로 늦겨울이나 초봄에 꽃이 피는데, 그 색깔은 뜻밖에도 연두색이다. 대부분의 환경에서 잘 자라지만 산성 토양만은 피해야 한다.

↕1.2m까지 ↔ 90cm ❁ ❁ ❁ H5 ☼ ☼ ◑

헬레보루스 포이티두스
Helleborus foetidus

잎을 으깨면 불쾌한 냄새가 나서 영어명에는 '악취 나는(stinking)'이 붙어 있다. 하지만 한겨울에서 초봄에 연둣빛 살짝 도는 꽃이 피면 냄새가 차감해버린 점수를 만회한다. 줄기가 붉은색인 웨스터 플리스크 그룹 등 다양한 품종 중에 고를 수 있다.

↕80cm까지 ↔ 45cm ❁ ❁ ❁ H7 ☼ ☼ ◑

개화가 늦은 다년생식물

중간 키 다년생식물

원추리 '마리온 본'
Hemerocallis 'Marion Vaughn'

늦은 오후에 꽃이 피는 듬직한 상록 식물로, 맑은 레몬색 꽃과 띠 모양의 녹색 잎이 있다. 혼합 식재 화단에 심으면 산뜻함을 더해준다. 다른 원추리들과 함께 심으면 보기 좋다. 해가 잘 드는 곳에 심으면 가장 멋진 꽃을 볼 수 있다.

↕85cm ↔75cm ❀ ❀ ❀ H6 ☼ ◐ ◊ ◖

원추리 '셀마 롱레그스'
Hemerocallis 'Selma Longlegs'

화려한 꽃이 눈길을 끈다. 키 크고 가느다란 줄기 위에 복숭앗빛 또는 오렌짓빛의 꽃이 무리 지어 피는데, 거미를 연상시키기도 한다. 한 송이 꽃은 하루 만에 지지만, 다른 줄기에서 새로운 꽃이 여름 내내 계속 개화한다. 아치형의 녹색 잎이 매력적이다.

↕80cm ↔60cm ❀ ❀ ❀ H6 ☼ ◐ ◊

큰비비추 엘레간스
Hosta sieboldiana var. *elegans*

청록색 잎에 주름이 진하게 진 큰비비추는 정원에서 드라마틱한 장면을 보여준다. 짙은 그늘에서도 자랄 수 있는데, 대신 초여름에 연보라색 꽃이 많이 피어나지는 못할 것이다. 잎을 더욱 돋보이게 하려면 비비추들을 한데 모아 심어보라.

↕1m ↔1.2m ❀ ❀ ❀ H7 ◐ ◊ ◖

비비추 '섬 앤드 서브스턴스'
Hosta 'Sum and Substance'

대담함과 조형미가 멋진데, 해마다 보랏빛 도는 새싹에서 자라기 시작한다. 잎은 황록색에 가죽 질감을 지녔다. 처음에는 오므린 모양을 하고 있다가 50cm 넘게 자라기도 한다. 민달팽이나 달팽이의 공격에 강하다. 여름에 긴 꽃대에서 연보라색 꽃이 핀다.

↕90cm ↔1.2m ❀ ❀ ❀ H7 ☼ ◐ ◖

꿩의비름 '마트로나'
Hylotelephium 'Matrona'

늦여름이면 작은 별 모양의 분홍색 꽃들이 모여 납작한 꽃송이를 이루는데, 처음에는 녹색이었다가 자주색으로 변해가는 다육질 잎과 검붉은 줄기가 그 배경을 형성한다. 시든 꽃송이를 그대로 두면 그 모습이 겨울 정원에 흥미를 더해준다.

↕60~75cm ↔30~45cm까지 ❀ ❀ ❀ H6 ☼ ◊

크나우티아 마케도니카
Knautia macedonica

내뻗은 줄기에 잎이 달리고, 그 위로 한여름에서 늦여름 사이 바늘방석처럼 생긴 자주색 꽃이 피는데 솔체꽃을 닮았다. 벌과 나비에게 인기가 많으며, 야생화 정원이나 코티지 정원에 심으면 이상적이다. 가뭄에 매우 강하다.

↕60~80cm ↔45cm ❀ ❀ ❀ H7 ☼ ◊

니포피아 '비즈 선셋'
Kniphofia 'Bees' Sunset'

낙엽성 식물인 니포피아의 여러 품종 가운데 하나로, 노란색 꽃이 초여름에 늦여름에 핀다. 아래를 향한 관 모양 꽃들이 줄지어 있는 모습이 병솔 같은데, 곧게 자라는 다육질 줄기가 이를 지탱한다. 초본 화단에서 그룹으로 키우면 근사하다.

↕90cm ↔60cm ❀ ❀ ❀ H5 ☼ ◐ ◊ ◖

니포피아 '퍼시즈 프라이드'
Kniphofia 'Percy's Pride'

늦여름에서 초가을에 긴 다육질 줄기에서 수상꽃차례로 기다란 꽃이 핀다. 꽃은 연둣빛 도는 노란색이며 시간이 지나면 미색으로 변한다. 꽃 색깔이 독특하므로 흰색, 녹색, 연노란색과 같은 컬러를 주제로 꾸민 화단에 잘 어울린다.

↕1.2m까지 ↔60cm ❀ ❀ ❀ H6 ☼ ☼ ◊ ◖

흰금낭화
Lamprocapnos spectabilis 'Alba'

우아한 아치형 가지에 꽃이 핀 금낭화는 마치 미니어처 빨랫줄 같다. 봄에 새순이 올라올 때 로즈핑크 또는 흰색의 꽃이 핀다. 흰금낭화는 성장이 활발한 편은 아니며, 순백색 꽃이 핀다. 뿌리를 습하게 유지해주면 햇빛이 드는 곳에서도 자랄 수 있다.

↕1.2m까지 ↔45cm ❀ ❀ ❀ H6 ◐ ◖

❀❀❀ H7-H5 추위에 강함.　❀❀ H4-H3 온화하거나 비바람이 없는 곳에서 잘 자람.　❀ H2 겨울 서리로부터 보호가 필요함.　✿ H1c-H1a 서리를 견디지 못함.
☼ 양지　☼ 반양지　☀ 음지　◊ 배수가 잘되는 토양　◗ 축축한 토양　● 습지

리아트리스 스피카타 '코볼드'
Liatris spicata 'Kobold'

진자주색 꽃이 수상꽃차례로 피어나는데, 특이하게도 위에서 피기 시작해 아래로 내려온다. '코볼드'는 늦여름부터 초가을 사이에 꽃이 피며, 혼합 식재 화단에 어울린다. 정기적으로 물을 주어야 잘 자란다. 잘라서 실내장식에 이용하기도 한다.

↕70cm ↔45cm ❀❀❀ H7 ☼ ◊ ●

루피너스 '샹들리에'
Lupinus 'Chandelier'

공간이 허락한다면 보색의 루피너스들을 함께 심으라. 밴드 오브 노블스 시리즈의 하나인 '샹들리에'는 초여름에서 한여름에 완두 모양의 연노란색 꽃이 핀다. 코티지 스타일이나 비정형적인 정원에서 혼합 식재 화단 또는 초본 화단에 심으면 보기 좋다.

↕90cm ↔75cm ❀❀❀ H5 ☼ ☼ ◊

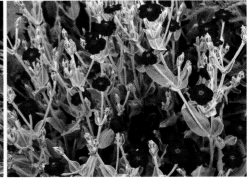

우단동자꽃
Lychnis coronaria

수명이 짧은 여러해살이로, 부드러운 은회색 줄기와 잎을 지니고 있다. 늦여름에 진홍색의 둥근 꽃이 피는데 오랫동안 볼 수 있다. 자연 파종이 잘 이루어진다. 순백의 꽃을 보고 싶다면 '알바' 품종을 선택하라.

↕80cm ↔45cm ❀❀❀ H7 ☼ ☼ ◊

리시마키아 에페메룸
Lysimachia ephemerum

야생에서는 삼림이나 계곡 옆에서 자라는 아름다운 여러해살이 초본으로, 습한 화단이나 습지 정원, 연못가에서 기르기 적당하다. 초여름과 한여름에 끝이 뾰족한 녹색 잎 위로 접시 모양 흰 꽃이 수상꽃차례로 핀다. 겨울에는 보호가 필요하다.

↕1m ↔30cm ❀❀❀ H6 ☼ ☼ ◗ ●

털부처꽃 '포이어케르츠'
Lythrum salicaria 'Feuerkerze'

작은 별 모양을 한 강렬한 자주색 꽃이 무리 지어 곧추선 형태로 피는데, 한여름부터 초가을까지 아름다운 모습을 연출한다. 잎은 솜털 같다. 물을 좋아해서 축축한 화단이나 습지 정원에서 기르기 적합하다.

↕90cm까지 ↔45cm ❀❀❀ H7 ☼ ☼ ◗ ●

베르가못 '오네이다'
Monarda didyma x *fistulosa* 'Oneida'

베르가못은 한여름에서 초가을까지 오래 지속되는 화려한 색깔의 꽃을 보기 위해 기른다. '오네이다'는 어두운색 포엽 위로 다홍색 꽃이 피는 모습이 인상적이다. 벌과 나비를 유인하므로 야생화 정원에 적합하다.

↕1.2m까지 ↔45cm ❀❀❀ H4 ☼ ☼ ◊ ●

네페타 그란디플로라 '돈 투 더스크'
Nepeta grandiflora 'Dawn to Dusk'

큰 꽃을 가리키는 그란디플로라라는 이름이 말해주듯, 연보라색 꽃은 보통의 네페타보다 크다. 잎을 스칠 때 특유의 향기를 맡을 수 있도록 통로나 정원의 좌석 가까이 심으면 좋다. 벌과 고양이가 좋아한다.

↕65cm ↔30cm ❀❀❀ H6 ☼ ☼ ◊

네페타 '식스 힐스 자이언트'
Nepeta 'Six Hills Giant'

여름 내내 연한 청보라색 꽃이 풍성하게 피는 활기찬 다년생이다. 화단에 이를 위한 공간을 마련해보자. 잎은 연회색으로, 건드리면 강한 향을 맡을 수 있다. 봄이나 가을에 포기를 나누어주면 더 생기있게 자랄 수 있다.

↕90cm ↔60cm ❀❀❀ H7 ☼ ☼ ◊

잎을 즐기는 다년생식물

중간 키 다년생식물

오리가눔 라에비가툼 '헤렌하우젠'
Origanum laevigatum 'Herrenhausen'

향이 강한 잎과 무리 지어 화사하게 피는 분홍색 꽃이 특징이다. 요리용 허브인 마조람의 관상용 품종이다. 어린잎과 겨울의 잎은 자주색을 띤다. 늦봄에서 가을까지 꽃이 핀다. 허브 정원이나 화단의 가장자리에 심기 적합하다.

‡60cm ↔ 45cm ❀ ❀ ❀ H6 ☼ ◊

작약 '바첼라'
Paeonia 'Bartzella'

여름이면 크고 부푼 모양의 연노란색 겹꽃이 화려하게 핀다. 꽃의 중앙에는 검붉은 무늬가 있고, 레몬 향이 난다. 꽃의 아래쪽에는 가죽 질감의 반짝이는 잎이 말끔하고 둥그스름한 모양으로 자란다. 종종 초가을에 다시 개화한다.

‡70~90cm ↔ 90cm ❀ ❀ ❀ H6 ☼ ◐ ◊

오리엔탈양귀비 '블랙 앤 화이트'
Papaver Oriental Group 'Black and White'

대담하고 아름다운 꽃이 강렬한 인상을 전하는 오리엔탈양귀비는 여러 품종이 있다. '블랙 앤 화이트'의 종이처럼 얇고 흰 꽃잎은 크고 주름졌으며, 그 아랫부분에 검은 얼룩이 있다. 꽃잎은 검은 수술을 감싸고 있다.

‡45~90cm ↔ 60~90cm ❀ ❀ ❀ H7 ☼ ◊

펜스테몬 '앨리스 힌들리'
Penstemon 'Alice Hindley'

디기탈리스를 닮은 펜스테몬은 믿음직하고 키운 보람을 느끼게 해주어 정원사들이 좋아한다. 한여름에서 가을까지, 곧게 자란 줄기를 따라 종 모양의 큰 꽃들이 핀다. 여러 품종이 있으며 '앨리스 힌들리'는 연한 청보라색을 띤다. 영양 공급이 필요하다.

‡90cm ↔ 45cm ❀ H4 ☼ ◐ ◊

펜스테몬 '안덴켄 안 프리드리히 한'
Penstemon 'Andenken an Friedrich Hahn'

튼튼하고 활기차며 무성하게 자라는 펜스테몬이다. 좁다란 녹색 잎이 무성하게 나면, 그 위로 한여름에서 한가을까지 눈부신 암홍색 꽃이 아름답게 피어난다. 시든 꽃을 따주면 꽃을 더 오래 볼 수 있다.

‡75cm ↔ 60cm ❀ ❀ ❀ H5 ☼ ◐ ◊

여뀌 '파이어테일'
Persicaria amplexicaulis 'Firetail'

반상록의 여러해살이로 튼튼하며 손이 많이 가지 않는다. 한여름에서 초가을까지 꼿꼿하고 키가 큰 줄기에 선홍색 작은 꽃들이 병솔 모양으로 피고, 초록 잎이 무성하게 달린다. 화단에 심어 지면을 덮게 하거나, 삼림 정원에 키우기 적합하다.

‡1.2m까지 ↔ 1.2m까지 ❀ ❀ ❀ H7 ☼ ◐ ◊

여뀌 '수페르바'
Persicaria bistorta 'Superba'

반상록 식물로, 연분홍색 작은 꽃들이 둥그런 수상꽃차례로 피어 여름부터 가을까지 장관을 이룬다. '파이어테일'(오른쪽 위) 뒤에 심으면 재미난 대비를 이룬다. 너무 왕성하게 자라면 봄이나 여름에 포기를 나누어 크기와 확산을 통제하라.

‡90cm까지 ↔ 90cm ❀ ❀ ❀ H7 ☼ ◐ ◊ ◊

터키세이지
Phlomis russeliana

세이지를 닮은 식물로, 화단에 군집해서 키우면 효과적이다. 모자처럼 생긴 연노란색 꽃은 늦봄에 피어 가을까지 지속되며, 초여름에 가장 멋진 색깔을 보여준다. 줄기를 질라서 말린 뒤 장식으로 쓰면 좋다.

‡90cm까지 ↔ 75cm ❀ ❀ ❀ H6 ☼ ◊ ◊

풀협죽도 '노라 리'
Phlox paniculata 'Norah Leigh'

풀협죽도의 품종이 다양해진 것은 비교적 최근의 일이다. '노라 리'의 잎은 끝이 뾰족하며, 가운데잎줄은 녹색이고 나머지는 미색이 차지하는데 초록색 무늬가 있다. 여름에서 가을까지 연보라색 꽃이 무리 지어 피는데, 꽃의 중앙은 진분홍색이다.

‡90cm까지 ↔ 60~100cm ❀ ❀ ❀ H7 ☼ ◊

❋ ❋ ❋ H7-H5 추위에 강함.　❋ ❋ H4-H3 온화하거나 비바람이 없는 곳에서 잘 자람.　❋ H2 겨울 서리로부터 보호가 필요함.　❀ H1c-H1a 서리를 견디지 못함.

☀ 양지　☀ 반양지　☀ 음지　◊ 배수가 잘되는 토양　◗ 축축한 토양　◆ 습지

포르미움 코오키아눔 '트라이컬러'
Phormium cookianum subsp. *hookeri* 'Tricolor'

뉴질랜드가 원산이며 품종이 다양하다. '트라이컬러'의 잎은 끈처럼 좁고 아치형인데, 녹색 잎의 가장자리는 미색과 붉은색이다. 잎을 보기 위해 기르지만, 여름이면 길고 뻣뻣한 줄기에서 피는 연두색 꽃을 볼 수 있다. 해안가 정원에 잘 어울린다.

↕1.2m ↔3m ❋ ❋ H4 ☀ ☀ ◗

설리번트루드베키아 '골드스텀'
Rudbeckia fulgida var. *sullivantii* 'Goldsturm'

개화가 늦은 식물 중 인기가 있다. 늦여름에서 한가을까지 꺼칠꺼칠한 줄기 위에 잎이 노랗고 중심부가 검은 꽃이 풍부하게 피어난다. 진녹색 잎은 끝이 가늘고 톱니 모양을 하고 있다. '골드스텀'은 버들마편초, 잔디와 함께 심으면 보기 좋다.

↕60cm까지 ↔45cm ❋ ❋ ❋ H6 ☀ ☀ ◗

삼잎국화 '골트크벨레'
Rudbeckia laciniata 'Goldquelle'

깊게 갈라진 녹색 잎이 연노란색 겹꽃을 더욱 돋보이게 만들어준다. '골트크벨레'는 늦여름 화단에 멋을 더해주는데, 한가을까지 이어진다. 넓은 화단에서 삼잎국화와 잔디를 함께 기르면 훌륭한 조합이 된다.

↕90cm까지 ↔45cm ❋ ❋ ❋ H6 ☀ ☀ ◊

살비아 '핫 립스'
Salvia 'Hot Lips'

관목처럼 잘 자라는 여러해살이로, 타원형 녹색 잎에서 까치밥나무 열매 향이 난다. 여름부터 가을까지, 곧게 자란 꽃대에서 흰색과 붉은색의 작은 꽃이 흩뿌리듯 피어난다. 한여름에는 꽃잎 끝이 붉다. 성장기에는 꽃이 잘 피지 않으며, 때때로 다듬어주어야 한다.

↕1m ↔1m ❋ ❋ ❋ H5 ☀ ☀ ◗

오이풀 '탄나'
Sanguisorba 'Tanna'

생김새가 독특하며 기르기 쉽다. 무리 지어 자라는 여러해살이로, 검붉은색 방울 같은 꽃이 여름내 무성하게 핀다. 청록색 잎은 근사하고, 가늘고 긴 줄기 위에 꽃이 핀다. 아담하게 자라며, 그래스나 다른 여러해살이와 섞어 심으면 보기 좋다.

↕50cm ↔50cm ❋ ❋ ❋ H7 ☀ ☀ ◗ ◊

등심붓꽃 '앤트 메이'
Sisyrinchium striatum 'Aunt May'

화단 앞쪽에 심기에 아주 적합하며, 자갈 정원에도 잘 어울린다. '앤트 메이'는 가장자리가 미색인 좁다란 회녹색 잎을 가지고 있는데, 녹색 잎의 품종보다는 활기가 덜하다. 여름이면 뻣뻣한 줄기 위에 연노란색 작은 꽃이 총총히 피어난다.

↕50cm ↔25cm ❋ ❋ ❋ (경계)H4 ☀ ◊

아스테르 에리코이데스 '화이트 헤더'
Symphyotrichum ericoides 'White Heather'

믿음직하고 키우기 손쉬운 여러해살이로, 여름의 끝에 데이지 모양의 작은 꽃들을 터트려 정원에 관심을 두는 계절을 연장시킨다. 양지바른 곳에서 키우면 꽃을 더 오래 볼 수 있다. 봄에 크게 자란 것을 나누어 번식시킬 수 있다.

↕1m ↔30cm ❋ ❋ H7 ☀ ◊

뉴잉글랜드 아스터 '안덴켄 안 알마 포슈케'
Symphyotrichum novae-angliae 'Andenken an Alma Pötschke'

늦여름에서 가을 중순까지 체리핑크색 꽃이 풍성하게 피어난다. 국화과의 다양한 꽃들과 섞어 심어 개성 있는 연출을 시도해볼 수 있다. 또는 다른 여러해살이들 사이에 심어 늦여름에 색채를 더해보라.

↕1.2m ↔60cm ❋ ❋ ❋ H7 ☀ ☀ ◗

습한 토양에 적합한 다년생식물

키 작은 다년생식물

섬공작고사리
Adiantum venustum

그늘진 담의 틈새나 축축하고 어두운 구석을 장식하기에 적합한 상록의 고사리다. 생김새는 여려 보여도 놀라울 정도로 튼튼하다. 늦겨울에 묵은 줄기를 떼내주어야 봄에 분홍빛 새순이 올라와 싱싱한 초록 잎을 잘 펼칠 수 있다.

↕15cm ↔무한대 ❄ ❄ ❄ H7 ☀ ◑ ◊

아주가
Ajuga reptans

상록의 여러해살이로, 낮게 자라는 진녹색 잎 위로 늦봄에서 초여름까지 진청색 꽃이 핀다. 빠르게 번식하여 지면을 덮는 데 뛰어나다. 확산이 느린 품종을 찾는다면 자줏빛의 큰 잎을 지닌 '캐틀린스 자이언트'를 시도해보라.

↕15cm ↔60~90cm ❄ ❄ ❄ H7 ☀ ◑ ◊

알케밀라 몰리스
Alchemilla mollis

아름다운 잎과, 초여름부터 가을까지 연두색 작은 꽃이 하늘하늘 피어나는 모습을 보려고 기른다. 믿음직하고 가뭄에 강하며, 절화로도 훌륭하다. 자연 파종을 막으려면 시든 꽃을 따주도록 한다. 화단의 앞쪽 또는 자갈 정원에 어울린다.

↕60cm까지 ↔75cm ❄ ❄ ❄ H7 ☀ ◑ ◊

아가판서스 '실버 베이비'
Agapanthus 'Silver Baby'

무리 지어 자라는 작은 다년생식물이다. 늦여름에 줄기 끝에 피는 흰색의 트럼펫 모양 꽃에는 푸른빛이 감돈다. 띠 모양의 녹색 잎이 아치형으로 자라면 그 사이로 꽃대가 올라온다. 비바람이 없고 양지바른 곳을 좋아하며, 화분에 키워도 좋다.

↕50cm ↔50cm ❄ H3 ☀ ◊

설강바람꽃
Anemone sylvestris

삼림이나 관목 아래 습한 토양에서 무리 지어 잘 자란다. 잎은 갈라진 모양이며, 봄이면 가운데에 노란 수술이 있는 흰 꽃이 핀다. 꽃은 처음에는 고개를 숙이고 있다가 위를 향하고, 지름이 6cm쯤 된다. 고사리나 싱그러운 봄 새싹 옆에서 키우면 보기 좋다.

↕50cm ↔50cm ❄ ❄ ❄ H6 ☀ ◑ ◊

안테미스 풍크타타
Anthemis punctata subsp. *cupaniana*

예컨대 바위 정원처럼 그늘이 없고 배수가 잘되는 양지바른 자리를 좋아한다. 늦봄에서 늦여름에 이르기까지 개화기가 오래 지속된다. 지면에서 단단한 매트를 형성하며, 은녹색이던 잎은 겨울이면 회녹색으로 변한다.

↕30cm ↔90cm ❄ ❄ H4 ☀ ◊

아룸 이탈리쿤 '마르모라툼'
Arum italicum subsp. *italicum* 'Marmoratum'

잎, 꽃, 열매 모두 매우 이국적인 생김새를 가지고 있으며, 화단의 빈자리를 채울 때 유용하다. 윤기 나는 녹색 잎에는 흰 잎맥이 있고, 미색 불염포가 나온 뒤에 수홍색 열매를 맺는 줄기가 나온다. 비바람이 없는 자리에서 기를 때 가장 보기 좋다.

↕30cm ↔15cm ❄ ❄ ❄ H6 ☀ ◑ ◊

아스테르 아멜루스 '파일헨쾨니긴'
Aster amellus 'Veilchenkönigin'

군락을 형성하여 자라는 다년생이다. 늦여름에 데이지를 닮은 보라색 작은 꽃이 가득 피어나는데, 나비들이 좋아한다. 좁다란 녹색 잎에는 솜털이 나 있다. 지속해서 건강하게 기르려면 봄에 포기나누기를 한 뒤 싱싱한 포기를 골라 다시 심으라.

↕30~60cm ↔45cm ❄ ❄ ❄ H7 ☀ ◊

은청개고사리
Athyrium niponicum var. *pictum*

우아한 낙엽성 고사리로, 키우기 수월하여 수분 공급만 충분하다면 그늘진 곳, 비바람이 없는 화단, 삼림 정원 등에서 잘 자란다. 아치형 잎은 연두색 또는 회색인데 때때로 자주색을 띤다. 가운데잎줄도 자주색이다.

↕30cm까지 ↔무한대 ❄ ❄ ❄ H6 ☀ ◑ ◊

❁❁❁ H7-H5 추위에 강함.　❁❁ H4-H3 온화하거나 비바람이 없는 곳에서 잘 자람.　❁ H2 겨울 서리로부터 보호가 필요함.　✿ H1c-H1a 서리를 견디지 못함.

☼ 양지　☼ 반양지　☀ 음지　◌ 배수가 잘되는 토양　◑ 축축한 토양　◉ 습지

베에시아 칼티폴리아
Beesia calthifolia

삼림에서 잘 자라는 화려한 다년생식물이다. 빛나는 상록의 잎은 살짝 주름진 하트 모양이며, 짙은 색 줄기에 달려 있다. 봄에 잎사귀 위로 꽃대가 쭉 뻗어 꽃이 별처럼 핀다. 무리 지어 자라며, 역시 서늘하고 습한 곳을 좋아하는 고사리 옆에 심으면 보기 좋다.

↕50cm ↔50cm ❁❁❁ H6 ☀ ◑

꽃돌부채 '핑크 드래곤플라이'
Bergenia 'Pink Dragonfly'

봄에 꽃을 피울 때 아름답다. 가죽 질감의 상록 잎사귀 위로 붉게 물든 꽃대가 올라온 뒤 분홍색 꽃이 피는데, 꽃의 안쪽은 붉은색이다. 잎은 특히 겨울에 매력적인데, 서리 맞은 잎이 붉은색과 자주색으로 변해 대담함을 드러낸다.

↕45cm ↔50cm ❁❁❁ H6 ☼ ☼ ◑ ◌

베토니카 오피키날리스 '후멜로'
Betonica officinalis 'Hummelo'

정원 디자이너 피트 아우돌프가 선택했으며 그의 고향 후멜로에서 이름을 따왔다. 온화한 겨울 날씨에는 잎을 떨구지 않는 반상록이다. 로제트형 잎에서 꽃대가 올라와 초여름에 분홍색의 작은 꽃이 핀다. 매트처럼 넓게 자라며 화단 앞쪽에 심으면 좋다.

↕50cm ↔80cm ❁❁❁ H7 ☼ ☼ ◑ ◌

칼라민타 그란디플로라 '바리에가타'
Calamintha grandiflora 'Variegata'

삼림 정원이나 서늘하고 비바람이 치지 않는 자리에서 기르는 게 좋다. 톱니 모양의 연녹색 잎에는 미색 얼룩무늬가 있고, 으깨면 향이 난다. 여름에서 가을까지 연보라색 꽃이 피는데, 아래위 입술처럼 보인다.

↕30cm ↔45cm ❁❁❁ H5 ☼ ◌ ◑

캄파눌라 '핑크 옥토퍼스'
Campanula 'Pink Octopus'

여름에 거미를 닮은 꽃을 피워 호기심을 자극한다. 녹색 잎은 톱니 모양이며, 그 위에 길고 가느다란 연분홍색 꽃이 피는데 잎에는 붉은 점이 있고 꽃잎은 살짝 말려 있다. 왕성하게 자라고, 뿌리로 잘 번식한다. 양지 또는 반음지, 습기가 많은 곳에서 키우면 좋다.

↕50cm ↔1m ❁❁❁ H7 ☼ ☼ ◑ ◌

솔잎금계국 '문빔'
Coreopsis verticillata 'Moonbeam'

줄느런히 자라는 솔잎금계국의 화사한 색깔이 화단 가장자리를 멋지게 만들어준다. 초여름이면 별 모양의 노란 꽃이 풍부하게 피어 섬세하게 생긴 잎과 어우러진다. 양지바른 곳에 심으면 가장 보기 좋게 자란다. 시든 꽃을 따주면 개화가 촉진된다.

↕50cm까지 ↔45cm ❁❁ H4 ☼ ☼ ◌

패랭이꽃 '보베이 벨'
Dianthus Allwoodii Group 'Bovey Belle'

내한성 높은 패랭이다. 여름에 끈 같은 은회색 잎 위로 긴 꽃대가 올라와 정향 냄새가 나는 붉은색 겹꽃이 핀다. 혼합 식재 화단이나 텃밭에서 볼거리가 된다. 시든 꽃을 정기적으로 따주면 개화가 촉진된다. 꽃꽂이에 쓰면 오래 지속된다.

↕25~45cm ↔40cm ❁❁❁ H6 ☼ ◌

애기금낭화 '바카날'
Dicentra 'Bacchanal'

한봄에서 늦봄까지 아치형 줄기에서 진홍색 하트 모양의 아름다운 꽃이 매달리는데, 이때 겹겹이 자란 깊게 갈라진 회녹색 잎이 멋진 배경이 되어준다. '바카날'은 어두운 곳에 알맞은 품종 중 하나다. 으슥한 곳을 좋아해서 습하고 그늘진 자리에 적합하다.

↕45cm ↔60cm ❁❁❁ H5 ☼ ☀ ◑ ◉

음지에 강한 다년생식물

키 작은 다년생식물

도로니쿰 '리틀 리오'
Doronicum 'Little Leo'

봄에 꽃이 피는 여러해살이로, 밝은 꽃 덕분에 정원가뿐 아니라 야생 생물들의 사랑을 받는다. 벌, 나비, 꽃등에가 커다랗고 노란 꽃의 단골손님들이다. 화단 앞쪽 또는 화분에 작게 그룹을 만들어 심으라. 절화로도 쓰임이 좋다.

↕25cm ↔30~60cm ❁ ❁ H5 ☼ ◐ ◊

삼지구엽초 '앰버 퀸'
Epimedium 'Amber Queen'

한봄에 꽃이 피는 멋진 여러해살이로, 가느다란 줄기 위에서 거미 모양의 주황색 꽃이 구름처럼 피어난다. 반상록의 잎사귀는 지면을 덮는 데 유용하다. 고운 어린잎에는 자주색 무늬가 있다. 나무나 큰 관목 아래 너무 건조하지 않은 땅에 심으면 좋다.

↕50cm ↔60cm ❁ ❁ ❁ H6 ◐ ◊

페랄키쿰삼지구엽초
Epimedium x *perralchicum*

튼튼하게 자라는 삼림 식물로, 나무나 관목 아래에서 지면을 훌륭하게 덮는다. 이 교배종은 잎과 꽃이 모두 흥미롭다. 어린잎은 구리색을 띠다가 점점 진녹색이 되어가며, 봄이면 잎이 없는 줄기에서 환한 노란색 꽃이 핀다. 가뭄에 강하다.

↕40cm ↔60cm ❁ ❁ ❁ H6 ☼ ◐ ◊

지중해에린지움 '옥스퍼드 블루'
Eryngium bourgatii 'Oxford Blue'

에린지움 중에서도 작은 품종이다. 무리 지어 자라는 초본식물로, 아래쪽에 진녹색 잎이 난다. 여름에는 가시가 있는 은빛의 꽃대에서 엉겅퀴를 닮은 은청색 꽃이 피는데, 푸른 포엽으로 둘러싸여 있다. 꽃대를 말려 실내장식에 쓰기도 한다.

↕15~45cm ↔30cm ❁ ❁ ❁ H5 ☼ ◊

유포르비아 에피티모이데스
Euphorbia epithymoides

황록색 줄기들이 만들어낸 느슨한 반구형 무더기에서 한봄부터 한여름까지 노란색 꽃이 핀다. 꽃은 피어난 직후에 가장 밝은 색깔을 띤다. 겨울에 시들었다가 이듬해 신선한 어린싹들이 한꺼번에 다시 돋는다.

↕40cm ↔60cm ❁ ❁ ❁ H6 ☼ ◐ ◊

유포르비아 미르시니테스
Euphorbia myrsinites

가운데 크라운에서 싹이 나오는 독특한 상록 식물로, 푸른빛을 띤 잎이 소용돌이 모양으로 자라며 줄기는 뱀처럼 뻗어 지면을 덮는다. 봄에 연두색 꽃이 핀다. 양지바르고 배수가 잘되는 땅을 좋아한다. 바위나 담장 위로 뻗는 모습이 볼 만하다.

↕15cm ↔60cm ❁ ❁ ❁ H5 ☼ ◊

선갈퀴
Galium odoratum

영국 원산이며, 지면을 덮으며 자라는 다년생식물이다. 그늘진 자리에서도 촘촘하게 땅을 덮는다. 뾰족하게 생긴 진녹색 잎은 건조 냄새가 나며, 가늘고 약한 줄기에 소용돌이 모양으로 달린다. 봄에 작고 흰 꽃이 핀다. 기는줄기로 뻗어나간다.

↕20cm ↔60cm ❁ ❁ H7 ◐ ◊

제라늄 '앤 폴카드'
Geranium 'Ann Folkard'

여름내 근사한 모습을 보여준다. 섬세하게 갈라진 황록색 잎 사이로 자홍색 꽃이 피는데, 한가운데는 검은빛을 띤다. 가운데 크라운에서 싹이 나와 긴 줄기들이 뻗고, 차츰 이웃 식물들 사이로 뻗어간다. 겨울에 시들었다가 봄에 다시 싹이 난다.

↕50cm ↔1m ❁ ❁ H7 ☼ ◐ ◊

제라늄 '비오코보'
Geranium x *cantabrigiense* 'Biokovo'

키 작은 여러해살이로, 둥글고 빛나며 향기로운 녹색 잎이 촘촘한 매트를 형성하며 자란다. 늦봄에 분홍색이 살짝 도는 흰 꽃이 풍성하게 피어 활기를 더해준다. 온화한 기후에서는 잎을 대부분 달고 있는데, 가을에는 멋지게 물든다. 성질이 강인하고 왕성하다.

↕15cm ↔80cm ❁ ❁ ❁ H6 ☼ ◐ ◊

❄❄❄ H7-H5 추위에 강함.　❄❄ H4-H3 온화하거나 비바람이 없는 곳에서 잘 자람.　❄ H2 겨울 서리로부터 보호가 필요함.　❄ H1c-H1a 서리를 견디지 못함.

☼ 양지　☼ 반양지　☀ 음지　◌ 배수가 잘되는 토양　◖ 축축한 토양　◗ 습지

제라늄 클라케이 '캐쉬미어 화이트'
Geranium clarkei 'Kashmir White'

키우기 쉽고 다재다능하다. '캐쉬미어' 품종은 넓게 퍼져 자라는 여러해살이로, 녹색 잎은 깊게 갈라졌다. '캐쉬미어 화이트' 말고도 블루, 핑크, 퍼플 등이 있다. 여름에 크고 흰 꽃이 피며 연보라색 무늬가 보인다. 왕성하게 자라면 봄에 포기나누기를 해준다.

↕45cm까지 ↔무한대 ❄❄❄ H6 ☼ ☼ ◌

제라늄 '실버우드'
Geranium nodosum 'Silverwood'

건조한 음지에서 키우기 좋다. 여름과 가을 내내 끊임없이 흰 꽃이 풍성하게 피어난다. 연두색의 갈라진 잎을 배경으로 꽃이 돋보인다. 단정한 형태의 낮은 더미를 이루며 자라고, 열악한 환경도 잘 견딘다. 고사리나 삼지구엽초 옆에 심으면 보기 좋다.

↕30cm ↔50cm ❄❄❄ H7 ☼ ☼ ☀ ◌

제라늄 '로잔느'
Geranium ROZANNE ('Gerwat')

봄에서 가을까지 푸른 꽃이 계속해서 풍성하게 피어난다. 꽃의 한가운데는 흰색을 띤다. 중앙의 크라운에서 꽃대가 올라오면 그 끝에서 꽃이 핀다. 둥근 더미를 이루며 자라지만, 다른 식물들 사이를 비집고 잘 자라기도 한다. 겨울이면 줄기가 시든다.

↕50cm ↔1m ❄❄❄ H7 ☼ ☼ ◌

헬레보루스 '월베르톤스 로즈메리'
Helleborus WALBERTON'S ROSEMARY ('Walhero')

개화가 일러서 겨울과 봄을 즐겁게 해준다. 키 큰 줄기 위에 다섯 장으로 이루어진 분홍색 꽃이 피면 별처럼 보인다. 개화 전에 잎을 다듬어주면 더 보기 좋게 무리 지어 자라고, 새 잎이 곧 나온다. 서리에 강하지만, 비바람을 막아주면 더 잘 자란다.

↕50cm ↔40cm ❄❄❄ H7 ☀ ◌

휴케라 '핑크 펄스'
Heuchera 'Pink Pearls'

유용한 상록 다년생식물로, 다채롭고 무성한 잎이 지면을 덮는다. 여름에는 긴 꽃대가 올라와 연분홍 작은 꽃을 풍성하게 피워 활기를 더한다. 산호색 잎사귀는 다른 식물들과 멋진 대조를 이룬다. 몇 년마다 포기를 나누면 더욱 잘 자란다.

↕40cm ↔45cm ❄❄ H4 ☼ ☼ ◌

휴케라 '플럼 푸딩'
Heuchera 'Plum Pudding'

소형의 상록 여러해살이로, 일 년 내내 즐길 수 있다. '플럼 푸딩'의 잎은 주름진 자주색인데 잎맥은 더 진한 자주색이다. 늦봄에 가늘고 꼿꼿한 줄기에서 작고 흰 꽃이 높이 매달려 피어난다. 잎이 은색인 휴케라 '퓨터 문'과 함께 심으면 더 근사하다.

↕65cm ↔50cm ❄❄❄ H6 ☼ ☼ ◌ ◖

비비추 '준'
Hosta Tardiana Group 'June'

아름답고 믿음직한 다년생식물로, 가운데에 황록색 무늬가 있는 청록색 잎이 인상적이다. 여름내 더미를 형성하며 무리 지어 자라고, 연보라색 꽃이 솟아올라 피는 것을 덤으로 볼 수 있다. 민달팽이와 달팽이의 공격에 비교적 강하다.

↕40cm ↔80cm ❄❄❄ H7 ☼ ☼ ◌

이리스 라지카
Iris lazica

늦겨울에 개화하는 소형의 상록 다년생으로, 유용한 선택이다. 창 모양의 잎은 꼿꼿한 자세로 무리 지어 자라 연중 싱그러움을 선사한다. 늦겨울과 초봄에 연보라색의 화려한 꽃이 핀다. 까다롭지 않으며, 양지 또는 반양지 화단의 앞쪽에서 잘 자란다.

↕30cm ↔60cm ❄❄❄ H5 ☼ ☼ ◌

화분에 심기 좋은 다년생식물

키 작은 다년생식물

라미움 마쿨라툼 '화이트 낸시'
Lamium maculatum 'White Nancy'

키가 작고 잘 번지는 성질이 있어서 지면을 덮기에 제격이다. 톱니 모양의 잎은 은색인데 가장자리는 녹색이다. 여름에 순백색의 꽃이 핀다. 빈 땅을 덮거나 잡초를 억제하고 싶을 때 심으라. '레드 낸시' 품종은 은색 잎에 붉은 꽃이 핀다.

↕15cm까지 ↔1m 또는 그 이상 ❄ ❄ ❄ H7 ☼ ☀ ◔ ◖

꽃산새콩
Lathyrus vernus

초봄을 즐겁게 해주는 훌륭한 초본 식물이다. 꽃은 완두콩 꽃을 닮았고, 무리 지어 낮게 자란다. 초봄에 분홍색, 흰색, 자주색 꽃이 작은 가지에서 풍성하게 피어난다. 화단 앞줄에 크로커스, 앵초 등과 함께 심으면 보기 좋다. 튼튼해서 기르기 쉽다.

↕45cm ↔50cm ❄ ❄ ❄ H6 ☼ ◖

맥문동
Liriope muscari

매력적인 잎이 무성하게 자라는 상록 다년생이다. 관목 아래 건조한 음지에서도 견딜 수 있어 도움이 되는데, 보살펴주면 더 잘 자란다. 정원의 다른 식물들이 기운을 잃어가는 늦여름에 보라색 꽃이 피어 눈길을 끈다. 천천히 무리를 지어 퍼져나간다.

↕50cm ↔60cm ❄ ❄ ❄ H5 ☼ ☀ ◖

낮달맞이꽃 '퓌르베르케리'
Oenothera fruticosa 'Fyrverkeri'

곧게 자란 줄기의 아랫부분에는 적갈색이 감도는 잎이 달려 있고, 줄기 위에는 화사한 노란색의 큰 꽃이 늦봄에서 늦여름까지 핀다. 꽃은 하루면 지지만 새로운 꽃이 계속해서 피어난다. 양지바른 곳에서 기를 때 가장 보기 좋다.

↕30~90cm ↔30cm ❄ ❄ ❄ H5 ☼ ◖

터키자반풀 '체리 잉그램'
Omphalodes cappadocica 'Cherry Ingram'

봄이면 타원형 잎 위로 물망초를 닮은 파란 꽃이 풍성하게 피어 아름답다. 비슷한 시기에 개화하는 작은 수선화와 좋은 짝을 이룬다. 관목 아래 또는 서늘한 화단 앞자리에 심으면 보기 좋다. 줄기가 꺾이기 쉬우므로 지나친 손질은 피한다.

↕30cm ↔40cm ❄ ❄ ❄ H5 ☀ ◖

수호초
Pachysandra terminalis

튼튼한 상록의 여러해살이로, 잎을 보기 위해 기른다. 습기가 충분하다면 자유롭게 퍼져 나가므로 지면을 덮기에 적합하다. 굵은 톱니 모양이 있는 잎은 윤기가 나는 진녹색이며, 초여름에 작고 흰 꽃이 핀다. 그늘진 곳에 심기 좋다.

↕20cm ↔무한대 ❄ ❄ ❄ H5 ☀ ◖

푸옵시스 스틸로사
Phuopsis stylosa

여름에 꽃이 피는 다년생식물로, 더 널리 알려질 필요가 있다. 연두색 잎이 지면을 덮는다. 상록에 가까운 우아하고 향기로운 잎은 소용돌이 모양으로 나고, 꼭대기에는 분홍색 꽃들이 동그랗게 핀다. 화단 앞쪽이나 자갈 정원에 심으면 좋다.

↕30cm ↔50cm ❄ ❄ ❄ H5 ☼ ☀ ◖

폴리포디움 만토니아이 '코르누비엔스'
Polypodium x *mantoniae* 'Cornubiense'

섬세하게 갈라진 잎으로 지면을 덮는 고사리로, 땅을 쉽게 덮고 딱딱한 도로의 경계를 부드럽게 만들어준다. 봄에 새순이 올라오는데 잎이 펼쳐지기까지 몇 주 걸린다. 정원의 습하고 그늘진 자리에 적합한, 멋있고 회복력 높은 식물이다.

↕30cm ↔무한대 ❄ ❄ ❄ H7 ☀ ◖ ◐

풀모나리아 '블루 엔슨'
Pulmonaria 'Blue Ensign'

잎 위로 짧은 꽃대가 올라와 초봄에 종 모양 청보라색 꽃이 풍성하게 핀다. 잎은 넓고 털이 있으며 퍼져 자라는데, 겨울에는 어수선해 보일 수 있으니 개화 전에 잘라주면 좋다. 새잎이 나와 훌륭한 지면 덮개가 될 것이다.

↕30cm ↔50cm ❄ ❄ ❄ H6 ☼ ☀ ◖

❀ ❀ ❀ H7-H5 추위에 강함.   ❀ ❀ H4-H3 온화하거나 비바람이 없는 곳에서 잘 자람.   ❀ H2 겨울 서리로부터 보호가 필요함.   ❀ H1c-H1a 서리를 견디지 못함.
☼ 양지   ◐ 반양지   ● 음지   ◌ 배수가 잘되는 토양   ◒ 축축한 토양   ◆ 습지

풀모나리아 '다이애나 클레어'
Pulmonaria 'Diana Clare'

이른 봄에 꽃이 피는 여러해살이로, 기르기 쉽고 한번 자리를 잡으면 크게 신경 쓸 일이 없다. 늦겨울과 봄에, 은색 무늬가 있는 녹색 잎 위로 빨간 무늬가 있는 청보라색 꽃이 핀다. 너무 건조하지 않은 땅을 덮는 데 유용하다.

↕30cm ↔45cm ❀ ❀ ❀ H7 ☼ ◐ ◒

로단테뭄 호스마리엔세
Rhodanthemum hosmariense

봄부터 가을까지 개화하는 식물은 정원에서 무척 소중한데, 데이지꽃을 피우는 이 관목 같은 여러해살이는 그 역할에 충실하다. 은빛 나는 잎은 깊게 갈라졌으며, 흰 꽃의 중심부는 노란색이다. 배수가 잘되는 양지바른 화단이나 바위 정원에 적합하다.

↕10~30cm ↔30cm ❀ ❀ H4 ◒ ◌

살비아 네모로사
Salvia nemorosa

보라색, 흰색, 분홍색 꽃이 여름과 가을에 피어나 매력을 과시할 때 주름진 녹색 잎은 중립적인 배경이 되어준다. 꽃대가 꼿꼿하게 올라오는데, 아래쪽에서 바라보면 색채의 바다를 이룬다. 해가 잘 들거나 부분 그늘이 지면서, 배수가 잘되는 토양에서 기르라.

↕1m까지 ↔60cm ❀ ❀ ❀ H7 ☼ ◐ ◌

푸른세덤 '안젤리나'
Sedum rupestre 'Angelina'

금색 카펫을 깐 것처럼 자라는 다육식물로 화단의 앞쪽이나 자갈 정원, 녹색 지붕, 둑 위에 심으면 보기 좋다. 원통형 작은 잎은 햇빛에서 밝게 빛난다. 여름에 노란 꽃이 핀다. 줄기가 뻗으면서 뿌리를 내리므로 기르기 쉽다.

↕15cm ↔1m ❀ ❀ ❀ H7 ☼ ◐ ◌

섬기린초 '아틀란티스'
Sedum takesimense ATLANTIS ('Nonsitnal')

낮게 자라며 지면을 덮는 다육식물로, 양지바른 곳이나 녹색 지붕, 자갈 정원에 잘 어울린다. 잎의 가장자리는 미색 무늬가 있고 들쭉날쭉한 톱니 모양이며, 여름에 노란색 작은 꽃이 화려하게 핀다. 겨울에 시들었다가 봄이면 분홍빛 도는 싹이 나온다.

↕15cm ↔40cm ❀ ❀ H4 ☼ ◌

세둠 '베라 제임슨'
Sedum 'Vera Jameson'

색깔이 무척 아름다운데, 늦여름부터 초가을에 장밋빛 꽃들이 둥근 모양으로 높이 피고, 자줏빛 도는 다육질의 잎과 줄기는 옆으로 뻗어나간다. 은색과 회색을 섞어 심으면 대담한 색깔이 강조된다. 바위 정원이나 화단의 가장자리에 심으라.

↕20~30cm ↔45cm ❀ ❀ ❀ H7 ☼ ◌

셈페르비붐 텍토룸
Sempervivum tectorum

단단한 로제트형 잎들이 땅에 바짝 붙어 별 무늬를 만든다. 낡은 물통이나 테라코타 화분에 심어 조형미를 돋보이게 해보자. 여름에 붉은색 꽃이 핀다. 모래처럼 물이 잘 빠지는 배양토에 심어 양지바른 곳에서 키우면 좋다.

↕15cm ↔50cm ❀ ❀ ❀ H7 ☼ ◌

용담방패꽃
Veronica gentianoides

하늘색 꽃이 매력이다. 광택 나는 녹색 잎들이 둥그렇게 자라면, 그 위로 줄기가 곧게 올라와 초여름에 꽃이 핀다. 빨강, 주홍 등 난색 계열의 화단에 심으면 좋은 대비를 이루며, 이 한 종만 무리 지어 심어도 보기 좋다. 습한 토양에 심는 것이 좋다.

↕45cm ↔45cm ❀ ❀ ❀ H7 ☼ ◐ ◌ ◒

상록의 다년생식물

구근류

알리움 크리스토피
Allium cristophii

무수한 별이 모인 듯한 크고 둥근 자주색 꽃송이는 정원
디자이너들의 사랑을 받고 있다. 키 작은 식물들 사이에 이런
구근을 간간이 심어두면 초여름에 의외의 즐거움을 준다. 마른
꽃송이를 실내장식으로 쓰면 멋스럽다.

↕30~60cm ↔15cm ❄ ❄ ❄ H5 ☼ ◇

알리움 홀란디쿰 '퍼플 센세이션'
Allium hollandicum 'Purple Sensation'

공 모양의 진보라색 꽃송이를 달고 있는 '퍼플 센세이션'은 은색
잎이 달린 키 작은 식물과 함께 심으면 더욱 돋보인다. 여름에 꽃이
피는 구근으로, 자연 번식이 가능하지만 그 경우 풍성한 색깔을
보기는 힘들다. 마른 꽃은 멋진 장식이 된다.

↕1m ↔7cm ❄ ❄ ❄ H6 ☼ ◇

알리움 스티피타툼 '마운트 에베레스트'
Allium stipitatum 'Mount Everest'

미색 꽃이 별처럼 총총히 피어 대담한 구형을 이루는데, 늦봄과
초여름에 인상적인 모습을 자랑한다. 튼튼한 녹색 줄기 꼭대기에
꽃이 피어, 다른 여러해살이들 사이에서 키울 수도 있다. 끈 같은
잎은 회녹색이고, 꽃이 절정을 이룰 때 시들기 시작한다.

↕1~1.2m ↔40cm ❄ ❄ ❄ H5 ☼ ◇

아네모네 블란다 '화이트 스플렌더'
Anemone blanda 'White Splendour'

빠르게 퍼져 자라는 흰색 아네모네로, 봄의 정원을 환히 밝혀준다.
다른 색깔을 감상하고 싶다면 중심부는 하얗고 꽃잎은 자홍색인
'레이더', 분홍색 꽃잎의 '핑크 스타'를 시도해 보라. 봄에 개화하는
나무 아래에 넓게 심으면 즐거움을 선사할 것이다.

↕15cm ↔15cm ❄ ❄ ❄ H6 ☼ ☼ ◇

칸나 '더반'
Canna 'Durban'

늦여름에서 가을 사이, 화려한 색의 잎과 눈부시게 강렬한 꽃이
화단에 이국적인 분위기를 더해준다. 잎은 진자주색에 노처럼
생겼고 가운데잎줄이 대비를 이루며 도드라져 보인다. 화분에
심으면 아주 매력적이며, 테라스에 열대 분위기를 가져온다.

↕1.2m ↔60cm ❄ ❄ H3 ◇ ◇

칸나 '스트리아타'
Canna 'Striata'

녹색의 넓은 잎에는 노란 줄무늬가 있고, 한여름에서 초가을 사이
진한 자주색 줄기로부터 화려하고 눈부신 주황색 꽃이 피어난다.
다른 칸나들이 그러하듯, 추운 지역에서는 겨우내 서리가 내리지
않는 장소로 뿌리줄기를 옮겨두어야 한다.

↕1.5m ↔50cm ❄ ❄ H3 ☼ ◇

은방울꽃
Convallaria majalis

달콤한 향과 종 모양 흰 꽃으로 사랑받는 여러해살이다. 끝이
뾰족한 진녹색 잎은 위를 향하고 있으며, 늦봄에 잎이 없는 꽃대가
올라온다. 습하고 비옥한 토양, 음지 또는 반음지를 좋아한다.
모든 부위에 독성이 있다.

↕23cm ↔30cm ❄ ❄ ❄ H7 ☼ ◇

크리눔 포벨리
Crinum x *powellii*

장식성 강한 문주란으로, 늦여름에서 한가을 사이 꼿꼿한 줄기
꼭대기에서 한번에 최대 열 송이의 나팔 모양 꽃이 핀다. 비바람이
없는 양지바른 담장 밑에서 기르면 좋다. 서늘한 지역에서는
겨울에 멀칭을 두툼하게 하라. '알붐' 품종은 순백색 꽃이 핀다.

↕1.5m ↔30cm ❄ ❄ ❄ H5 ☼ ◇ ◇

크로코스미아 '콜튼 피시에이커'
Crocosmia x *crocosmiiflora* 'Coleton Fishacre'

남아프리카에서 온 식물로, 양지바른 화단에 심으면 구릿빛 도는
녹색 잎을 배경으로 연노란색 나팔 모양 꽃이 환하게 빛난다.
몇 년에 한 번씩 포기나누기를 해주면 꽃이 더 잘 피어난다.
꽃꽂이에도 훌륭하게 쓰여서 절화 목적으로 기르기도 한다.

↕75~90cm ↔45cm ❄ ❄ ❄ H5 ☼ ◇ ◇

❀❀❀ H7-H5 추위에 강함.　❀❀ H4-H3 온화하거나 비바람이 없는 곳에서 잘 자람.　❀ H2 겨울 서리로부터 보호가 필요함.　❀ H1c-H1a 서리를 견디지 못함.
☼ 양지　☀ 반양지　☀ 음지　◌ 배수가 잘되는 토양　◗ 축축한 토양　● 습지

크로코스미아 '비너스'
Crocosmia x crocosmiiflora 'Venus'

여름에 빨간 꽃이 피기 전, 띠 같은 초록 잎이 밀집해 있는 모습만으로도 매력적이다. 꽃이 한 송이씩 벌어지면 안쪽에 있는 특유의 진노란색이 드러난다. 너무 무성하게 자라면 봄에 포기를 나누어서 화단 장식을 넓혀보라.

↕70cm ↔45cm ❀❀ H4 ☼ ◌ ◗

크로코스미아 '파이어버드'
Crocosmia 'Firebird'

활발하게 자라는 품종이다. 띠처럼 생긴 진녹색 잎은 끝이 뾰족하며, 여름에 아치형 줄기가 나와 화려하고 선명한 주홍색 꽃이 핀다. 꽃잎 안쪽에는 얼룩무늬가 있다. 다른 크로코스미아보다 건조함을 잘 견디고, 꽃이 풍부하게 피어난다.

↕80cm ↔30~45cm ❀❀ H4 ☼ ◌ ◗

크로커스 고울리미
Crocus goulimyi

가을에 꽃이 피는 품종으로, 기다란 관 모양의 향기로운 연보라색 꽃이 잎과 동시에 모습을 드러낸다. 잔디밭에서 무리 지어 자생하기도 하고, 혼합 식재 화단의 가장자리 또는 테라스 화분에 심으면 좋다. 화분에 심을 때는 배수가 잘되도록 모래를 섞으라.

↕10cm ↔5cm ❀❀❀ H6 ☼ ◌

크로커스 토마시니아누스
Crocus tommasinianus

늦겨울에서 초봄에 개화하며, 꽃잎 색깔은 은빛 도는 연보라에서 진보라까지 다채롭다. 풀밭에서 무리 지어 자라게 하거나, 테라코타 화분에 여러 포기를 심어 창턱 위에 두라. 흰 꽃을 보고 싶으면 '알부스' 품종을 시도하라.

↕8~10cm ↔2.5cm ❀❀❀ H6 ☼ ◌

헤데리폴리움시클라멘
Cyclamen hederifolium

한가을에서 늦가을, 잎이 나기 전에 세로로 갈라진 분홍색 꽃이 먼저 흙을 뚫고 나온다. 진녹색의 삼각형 또는 하트 모양의 잎에는 은색 무늬가 화려하게 새겨져 있다. 스스로 파종하며 자라고, 나무나 관목 아래 반음지에서 키우면 좋다. 해마다 멀칭을 하라.

↕10~13cm ↔15cm ❀❀❀ H5 ☀ ◌

다알리아 '비숍 오브 란다프'
Dahlia 'Bishop of Llandaff'

반겹꽃으로 피는 선명한 붉은색의 꽃이 검붉은 잎과 대조를 이루어, 여름과 가을의 화단에 볼거리를 제공한다. '비숍 오브 란다프'는 화분에 잘 어울린다. 서리가 내리는 지역이라면, 첫서리 후 구근을 캐서 서늘하고 건조한 곳에 보관하라.

↕1.1m ↔45cm ❀❀ H3 ☼ ◌

다알리아 '데이비드 하워드'
Dahlia 'David Howard'

타오르는 듯한 주황색 큰 겹꽃을 짙은 적록색 잎과 줄기가 훌륭하게 뒷받침해준다. 줄기를 잘라 실내장식으로 쓸 수 있으며, 정기적으로 잘라주면 개화가 촉진된다. 양지바른 곳을 좋아한다. 겨울을 나는 방법은 위의 '비숍 오브 란다프'를 참고하라.

↕75cm ↔60cm ❀❀ H3 ☼ ◌

다알리아 '게이 프린세스'
Dahlia 'Gay Princess'

겹꽃을 이루는 꽃 모양이 수련을 닮아서 영어로는 '워터릴리 다알리아'라고 부른다. 여름과 가을에 풍성한 녹색 잎들 위로 연분홍색 꽃이 핀다. 키가 1.5m까지 자라므로 화단에서 키 작은 여러해살이 뒷줄에 심으면 좋다. 절화로 쓰려고 키우기도 한다.

↕1.5m ↔75cm ❀❀ H3 ☼ ◌

봄의 색을 위한 구근류

튤립, 수선화, 크로커스, 설강화, 너도바람꽃, 헬레보루스 등등 다양한 구근이 봄을 색으로 물들인다.

구근류

노랑너도바람꽃
Eranthis hyemalis

깊게 갈라진 녹색 칼라에 둘러싸인 컵 모양의 노란 꽃은 한겨울에 만나는 반가운 모습이다. 미나리아재비과에 속하며, 땅속의 덩이줄기를 통해 빠르고 넓게 퍼져간다. 여름에 건조해지지 않는 땅에 심는다.

↕5~8cm ↔8cm ❄ ❄ H6 ☼ ◊ ◊

얼레지
Erythronium dens-canis

겨울에서 초봄까지 앙증맞게 흔들거리는 꽃이 피는데 흰색부터 분홍색까지 다양하며, 녹색 잎에는 반점이 뚜렷하다. 배수가 잘되는 토양과 나무 아래 그늘지는 자리를 좋아한다. 낙엽수나 관목 아래에 심으면 더욱 매력적이다.

↕10~15cm ↔10cm ❄ ❄ H5 ☼ ◊

유코미스 비콜로르
Eucomis bicolor

남아프리카에서 왔으며, 풍부한 햇빛과 기름진 토양이 필요하다. 늦여름에 잎사귀 사이로 적갈색 반점이 있는 줄기가 나와, 자주색 무늬가 있는 연두색 꽃이 핀다. 따뜻한 담장 밑, 비바람이 없는 자리에서 잘 자란다. 겨울에는 휴면기의 구근을 덮어준다.

↕30~60cm ↔20cm ❄ ❄ H4 ☼ ◊

프리틸라리아 임페리알리스
Fritillaria imperialis

키 크고 우아하며 튼튼하게 자라는 식물로, 아일랜드 화단의 중앙이나 혼합 식재 화단, 바위 정원에 당당하게 자리를 차지한다. 초여름에 줄기 꼭대기에 주황색 꽃이 무리 지어 피어난다. '막시마 루테아' 품종은 노란색 꽃이 핀다.

↕1.5m까지 ↔25~30cm ❄ ❄ ❄ H7 ☼ ◊

사두패모
Fritillaria meleagris

영국 초원이 원산지로, 꽃잎마다 체크무늬가 새겨져 있어서 풀밭에 그룹으로 심으면 굉장히 멋지다. 봄에 꽃을 피우며, 자주색과 흰색 품종을 섞어 심으면 조각보 같은 효과를 낸다. '사두'는 뱀의 머리라는 뜻이다.

↕30cm까지 ↔5~8cm ❄ ❄ ❄ H5 ☼ ☼ ◊

설강화 '아킨시'
Galanthus 'Atkinsii'

설강화는 겨울 정원의 분위기를 크게 바꾸어주며, 품종 선택지가 넓다. 늦겨울에 꽃이 피며, 풀밭에 심어도 되고 작은 화분에 심어도 좋다. 잎이 시들면 뿌리를 캐서 나눈다. '아킨시'는 활기 넘치는 품종으로, 꽃잎에 초록색 작은 무늬가 있다.

↕20cm ↔8cm ❄ ❄ ❄ H5 ☼ ◊ ◊

갈토니아 비리디플로라
Galtonia viridiflora

남아프리카에서 온 히아신스의 친척으로, 고깔 모양의 연두색 꽃이 화단에 반짝이는 즐거움을 선사한다. 늦여름에 기다란 아치형 줄기에서 꽃이 매달린다. 아주 추운 지역에서는 겨울에 뿌리를 캐서 실내의 서늘한 장소에 보관하라.

↕1m까지 ↔10cm ❄ ❄ H3 ☼ ◊ ◊

블루벨
Hyacinthoides non-scripta

영국 품종으로, 스페인 품종보다 곧게 자라는 성질이 있다. 봄에 가장 멋진 모습을 보려면 나무 아래 부분적으로 그늘지는 자리에 구근을 넓게 무리 지어 심는다. 꽃은 일반적으로 파란색이지만, 분홍색과 흰색도 있다. 화단에 심으면 확산이 잘된다.

↕20~40cm ↔8cm ❄ ❄ ❄ H6 ☼ ◊ ◊

히아신스 '블루 재킷'
Hyacinthus orientalis 'Blue Jacket'

아름다운 향기로 명성이 높은 히아신스는 기르기 매우 쉽고, 색깔이 다양하다. 구근은 봄의 화단에 심거나, 단독으로 화분에 심어도 좋고, 실내 장턱에서 수경으로 재배할 수도 있다. '블루 재킷'은 윤기 나는 남색 꽃이 피는데, 보라색 무늬가 있다.

↕20~30cm ↔8cm ❄ ❄ H4 ☼ ◊

❊ ❊ ❊ H7-H5 추위에 강함.　❊ ❊ H4-H3 온화하거나 비바람이 없는 곳에서 잘 자람.　❊ H2 겨울 서리로부터 보호가 필요함.　✿ H1c-H1a 서리를 견디지 못함.

☀ 양지　☀ 반양지　☀ 음지　◌ 배수가 잘되는 토양　◖ 축축한 토양　◕ 습지

이리스 '골든 알프스'
Iris 'Golden Alps'

미색과 노란색이 어우러진 '골든 알프스'를 심을 때는 뿌리줄기가
흙 위에 살짝 드러나도록 하라. 검 모양의 초록 잎이 부채꼴을
이루면, 여름에 단단한 줄기 높은 곳에 꽃이 핀다. 이리스는 색깔이
다양하며, 양지바른 혼합 식재 화단에 심는 것이 이상적이다.

↕90cm ↔60cm ❊ ❊ H4 ☀ ◌

이리스 팔리다 '바리에가타'
Iris pallida 'Variegata'

늦봄에서 초여름에 화려하고 향기로운 푸른 꽃이 피면, 그 주위를
노란 줄무늬가 있는 길고 끝이 좁다란 잎이 둘러싼다. 태양이
내리쬐는 뜨거운 화단 또는 노지에 심기 적합하다. 초가을에
뿌리를 캐서 나눈 뒤 다시 심으라.

↕1.2m까지 ↔45~60cm ❊ ❊ ❊ H6 ☀ ◌

이리스 '수퍼스티션'
Iris 'Superstition'

갈색과 남색이 어우러진 짙은 색깔의 이리스가 극적인 모습을
보여준다. '화이트 나이트'와 같이 연한 색깔의 품종과 함께 심으면
대비되는 조합을 연출할 수 있다. 꽃은 향기로우며, 빛이 어둑할
때는 거의 검은색으로 보인다.

↕90cm ↔60cm ❊ ❊ ❊ H7 ☀ ◌

은방울수선 '그라베티 자이언트'
Leucojum aestivum 'Gravetye Giant'

정원의 습한 자리에 심기 알맞은 식물로, 설강화를 닮았다. 봄에
흰 꽃이 피어 끄덕이듯 가볍게 흔들리는데, 꽃잎 끝에는 초록
무늬가 있다. 좁다란 녹색 잎이 멋진 배경이 되어준다. '그라베티
자이언트'는 튼튼한 품종으로, 물가에 심으면 크게 자라난다.

↕90cm ↔8cm ❊ ❊ ❊ H7 ◌ ◖ ◕

나리 '아프리칸 퀸'
Lilium 'African Queen' (African Queen Group)

몇 포기를 화분에 심어 문 가까이 놓아보라. 한여름에서
늦여름까지, 밖으로 나갈 때마다 기분 좋은 향을 발산하는 선명한
주황색 꽃이 당신을 맞이할 것이다. 화단에서도 키울 수 있는데,
꽃은 햇빛을 받게 하되 뿌리는 그늘진 곳에 둔다.

↕1.5~2m ↔25cm ❊ ❊ ❊ H6 ☀ ◌

나리 '블랙 뷰티'
Lilium 'Black Beauty'

꽃잎이 뒤로 젖혀져서 꽃가루가 가득한 수술이 드러낸다.
'블랙 뷰티'는 활발하게 자라는 성질을 지녔다. 초본 식물들이 있는
화단에 심어도 좋고, 화분에 심어 한여름에 이동하며 배치를
바꾸어도 좋다.

↕1.4~2m ↔25cm ❊ ❊ ❊ H6 ☀ ◌

헨리백합
Lilium henryi

늦여름에 개화하는 백합으로, 정원을 위한 훌륭한 선택이다. 길고
튼튼한 줄기에서 창 모양 잎이 나고, 꼭대기에는 주황색 큰 꽃이
무리 지어 핀다. 꽃에 붉은색 작은 반점들이 찍혀 있으며, 꽃잎은
뒤로 젖혀진 모양이다. 개화가 2주 정도 지속된다.

↕2m 또는 그 이상 ↔50cm ❊ ❊ ❊ H6 ☀ ◖

마르타곤나리
Lilium martagon

혼합 식재 화단 주변에 구근을 흩뿌린 뒤 떨어진 자리에 심는다.
초여름에서 한여름 사이 예쁜 꽃이 피어나는데, 자주색 꽃잎에는
짙은 색 반점이 있고 뒤로 젖혀진 모습이다. 마르타곤나리
중에서도 알붐 품종은 꽃이 순백색이다.

↕0.9~2m ↔20cm ❊ ❊ ❊ H6 ☀ ☀ ◌

여름의 색을 위한 구근류

구근류

나리 핑크 퍼펙션 그룹
Lilium Pink Perfection Group

분홍색 큰 꽃을 피우는 교배종으로 1950년에 처음 소개되자마자 정원사들의 관심을 끌었다. 한여름에 짧은 줄기에서 은은한 향을 내뿜는 꽃이 피어나고 주황색 꽃밥이 돌출되어 있다. 최고의 모습을 보려면 해가 잘 들면서 뿌리는 그늘지는 자리를 선택하라.

↕1.5~2m ↔25cm ❄ ❄ ❄ H6 ☀ ◌

레갈레나리
Lilium regale

한여름에 키 큰 줄기 위에 꽃이 무리 지어 피어나 눈길을 잡아끈다. 희고 큰 나팔 모양 꽃의 바깥쪽에는 자주색 무늬가 있다. 향이 매우 강하고 혼합 식재 화단에 심거나 절화로 즐기기 좋다. 줄기에 지지대가 필요할 수도 있다.

↕0.6~2m ↔25cm ❄ ❄ ❄ H6 ☀ ◌

나리 '스타 게이저'
Lilium 'Star Gazer'

색깔과 향기 모두 매력적이어서, 지금껏 개발된 나리 가운데 절화로서 매우 인기가 높은 품종이다. 분홍색과 흰색 꽃에는 반점이 있고, 한여름에 고개를 위로 향한 모습으로 건강하게 피어난다. 화단 또는 세련된 화분에 심으라.

↕1~1.5m ↔25cm ❄ ❄ ❄ H6 ☀ ◌

무스카리 아르메니아쿰 '블루 스파이크'
Muscari armeniacum 'Blue Spike'

무스카리 중에서도 겹꽃의 형태를 띠고 있다. 봄에 작고 통통한 파란 꽃들이 올라올 때 다육질의 좁다란 녹색 잎은 배경이 되어준다. 잘 번지는 습성이 있으므로 필요하다면 화분에 심어 확산을 통제하라. 양지바른 곳에서 잘 자란다.

↕20cm ↔5cm ❄ ❄ ❄ H6 ☀ ◌ ◌

무스카리 라티폴리움
Muscari latifolium

꽃은 마치 작은 모자를 쓴 것 같다. 파란색 수상꽃차례의 꼭대기에는 하늘색 작은 꽃이 달려 있고, 녹색 잎은 무스카리 아르메니아쿰(왼쪽)보다 넓적하다. 화단 앞쪽에 무리 지어 심으면 보기 좋으며, 바위 정원에 잘 어울린다.

↕20cm ↔5cm ❄ ❄ ❄ H6 ☀ ◌ ◌

수선화 '브라이들 크라운'
Narcissus 'Bridal Crown'

달콤한 향이 있는 흰색 겹꽃이 피며, 꽃의 중앙은 옅은 주황색을 띤다. 초봄에 줄기 꼭대기에 여러 송이가 함께 핀다. 가을에 배수가 잘되는 양지바른 화단 또는 화분에 구근을 심는다. 절화로 이용해도 예쁘다.

↕40cm ↔15cm ❄ ❄ ❄ H6 ☀ ◌

포에티쿠스수선화 레쿠르부스
Narcissus poeticus var. *recurvus*

포에티쿠스수선화 중에서도 이 품종은 꽃잎이 뒤로 젖혀지는 특징이 있다. 늦봄에 피는 꽃은 꽃잎이 순백색이고, 노란색 중심부에는 가장자리가 주황색인 주름 장식이 있다. 잔디밭에서 기를 수 있고, 절화로 이용해도 좋다.

↕35cm ↔5~8cm ❄ ❄ ❄ H6 ☀ ◌

수선화 '테이트어테이트'
Narcissus 'Tête-á-Tête'

화단 앞줄이나 바위 정원, 또는 어떤 모양과 크기의 화분에 심든 간에 짧은 줄기 위에 피는 작은 꽃은 봄 정원에서 인기가 높다. 수량이 적으면 초라해 보일 수 있고 대량으로 심을 때 가장 효과적이다. 화분에 심어 실내 창턱에서 키워도 좋다.

↕15cm ↔5cm ❄ ❄ ❄ H6 ☀ ◌

수선화 '탈리아'
Narcissus 'Thalia'

우아하고 아름다운 수선화로, 줄기 하나에서 유백색 꽃 두 송이가 피어난다. 한봄에 싹이 터서 화단을 밝히는데, 흰색을 테마로 한 화단에 심는다면 일찍 관심을 받을 수 있다. 키 큰 화분에서 기르거나, 페인트칠을 한 담을 배경으로 대담하게 연출해보라.

↕35cm ↔8cm ❄ ❄ ❄ H6 ☀ ◌

❀❀❀ H7-H5 추위에 강함.　❀❀ H4-H3 온화하거나 비바람이 없는 곳에서 잘 자람.　❀ H2 겨울 서리로부터 보호가 필요함.　❀ H1c-H1a 서리를 견디지 못함.
☀ 양지　☀ 반양지　☀ 음지　◌ 배수가 잘되는 토양　◖ 축축한 토양　● 습지

넥타로스코르둠 시쿨룸
Nectaroscordum siculum subsp. *bulgaricum*

양파의 친척으로 꽃은 녹색, 흰색, 진홍색으로 이루어져 있다.
초여름에 키 큰 줄기 꼭대기에 10~30송이가 한꺼번에 피어
장관을 연출한다. 야생 생물 정원 또는 초본 식물 화단에 심으면
시선을 끌 것이다. 시든 꽃을 따주어서 퍼지는 것을 막는다.

↕ 1.2m까지 ↔ 30~45cm ❀❀ ❀ H5 ☀ ◖

네리네 보우데니
Nerine bowdenii

남아프리카는 전 세계 정원사들에게 멋진 식물들을 많이
제공해왔는데, 그중 하나다. 거미처럼 가늘고 긴 분홍색 꽃이
가을에 땅 위로 올라온다. 해가 잘 드는 밝은색 담 밑에 그룹으로
심으면 보기 좋다. 추운 지역에서는 겨울에 두툼하게 멀칭을 하라.

↕ 45cm ↔ 8~12cm ❀❀ ❀ H5 ☀ ◌

실라 시베리카
Scilla siberica

선명한 파란색 꽃이 매달리면 봄의 정원이 더욱 다채로워진다.
바위 정원, 디딤돌 사이, 초본 식물이나 혼합 화단 앞자리에
무리 지어 키울 수 있다. 양지바른 곳이나 반음지에 심고,
성장기에는 물을 흠뻑 준다.

↕ 10~20cm ↔ 5cm ❀❀ ❀ H6 ☀ ☀ ◌

큰꽃연영초
Trillium grandiflorum

그늘진 삼림 지대에서 활발하게 자라는 식물이다. 봄과 여름에
무리 지어 자라는데 진녹색의 둥근 잎이 있으며, 특히 세 장으로
이루어진 흰 꽃이 시선을 끈다. '플로레 플레노' 품종은 성장이
느리고 겹꽃이다.

↕ 40cm까지 ↔ 30cm 또는 그 이상 ❀❀ ❀ H5 ☀ ◖ ◌

튤립 '플레이밍 패럿'
Tulipa 'Flaming Parrot'

늦봄에 개화하며, 가장자리가 톱니 모양인 노란 꽃잎에 빨간
무늬가 눈길을 끈다. 꽃 안쪽에 검은색 수술이 모여 있다. 화단에서
단일 품종만 심거나, 다른 색깔 꽃들과 어우러지게 심어도 좋다.
또는 키 큰 화분에 구근을 다량 심어 양지바른 곳에서 기른다.

↕ 55cm ↔ 15cm ❀❀ ❀ H6 ☀ ◌

튤립 '프린세스 아이린'
Tulipa 'Prinses Irene'

주황색 꽃잎에 자주색 물감으로 섬세한 붓놀림을 한 듯한 모습이
눈길을 사로잡는다. 한봄에 개화하는데, 화단에서 긴 줄 형태로
그룹으로 심거나 장식성 강한 그래스 종류와 함께 화분에 심으면
효과적이다. 절화를 실내장식에 이용해도 좋다.

↕ 35cm ↔ 15cm ❀❀ ❀ H6 ☀ ◌

튤립 '퀸 오브 나이트'
Tulipa 'Queen of Night'

그윽한 색깔과 부드러운 질감으로 인기가 높으며 늦봄에
개화한다. 자주색과 검은색 잎이 달린 여러해살이나 키 작은 관목,
또는 회색이나 은색 잎의 식물과 함께 심으면 눈에 띈다. 옅은
색깔의 울타리나 담을 배경으로 심으면 대비 효과를 얻을 수 있다.

↕ 60cm ↔ 15cm ❀❀ ❀ H6 ☀ ◌

튤립 '스프링 그린'
Tulipa 'Spring Green'

미색 꽃잎마다 초록색 새털 무늬가 있어서 혼합 식재 화단이나
컬러를 테마로 한 화단에 심으면 우아한 분위기를 조성한다.
늦봄에 개화하는데, 꽃이 피어도 키가 40cm에 불과하므로
가까이 다가가 감상할 수 있는 자리에 심는 것이 좋다.

↕ 40cm ↔ 10cm ❀❀ ❀ H6 ☀ ◌

향이 좋은 구근류

다양한 향기를 품고 있는 품종으로는 수선화, 크로커스, 나리,
설강화, 은방울수선, 히아신스, 시클라멘, 프리지아 등이 있다.

- 은방울꽃 p.336
- 크로커스 고울리미 p.337
- 히아신스 '블루 재킷' p.338
- 은방울수선 '그라베티 자이언트' p.339 (은은한 향)
- 나리 '아프리칸 퀸' p.339
- 나리 '블랙 뷰티' p.339
- 나리 핑크 퍼펙션 그룹 p.340
- 레갈레나리 p.340
- 나리 '스타 게이저' p.340
- 수선화 '브라이들 크라운' p.340
- 포에티쿠스수선화 레쿠르부스 p.340

구근을 감상하는 좋은 방법은 집과 가까운 화분에 심거나,
무리 지어 심는 것이다.

그래스, 사초, 대나무

무늬창포
Acorus calamus 'Argenteostriatus'

창포는 수월하게 기를 수 있다. 습지나 늪지에서도 잘 자라므로 연못가 얕은 곳에 심기에 최적이다. 여느 창포와 마찬가지로 무늬창포도 마구 번지지 않는다. 그늘이 짙게 드리운 곳에서도 미색 무늬가 생생하게 유지된다.

↕45cm ↔45cm ❄ ❄ ❄ H7 ☀ ◑ ◐ ◐

아네만텔레 레소니아나
Anemanthele lessoniana

가느다란 잎이 보기 좋은 아치를 만든다. 여름에 자줏빛 꽃차례가 올라오고, 겨울이면 상록의 잎이 밝은 갈색으로 변해 눈길을 잡아끈다. 이삭을 내버려두면 겨울 동안 배고픈 새들이 찾아와 물어갈 것이다. 추운 지역에서는 월동 시 보호가 필요하다.

↕1m ↔1.2m ❄ ❄ H4 ☀ ◐ ◐ ◐

무늬물대
Arundo donax var. *versicolor*

민무늬 품종보다 덜 활발하고 덜 튼튼하지만, 흰 줄무늬가 여름에 연노란색으로 변하는 점이 즐거움을 선사해 인기가 높다. 추운 지역이라면 화분에 심어 여름에는 밖에 두고 즐기고, 겨울이면 추위로부터 보호하도록 한다.

↕2.2m ↔2m ❄ ❄ H4 ☀ ◐ ◐ ◐

보린다 파피리페라
Borinda papyrifera

무리 지어 자라는 인상적인 상록의 대나무다. 줄기에 푸른 가루가 묻은 것 같은 모습이 독특한데, 어린 성장기에 특히 그렇다. 잎은 부드럽고 진녹색이며, 곧게 자란 뒤 아치형으로 휜다. 점차 우아한 대숲이 형성된다. 새순이 발달하려면 수분이 필요하다.

↕6m ↔2~3m ❄ ❄ ❄ H5 ☀ ◐ ◐

큰방울새풀
Briza maxima

한해살이 그래스 중 매력이 넘치는 품종으로 파종해서 기르기 쉽다. 이때 개별 모듈에 씨를 심어야 성공률이 높다. 가벼운 바람에도 꽃이 흔들리는데, 그 모습 때문에 영어명은 '떨고 있는 풀'이라는 뜻이다. 잘 말려서 꽃꽂이에 쓸 수 있다.

↕30cm ↔23cm ❄ ❄ ❄ H6 ☀ ◐ ◐ ◐

바늘새풀 '오버댐'
Calamagrostis x *acutiflora* 'Overdam'

초원 스타일의 정원을 꾸민다면 줄무늬가 있는 '오버댐'을 이용해 수직의 악센트를 만들어보라. 봄에 잎이 올라올 때 보면 녹색과 흰색 무늬에 분홍빛이 살짝 돈다. 늦여름에 잎을 잘라주면 새잎이 또 돋아난다. 까다롭지 않아서 어느 토양이든 잘 적응한다.

↕1m ↔1.2m ❄ ❄ ❄ H6 ☀ ◐

가죽사초
Carex buchananii

뉴질랜드에서 온 매력적인 상록의 사초로, 가느다란 갈색 잎은 살짝 둥그렇게 말려 있다. 어려서는 꼿꼿하다가 시간이 지날수록 둥그런 모양이 된다. 노란색 사초나 푸른색 그래스와 좋은 대비를 이룬다. 봄에 시든 잎을 갈퀴로 긁어내거나 잘라준다.

↕60cm ↔60cm ❄ ❄ ❄ H5 ☀ ◐ ◐ ◐

큰물사초 '아우레아'
Carex elata 'Aurea'

사초 중에서도 많이 재배되는 품종으로, 녹색 테두리가 있는 노란색 잎이 활기찬 모습으로 멀리 뻗어나간다. 여름에는 솜털 같은 갈색 꽃차례가 올라 즐거움을 더한다. 낙엽성의 소형 품종으로, 반음지에서 자랄 때 색깔이 가장 보기 좋다.

↕75cm ↔1m ❄ ❄ ❄ H6 ☀ ◐ ◐

오시멘시사초 '에버골드'
Carex oshimensis 'Evergold'

낮은 아치를 그리는 모습이 품위 있는 상록의 사초로, 화분에 심거나 그늘진 지면을 덮는 데 유용하다. 녹색의 가느다란 줄무늬가 있는 황금색 잎이 분위기를 밝혀준다. 다른 사초들처럼 습한 땅을 좋아하며, 연못가에 심으면 뛰어난 장식이 된다.

↕50cm ↔45cm ❄ ❄ ❄ H7 ☀ ◐ ◐ ◐

❀ ❀ ❀ H7-H5 추위에 강함.　　❀ ❀ H4-H3 온화하거나 비바람이 없는 곳에서 잘 자람.　　❀ H2 겨울 서리로부터 보호가 필요함.　　❀ H1c-H1a 서리를 견디지 못함.
☼ 양지　　◐ 반양지　　● 음지　　◌ 배수가 잘되는 토양　　◓ 축축한 토양　　● 습지

팜파스그래스 '아우레올리네아타'
Cortaderia selloana 'Aureolineata'

보통의 팜파스에 비해 소형 품종이라 작은 정원에 어울린다. 가장자리가 황금색을 띠는 넓은 잎은 계절이 깊어갈수록 색이 풍부해진다. 색감이 풍부한 잎과 깃털처럼 부드러운 꽃이 늦여름의 화단이나 자갈 정원에서 드라마틱한 모습을 연출한다.

↕1.5m ↔1.5m ❀ ❀ ❀ H6 ☼ ◌ ◓

팜파스그래스 '푸밀라'
Cortaderia selloana 'Pumila'

키 큰 품종보다 튼튼하고 꽃을 잘 피우며, 화단에 놀라울 정도로 잘 어우러진다. 여름에 단단한 줄기로부터 황갈색 깃털 모양 꽃이 올라와 오래 지속된다. 겨울에 작은 갈퀴로 잎들을 빗질해주면 깔끔해 보인다.

↕2m ↔2m ❀ ❀ ❀ H6 ☼ ◌ ◓

플렉수오사좀새풀 '타트라 골드'
Deschampsia flexuosa 'Tatra Gold'

가느다란 상록의 잎이 천천히 자라며 몸집을 키워간다. '타트라 골드'는 그늘진 습지에서 잘 자라는데, 여기에서는 밝은 초록 잎이 야광색처럼 보인다. 여름에 적갈색 꽃이 올라와 아지랑이처럼 일렁인다. 밝은색 사초들과 큰 무리를 지어 심으면 더욱 돋보인다.

↕15cm ↔15cm ❀ ❀ ❀ H6 ◐ ● ◓

엘리무스 마겔라니쿠스
Elymus magellanicus

근사한 푸른색 잎을 가지고 있어서 영어명은 '푸른 밀'이라는 뜻이다. 자갈밭에 심으면 푸른색이 더 돋보이고, 헤링본 무늬로 피는 꽃은 밀 이삭처럼 보인다. 서서히 퍼져나가며, 상록의 잎은 다소 멋대로 자란다. 추운 지역에서는 겨울에 보호가 필요하다.

↕45cm ↔45cm ❀ ❀ ❀ H6 ☼ ◌ ◓

파르게시아 무리엘라이
Fargesia murielae

거친 환경에서도 강한 상록의 대나무로, 건조한 땅과 노지에서도 잘 자란다. 바람을 막거나 가림막이 필요할 때 유용하다. 아치형 줄기가 천천히, 촘촘하게 자라는데 옆 식물을 덮치지는 않는다. 화단의 뒷배경으로 심거나 화분에서 키우라.

↕4m ↔4m ❀ ❀ ❀ H5 ☼ ◐ ◌ ◓

블루페스큐 '일라이저 블루'
Festuca glauca 'Elijah Blue'

일 년 내내 근사한 모습을 보여주는 훌륭한 식물로, 바늘 같은 은청색 잎이 단정하고 둥근 더미를 형성한다. 여름에 푸른색 작은 꽃이 피는데 시간이 지날수록 갈색으로 변한다. 테라코타나 메탈 화분에서 키우면 멋진 대조를 이루어 효과적이다.

↕30cm ↔60cm ❀ ❀ ❀ H5 ☼ ◐ ◌ ◓

풍지초 '아우레올라'
Hakonechloa macra 'Aureola'

천천히 자라는 아름다운 낙엽성 식물로, 화분이나 마른 자갈이 깔린 화단에 심으면 주목을 받는다. 황금색 잎에는 밝은 연두색 줄무늬가 가늘게 있고, 낮은 아치를 그리며 자란다. 가을에는 따뜻한 붉은색을 띤다. 이른 봄에 잎을 잘라주면 성장이 촉진된다.

↕25cm ↔1m ❀ ❀ ❀ H7 ◐ ◓

홍띠
Imperata cylindrica 'Rubra'

훌륭한 관엽식물이라는 데 이의가 없을 텐데, 여름에 피는 솜털 같은 흰 꽃은 덤이다. 끝이 붉은색으로 물든 곧게 자란 잎이 태양 역광을 받을 수 있게 자리를 조심스럽게 골라보라. 추운 지역에서는 화분에 심어서 겨울 동안 보호를 해준다.

↕45cm ↔1.8m ❀ ❀ H4 ☼ ◓

화분에 심기 좋은 그래스, 사초, 대나무

그래스, 사초, 대나무

토끼꼬리풀
Lagurus ovatus

솜털 같은 꽃 때문에 인기 높은 정원 식물이다. 봄에 제자리에 뿌려진 씨앗으로부터 쉽게 자라나는 풍성한 한해살이다. 부드럽고 털이 많은 작은 꽃은 여름에 피는데, 처음에는 연두색이었다가 점차 미색으로 변한다. 잘라서 실내장식에 쓸 수 있다.

↕50cm까지 ↔30cm ❊ H4 ☼ ◊

참억새 '그라킬리무스'
Miscanthus sinensis 'Gracillimus'

그래스 정원 또는 혼합 화단에 알맞은 식물로, '그라킬리무스'는 좁다란 녹색 잎에 흰색의 가운데잎줄이 있어서 놀라움을 준다. 한창 자라는 늦여름이 지나 기온이 내려가면 굽이치는 잎들은 구릿빛을 띤다. 겨울에도 그 자리에 두고 조형물처럼 감상하라.

↕1.3m ↔1.2m ❊ ❊ H6 ☼ ◊ ◖

참억새 '클라인 질버슈피넨'
Miscanthus sinensis 'Kleine Silberspinne'

화려하게 굽이치는 털이 있어 매력적인 관상용 식물로, 키는 야생종보다 작은 편이다. 늦여름과 초가을에 비단처럼 부드러운 흰색과 빨간색 꽃이 피고, 점차 은색으로 변해 겨우내 지속된다. 새순이 올라오기 전인 봄에 밑동까지 자르라.

↕1.2m ↔1.2m ❊ ❊ H6 ☼ ◊ ◖

참억새 '말레파르투스'
Miscanthus sinensis 'Malepartus'

참억새 중에서도 기르기 쉬운 품종이다. 잔디밭이나 통로의 가장자리처럼 잘 보이는 곳에 심어 흘러넘치는 모습을 연출하면 근사하다. 풍성한 녹색 잎 사이로 늦여름에서 가을에 걸쳐 부드러운 적갈색 꽃이 올라와 미색으로 익어간다.

↕2m ↔2m ❊ ❊ H6 ☼ ◊ ◖

참억새 '질버페더'
Miscanthus sinensis 'Silberfeder'

가을에 붉은색이 도는 미색 꽃을 보려고 기르는데, 녹색의 좁다란 잎 위로 꽃이 올라와 오래 지속된다. 제대로 감상하려면 넉넉한 공간이 필요하며, 습지를 피해야 한다. 어두운 잎의 생울타리를 배경으로 그 앞쪽에 심으면 가장 보기 좋다.

↕2.5m ↔1.2m ❊ ❊ H6 ☼ ◊ ◖

참억새 '제브리누스'
Miscanthus sinensis 'Zebrinus'

곧게 자라는 '스트릭투스'와 혼동되기 쉬운데, '제브리누스'는 더 늘어지는 모양으로 자라고 잘 퍼진다. 미색 무늬가 잎에 가로로 난 모습이 독특해서, 그래스 정원이나 커다란 함석 화분에 심으면 흥미를 유발한다. 갈색으로 시든 잎은 겨울 정원의 매력이 된다.

↕1.2m까지 ↔1.2m ❊ ❊ ❊ H6 ☼ ◊ ◖

무늬몰리니아
Molinia caerulea subsp. *caerulea* 'Variegata'

녹색과 미색이 선명한 무늬를 만들며 조밀하게 자라는 여러해살이다. 봄부터 가을까지, 노란색 꽃대에서 자줏빛 도는 꽃이 핀다. 가을에 전체가 옅은 갈색으로 물드는 모습은 사갈 정원에 심었을 때 특히 효과적이다.

↕45~60cm ↔40cm ❊ ❊ ❊ H7 ☼ ☼ ◊

흑룡
Ophiopogon planiscapus 'Nigrescens'

무리 지어 조밀하게 자라는 다년생으로, 보기 드물게 짙은 색을 띠고 있다. 엄밀히 말해 그래스는 아니지만, 그래스를 주제로 한 성원에 살 어울리는 생김새와 습성을 지니고 있다. 연한 색상의 화분에 심으면 더욱 돋보인다. 여름에 연보라색 작은 꽃이 핀다.

↕20cm ↔30cm ❊ ❊ ❊ H5 ☼ ☼ ◊ ◖

큰개기장 '헤비 메탈'
Panicum virgatum 'Heavy Metal'

뻣뻣하고 곧게 자라며 금속성의 회녹색 잎을 지닌 낙엽성 여러해살이식물이다. 좋은 환경에서는 가을에 잎이 노란색이 되었다가 겨울에 점차 연갈색으로 변한다. 여름에 적록색 꽃이 성글게 핀다. 3~5포기씩 무리 지어 심으면 효과적이다.

↕1m ↔75cm ❊ ❊ ❊ H5 ☼ ◊

❆❆❆ H7-H5 추위에 강함.　❆❆ H4-H3 온화하거나 비바람이 없는 곳에서 잘 자람.　❆ H2 겨울 서리로부터 보호가 필요함.　❅ H1c-H1a 서리를 견디지 못함.
☼ 양지　☼ 반양지　☀ 음지　◊ 배수가 잘되는 토양　◖ 축축한 토양　◕ 습지

수크령
Pennisetum alopecuroides

상록의 여러해살이로 가느다란 녹색 잎들이 분수처럼 쏟아지는데, 영어명은 '분수의 풀'이라는 뜻이다. 여름과 가을에 장식성 강한 뻣뻣한 꽃을 볼 수 있다. 내한성이 낮은 편이라 따뜻하고 보호되는 자리가 필요하다.

↕0.6~1.5m ↔ 0.6~1.2m ❆❆ H3 ☼ ◊

오죽
Phyllostachys nigra

독특한 줄기를 보기 위해 기르는데, 줄기는 처음에 녹색이었다가 윤기 나는 검정색으로 변하여 산뜻한 초록 잎과 대비를 이룬다. 크고 곧게 자라는 성질이 있어서 화단 또는 모던한 정원의 블록 안에 심으면 돋보인다.

↕3~5m ↔ 2~3m ❆❆❆ H5 ☼ ◊ ◖ ◕

필로스타키스 비박스
Phyllostachys vivax f. *aureocaulis*

다른 대나무들처럼 왕성하고 빠르게 자란다. 밝은 노란색 줄기에는 녹색 무늬가 있으며, 좁다란 아치형 잎이 난다. 확산을 통제하려면 큰 화분에서 기르거나, 뿌리가 더 뻗지 못하게 흙 주변을 막아서 심는다.

↕8m까지 ↔ 4m ❆❆❆ H5 ☼ ◊ ◖ ◕

세슬레리아 아우툼날리스
Sesleria autumnalis

작은 둔덕 모양을 이루며 자라는 상록의 그래스다. 한여름에서 늦여름 사이 미색 꽃이 가느다란 수상화서로 피어난다. 잎은 밝고 싱그러운 녹색이며, 겨울에도 그 색을 잘 유지한다. 작은 나무 또는 낙엽관목 아래에 심으면 유용하다.

↕50cm ↔ 50cm ❆❆❆ H7 ☼ ☼ ◖

큰나래새
Stipa gigantea

양지바른 아일랜드 화단이나 혼합 화단에서 대체로 좋은 자리를 차지하는, 멋진 정원 식물이다. 여름에 상록의 잎 위로 깃털이 나부끼는 듯한 키 큰 꽃이 올라온다. 줄기가 투명한 스크린 같아서 그 뒤에 자라는 키 작은 식물들이 들여다보인다.

↕2.5m까지 ↔ 1.2m ❆❆❆ (경계) H4 ☼ ◊

스티파 이추
Stipa ichu

늦여름과 초가을의 모습이 가장 멋지다. 밝은 녹색의 가느다란 잎이 풍성하게 자라면, 그 위로 곧게 뻗은 뒤 아치형으로 휘는 꽃대가 나와 깃털 같은 은색 꽃이 가느다랗게 핀다. 꽃이 지면 아름다운 담황색 이삭이 남는다. 우아한 모습이 자갈 정원에 잘 어울린다.

↕1m ↔ 60cm ❆❆ H4 ☼ ◊

가는잎나래새
Stipa tenuissima

말끔하고 조밀한 낙엽성 여러해살이로, 여름에 깃털 같은 줄기를 만들어내고, 함께 피는 녹색 꽃은 이후 누런색으로 변해간다. 고운 잎은 미풍에도 부드럽게 흔들리며, 진녹색 식물 옆에 두면 좋은 대조를 이룬다. 가을에 맺히는 씨를 새들이 좋아한다.

↕60cm ↔ 30cm ❆❆❆ (경계) H4 ☼ ◊

운키니아 루브라
Uncinia rubra

상록의 여러해살이로 단단한 적갈색 잎은 곧게 자라는데, 한여름에서 늦여름에 진갈색 꽃이 핀다. 배수가 잘되고 너무 건조하지 않은 토양이 있는 자갈 정원에 심으면 돋보인다. 매서운 겨울에는 보호가 필요하다.

↕30cm ↔ 35cm ❆❆ H3 ☼ ☼ ◊ ◖

상록의 그래스, 사초, 대나무

수생식물

촛대승마 '브루넷'

Actaea simplex Atropurpurea Group 'Brunette'

정원의 습하고 그늘진 곳에서 자라는 다년생초본이다. '브루넷'은 구리색 잎이 깊이 갈라졌으며, 늦여름에 호리호리한 솜털 같은 흰색의 향기로운 꽃이 핀다. 배경이 어두울 때 더 돋보인다. 삼림 정원이나 그늘진 습지 정원에서 늘 축축한 토양에 심는다.

↕1.2m ↔ 60cm ❋ ❋ ❋ H7 ☼ ～

참눈개승마 '크네이피'

Aruncus dioicus 'Kneiffii'

양치식물 같은 잎과, 애벌레를 닮은 작고 흰 꽃이 풍성하게 피는 모습이 매력적이다. 여름에 꽃이 피면 습지 정원이나 연못가에서 환한 주인공이 된다. 약해 보이는 겉모습과 다르게 튼튼해서, 해가 강한 곳이나 부분적인 그늘에서나 잘 자란다.

↕75cm ↔ 45cm ❋ ❋ ❋ H6 ☼ ～

아스틸베 '파날'

Astilbe 'Fanal'

초여름에 깃털을 닮은 붉은색 꽃이 피어 오래 지속되는데, 늪지대가 있는 정원에 불꽃 같은 흥미를 더해준다. 잘게 갈라진 진녹색 잎은 강렬한 꽃을 위해 적절한 배경이 되어준다. 3~5개의 그룹으로 심어 대담하게 연출해보라.

↕60~100cm ↔ 60cm ❋ ❋ ❋ H7 ☼ ～

아스틸베 '프로페서 반 데어 비엘렌'

Astilbe 'Professor van der Wielen'

한여름에 양치식물 같은 잎 위로 섬세하게 생긴 미색 꽃이 분수처럼 크게 피어나는데, 그 모습을 제대로 즐기려면 충분한 공간이 필요하다. 습한 화단의 뒷줄이나 연못가에 심고, 3~4년에 한 번씩 포기를 나누어준다.

↕1.2m ↔ 1m까지 ❋ ❋ ❋ H7 ☼ ～

아스틸베 '윌리 뷰캐넌'

Astilbe 'Willie Buchanan'

한여름부터 늦여름까지, 가느다란 줄기에 붉은 수술이 달린 흰색의 작은 꽃들이 피면 분홍색 안개가 피어오르는 것 같다. 연못가나 길가에 잘 어울리며, 그룹으로 심으면 멋진 모습을 연출할 수 있다. 꽃에는 유익한 곤충들이 꼬인다.

↕23~30cm ↔ 20cm ❋ ❋ ❋ H7 ☼ ☀ ～

꽃골풀

Butomus umbellatus

젖은 흙에 뿌리가 잠길 수 있는 연못가에 심으면 좋은 식물이다. 잎은 좁고 각진 모양인데, 어린잎은 황적색을 띠다가 녹색으로 변해간다. 늦여름에 가느다란 줄기에서 연분홍색의 우아한 꽃이 향기롭게 피어난다.

↕1m ↔ 무한대 ❋ ❋ ❋ H5 ☼ ≋ ⯭ 5~15cm

동의나물

Caltha palustris

늦봄, 컵 모양의 강렬한 노란색 꽃이 피면 연못가에 색채가 더해진다. 크고 둥근 잎은 초록색이며 잎자루가 길다. 지나치게 확산되는 것을 막으려면 양동이에 심는다. 흰 꽃을 보고 싶다면 흰동의나물을 시도해보라.

↕60cm ↔ 45cm ❋ ❋ ❋ H7 ☼ ☀ ≋ ⯭ 수면

다르메라 펠타타

Darmera peltata

천천히 퍼지며 자라는 여러해살이로, 개울가나 연못가를 따라 심으면 보기 좋다. 늦봄에 흰색 또는 분홍색 꽃이 긴 줄기 위에 피고, 그런 뒤에 크고 둥근 초록 잎이 나타난다. 가을이 되면 잎은 점차 붉게 물든 다음 시든다.

↕1.2m ↔ 무한대 ❋ ❋ ❋ H6 ☼ ～

점등골나물 아트로푸르푸레움

Eupatorium maculatum 'Atropurpureum Group'

늦여름과 초가을에 색채를 더해주는 위풍당당한 여러해살이로, 자주색 키 큰 줄기 위에 분홍색 작은 꽃들이 무리 지어 핀다. 톱니 모양의 적록색 잎이 줄기를 둘러싸며 꽃 바로 아래까지 자란다. 벌과 나비에게 인기가 많아서 야생 생물 습지 정원에 적합하다.

↕2m ↔ 1m ❋ ❋ ❋ H7 ☼ ☀ ～

❀ ❀ ❀ H7-H5 추위에 강함.　　❀ ❀ H4-H3 온화하거나 비바람이 없는 곳에서 잘 자람.　　❀ H2 겨울 서리로부터 보호가 필요함.　　❀ H1c-H1a 서리를 견디지 못함.

☼ 양지　　☀ 반양지　　☀ 음지　　～ 습지식물　　≈ 수변식물　　≋ 수중식물　　 Ⅰ 식재 깊이

서양붉은터리풀 '베누스타'
Filipendula rubra 'Venusta'

퍼져서 자라는 여러해살이이므로 심을 자리를 신중하게 골라야 한다. 초여름과 한여름까지 분홍색 꽃이 하늘하늘 피어나는데, 철사 같은 줄기의 아래쪽에는 삐죽삐죽한 녹색 잎이 있다. 키가 크므로 늦지 정원의 뒷줄에 심어 가림막으로 활용하라.

↕2m ↔무한대 ❀ ❀ ❀ H5 ☼ ☀ ～

군네라 마니카타
Gunnera manicata

늪지 정원의 진정한 거인으로, 장군풀을 닮은 거대한 잎이 있어 한 포기만 심어도 자리를 많이 차지한다. 여러해살이 초본식물로, 물가에서 키우면 근사하다. 항시 습한 토양에 심고, 추운 겨울에는 마른 잎으로 뿌리를 덮어준다.

↕4.5m ↔3m ❀ ❀ ❀ H5 ☼ ☀ ～

시베리아붓꽃 '버터 앤드 슈거'
Iris 'Butter and Sugar'

한봄에서 늦봄까지 맵시 있는 꽃이 피는데, 위쪽 꽃잎은 흰색이고 아래쪽 꽃잎은 버터 같은 노란색이다. 끈 모양의 녹색 잎이 각각의 꽃대를 둘러싸고 있는데, 꽃대 하나에 5송이까지 피어난다. 너무 촘촘하게 자라면 봄이나 꽃이 진 뒤에 포기를 나누어준다.

↕50cm ↔25cm ❀ ❀ ❀ H7 ☼ ～

제비붓꽃
Iris laevigata

얕은 연못이나 개울과 같이 습한 땅에서 잘 자라는 붓꽃이다. 넓적한 검 모양의 초록 잎들 사이에서 녹색 꽃대가 올라와 초여름부터 한여름 사이에 청보라색 꽃이 핀다. 계속해서 옆으로 번져나갈 것이다.

↕75cm ↔1m ❀ ❀ ❀ H6 ☼ ≈ Ⅰ 10~15cm

노랑꽃창포 '바리에가타'
Iris pseudacorus 'Variegata'

노랑꽃창포 중에서도 잎에 무늬가 있는 품종이다. 어린잎은 녹색에 연노란색 줄무늬가 나 있고, 여름에 노란 꽃이 핀다. 잘 번지는 성질이 있으므로 필요하면 확산을 통제하라. 양동이에 담아 연못가에 심는다.

↕1m ↔75cm ❀ ❀ ❀ H7 ☼ ≈Ⅰ 15cm

시베리아붓꽃 '페리스 블루'
Iris sibirica 'Perry's Blue'

촘촘한 간격으로 꽃대가 자라나 파란색 꽃이 피는 전통적인 품종으로, 꽃잎에는 녹슨 듯한 무늬가 보인다. 초여름에 개화하여 작은 연못가나 습지 화단에 색채를 더해준다. 이보다 연한 색 꽃이 피는 붓꽃과 함께 심어 배색 효과를 즐겨보라.

↕1m ↔60cm ❀ ❀ ❀ H7 ☼ ～

북방푸른꽃창포 '커메시나'
Iris versicolor 'Kermesina'

북아메리카 동부에서 왔으며, 작은 연못을 위한 작은 품종이다. 북방푸른꽃창포는 보통 여름에 흰 무늬가 있는 청보라색 꽃이 피는데, '커메시나'의 꽃은 적보라색이다. 끈처럼 긴 잎은 봄부터 가을까지 볼 수 있는데, 연못가에 조형적 재미를 가져온다.

↕75cm ↔60cm ❀ ❀ ❀ H7 ☼ ≈Ⅰ 5cm

나도승마
Kirengeshoma palmata

늪지 정원의 독특한 식물이다. 무리 지어 자라는 여러해살이로, 삐죽삐죽한 잎과 적보라색 줄기가 있다. 늦여름에서 초가을, 잎 위로 뻗은 가느다란 줄기에 연노란색 종 모양 꽃이 핀다. 비바람이 없고 부분 그늘이 지는 자리의 습한 산성 토양에 심는다.

↕1.2m ↔75cm ❀ ❀ ❀ H7 ☀ ～

수생식물

곰취 '더 로켓'
Ligularia 'The Rocket'

칠흑 같은 꽃대와 화사한 노란색의 꽃이 대비를 이루는 늪을 좋아하는 식물로, 큰 정원에 필수 요소다. 카펫처럼 깔린 잎 사이로 초여름에서 늦여름까지 수상꽃차례가 올라온다. 밝은 자리에 심되 한낮의 태양은 피할 수 있어야 한다.

↕2m ↔1.1m ❄ ❄ ❄ H6 ☼ ◑ ∼

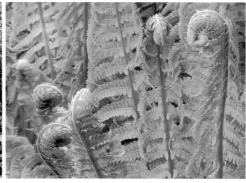

청나래고사리
Matteuccia struthiopteris

영어명은 셔틀콕 고사리 또는 타조 고사리인데, 봄에 섬세하게 갈라진 커다란 잎들이 땅 위로 솟는 모습을 보면 수긍하게 될 것이다. 늦여름 동안 중앙에서 갈색의 좁다란 포자엽이 무리를 지어 올라와 겨울을 난다. 습한 응달에서 키우면 좋다.

↕1.7m ↔1m까지 ❄ ❄ ❄ H5 ◑ ∼

물망초
Myosotis scorpioides

꽃을 잘 감상할 수 있도록 연못가 가까이 심으면 좋다. 파란색 작은 꽃의 중심부는 흰색, 분홍색 또는 노란색을 띠며, 초여름에 피어난다. '머메이드' 품종은 더 조밀하게 자라는 성질이 있다.

↕45cm ↔무한대 ❄ ❄ ❄ H6 ☼ ◑ ≈ 工수면

수련 '다윈'
Nymphaea 'Darwin'

작약을 닮은 향기로운 꽃이 피는데, 중앙에 있는 꽃잎은 연분홍색이고 바깥쪽 꽃잎은 흰색에 가깝다. 크고 평평한 진녹색 잎이 있고 성장이 왕성한 '다윈'(별칭은 '홀란디아')은 중간 또는 큰 규모의 연못에 가장 잘 어울린다.

↔1.5m ❄ H3 ☼ ≈ 工60~100cm

수련 '프로이벨리'
Nymphaea 'Froebelii'

아름다운 미니어처 수련으로, 진녹색 잎(어린잎은 구리색) 사이에서 황금빛 수술이 있는 진홍색 작은 꽃이 피어난다. 작은 연못이나 수련분, 반으로 가른 물통에서 키우기 적합하다. 한여름부터 가을까지 아름다운 꽃을 보여준다.

↔75cm ❄ ❄ H5 ☼ ≈ 工30~45cm

수련 '고니에르'
Nymphaea 'Gonnère'

중간 규모의 연못에 잘 어울린다. 순백의 꽃잎과 노란 수술이 어우러진 꽃은 한여름에서 늦여름까지 향기롭게 핀다. 둥근 잎은 어려서는 구리색이었다가 곧 연한 풀색으로 변한다. 해가 잘 드는 곳에서 키울 때 최고의 모습을 볼 수 있다.

↔1.5m ❄ ❄ ❄ H5 ☼ ≈ 工60~75cm

수련 '마릴라케아 크로마텔라'
Nymphaea 'Marliacea Chromatella'

긴 시험 기간을 견뎌온 오래된 품종이다. 한여름에서 늦여름까지 레몬색 꽃이 피는데 가운데는 진노란색이다. 넓적한 꽃잎은 안쪽으로 휘었다. 올리브색 잎에는 구리색 무늬가 있다. 해가 잘 드는 중간 규모의 연못이나 웅덩이에 심으라.

↔1.5m ❄ ❄ ❄ H5 ≈ 工60~100cm

왕관고비
Osmunda regalis

뿌리 끝을 물에 담그고 연못가에서 자라는 모습이 눈길을 끈다. 봄이면 신선한 초록 잎들이 우아하게 잎을 펼치며 무리 지어 나오는데 여기에는 포자가 없다. 한편 여름에 중앙에서 술처럼 생긴 포자엽이 곧게 자란다. 키우려면 여유 있는 공간이 필요하다.

↕2m ↔4m ❄ ❄ ❄ H6 ☼ ◑ ∼

프리물라 알피콜라
Primula alpicola

티베트 원산으로 습기를 좋아한다. 한여름에 희끄무레한 줄기에서 관 모양의 향기로운 꽃이 흰색, 노란색, 보라색 등으로 피어난다. 낙엽성 녹색 잎의 가장자리는 톱니 모양이거나 가리비처럼 주름이 져 있다. 습지 정원이나 항시 축축한 토양에 심는다.

↕50cm ↔30cm ❄ ❄ ❄ H7 ☼ ∼

❀ ❀ ❀ H7-H5 추위에 강함.　　❀ ❀ H4-H3 온화하거나 비바람이 없는 곳에서 잘 자람.　　❀ H2 겨울 서리로부터 보호가 필요함.　　❀ H1c-H1a 서리를 견디지 못함.

☼ 양지　☀ 반양지　☀ 음지　∼ 습지식물　≈ 수변식물　≋ 수중식물　⟓ 식재 깊이

프리물라 베에시아나
Primula beesiana

반상록 식물로, 여름에 진분홍색 꽃이 핀다. 연두색 줄기에서 둥그런 꽃차례가 일정한 간격을 두고 피는 모습 때문에 영어로는 샹들리에 앵초라고 부른다. 습지 화단이나 연못가에 알맞다. 고사리와 함께 대규모로 심으면 다채롭고 질감 있는 연출이 된다.

↕60cm ↔60cm ❀ ❀ ❀ H6 ☼ ☀ ∼

프리물라 '인버위'
Primula 'Inverewe'

반상록 식물로, 여름이면 희끄무레한 줄기마다 최대 15송이에 이르는 선명한 붉은 꽃이 핀다. 녹색 잎은 타원형이고 가장자리가 톱니 모양이다. 왕성하게 자라며 반음지를 좋아하는데, 뿌리가 촉촉하게 유지되면 강한 햇빛에서도 자랄 수 있다.

↕75cm ↔60cm ❀ ❀ ❀ H5 ☼ ☀ ∼

중국대황 '아트로상귀네움'
Rheum palmatum 'Atrosanguineum'

1m에 달하는 톱니 모양의 잎, 여름에 거대한 깃털 모양으로 피어나는 붉은 꽃을 수용하려면 큰 정원이 필요하다. 어린잎은 자주색을 띠고 점차 녹색으로 변한다. 건강하게 자라려면 토양이 깊고, 축축하고, 매우 기름져야 한다.

↕2.5m까지 ↔1.8m까지 ❀ ❀ ❀ H6 ☼ ☀ ∼

깃도깨비부채 '수페르바'
Rodgersia pinnata 'Superba'

잎을 즐기려고 기른다. 어린잎은 적갈색이었다가 점차 진녹색으로 변해가며, 독특한 잎맥과 주름이 있다. 한여름에서 늦여름에 잎사귀 위로 분홍색 작은 꽃들이 무리 지어 피었다가 시들면 갈색 시든 꽃송이가 남는다. 찬바람으로부터 보호해준다.

↕1.2m까지 ↔75cm ❀ ❀ ❀ H6 ☼ ☀ ∼

큰오이풀
Sanguisorba canadensis

키가 커서 습지 정원이나 습지 화단의 뒷줄에 심는 것이 좋다. 내뻗는 줄기에서 초록 잎이 무성하게 자란다. 늦여름에서 초가을, 병솔처럼 기다란 꽃차례로 흰색의 작은 꽃들이 피는데 개화는 아래에서 위로 진행된다. 봄이나 가을에 포기나누기를 한다.

↕2m까지 ↔1m ❀ ❀ ❀ H7 ☼ ☀ ∼

워터칸나
Thalia dealbata

생김새가 독특하고, 연못 가장자리에 잘 어울린다. 직립하는 줄기가 무리 지어 자란다. 창을 닮은 청록색 잎은 대담한 모양을 하고 위를 향해 자란다. 늦여름에 잎 위로 진자주색 꽃송이가 핀다. 뿌리가 물 아래 있는 모습이 내한성이 높다는 것을 증명한다.

↕2m 또는 그 이상 ↔1m ❀ H2 (경계) ☼ ≈

좀부들
Typha minima

부들보다 크기가 작아서 작은 연못이나 수조에서 키우기 좋은 여러해살이다. 좁다란 잎이 무리 지어 수직으로 자라며, 늦여름에 원통형 꽃이 모습을 드러낸다. 꽃대는 잘라서 실내장식에 활용할 수 있다.

↕75cm까지 ↔30~45cm ❀ ❀ ❀ H7 ☼ ≈⟓ 30cm

칼라
Zantedeschia aethiopica

생김새가 매우 이국적인 수변 식물의 하나로, 연못과 습지 정원에 우아함과 멋을 더해준다. 늦봄에서 한여름까지, 순백색의 큰 꽃이 밝은 초록 잎을 배경으로 환하게 피어난다. 얕은 물에서 키우고, 필요하면 봄에 뿌리줄기를 나누어준다.

↕90cm ↔90cm ❀ ❀ ❀ H4 ☼ ≈⟓ 15cm

습지식물

자재 가이드

정원을 사용 가능한 공간으로 꾸미는 데 있어서 단단한 소재인 하드스케이프 재료는 필수적인 요소이다. 벽과 담장, 바닥 포장, 울타리, 구조물 등은 실용적 기능을 할 뿐만 아니라 디자인의 전반적인 틀을 형성하기도 하며, 일시적인 식재를 위한 영구적인 틀이 되기도 한다. 재료를 선택할 때는 예산, 색상, 설치 용이성, 내구성, 환경 영향

등을 종합적으로 고려해야 한다. 선택지를 검색해보고 사용자 후기를 찾아본다. 예를 들어, 포장 마감재에 투수성이 있는지를 고려해야 국지적인 침수 위험을 줄일 수 있다. 여기에서는 사용 가능한 재료에는 어떤 것들이 있고, 중요한 속성이 무엇인지를 한눈에 볼 수 있게 소개한다.

바닥재

점토 벽돌

시대를 뛰어넘는 재료로, 다양한 패턴으로 깔 수 있다. 색상은 점토 종류와 굽는 온도에 따라 결정되며, 온도가 높을수록 비용과 내구성 역시 높아진다. 길과 테라스에 까는 벽돌은 추위에 강하고 단단해야 하므로 집 짓는 벽돌을 이용하는 것은 적당하지 않다.

₩~₩₩ ◆◆ 〰 붉은색, 담황색, 갈색, 청회색

콘크리트 벽돌

점토 벽돌보다 저렴하고 크기, 모양, 색상, 질감 등의 선택 범위가 넓다. 뒷면에 그물망이 붙어 있는 '카펫스톤'이나, 깔기 쉬운 모양으로 만들어진 것을 구입할 수도 있다. 자동차 무게를 견딜 수 있으므로 차량 진입로에 설치하기 알맞다.

₩ ◆◆ 〰 원하는 색상으로 제조 가능

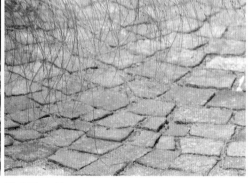

화강암 포석

유럽의 거리에서 많이 볼 수 있었으나 지금은 많이 사라진, 매력적인 재료다. 정원에서 내구성이 좋은 보행로나 차로를 만드는 데 쓰이고 있다. 개별 조각의 너비와 높이가 제각각이어서 틈새 없이 평평하게 시공하는 일이 쉽지는 않다.

₩₩ ◆◆ 〰 청회색, 분홍색, 검은색

테라코타 타일

지중해의 따사함과 색상을 제공해주지만, 대부분 추위에 약하다. 표면에 작은 구멍이 많아 미끄럽지 않고 안전한데, 얼룩이 잘 생기므로 실란트를 빌라주면 좋다. 크기와 색상은 다양하며, 색상은 점토를 구울 때 결정된다.

₩~₩₩₩ ◆ 〰 주황색, 빨간색, 담황색

돌과 타일

화강암, 테라코타와 유광 타일 등 다양한 재료를 섞어 재미있게 연출할 수 있다. 소량 남은 값비싼 타일을 활용할 기회이기도 하다. 느라이 모르타르 위에 블록과 타일을 섞어 배치하면 각기 다른 높낮이를 조정하여 울퉁불퉁해지는 것을 피할 수 있다.

₩~₩₩₩ ◆◆ 〰 다양

크레이지 페이빙

1970년대에 유행했던 스타일로, 최근에는 사진에 보이듯 재활용 요크스톤을 많이 쓴다. 내구성이 좋아 보행로, 파티오, 차로 등에 쓸 수 있다. 불규칙 패턴을 만드는 것은 의외로 어려운 일이어서 장식 효과를 끌어내리면 전문가의 도움이 필요할 수 있다.

₩~₩₩ ◆◆ 〰 범위가 넓음

WWW 고예산　WW 중간 예산　W 저예산　◆◆ 높은 내구성　◆ 낮은 내구성　⫽ 색상 옵션

화강암

오염에 강해 주방 마감재로 인기 높은 광택이 있는 화강암은 정원에서 쓸 수 있을 만큼 충분히 단단하다. 색상 범위가 넓고, 반점이나 줄무늬가 있는 것도 있다. 저렴한 합성 재료나, 화강암 칩을 시멘트로 접착하고 연마한 테라초를 선택할 수도 있다.

WW~WWW ◆◆ ⫽ 검은색, 녹색, 분홍색, 붉은색, 미색

석회암

퇴적암의 일종이라 종종 조개껍데기나 화석이 박혀 있다. 사진에 보이는 리븐스톤은 표면이 거칠고 미끄럽지 않아서 정원에서 인기가 높다. 젖으면 색상이 어두워지고 얼룩이 생길 수 있으니 보호제를 발라주면 좋다. 합성품을 선택할 수도 있다.

WW~WWW ◆◆ ⫽ 회색, 흰색, 옅은 붉은색, 노란색, 검은색

대리석

온화한 기후에서 친숙한 편인데, 세련된 조경 재료로서 인기가 높아지고 있다. 광택이 나는 대리석을 이용하면 어떤 파티오라도 품위가 올라간다. 특유의 무늬는 섞여 있는 광물질에 좌우된다. 보호제를 발라주면 좋다. 합성품을 선택할 수도 있다.

WW~WWW ◆◆ ⫽ 흰색, 검은색, 회색, 녹색, 분홍색, 붉은색, 갈색

사암

작은 광물 알갱이로 구성되어 있는 사암은 자르기 쉽고 시공도 수월하다. 다양한 색상과, 줄무늬를 포함한 여러 무늬가 선택지로 있다. 젖으면 색이 짙어진다. 재활용 사암을 써서 예산을 줄일 수 있다. 보호제를 발라주면 좋다. 합성품을 선택할 수도 있다.

WW~WWW ◆◆ ⫽ 금색, 옥색, 붉은색, 갈색, 회색, 흰색, 검은색

점판암

현대적인 분위기를 내며, 내구성이 강하고 입자가 치밀하다. 연마하지 않은 것은 젖어도 미끄럽지 않아 보행로에 적합하다. 젖으면 색이 짙어진다. 톱 자국이 보이는 러프컷, 샌드블래스트, 혼드 연마 등 다양한 질감이 있다. 보호제를 발라주면 좋다.

WW~WWW ◆◆ ⫽ 검은색, 청회색, 녹색, 자주색

트래버틴

석회(탄산칼슘)가 응축된 것으로, 로마시대부터 건축 재료로 인기가 높았다. 순수한 트래버틴은 흰색인데 불순물이 섞이면 색상이 더해진다. 특유의 구멍은 용해된 암석에 가스가 갇혀 생긴 것이다. 고품질일수록 구멍이 작은데, 메워지고 연마된 것이다.

WW~WWW ◆◆ ⫽ 흰색, 분홍색, 노란색, 갈색

요크스톤

영국 대부분의 도시에서 단단하고 고운 결을 가진 요크스톤으로 도로를 포장하고 있다. 요크셔의 어느 채석장에서 왔는지에 따라 색상이 다른데, 젖으면 짙어진다. 재활용과, 미끄럽지 않고 표면이 갈라진 합성품(사진)을 선택할 수 있다. 보호제를 발라주면 좋다.

WW~WWW ◆◆ ⫽ 회색, 검은색, 갈색, 녹색 또는 붉은색 도는 것

포셀린 타일

다양한 색상과 질감, 마감, 스타일의 제품이 시장에 출시됨에 따라 인기가 높아지고 있다. 시공 전에 약간의 준비(부착을 위해 뒷면에 슬러리를 바름)와, 정밀한 줄 맞춤을 해준다면 어느 정원에서든 멋진 모습을 연출할 것이다.

W~WWW ◆◆ ⫽ 다양

환경을 고려한 선택

소비자의 구매력은 환경에 커다란 영향을 미치는데, 정원의 재료를 선택할 때 특히 그러하다.

- 지구 반 바퀴를 돌아 운송되는 목재와 석재의 탄소발자국은 엄청나다. 그러니 우선 현지 공급이 가능한지 확인하라. 수입 재료를 쓰기로 결정했다면 그것이 아동 노동을 통해 생산된 것은 아닌지 확인하라.

- 지속가능하도록 관리되는 곳에서 목재를 구하라. 국제삼림관리협의회(FSC)와 같은 공인 기관의 인증 제품을 찾아보거나, 재활용 목재를 이용해보자.

- 빗물이 땅으로 스며들어 흘러넘치는 일이 없도록 포장 재료를 고를 때는 투수성 있는 재료를 우선 고려한다.

- 솔벤트 사용 억제, 수성 페인트, 목재 방부제 등은 책임감 있는 선택들이다.

바닥재

파티오 키트
파티오나 보행로의 중앙 장식으로 쓰이는데, 퍼즐처럼 끼워 맞추면 태양이 완성되는 기성품이 있다. 물고기, 나비, 기하학무늬 등도 인기가 있다. 보통 견고한 합성 석재로 만들어지며, 파티오에 장식성을 더해준다.

₩₩ ◆◆ 〰 다양한 석재 색상

목재 무늬 타일
포셀린 또는 세라믹 목재 무늬 타일은 목재에 비해 여러 가지 장점이 있다. 썩거나 변질되지 않으므로 내구성이 상당히 뛰어나다. 또 천연 목재에 비해 안정적인 색상과 질감의 제품을 이용할 수 있다.

₩₩~₩₩₩ ◆◆ 〰 다양

금속 망
사진과 같이 철제 트랙을 자동차가 지나는 길을 따라 설치하면 현대적이고, 튼튼하고, 안전한 주차장 바닥을 만들 수 있다. 주차 구역에 차가 없으면 그 밑에서 풀들이 자랄 것이다. 금속 전문가에게 필요에 맞게 의뢰해보라.

₩₩₩ ◆◆ 〰 광택 있는 금속 색상

목재 데크 타일
밑면에 접합부가 붙어 있는 데크 타일을 골라 평평한 콘크리트나 아스팔트 위에 설치한다. 연목으로 만들어 가벼우며 옥상 테라스, 발코니, 파티오 등에 적합하다. 낡기 시작하면 손상된 조각만 걷어내고 타일처럼 교체하면 된다.

₩ ◆ 〰 오일 또는 스테인 도장

목재 데크
발라우(사진), 참나무 같은 견목이 데크로 적합한데, 뒤틀림이 적고 비바람에 강하며 연목보다 내구성이 좋다. 하지만 대부분의 데크는 연목을 압력 처리하여 만든다. 그것이 저렴하고 키트로 만들기 쉽기 때문이다. 잘 관리하면 20년은 쓸 수 있다.

₩~₩₩₩ ◆◆ 〰 오일 또는 스테인 도장

합성 데크
폐기물을 재활용해 만드는 합성 데크는 방수가 되고 자외선에 강하며 썩지 않고, 유지비가 적게 든다. 시공은 목재의 경우와 같으며 사후 관리에 차이가 있다. 오일을 발라줄 필요가 없고 가끔 물로 닦으면 된다. 다양한 색상과 질감 중에서 고를 수 있다.

₩~₩₩ ◆◆ 〰 '자연스러운' 나무색, 녹색, 검은색, 파란색

침목
오래된 철도의 침목은 콜타르, 역청 등이 잔뜩 묻어 건강에 해로우므로 이제 사용하지 않는다. 대신 후처리가 되지 않은 그와 비슷한 목재(침나무 등)를 살 수 있는데, 묵직하고 단단해서 전기톱이 필요할 수도 있다. 디딤판으로 좋다. 단, 젖으면 미끄럽다.

₩~₩₩ ◆◆ 〰 천연 목재에 스테인 가능

콘크리트 침목
콘크리트로 만든 합성물로, 진짜 침목처럼 생겼고 아주 견고하다. 길이가 다양해서 절단을 최소화할 수 있는 한편, 깊이는 일정해서 모르타르 시공이 수월하다. 나뭇결무늬가 있어서 젖어도 미끄럽지 않다.

₩₩ ◆◆ 〰 '자연스러운' 나무색

바크
보행로나 놀이터에 깔면 바닥을 탄력 있게 만들어준다. 입자가 작으면 아이들 무릎 보호에 좋은 반면 잘 부서지므로 입자가 큰 것보다 더 자주 교체해주어야 한다. 흙 위에 바로 깔아도 되지만 (토질 개선 효과가 있다), 제초매트 위에 까는 것이 가장 좋다.

₩ ◆ 〰 보통 갈색이며 염색된 칩도 있음.

₩₩₩ 고예산   ₩₩ 중간 예산   ₩ 저예산   ◆◆ 높은 내구성   ◆ 낮은 내구성   ⁄⁄ 색상 옵션

자갈

색상과 크기가 다양하며, 보행로나 차로 표면에 빠르게 시공할 수 있는 단단한 재료다. 제초매트 위에 두툼하게 깔거나, 자갈이 사방으로 쏟아지는 것을 막으려면 벌집 모양의 자갈매트를 사용하라. 손님이 오면, 반갑든 안 반갑든 큰 소리로 알려준다.

₩ ◆◆ ⁄⁄ 다양한 종류의 돌 색상

조약돌

무늬를 내든 안 내든 조약돌 까는 일은 고된 작업이지만, 인내심을 가지고 완성하면 고생한 보람을 느낀다. 모르타르 위에 조약돌을 놓고 드라이 모르타르를 이음매에 발라주면 표면이 단단해진다. 매끄럽고 둥근 조약돌을 사용해야 걸을 때 아프지 않다.

₩ ◆◆ ⁄⁄ 흰색, 미색, 회색, 검은색, 갈색

점판암 칩

자주 걷는 길에 깔면 갈라지고 서서히 부서질 것이다. 몇 년에 한 번씩 재시공 비용이 들겠지만, 가장자리에 심은 식물이 돋보이도록 색상을 입혀주는 효과가 크다. 제초매트 위에 깐다. 조각이 날카로워 어린이와 동물에게 위험하다.

₩ ◆ ⁄⁄ 녹회색, 청회색, 적회색

패들스톤

점판암의 큰 조각으로, 보통 가장자리가 둥글다. 일본식 정원에서 구불구불한 강바닥을 재현한 길을 장식하는 데 쓰인다. 매끈하고 납작하여 걷기는 쉽지만, 그래도 통행이 많지 않은 곳에 쓰는 것이 적합하다.

₩₩ ◆◆ ⁄⁄ 녹회색, 청회색, 적회색

셀프바인딩 자갈

흙과 작은 돌들은 보통 자갈에서 씻겨 나가지만, 셀프바인딩 자갈의 경우에는 그것들이 자갈을 결합해 더 견고한 표면이 되도록 돕는다. 자갈 위에 두꺼운 층을 깔아 굳게 다지면 걷기 편한 표면이 형성된다.

₩~₩₩ ◆◆ ⁄⁄ 회색, 금색, 자주색, 붉은색, 녹색

장식용 조개

조개껍데기는 밟으면 깨지므로 장식을 위해서만 사용해야 한다. 수산업에서 발생하는 폐기물로, 반사되는 빛이 아름답다. 제초매트 위에 깐다. 지중해식 정원이나 해변 정원에서 식물을 돋보이게 하는 데 이용해보라.

₩ ◆ ⁄⁄ 미색, 회색, 분홍색, 연갈색

고무 조각

조각 난 고무를 바닥을 덮는 장식으로 쓰면 독특한 분위기가 난다. 폭신해서 놀이 공간 바닥재로 이상적이지만, 특히 고양이가 싫어하는 특유의 악취가 있으니 좌석이나 식탁 가까이에는 두지 않는 게 좋다. 썩지 않으므로 교체할 필요가 없다.

₩ ◆◆ ⁄⁄ 진회색

수지 결합 자갈

자갈은 차도와 인도에 많이 쓰이지만, 때로는 그 움직임과 소음이 불쾌감을 유발할 수 있다. 자갈 위에 투명한 수지를 부어 압축하는 방식은 투수성이 있으며 외관이 깨끗하고 매끄럽다. 이와 비슷하게 수지를 접합하는 것이 있는데, 이는 투수성이 없다.

₩~₩₩ ◆◆ ⁄⁄ 다양

컬러 유리 조각

보통 유리 조각의 날카로운 단면을 다듬어 만든다. 식물과 식물 사이나 보조 보행로에 쓰는 것이 좋으며, 놀이 공간에는 적합하지 않다. 제초매트 위에 시공하라. 가끔 물을 뿌려주면 색상이 생기를 되찾는다.

₩ ◆◆ ⁄⁄ 다양

담장과 울타리

벽돌

벽돌은 열을 저장하는 난로 같아서, 낮에 태양열을 흡수했다가 밤에 방출하여 온화한 미기후를 만든다. 담은 정원을 보호해주는 느낌을 주지만, 통기성 있는 가림막이 바람을 거르는 데에는 더 좋다.(223쪽 참조) 벽돌은 돌보다 싸고 내구성도 좋다.

₩ ◆◆ ⫻ 노란색, 붉은색, 청회색, 얼룩덜룩한 색상

풍화석

세월과 풍화 작용을 거쳐온 자연석 구조물이 정원에 있다면, 특히 그것이 오래된 집의 벽과 잘 어우러진다면 아주 효과적이다. 담을 만들기 위해 돌을 다듬는 데에는 비용이 많이 들지만, 콘크리트로 만든 합성 석재는 저예산으로 가능하다.

₩~₩₩ ◆◆ ⫻ 다양한 자연석 색상

습식 돌담

거칠게 다듬은 돌로 쌓은 담장은 예술작품이기도 하다. 각각의 돌들이 깔끔하게 맞아야 하는 건식 돌담보다 모르타르로 '접착'하는 작업은 수월한 편이다. 비와 서리로부터 보호하기 위해 맨위에 갓돌을 얹고, 이음매에 모르타르를 바른다.

₩₩ ◆◆ ⫻ 다양한 자연석 색상

건식 돌담

재료(1제곱미터당 1톤), 기술, 시간 등의 측면에서 비용이 높지만 결과물이 아름답다. 평행한 담을 두 줄 쌓고, 그 사이에는 작은 돌들을 채워 넣어 서로 단단히 엮는다. 세심하게 배치하기 때문에 모르타르가 필요하지 않다.

₩₩~₩₩₩ ◆◆ ⫻ 다양한 돌 색상

개비온

금속의 개비온 안에 돌, 자갈, 벽돌, 타일 등을 채워 넣음으로써 빠르고 저렴하게 '건식 돌담'을 완성할 수 있다. 철망을 가득 채운 담은 장식적일 뿐만 아니라 무게와 강도 면에서도 내구성이 좋다. 개비온은 다양한 크기로 제작할 수 있다.

₩ ◆◆ ⫻ 회색 금속, 충전재 색깔에 따라 달라짐.

플린트

건축 재료로 인기 많은 플린트는 백악질 층에서 '덩어리' 형태로 존재하는 단단한 이산화규소 물질이다. 장식적인 담을 쌓을 수 있으며, 이때 플린트는 반으로 갈라서 쓴다. 유연성은 유지하고 갈라짐은 막아주는 석회 퍼티로 쌓는다.

₩₩~₩₩₩ ◆◆ ⫻ 흰색과 검은색

모자이크

테라코타, 유약 타일, 자갈, 블록, 벽돌 등을 혼합한 것으로 다채롭고 촉감이 좋다. 시공할 때는 보통 벽돌이나 블록 담 위에 시멘트와 모래를 섞은 회반죽으로 재료들을 고정시킨다. 각 조각 사이의 회반죽을 부드럽게 발라 깔끔하게 마감한다.

₩~₩₩ ◆◆ ⫻ 원하는 만큼 다채로운 색상

콘크리트 블록

콘크리트 블록은 빛을 차단하지 않으면서 벽돌만큼 단단하다. 예산은 비슷하지만 블록 시공이 더 빠르다. 파티오의 낮은 담에 쓰거나, 기존 벽의 위쪽에 시공하여 담을 높여 프라이비시를 지킬 수 있다. 개방형 구조로 되어 있어 방풍 효과가 높다.

₩ ◆◆ ⫻ 페인트를 칠하지 않는다면 시멘트의 회색

조개 모자이크

모자이크는 정원을 위한 내구성 좋은 장식이다. 사진 속 낮은 옹벽은 조개, 화석, 돌 등으로 꾸며 밝아졌다. 시멘트와 모래를 섞은 습식 모르타르 위에 조각들을 입혔다. 마른 뒤 수성 바니시를 발라주면 수명이 오래간다.

₩ ◆ ⫻ 사용하는 재료에 따라 다양한 색상

₩₩₩ 고예산　₩₩ 중간 예산　₩ 저예산　◆◆ 높은 내구성　◆ 낮은 내구성　🎨 색상 옵션

거푸집 콘크리트

질감 있는 마감을 위해 목제 거푸집에 콘크리트를 붓는다. 담의 높이가 무릎 이상이면 기초와 철근 보강이 필요하다. 콘크리트에 붉은 모래를 섞으면 담황색이, 노란 모래를 섞으면 회색이 나온다. 강렬한 색을 원하면 콘크리트 염료나 페인트를 사용하라.

₩ ◆◆ 🎨 담황색 또는 회색. 염색이나 페인트를 이용하면 다양

모르타르

시멘트와 모래를 섞은 모르타르를 칠하는 것은 거친 블록 담이나 허물어져가는 벽돌 담을 수선하는 비교적 빠르고 저렴한 방법이다. 건조되면 매끈한 캔버스가 생기는 셈이고, 외벽용 페인트를 칠할 수 있다. 은은한 색부터 강렬한 색까지 색상 선택의 폭이 넓다.

₩ ◆◆ 🎨 다양

유리 패널

파티오, 발코니, 데크 등을 유리 패널로 둘러싸면 시야를 가리지 않고 휴식처를 만들 수 있다. 안전과 내구성을 위해 단단한 기둥에 고정된 강화유리를 사용하라. 실리콘 기반의 방수 코팅제를 사용하면 유리 청소가 쉽고 얼룩을 방지할 수 있다.

₩₩ ◆ 🎨 투명

알루미늄 패널

분체도장이 된 알루미늄 패널은 보기 흉한 울타리나 경관을 감추고 식물을 위한 단순한 배경이 되어준다. 분체도장은 변색과 균열을 방지한다. 밤에는 프로젝터 스크린으로 활용해 그림자놀이를 할 수 있다. 합판에 페인트를 칠해 비슷한 효과를 낼 수 있다.

₩~₩₩ ◆~◆◆ 🎨 다양

나무 블록

임의의 재료로 담을 만들려면 입체 퍼즐처럼 각 조각이 이웃 조각과 깔끔하게 맞아떨어져야 하므로 숙련된 기술이 필요하다. 사진의 예시는 삼나무 자투리와 네모난 녹슨 철을 접착제와 나사로 결합하여 합판에 붙인 뒤, 담에 고정시킨 것이다.

₩~₩₩ ◆~◆◆ 🎨 다양

나무 팔레트

팔레트로 '야생 생물의 담'을 만들고, 이끼, 양털, 풀(새둥지를 위한 재료), 그릇, 썩은 나무, 속이 빈 나무줄기(곤충과 양서류의 집) 등으로 연결하고 틈을 메운다. 보통은 소나무로 만들며, 전문업자에게서 좋은 품질의 팔레트를 구입할 수도 있다.

₩ ◆ 🎨 나무의 색조

골강판

유지 보수가 필요 없는 반면 가장자리가 날카롭다는 단점이 있다. 이를 보완하기 위해 가장자리에 보호대를 덧대고, 강풍에도 끄떡없도록 견고한 기둥에 패널을 고정하라. 아연도금한 함석 (사진)은 무광 마감인데, 금속 페인트로 색상을 추가할 수 있다.

₩~₩₩ ◆◆ 🎨 금속성 회색 또는 다양한 페인트 도장

철책

주철로 만든 기성품 울타리는 정원에서 매력적인 칸막이가 되는데, 몇 년 지나면 새로 페인트칠을 해주어야 한다. 페인트칠 없이 플라스틱으로 코팅한 제품이 솔깃할 수는 있지만, 그 코팅 역시 결국 부서져서 녹이 슨다.

₩~₩₩ ◆◆ 🎨 보통 검은색 또는 진녹색

맞춤형 철제 울타리

장식용 금속 세공을 전문으로 하는 이들이 있는데, 편자로 만든 이 기발한 울타리(사진)는 맞춤 제작한 것이다. 가로의 철제 봉 위에 편자를 붙이고 페인트를 칠했는데, 도장은 녹을 방지하고 시선을 끌 뿐만 아니라 경계를 짓는 역할도 한다.

₩₩~₩₩₩ ◆◆ 🎨 연철이라면 보통 검은색

가림막과 문

십랩

저렴하고 인기 높은 기성품 울타리인데, 내구성은 낮다. 마감 처리가 된 패널이기는 해도 몇 년에 한 번씩 방부제를 새로 발라주는 것이 좋다. 낙엽송으로 만든 것은 종종 뒤틀려서 틈이 생긴다. 표준 크기의 패널을 구입할 수 있다.

₩ ♦ 🗝 종종 주황색 스테인으로 마감하는데, 색이 바랠 것이다.

페더에지

기성품 패널이 다양한 크기로 나오는데, 수평 레일의 상단과 하단에 수직 연목재가 고정되어 있어서 시공이 수월하다. 튼튼한 기둥으로 지지를 해주면 이 견고한 패널로 경계를 만들 수 있다. 마감 처리가 되었더라도 몇 년에 한 번씩 방부제를 새로 발라준다.

₩ ♦♦ 🗝 종종 주황색 스테인으로 마감하는데, 색이 바랠 것이다.

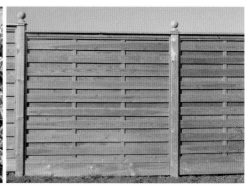

히트 앤드 미스

프라이버시를 보호하는 동시에, 패널을 교차하여 만들어 바람이 잘 통하므로 노출된 공간에 적합하다. 견고한 기둥에 고정시켜서 바람에 강하고, 수직 또는 수평으로 고정되는 목재 조각은 교체가 쉽다. 기성품을 구입할 수도, 직접 패널을 만들 수도 있다.

₩ ♦♦ 🗝 종종 주황색 스테인으로 마감하는데, 색이 바랠 것이다.

셰브론 패널

장식성 강한 패널은 보통 경계 울타리로 쓰기에 약한 편인데, 히트 앤드 미스(오른쪽 위)의 변형인 셰브론('갈매기'라는 뜻)은 충분히 강하다. 정원을 여러 구역으로 나누거나, 퇴비통 저장소와 같이 보기 싫은 부분을 가릴 때 유용하다.

₩₩ ♦♦ 🗝 보통 어두운색을 칠한다.

격자 패널

히트 앤드 미스의 변형으로, 가운데에 격자가 삽입되어 있다. 훌륭한 바람막이가 되어주지만, 프라이버시 보호는 약해서 경계에 세울 때 문제가 될 수 있다. 꽃이 피는 덩굴식물을 격자 부분에 심어 틈을 가림으로써 약점을 보완할 수 있다.

₩₩ ♦♦ 🗝 보통 어두운색을 칠한다.

슬랫우드

빛과 바람이 통과할 수 있는, 현대적이면서 내구성 좋은 울타리다. 구역을 나누거나 쓰레기통과 헛간 등을 가릴 때 유용하며, 덩굴식물의 지지대 역할도 한다. 페인트나 스테인을 칠해 목재를 보호하고 원하는 색상으로 디자인을 할 수 있다.

₩ ♦ 🗝 나무색 또는 페인트 도장

피켓 펜스

단순한 형태의 목재 울타리로, 소박한 멋이 있으면서 현대 건물과도 잘 어울린다. 자연목 그대로 쓰거나, 집이나 정원 계획에 맞게 페인트를 칠해보라. 구조는 개방적이고 키는 낮아서 불청객을 막는 장벽이리기보디는 시각적 경계에 가깝다. 기성품이 있다.

₩₩ ♦ 🗝 나무색 또는 페인트 도장

참나무 패널

주문 제작 울타리로, 식물 디자인을 자랑하고 싶은 시골풍 정원을 가지고 있다면 제격이다. 참나무는 도장하지 않는 편이 가장 보기 좋지만, 투명 오일을 바르면 색상을 오래 보존할 수 있다. 도장을 하지 않으면 시간이 흘러 참나무 특유의 멋진 은빛을 띤다.

₩~₩₩₩ ♦♦ 🗝 나무색

밤나무 말뚝

농장에서 자주 볼 수 있는데, 부식에 강한 성질을 타고났다. 시골 정원과 그 너머 자연 경관 사이를 가르는 절묘하고 소박한 울타리로서 완벽하다. 두 줄을 꼬아 만든 철사로 나무 말뚝을 연결하고, 그것을 다시 나무 가로대에 단단하게 고정시킨다.

₩ ♦♦ 🗝 나무색

버들 울타리

튼튼하고 방풍 효과가 뛰어나다. 주문 제작을 하거나, 표준 규격 패널을 구입할 수 있다. 버들가지는 자연주의 정원 또는 코티지 정원에서 아름다운 배경이 된다. 담 위에 설치해 프라이버시를 강화할 수도 있다. 아마씨 기름을 바르면 내구성이 올라간다.

₩₩ ◆ 〰 황금빛 갈색

버들 가림막

버들가지로 현대적 모습을 연출하고 싶다면 틀이 있는 버들 가림막을 추천한다. 식물을 위한 깔끔하고 자연스러운 배경이 되며, 사생활을 보호해준다. 목재 틀에 끼우므로 강도는 높아지지만, 크기에 제한이 있다. 아마씨 기름을 바르면 내구성이 올라간다.

₩ ◆ 〰 황금빛 갈색

대나무/갈대 가림막

보기 싫은 것을 임시로 가리고 싶을 때 유용하다. 퍼걸러의 지붕으로도 사용할 수 있다. 기존의 울타리에 사슬 등으로 붙잡아 매면 더 견고하게 설치할 수 있다. 노지에는 적당하지 않는데, 몇 계절 지나면 상하기 시작할 것이다.

₩ ◆ 〰 연갈색

정형적인 생울타리

주목이나 너도밤나무는 굵어지기까지 몇 년 걸리고, 성장이 빠른 침엽수는 끊임없이 다듬어야 한다. 빠른 효과를 위해 다 자란 나무를 사고 싶겠지만, 어린나무는 저렴하고 금세 따라잡는다. 불청객을 막으려면 가시가 많은 매자나무, 피라칸타, 해당화가 좋다.

₩ ◆◆ 〰 다양

철사 펜스 생울타리

철사를 다이아몬드 모양으로 엮은 펜스에 덩굴식물을 키운 것이다. 효과가 바로 나타나지는 않지만, 비정형적인 정원 또는 야생 생물 정원에서 저예산으로 긴 경계에 두르기 좋다. 보안을 위해 가시가 많은 식물을 섞어 심고, 덩굴 꽃식물을 심어 다채롭게 만들어보라.

₩ ◆◆ 〰 다양

생버들가지 가림막

이것은 설치미술인가 가림막인가? 둘 다 맞다. 버들가지를 엮어 만든 재미난 구조물이다. 어린 버드나무를 겨울이나 초봄에 양지바른 곳에 심은 뒤, 여름이 오면 엮기 시작하라. 가림막이 숲처럼 우거지지 않도록 늦겨울에 가지치기를 해준다.

₩ ◆ 〰 황금빛 줄기와 무성한 녹색 잎

울타리 문

울타리 패널과 무늬가 거의 일치하는 문을 선택하면 시각적으로 끊기지 않는 깔끔한 디자인이 완성된다. 가능하다면 문의 위치를 패널과 패널 사이에 잡는다. 페더에지(356쪽) 같은 경우는 패널 크기를 줄이려면 복잡한 목공 작업을 거쳐야 한다.

₩ ◆ 〰 나무색 또는 페인트 도장

맞춤 제작 문

기성품으로도 멋진 디자인이 많지만, 사진 속 나선형 문은 주문 제작한 것이다. 견고한 두 철제 기둥 사이에 배치하니 시골풍 생울타리 옆에서 눈길을 잡아끈다. 나뭇잎이 문의 경첩과 빗장 부분까지 자라면 떼어준다.

₩~₩₩₩ ◆ 〰 연철, 녹슨 철, 금속에 페인트 도장

나무 문

돌이나 벽돌 담 사이에 설치된 아치형 나무 문은 디자인의 고전이다. 페인트가 벗겨지고 부품이 녹슬면 그것대로 멋있다. 사진 속 문은 공간에 맞게 주문 제작한 것인데, 처음부터 담을 쌓는다면 기성품 크기를 알아보는 것을 추천한다.

₩₩ ◆ 〰 나무색 또는 페인트 도장

건물과 창고

컨템포러리 가든 룸

작고 비교적 저렴한 것부터, 최신 기술과 장비를 갖춘 최첨단의 고급까지 범위가 넓다. 대부분은 목재와 유리로 지으며 냉난방 설비를 갖추고 있다. 집의 주전원 장치로부터 전기 공급이 이루어진다.

₩~₩₩₩ ◆~◆◆ 자연목, 철, 유리

가든 오피스/스튜디오

보통 나무로 짓는데 아트 스튜디오, 작업실, 홈오피스로 제격이다. 가족들의 소란스러움에서 벗어나 마음 놓고 일할 수 있다. 책 등을 보호하고 편안함을 위해 단열재와 온도 조절 장치가 있는 난방기를 갖춘다. 블라인드를 설치하고 보안을 위해 자물쇠를 단다.

₩₩~₩₩₩ ◆◆ 자연목, 페인트 또는 스테인 도장

트래디셔널 가든 룸

집 바로 가까이 지었어도 초록으로 둘러싸인 가든 룸은 어떤 날씨에도 야외를 즐길 수 있게 해준다. 나무와 벽돌로 짓고 단열이 되는 금속 지붕을 올린다면 일 년 내내 유리 온실보다 유용하게 활용할 수 있다. 다만 조금 어둡고 통풍이 취약하다.

₩₩₩ ◆◆ 벽돌, 돌, 미장 벽, 나무에 도장

콜로니얼식 정자

비교적 소형의 정자로, 수영장 옆이나 열대 식물에 둘러싸인 데크 등 장소에 거의 구애받지 않고 설치할 수 있다. 그늘 아래에서 음료를 즐길 수 있다. 보통 목재로 짓고 초가지붕을 얹으며, 탈착이 가능한 옆면을 설치해 비바람을 막아주는 디자인도 있다.

₩₩~₩₩₩ ◆ 나무색, 퇴색된 색상

헛간

DIY든 기성품이든, 헛간은 취미를 위해 여분의 창고나 공간이 필요한 이에게 필수적이다. 다양한 색상으로 페인트나 스테인을 칠할 수 있다. 십랩(356쪽)으로 만들면 휠 수 있으며, 은촉이음 방식은 비용이 높은 대신 품질이 좋다. 지붕은 보통 펠트로 만든다.

₩~₩₩ ◆ 자연목, 페인트 또는 스테인 도장

녹색 지붕

지붕에 식재를 한다면 무게를 감당하기 위해 목재를 덧대 보강해주어야 할 수 있다. 수분 유지 상토를 깔고 식물을 식재하기 전, 합성수지 시트 등을 깔아 지붕을 보호해주는 것이 좋다. 녹색 지붕은 단열에 효과적이며 생물다양성에도 기여한다.

₩₩ ◆◆ 식재하는 식물에 좌우됨.

벽에 덧댄 온실

공간 절약형 디자인이다. 벽이 낮에 저장한 열을 밤에 방출하므로 남향 또는 서향 벽에 짓는 게 좋다. 목재나 알루미늄 틀에 유리나 폴리카보네이트(단열과 안전에서 유리보다 우수)를 끼워 만들 수 있다. 철제 프레임에 플라스틱을 쓰면 더 저렴하다.

₩~₩₩₩ ◆~◆◆ 흰색/진녹색, 삼나무 또는 페인트 도장

오벨리스크

견고한 나무로 꼭대기에 장식을 얹어 만드는 전통적 디자인의 오벨리스크는 그 자체로 특색 있으며, 덩굴식물의 지지대가 될 뿐 아니라 화단에 높이를 더해준다. DIY 또는 기성품이 있다. 목재와 금속 다 가능한데, 금속 쪽이 장식성이 강하다.

₩~₩₩ ◆~◆◆ 자연목, 페인트 또는 스테인 도장

버들가지 아치

만들기 쉽고 작은 정원에 잘 어울린다. 겨울에 심은 생버들가지의 긴 대를 이용하거나, 마른 가지를 사서 물에 적신 뒤 부드럽게 만들어 쓴다. 땅에 심은 뒤 함께 엮고, 꼭대기를 아치형으로 만들어 묶어준다. 싹이 돋으면 늦겨울에 가지치기를 한다.

₩ ◆ 버들가지

₩₩₩ 고예산　₩₩ 중간 예산　₩ 저예산　◆◆ 높은 내구성　◆ 낮은 내구성　∥ 색상 옵션

정자

다양한 가격대와 품질의 조립식 상품이 나와 있고, 맞춤 제작과 코너형 모델도 가능하다. 양지바른 곳에 그늘을 제공해준다. 격자 부분과 지붕에 향기로운 덩굴식물을 키우면 좋다. 보통은 나무로 만드는데 연철 또는 목재와 금속을 섞어 만들기도 한다.

₩~₩₩₩ ◆~◆◆ ∥ 자연목, 페인트 또는 스테인 도장

화로가 있는 현대식 정자

아랍 스타일이 엿보이는 디자인으로, 벤치와 금속 화로가 있어 여름밤을 즐기기에 적합하다. 나무로 만든 구조물은 현대적 정원에서나 고전적 정원에서나 눈길을 끌 것이다. 캔버스 천막을 둘러 비바람을 막을 수 있다.

₩₩₩ ◆◆ ∥ 자연목, 페인트 또는 스테인 도장

전통 퍼걸러

유능한 목수라면 쉽게 지을 수 있다. 튼튼한 수직과 수평의 지지대는 포도, 장미, 등나무처럼 묵직한 덩굴들도 떠받칠 수 있다. 보행로와 좌석에 나무 그늘을 드리워준다. 조립식 목재 키트, 연철과 맞춤형 모델 가운데 선택할 수도 있다.

₩₩~₩₩₩ ◆◆ ∥ 자연목, 페인트 또는 스테인 도장

폴리

고전풍 정원에서 눈길을 끄는 요소가 된다. 어느 디자인이든 가능한데, 역사에서 영감을 받아 만들기도 한다. 예를 들어 모조 고딕 유적, '고대' 스톤서클, 고전적인 사원, 소박한 건물, 작은 동굴 등등이 있다. 석재를 재활용하여 DIY로 해볼 수도 있다.

₩~₩₩₩ ◆◆ ∥ 건축 재료에 좌우됨.

웬디 하우스

소박한 나무 상자에 창이 있는 2층짜리 오두막이든, 웬디 하우스는 어린이들의 꿈이다. 맞춤형, 중간 가격대의 조립식, 저렴한 플라스틱 제품 등이 가능하다. 기초가 안정적인지, 페인트와 고정 장치가 어린이에게 안전한지 확인해야 한다.

₩~₩₩₩ ◆~◆◆ ∥ 자연목, 어린이 안전 인증 페인트와 스테인

어린이 놀이터

가장 좋은 것은 현장에 알맞게 주문 제작을 하는 것이다. 만약 구입을 한다면(특히 조립식으로) 어린이 제품 안전 기준에 맞는지 확인한다. 안전을 위해 바닥에는 최소 15cm 두께의 바크를 깔거나 고무 바닥재를 사용하라.

₩₩~₩₩₩ ◆◆ ∥ 자연목, 어린이 안전 인증 페인트와 스테인

창고/공구함

연장, 제초기, 정원 가구, 자전거 등을 보관하는 작은 창고로, 십랩(356쪽)으로 만들거나 기성품(보통 펠트 지붕이 있음)을 구입할 수 있다. 가장 큰 연장의 높이에 맞추어 지으면 된다. 구석에 자리를 잡고 눈에 잘 띄지 않게 녹색으로 칠한다.

₩~₩₩ ◆◆ ∥ 자연목, 페인트 또는 스테인 도장

재활용 수납장

정원 앞쪽에 놓인 쓰레기통과 재활용 수거함을 감추는 좋은 방법이다. 활짝 열리는 문이 편리하다. 직접 만들거나 기성품을 구입하는데 나무, 플라스틱, 덩굴식물 가림막, 버들가지 등등이 가능하다. 사진처럼 식물로 지붕을 덮으면 환경 측면에서도 좋다.

₩~₩₩ ◆~◆◆ ∥ 집과 어울리는 색의 페인트 또는 스테인 도장

정원 가구 수납함

벤치의 뚜껑을 열면 쿠션, 정원 가구의 덮개 등을 보관하는 방수 상자가 나타난다. 나무나 플라스틱으로 된 기성품이 있다. 파티오 비로 옆에 두면 편리하다. 장난감 상자 또는 정원용 도구를 위한 작은 수납함으로도 쓸 수 있다.

₩~₩₩ ◆◆ ∥ 자연목, 페인트 또는 스테인 도장

화분

테라코타 토분

오늘날 토분은 대부분 손이 아닌 기계로 성형하지만, 전문 도자기숍이나 골동품점에서는 수제품을 구할 수 있다. 고온에서 구운 것일수록 추위에 강하고 가격도 높다. 토분은 공기구멍이 많고, 뜨거운 햇빛을 받으면 빠르게 건조된다.

₩~₩₩ ♦ ⦡ 연한 주황색, 황토색

테라코타 스타일 화분

다용도 점토로 갖가지 모양을 빚을 수 있지만, 혹시 플라스틱은 아닌지 잘 살펴보라. 요즘은 둘을 구분하기 어렵다. 토분을 본떠 만든 플라스틱 화분은 가볍고, 동결 방지가 되고, 저렴하다. 게다가 덥고 건조한 기간에 흙과 뿌리를 촉촉하게 유지하는 데 유리하다.

₩~₩₩ ♦ ⦡ 점토색, 플라스틱의 경우는 다양

유약분

점토에 유약을 발라 가마에서 구우면 유약이 녹으며 얇은 유리 같은 물질이 화분을 덮는다. 안팎에 유약을 바르면 더 단단해지고, 동결 방지와 방수가 된다. 유약에 따라 색깔이 다르다. 화분과 식물을 비슷하게 짝지으면 통일된 모습을 연출할 수 있다.

₩~₩₩ ♦♦ ⦡ 매우 다양

물 항아리

분수나 파티오 연못 등 정원에 물을 연출할 때 유약 처리가 된 것을 선택하면(적어도 안쪽이라도), 물 낭비를 막을 수 있다. 사진 속 항아리는 저수조 위 자갈로 덮은 금속 그릴 위에 설치한 것이다. 바닥의 배수관을 따라 뿜어 오른 물은 다시 저수조로 들어간다.

₩~₩₩ ♦ ⦡ 유약을 바른다면 매우 다양

딸기 화분

칸칸이 식물을 심을 수 있는 형태로 되어 있어, 허브를 키우기 좋다. 수제품도 있고, 좀더 저렴한 기계 성형품도 있다. 흙이 많으면 식물이 금세 마르는 것을 방지하므로 클수록 좋다. 추위에 약한 편이다. 플라스틱 제품도 나와 있다.

₩~₩₩ ♦ ⦡ 보통 테라코타

돌단지

빈 채로 두든 식재를 하든, 고전적이고 시대를 뛰어넘는 멋이 있다. 가격이 상당한 오리지널 제품을 구입할 수도 있지만, 콘크리트 같은 합성 석재를 이용하는 쪽이 저렴하고 선택의 폭이 넓다. 받침대 위에 올려두면 곧바로 주목받을 것이다.

₩₩~₩₩₩ ♦♦ ⦡ 자연석 색상

콘크리트 화분

콘크리트는 튼튼하고 저렴해서 화분 만드는 데 있어서 활용도가 높다. 현대적인 디자인이나 고전적인 디자인이 모두 가능하다. 재료 자체가 무거우므로 나무나 관목처럼 위쪽이 무거운 식물을 심을 때 유용하다.

₩ ♦♦ ⦡ 어떤 색으로든 염색이 가능

테라초

내구성이 뛰어나고 청소가 쉬우며 촉감도 좋아, 현대식 화분에 적합한 재료. 화강암이나 대리석 조각을 시멘트로 결합한 뒤 표면을 매끄럽게 연마한다. 로마 시대부터 내려온 기술이다. 경량으로 제작된 플라스틱 테라초 화분도 있다.

₩~₩₩ ♦♦ ⦡ 화강암과 대리석의 회색, 흰색, 검은색

내후성강 화분

내후성강이란 고강도 강철 합금인데, 브랜드 이름을 따서 코르텐강이라고도 부른다. 녹슨 모습이 매력인데, 아이러니하게도 안쪽의 금속을 보호하려고 의도적으로 녹슬도록 고안되었다. 내구성이 좋아 장기간 식재에 유리하며, 물에도 강하다.

₩₩₩ ♦♦ ⦡ 녹슨 주황색

WWW 고예산　WW 중간 예산　W 저예산　◆◆ 높은 내구성　◆ 낮은 내구성　 ⁄⁄ 색상 옵션

분체도장 금속 화분

안료와 합성수지를 섞은 분말을 금속 표면 위에 분사하여 굳히는 것으로, 페인트보다 강하고 벗겨지지 않는다. 색상 선택지가 넓고, 여러 재료에 적용할 수 있으며 녹을 방지한다. 표면 보호를 위해 비눗물과 부드럽고 마른 천으로 닦고 연마제는 사용하지 않는다.

W~WW ◆◆ ⁄⁄ 매우 다양

아연도금 화분

철에 녹 방지 아연을 입히는 화학 공정을 거치면서 특유의 얼룩덜룩한 녹청이 생긴다. 다양한 스타일과 크기로 나오며, 대부분 경량이고 단일 소재로 되어 있다. 겨울에는 에어캡으로 화분을 감싸서 식물의 뿌리를 보호한다.

W ◆◆ ⁄⁄ 얼룩덜룩한 무광택 회색

납 화분

납은 부드럽고 늘어나는 성질이 있어 가공이 수월하다. 사진의 화분은 망치로 납판을 두들겨 만들었으며, 볼록한 부분은 틀에 눌러 찍었다. 납은 독성이 있으므로 식용식물과 접하지 않게 한다. 플라스틱으로 만든 납 스타일 화분이라면 그 부분에서 안전하다.

WW~WWW ◆ ⁄⁄ 회색

나무통

전통적으로 참나무로 만드는데, 서로 꼭 들어맞는 모양으로 만들어진 나무 조각들이 금속 테두리로 고정된다. 운이 좋다면 와인이나 위스키 보관통을 찾을 수 있을 텐데, 저렴한 복제품도 있다. 뜰에 두고 연못처럼 쓰려면 안쪽을 비닐 등으로 덧댄다.

W~WW ◆ ⁄⁄ 검정 금속을 두른 나무

나무로 엮은 화분

가볍고 겨울에 단열성이 좋은 소박한 화분으로, 목재로 틀을 만든 뒤 개암나무 등의 잔가지를 엮어 만든다. 고밀도 목재를 사용해야 오래간다. 흙과 물이 옆으로 새는 것을 막기 위해 안쪽에 비닐이 덧대어 있는지, 바닥에 구멍이 있는지 확인한다.

W ◆ ⁄⁄ 자연목

베르사유 화분

담을 수 있는 흙의 양에 비해 화분 자체가 가벼운데, 원래는 베르사유궁에서 오렌지 나무를 심기 위해 디자인하여 겨울 동안 실내로 들여왔다고 한다. 비닐로 안을 덧대면 화분 수명이 길어진다. 품질 좋은 플라스틱 모조품도 있다.

W~WW ◆ ⁄⁄ 자연목, 페인트 도장, 플라스틱의 경우는 다양

낡은 부츠

밑창에 구멍이 많을수록 배수가 잘된다. 발가락 부분까지 흙을 채워 넣고 식재한다. 아무리 큰 사이즈의 부츠일지라도 담을 수 있는 흙은 소량에 불과하고, 뜨거운 태양 아래에서는 흙이 마르기 쉽다는 것을 기억하라. 수분 유지 젤이 도움이 된다.

W ◆ ⁄⁄ 다양한 패션 색상

재활용 주방용품

낡은 소쿠리, 깨진 찻주전자, 손잡이 없는 소스팬 등, 집에서 쓰는 낡은 그릇이라면 무엇이든 지속가능한 정원 디자인을 위한 잠재력을 품고 있다. 찬장에서 많이 선잠 수 있을 것이다. 배수를 위해 구멍을 뚫거나, 물을 줄 때 주의해야 할 수 있다.

W ◆ ⁄⁄ 가지고 있는 용품에 좌우됨.

타이어

낡은 타이어에 페인트를 칠하고 식물을 위해 수명을 연장해보자. 타이어를 땅 위에 놓고 배양토로 채운다. 채소를 키운다면 안쪽을 비닐로 덧댄다. 고무가 태양열을 흡수해 배양토를 데워주므로 이른 시기에 식재할 때 도움이 된다.

W ◆◆ ⁄⁄ 검은색. 컬러를 입힐 수도 있음.

수공간

담장 분수

강철, 수지, 돌 등 다양한 재료로 만든다. 어느 공간에 설치하든 멋지고 고전적인 영감을 주는 초점 역할을 할 것이다. 지하 저장소의 물을 재순환시켜 사용할 수 있으며, 크기와 디자인의 범위는 무궁무진하다.

₩~₩₩ ◆~◆◆ ⦅ 다양

담장 배수구

어떤 분수들은 단순한 디자인으로 되어 있는데, 배수구는 벽의 중앙에 고정되어 있거나 독립적으로 만들어져 물을 내보낸다. 물은 바닥으로 떨어지거나, 집수 장치를 아래 감추고 있는 용기, 화분 또는 자갈 위로 떨어진다.

₩~₩₩ ◆~◆◆ ⦅ 다양

블레이드

매끄럽고 단단한 재료 위로 깎은 듯한 물줄기가 나오는 이 방식은 정원 디자인에서 크게 유행하고 있다. 필요에 따라 물줄기 강도를 조절할 수 있다. 블레이드를 벽 안에 설치해 물줄기가 끊김 없이 나와 바닥의 집수 장치로 모이게 한다. 조명을 추가할 수 있다.

₩~₩₩₩ ◆~◆◆ ⦅ 주로 스테인리스강

독립형 블레이드

그 자체가 특징적인 제품으로, 벽에 설치하는 블레이드보다 눈에 잘 띄고 조형적 요소가 강하다. 높이와 규모가 다른 여러 가지 형태가 있다. 물을 저장했다가 재순환시키는 장치가 달려 있는 경우가 많다. 조명을 추가할 수 있다.

₩~₩₩₩ ◆~◆◆ ⦅ 주로 스테인리스강

수반

단순하지만 효과적이다. 펌프나 조명, 작동하는 부품이 없이 단지 물만 채우는 경우가 많다. 평온함을 가져오고 야생 생물들에게 물을 제공해준다. 시간이 지나면 물이 증발하므로 새로 채워준다. 직사광을 받고 온도가 올라가면 녹조가 생겨 끈적거릴 수 있다.

₩~₩₩ ◆~◆◆ ⦅ 다양

수로

고전적인 느낌을 전해준다. 공간을 나누고, 높낮이의 변화를 주어 흥미를 유발하며(계단식으로 된 것도 있다), 여러 가지 재료로 만들어진다. 방수포부터 널빤지, 모자이크 등 다양한 방식으로 만들 수 있으며, 대개는 물이 부드럽게 흐를 수 있도록 펌프를 갖춘다.

₩~₩₩₩ ◆~◆◆ ⦅ 다양

물고기 연못

물고기가 있는 정원은 연중 생동감과 흥미로움을 선사한다. 물고기가 건강하게 지낼 수 있는 연못의 규모와 깊이는 어느 정도인지, 주변에 식물은 얼마나 필요한지 확인하고 지침을 따른다. 건강한 환경을 위해 공기 발생기가 필요할 수 있다.

₩~₩₩₩ ◆~◆◆ ⦅ 주로 검은색

야생 생물 연못

정원에 수공간을 만드는 것은 야생 생물을 위해 생명줄을 대는 일이다. 나무 물통이 되었든 큰 연못이 되었든, 야생 생물들이 물을 이용할 수 있게 하라. 그곳에서 서식하며 번성하고, 정원의 아름다운 한 부분이 될 수 있도록 균형을 맞추는 일이 중요하다.

₩~₩₩ ◆~◆◆ ⦅ 다양

관상용 연못

물은 정원 디자인에서 본질적인 부분이며, 전통적이든 현대적이든 어떤 스타일에도 쓰일 수 있고, 크든 작든 어떤 규모에도 적용될 수 있다. 전체 계획 중 일부로서 즐기도록 설계할 경우, 자재와 식재가 연못을 둘러싼 주변과 잘 어울리는지 확인하라.

₩~₩₩₩ ◆~◆◆ ⦅ 다양

₩₩₩ 고예산　₩₩ 중간 예산　₩ 저예산　◆◆ 높은 내구성　◆ 낮은 내구성　◔ 색상 옵션

돔 분수

구입과 설치가 쉽다. 정원의 자그마한 구석에 생기와 평온함을
가져다준다. 보통 스테인리스강, 돌 또는 아크릴로 만들며, 물은
재순환하여 사용한다. 주변에 조명과 식재를 추가해 정원에
매력을 더할 수 있다.

₩~₩₩ ◆ ◔ 스테인리스강, 석재 또는 아크릴

돋움 수조

어느 정원에 놓이든지 현대적인 감각을 더해준다. 그 자체로
정원의 초점이 될 수 있고, 주변 식물의 영향을 받으면 부드러운
분위기가 조성된다. 직사각형, 정사각형, 원형 모두 가능하다.
분출 장치나 조명을 더하면 생동감과 흥미를 유발한다.

₩₩~₩₩₩ ◆~◆◆ ◔ 다양

나무통 수조

나무통은 정원에 물을 도입하는 아주 쉬운 방법이다. 오래된
위스키 통에 물과 수생식물을 채우면 금세 야생 생물들이 모여들
터이다. 물을 건강하게 유지하려면 정기적으로 물을 채우고,
식물과 물의 비율이 균형을 이루도록 잘 관찰해야 한다.

₩ ◆ ◔ 나무색

춤추는 분수

야외에 설치된 춤추는 분수는 큰 재미와 생동감을 가져다준다.
타이머를 부착해 움직임을 제어하거나, 동작 감지 센서를 달아
지나가는 사람을 깜짝 놀라게 해줄 수도 있다. 펌프가 계속해서
작동할 만큼 물이 충분히 있는지 확인하라.

₩~₩₩ ◆ ◔ 주로 스테인리스강

계단식 분수

고전적인 디자인의 하나로, 섬처럼 조성된 곳이나 큰 규모의 식재
안에서 역할을 톡톡히 한다. 다양한 높이와 깊이로 만들 수 있다.
독립형으로 설치할 수도, 큰 저수지의 꼭대기에 설치할 수도 있다.
2개 이상의 층으로 이루어져 있어서 움직임과 흐름을 더한다.

₩~₩₩₩ ◆~◆◆ ◔ 주로 석재

자연 수영장

야외에서 자연스럽게 수영을 즐길 수 있는 방법으로, 최근 인기가
급상승하고 있다. 만드는 과정은 보기보다 복잡해서 펌프, 여과기,
여과 구역, 수질 환경을 돕는 식재 등이 필요하다. 하지만 이보다
좋은 야외 수영이 또 있을까?

₩₩~₩₩₩ ◆◆ ◔ 해당 없음

수영장

정원에 조성하는 수영장 디자인은 해를 거듭할수록 발전하고 있다.
돌과 타일에서 모자이크 라이너까지, 다양한 재료들을 이용해
만든다. 인피니티풀, 내부의 좌석, 접이식 덮개 등이 야외 수영을
더욱 즐겁게 해준다.

₩₩~₩₩₩ ◆~◆◆ ◔ 해당 없음

레인 체인

홈통 역할을 하는 동시에 실외 공간에 흥미를 가져다주는 요소로,
비 오는 날 운치를 살리는 장식이 되며 재미를 더해준다. 폭우가
쏟아질 때는 잘 대처하지 못할 수도 있지만, 독특하고 매력적인
역할을 한다.

₩ ◆ ◔ 금속

개울

정원에서 물에 가장 매력적으로 접근하는 방법은 초목 사이로
흐르는 자연 속 개울을 그저 우연히 운 좋게 발견하는 것이다.
정원에 개울을 만들 수도 있지만 자연 그대로일 때가 아무래도
가장 보기 좋다.

₩~₩₩ ◆~◆◆ ◔ 주로 돌

가구

화덕

화창한 여름날이 저물 즈음, 또는 추운 겨울날의 오후에 화로 주변에 앉아 있는 것은 멋진 경험이 될 수 있다. 소재와 디자인은 매우 다양하며, 연료는 주로 사용하는 나무나 가스 외에도 여러 가지가 있다. 빌트인과 이동형 모두 가능하다.

₩₩~₩₩₩ ◆~◆◆ 〰 금속, 다양한 마감재

친환경 화덕

환경에 해를 덜 끼치는 화덕을 다양한 디자인 중에서 고를 수 있다. 공기 오염을 유발하는 나무를 태우는 대신, 생분해되는 식물성 왁스를 사용하면 불 주위에 앉았을 때 아늑함을 느끼면서도 환경에는 덜 해롭다.

₩~₩₩ ◆~◆◆ 〰 다양

분수 화로

불과 물을 결합해 조형적인 초점 역할을 하는 제품이 생산되고 있는데, 이는 파티오나 실외 공간에 극적인 요소를 더해준다. 중앙 점화구를 물이 둘러싸고 순환하며, 각기 독립적으로 이용할 수 있다. 그 자체로도 효과가 높다.

₩₩₩ ◆◆ 〰 금속, 다양한 마감재

화로 테이블

중앙에서 피어오르는 불이 실외에서 식사를 할 때 따듯함을 선사한다. 다양한 크기와 높이(커피 테이블 또는 식탁 높이) 가운데 선택할 수 있다. 액화천연가스 또는 효율이 더 높은 프로판가스를 사용한다. 수동 또는 전자식 점화를 통해 여러 시간 열과 빛을 낸다.

₩₩~₩₩₩ ◆~◆◆ 〰 다양

빈백

여름날 게으름 부리고 싶을 때 필요한 가구다. 어린이 친화적으로 정원을 즐기는 방법이기도 하다. 방수 기능과 세탁 가능한 커버 옵션이 있으며, 유일한 단점은 넓은 수납 공간이 필요하다는 점이다. 물에 떠서 수영장에서 이용할 수 있는 제품도 있다.

₩~₩₩ ◆~◆◆ 〰 패브릭

해먹

무인도에서처럼 두 그루의 나무 사이에 맬 수도 있고, 금속이나 목재 프레임에 고정시킬 수도 있다. 실외에서 부드럽고, 부담스럽지 않게 휴식을 취할 수 있게 해준다. 해먹의 흔들림이 마음을 달래주고 진정시켜줄 것이다. 대개는 패브릭으로 만든다.

₩~₩₩ ◆~◆◆ 〰 다양

그네 의자

목재, 금속 또는 아코야(개량 목재)로 만든다. 야외에 설치하면 운동감이 생기고 드라마틱한 분위기가 난다. 다양한 크기와 마감이 가능하다. 조용한 자리에서 아늑함을 느끼게 하거나, 큰 파티오에 설치할 수 있다. 쿠션과 조명을 추가할 수 있다.

₩~₩₩₩ ◆~◆◆ 〰 주로 목재

어닝

테라스와 집에 그늘을 만들어주고 사생활을 보호해주는, 가성비 높으면서 간단한 방법이다. 완전히 접을 수 있고, 색상과 마감재 선택의 폭이 넓어서 다양한 장소, 건축 스타일에 적용할 수 있다. 옵션으로 LED 조명을 추가하는 경우도 있다.

₩~₩₩ ◆~◆◆ 〰 다양

그늘막

돛천으로 만들기도 하는 그늘막은 건물이나 기둥, 담 등에 묶을 수 있고 모양과 크기가 다양하다. 방수 기능이 있고, 필요할 때 쉽게 떼어내어 보관할 수 있다. 다만 큰비가 내리고 거센 바람이 불 때는 제 역할을 못한다.

₩~₩₩ ◆~◆◆ 〰 다양

₩₩₩ 고예산　₩₩ 중간 예산　₩ 저예산　◆◆ 높은 내구성　◆ 낮은 내구성　◔ 색상 옵션

파빌리온

정원의 파빌리온은 가구의 일부가 될 수 있으며, 정원에 그늘을 만드는 현대적이고 쉬운 방법이다. 조명, 수동 또는 전동 스크린, 비를 막아주는 루버형 지붕, 일체형 스피커를 제공하는 모델들이 많다. 현대적인 느낌의 디자인이 특징이다.

₩~₩₩₩ ◆~◆◆ ◔ 금속

데이베드

정원에 누워 흘러가는 구름과 푸른 하늘을 바라보는 것만큼 좋은 것이 있을까? 데이베드의 역사는 아주 오래되었는데, 사람들에게 밖으로 나와 쉬며 긴장을 풀라고 유혹한다. 다양한 재료와 스타일을 혼합하여 사용할 수 있다.

₩~₩₩₩ ◆~◆◆ ◔ 다양

하이브리드 데이베드

정원 가구의 범위가 계속 확대되면서 다양한 기능을 갖춘 제품들도 많아졌다. 하이브리드 데이베드는 등받이를 조절할 수 있고 벤치, 데이베드, 라운저 등으로 이용할 수 있다. 다양한 스타일, 색상, 소재로 만들므로 어느 디자인에든 대응할 수 있다.

₩~₩₩ ◆~◆◆ ◔ 다양

덮개가 있는 라운저와 데이베드

누워서 휴식을 취할 수 있는 아주 멋진 방법으로, 정원 가꾸기로 바빴던 하루의 피로를 풀어준다. 덮개가 있는 라운저와 데이베드에는 그늘을 드리우고 사생활을 보호해주는 캐노피가 갖춰져 있다. 모양, 크기, 소재는 물론 가격대도 다양하다.

₩~₩₩₩ ◆~◆◆ ◔ 다양

실외 소파

추가하거나 빼서 규모를 늘리거나 줄일 수 있는 모듈형 소파는 많은 정원에서 인기를 끌고 있다. 방수 쿠션이 많이 출시되고 있어서 화창하지 않은 날에도 바깥에서 머물 수가 있다. 일부 저렴한 가구는 천 색깔이 바래기도 한다.

₩~₩₩₩ ◆~◆◆ ◔ 다양

인조라탄 가구

최근 많이 발전한 분야 가운데 하나가 인조라탄이다. 코너 소파부터 식탁 세트까지, 수많은 디자인과 레이아웃이 있으며 세련된 디자인을 더해준다. 자연산 라탄보다 내구성이 강하고 관리가 수월하다.

₩~₩₩₩ ◆~◆◆ ◔ 인조라탄

나무 식탁 세트

오래전부터 앉고 기대는 데에 나무를 이용해온 만큼, 어느 실외 공간이 되었든 적용할 수 있는 수많은 나무 식탁 디자인이 있다. 테이블, 의자, 벤치는 지속가능한 목재로 만들 수 있으며, 추가 마감을 하면 수명이 연장된다. 비바람을 맞으면 색깔이 변한다.

₩~₩₩₩ ◆~◆◆ ◔ 목재

알루미늄 정원 가구

알루미늄 가구는 가볍고 날렵하며 현대적인 느낌을 준다. 현대적인 분위기에 잘 어울리는 패브릭 색상과 마감은 페인트칠이나 다른 정원의 요소들과 조화를 이룬다. 일반적으로 비바람을 견딜 수 있게 마감을 하므로 관리가 수월하다.

₩~₩₩ ◆~◆◆ ◔ 금속

벤치

돌, 나무, 콘크리트, 플라스틱, 인조라탄 등 무엇으로 만들든 간에 벤치로서 기능과 형태를 갖춘다. 좌석 밑에 수납 공간이 있는 제품도 있고, 조형미를 드러내거나 자연물을 본뜬 제품도 있다. 겨울철에는 따로 보관을 해야 할 수도 있다.

₩~₩₩₩ ◆~◆◆ ◔ 다양

실외 활동

실외 바

더운 여름날 시원하게 한잔 마시기에 실외 바만큼 좋은 곳이 있을까? 모듈식으로 유연하게 설계된 실외 바에서는 바 스툴과 와인 쿨러부터 바비큐와 음료 디스펜서를 위한 공간까지, 모든 것을 갖출 수 있다. 각자의 개성에 맞게 조성할 수 있다.

₩~₩₩₩ ◆~◆◆ ⦅⦆ 다양

피자 오븐

휴대용 기구부터 첨단 기술이 적용된 본격적인 타입까지, 다양한 피자 오븐이 있다. 숯, 장작, 가스로 내부의 돌을 빠르게 데울 수 있다. 식당에서 파는 피자처럼 표준화된 맛은 아닐지라도 제법 정통적이고 훌륭한 맛을 즐길 수 있을 것이다.

₩~₩₩ ◆~◆◆ ⦅⦆ 다양

바비큐

바퀴 달린 것, 빌트인 제품, 독립형 등등 여러 가지가 오래전부터 이용되고 있다. 일부는 여전히 숯을 사용하고, 장작이나 가스 또는 두 가지를 결합해 사용하기도 한다. 어느 쪽이든 취향에 맞는 스타일과 크기를 고를 수 있을 것이다.

₩~₩₩₩ ◆~◆◆ ⦅⦆ 금속

테이블 바비큐

시간이 많지 않거나, 한두 명의 식사를 준비할 때면 독립형 바비큐가 번거로울 수 있다. 테이블에서 요리를 하면 훨씬 쉬운데, 작고 손이 덜 가는 바비큐만 있다면 해결할 수 있다. 옥상이나 발코니처럼 작은 공간에서 사용할 수 있는 전기 제품도 있다.

₩~₩₩ ◆~◆◆ ⦅⦆ 금속

빌트인 바비큐

바비큐를 자주 즐긴다면 위의 사진처럼 크고 더 세심하게 설계된 제품을 이용하는 것도 좋다. 음식을 조리할 때는 스테인리스스틸 그릴과 쟁반을 사용한다. 실제 시공을 할 때는 다양한 내화재를 이용할 수 있다.

₩~₩₩ ◆~◆◆ ⦅⦆ 금속

훈연기

일반적인 바비큐에서 한 단계 더 나아간 훈연기는 점점 인기를 끌고 있는데, 식사에 흥미로운 경험을 제공해준다. 옆에 부착된 통에 숯과 나무칩을 넣고 불을 붙이면 연기가 훈연 상자로 퍼져 음식을 익히고 풍미를 더해준다.

₩~₩₩₩ ◆~◆◆ ⦅⦆ 금속

실외용 오븐

스타일과 실용성을 겸비한 실외용 오븐은 그 자체로 주목을 끌 뿐 아니라, 음식을 맛있게 조리할 수도 있다. 장작을 쓰든 가스를 쓰든 높은 온도까지 올릴 수 있고, 충분히 조절이 가능하여 훌륭한 요리를 완성할 수 있다.

₩₩~₩₩₩ ◆~◆◆ ⦅⦆ 다양

더치 오븐

인간이 처음 고기를 요리했을 때 이처럼 불 위에서 직접 다루었을 것이다. 더치 오븐은 무쇠 솥을 불꽃 위에 걸어 이용하는 것으로, 간단한 올인원 냄비 요리를 만드는 좋은 방법이다. 항상 내열 장갑을 껴야 하며, 체인을 이용해 냄비 높낮이를 조절한다.

₩~₩₩ ◆~◆◆ ⦅⦆ 무쇠

화덕과 스윙암

화덕은 실외 생활에 중요한 역할을 하며, 여기에 스윙암을 더하면 즐거움이 커진다. 스윙암은 화덕 위에 걸 수 있는 이동식 솥으로, 화덕의 열이 음식을 맛있게 익힌다. 바비큐의 또 다른 방식이라고 할 수 있다.

₩~₩₩ ◆~◆◆ ⦅⦆ 금속

₩₩₩ 고예산　₩₩ 중간 예산　₩ 저예산　◆◆ 높은 내구성　◆ 낮은 내구성　⫽ 색상 옵션

콘크리트 주방

정원 디자인에서 콘크리트를 간과하는 경향이 있다. 물론 지속가능성 문제가 있지만(콘크리트 제조 과정은 탄소발자국이 높다), 기존의 것을 재활용 또는 재사용하여 견고하고 단단한 조리 환경을 만들 수 있다.

₩~₩₩ ◆~◆◆ ⫽ 콘크리트

모듈러 주방

많은 제조업체가 여러 종류의 근사한 실외 주방을 선보이고 있다. 모듈식으로 만들면 맞춤형 배치와 소재 선택이 가능하다. 싱크대, 바비큐, 그릴은 물론, 와인 쿨러와 빌트인 오븐을 선택하기도 한다. 야외 식사 시 새로운 차원의 즐거움과 편안함을 제공한다.

₩~₩₩₩ ◆~◆◆ ⫽ 다양

목조 주방

실외 주방을 만드는 소재는 매우 다양하지만, 나무로 만든 주방이 단연 눈길을 사로잡는다. 다양한 시설과 조리 기구를 갖춘 실외 목조 주방은 세월을 거치면서 풍화되고 얼룩지는 등 외관이 변화한다. 이는 마치 살아 있는 나무 조각품 같기도 하다.

₩₩₩ ◆◆ ⫽ 목재

싱크대

정원에 야외 싱크대를 설치하면 음식을 준비하고 요리할 때, 도구와 손을 씻을 때 아주 유용하다. 수도관은 겨울에 단열이 필요하고, 하수는 배관을 통해 빠져나가야 하므로 배관은 전문가의 도움을 받아야 한다.

₩~₩₩ ◆~◆◆ ⫽ 다양

통합 다이닝

어떤 사람들은 실외 바비큐와 싱크대 이상의 것을 원하기도 한다. 즉, 요리하고 먹고 어울리는 것을 한공간에서 해결하기를 바란다. 캐노피부터 주방 설비 일체를 제공하는 맞춤형 주방 업체들이 있다. 비용이 높지만, 야외에서 식사를 즐기는 멋진 방법이다.

₩₩₩ ◆◆ ⫽ 다양

가제보

단순한 금속 프레임이 주변에 있다면 간단한 차 한잔이든 푸짐한 한상이든, 그 시간을 북돋울 수 있다. 구조물 주변에 식물을 기르면 그늘이 생기고 사생활이 보호되며 흥미가 더해진다. 각자의 정원에 맞게 장식적인 모양이나 단순한 모양을 선택할 수 있다.

₩~₩₩ ◆~◆◆ ⫽ 금속

초가지붕 가제보

정원에 나가 있으면서도 아늑한 자리에 앉아 쉴 수 있다면 멋진 일이다. 초가지붕 가제보는 어느 정원에든 설치할 수 있다. 전통적인 것부터 정글과 현대의 도시적인 것까지 다양한 마감재와 소재로 만들 수 있다. 조명, 가구, 전기 시설도 가능하다.

₩₩₩ ◆◆ ⫽ 목재

퍼걸러 어닝

누구나 실외에서 요리하기를 원하는 것은 아니다. 음식 준비는 실내에서 한 뒤, 안락하고 비교적 보호되는 환경의 실외에서 식사를 즐기고 싶어하는 이들도 있다. 어닝이 달린 퍼걸러가 보호받는 느낌을 준다. 다양한 크기로 설치할 수 있다.

₩~₩₩ ◆~◆◆ ⫽ 다양

슬레이트 파빌리온

밖에 앉아 있을 때 보호받는 느낌을 받고 싶은 것은 인간의 본능이다. 슬레이트 파빌리온은 현대적인 디자인으로 그늘과 울타리를 만들어준다. 깔끔한 선과 현대적인 목재 마감이 디자인의 포인트가 된다. 덩굴식물이 슬레이트를 타고 자랄 수도 있다.

₩~₩₩₩ ◆◆ ⫽ 목재

참고 자료

내한성 등급 이해하기

식물 가이드(288~349쪽)에 소개한 모든 식물의 내한성 정보는 RHS(영국왕립원예협회) 내한성 등급을 따랐다. H1a부터
H7까지 9개의 등급으로 나뉘는데, 식물이 견딜 수 있는 최저 온도 범위와 식물이 자리 잡은 곳의 상대적인 노출 정도와 같은
다양한 요인을 반영해 등급을 부여한다. 이 등급은 성장 조건에 대한 일반적인 가이드 역할을 하며, 아래 표를 참고하여 해석해야
한다. 이는 가이드라인일 뿐이며, 다른 많은 요인들이 식물의 전반적인 건강에 영향을 끼친다는 점을 명심해야 한다.

등급	최저 온도 범위	분류	해설
H1a	15℃ 이상	난방이 되는 온실/열대	실내 식물로 키우거나, 일 년 내내 온실에서 키운다.
H1b	10~15℃	난방이 되는 온실/아열대	여름에는 덥고 햇볕이 잘 들고 비바람이 없는 자리에서 키울 수 있다. 그러나 보통은 연중 실내 또는 온실에서 키우는 것이 더 낫다.
H1c	5~10℃	난방이 되는 온실/따뜻한 온대	낮 기온이 충분히 높아 성장을 촉진하는 동안이라면, 영국을 기준으로 했을 때 대부분의 지역에서 여름철 실외에서 기를 수 있다.
H2	1~5℃	서늘하거나 서리해가 없는 온실	낮은 온도는 견딜 수 있지만 영하에서는 살 수 없다. 서리가 내리지 않는 도심이나 해안가를 제외하고는 겨울에 온실 같은 환경이 필요하다. 서리해가 없는 시기에는 야외에서 기를 수 있다.
H3	-5~1℃	난방이 되지 않는 온실/온화한 겨울	영국 기준으로 해안 지역과 비교적 온화한 곳에서는 잘 자라지만, 겨울에 강추위가 오고 갑작스럽고 이른 서리가 있는 곳은 피해야 한다. 담으로 둘러싸여 있거나 좋은 미기후가 형성되는 곳이라면 괜찮을 수 있다. 겨울에는 대개 방한 조치를 해주어야 살아남는다.
H4	-10~-5℃	평균적인 겨울	영국 기준으로 내륙 계곡과 고산지대, 중북부를 제외한 대부분의 지역에서 잘 자란다. 추운 정원에서 혹독한 겨울을 지낸다면 잎이 손상되고 줄기가 시들 수 있다. 화분에 심은 식물은 더 취약하다.
H5	-15~-10℃	추운 겨울	영국 기준으로 대부분의 지역에서 혹독한 겨울에도 견딜 수 있으나, 노지나 중북부에서는 힘들 수도 있다. 상록수 중 상당수가 잎이 손상될 수 있고, 화분에서 기르면 위험이 더욱 크다.
H6	-20~-15℃	아주 추운 겨울	영국 전역과 북유럽에서 강건하게 자랄 수 있다. 화분에 심은 식물은 방한 조치를 해주지 않으면 냉해를 입을 수 있다.
H7	-20℃ 이하	매서운 추위	영국의 고지대 노지를 포함하여 겨울 날씨가 혹독한 유럽 땅에서도 잘 자란다.

참여 디자이너

이 책을 위해 힘써주신 다음의 정원 디자이너들에게 감사드린다.

Charlie Albone
charliealbone.com

Marcus Barnett
marcusbarnett.com

Chris Beardshaw
chrisbeardshaw.com

Jinny Blom
jinnyblom.com

Jane Brockbank Gardens
janebrockbank.com

Declan Buckley
buckleydesignassociates.com

Alasdair Cameron
camerongardens.co.uk

Vladimir Djurovic
vladimirdjurovic.com

Prof. Nigel Dunnett
nigeldunnett.com

Sarah Eberle
sarah-eberle.com

Helen Elks-Smith
elks-smith.co.uk

Naomi Ferrett-Cohen
naomiferrettcohen.com

Adam Frost
adamfrost.co.uk

Bunny Guinness
bunnyguinness.com

**Stephen Hall
(Giles Landscapes)**
gileslandscapes.co.uk

Harry Holding
harryholding.co.uk

Colm Joseph Gardens
colmjoseph.co.uk

**Maggie Judycki
(Green Themes, Inc.)**
greenthemes.com

**Matt Keightley
(Rosebank Landscaping)**
rosebanklandscaping.co.uk

**Carly Kershaw
(Hyland Edgar Driver)**
heduk.com

**Marcio Kogan
(Studio MK27)**
studiomk27.com.br

**Catherine MacDonald
(Landform Consultants)**
landformconsultants.co.uk

Steve Martino
stevemartino.net

Tom Massey
tommassey.co.uk

Claire Mee
clairemee.co.uk

Robert Myers
robertmyers-associates.co.uk

Philip Nixon
philipnixondesign.com

**Gabriella Pape and
Isabelle van Groeningen**
koenigliche-gartenakademie.de

**Sara Jane Rothwell
(London Garden Designer)**
londongardendesigner.com

Charlotte Rowe
charlotterowe.com

Alan Rudden
alanrudden.ie

Nicola Stocken
nicolastocken.com

Andy Sturgeon
andysturgeon.com

Angus Thompson
angusthompsondesign.com

Jo Thompson
jothompson-garden-design.co.uk

Stuart Charles Towner
stuartcharlestowner.co.uk

Cleve West
clevewest.com

Will Williams
willwilliamsgardendesign.com

Nick Williams-Ellis
nickwilliamsellis.co.uk

**Andrew Wilson
(McWilliam Studio)**
mcwilliamstudio.com

사진 판권

사진 사용을 너그럽게 허락해주신 다음 분들께 감사를 표하고 싶다.

(표시: a-위; b-아래; c-가운데; f-먼 쪽, l-왼쪽, r-오른쪽, t-맨 위)

2 GAP Photos: Pernilla Bergdahl/Design: Sarah Eberle.

4 GAP Photos: Heather Edwards/Design: Will Williams (br); Nicola Stocken, NHS Tribute Garden/Design: Naomi Ferrett-Cohen (tl); **Clive Nichols:** Clive Nichols/Design: Matt Keightley (bl).

4-5 GAP Photos: Anna Omiotek-Tott/Design: Richard Miers.

6-7 GAP Photos: Joanna Kossak/Design: Alan Rudden (tr); Robert Mabic/Design: Ekaterina Zasukhina & Carly Kershaw (tl); **MMGI:** Marianne Majerus/Design: Stuart Charles Towner (br); **Clive Nichols:** Clive Nichols/Design: Alasdair Cameron (bl).

8 The RHS Images Collection: RHS/Neil Hepworth, design: Adam Frost, RHS Chelsea 2015.

11 The Garden Collection: Jonathan Buckley/Design: Judy Pearce (cr); **The RHS Images Collection:** RHS/Neil Hepworth (tr); **The Garden Collection:** Derek Harris (bl); Torie Chugg/RHS Chelsea 2008 (tl).

12-13 GAP Photos: Joanna Kossak/Design: Andy Sturgeon.

14 The Garden Collection: Andrew Lawson/Design: Jinny Blom (tl); **MMGI:** Marianne Majerus/Design: Sara Jane Rothwell (tr); **Photolibrary:** David Cavagnaro (bl).

15 Harpur Garden Library: Jerry Harpur/Design: Shunmyo Masuno (tl); **MMGI:** Marianne Majerus/Palazzo Cappello, Venice (bl); **Photolibrary:** Michael Howes (br); **Richard Felber:** Design: Raymond Jungles Landscape Architect (tr).

16 Charles Hawes: "Artificial Paradise"/Design: Catherine Baas & Jean-Francis Delhay (France),

Chaumont International Gardens Festival 2003 (tl); **MMGI:** Marianne Majerus/Claire Mee Designs (br); Marianne Majerus/Design: Andy Sturgeon, RHS Chelsea 2006 (tr); Marianne Majerus/Design: Charlotte Rowe (bl).

17 The Garden Collection: Liz Eddison (tr); **DK Images:** Peter Anderson/RHS Chelsea 2009 (tl); **Photolibrary:** Michael Howes/Design: Dean Herald, Fleming's Nurseries, RHS Chelsea 2006 (br).

18 The Interior Archive: Simon Upton (tr); **MMGI:** Bennet Smith/Design: Mary Nuttall (tl); Marianne Majerus/Henstead Exotic Garden/Andrew Brogan, Jason Payne (tc); **Photolibrary:** John Ferro Sims (br); **Richard Felber:** Design: Raymond Jungles Landscape Architect (bc).

19 Helen Fickling: Design: Williams, Asselin, Ackaqui et Associés/International Flora, Montreal (br); **Charles Hawes:** Design: Laureline Salisch & Seun-Young Song, Ecole Supérieure d'Art et de Design (ESAD) Reims, Chaumont International Festival 2007 (tr); **MMGI:** Marianne Majerus/Design: Arabella Lennox-Boyd, RHS Chelsea 2008 (tl); Marianne Majerus/Design: Charlotte Rowe (tc); **Clive Nichols:** Data Nature Associates (bl); Design: Stephen Woodhams (bc).

20 MMGI: Marianne Majerus/Design: Will Giles, The Exotic Garden, Norwich (tr); **Photolibrary:** Linda Burgess (tl).

21 MMGI: Bennet Smith/Design: Denise Preston, Leeds City Council, RHS Chelsea 2008 (tl); **Undine Prohl:** Dry Design (tr).

22 GAP Photos: Rachel Warne/Design: Angus Thompson.

23 GAP Photos: Paul Debois (br); Rob Whitworth/Design: Tony Wagstaff (tr).

24 GAP Photos: Christina Bollen (tr); Gary Smith (tl); Jenny Lilly/Design: Richard Wanless (bl); Robert

Mabic (br); Elke Borkowski (cr).

25 GAP Photos: Heather Edwards/Design: Charles Dowding (tr); Heather Edwards/Charles Dowding (cr); Annie Green-Armytage (bl) (cl).

26 GAP Photos: GAP Photos/Nova Photo Graphik (bl); Jenny Lilly (tl). **Clive Nichols:** Clive Nichols/Design: Martha Krempel, London (tr) (br).

27 GAP Photos: Christa Brand (t); Heather Edwards/Design: Richard Miers (b).

29 Alamy Images: Holmes Garden Photos (tl); **The Garden Collection:** Derek St Romaine/Design: Woodford West, RHS Chelsea 2001 (tr); **MMGI:** Marianne Majerus/Gainsborough Road, Alastair Howe Architects (t). **Roger Foley:** (br); **Harpur Garden Library:** Jerry Harpur/Design: Philip Nixon, RHS Chelsea 2008 (bl); **MMGI:** Marianne Majerus/Design: Jonathan Baille (bc).

30 MMGI: Bennet Smith/Design: Mary Nuttall (tl); Marianne Majerus/Design: Charlotte Rowe (tr). **GAP Photos:** Lynne Keddie (bl); **Steve Gunther/**Design: Steve Martino (bc); **MMGI:** Marianne Majerus/Gunnebo House, Gardens of Gothenburg Festival, Sweden 2008, Joakim Seiler (br).

32 MMGI: Marianne Majerus/Design: Tom Stuart-Smith, RHS Chelsea 2000.

33 GAP Photos: Brian North (r).

34-35 The RHS Images Collection: RHS/Neil Hepworth, design: Charlie Albone, RHS Chelsea 2016.

35 The Garden Collection/Design: Tom Stuart-Smith, RHS Chelsea 2005 (4); **Harpur Garden Library:** Jerry Harpur (tl); **Clive Nichols/**Design: Dominique Lafourcade, Provence (1); www.stonemarket.co.uk (5).

36 GAP Photos: Joanna Kossak/Design: Charlie Albone, Sponsor: Husqvarna (tl).

36-37 James Silverman: www.

jamessilverman.co.uk/Architect: Marcio Kogan, Brazil.

37 Alamy Images: Andrea Jones/Design: Buro Landrast, Floriade (4); Matthew Noble Horticultural/Design: Lizzie Taylor & Dawn Isaac, RHS Chelsea 2005 (2); **DK Images:** Design: Marcus Barnett & Philip Nixon, RHS Chelsea 2007 (1); Design: Denise Preston, RHS Chelsea 2008 (3); Design: Philip Nixon, RHS Chelsea 2008 (5); **Peter Anderson:** (tl).

38 GAP Photos: Jerry Harpur/Design: L Giubbilei (clb); Jo Whitworth (cla); **MMGI:** Marianne Majerus/Design: Del Buono Gazerwitz (tr); **Photolibrary:** Marijke Heuff (br).

39 Andrew Lawson: Design: Christopher Bradley-Hole (b); **Charles Mann:** Sally Shoemaker, Phoenix AZ (tl); **B & P Perdereau:** Design: Yves Gosse de Gorre (c).

40 MMGI: Marianne Majerus/Design: Declan Buckley (br) (2)(5); Photolibrary: John Glover (6).

41 Clive Nichols: Clive Nichols/Design: Matt Keightley.

42 MMGI: Marianne Majerus/Design: Charlotte Rowe (br) (1).

43 GAP Photos: Clive Nichols (1); **Harpur Garden Library:** Jerry Harpur/Design: Andy Sturgeon, London (br) (2) (4); **Photolibrary:** John Glover (3).

44-45 The RHS Images Collection: RHS/Neil Hepworth, design: Marcus Barnett, RHS Chelsea 2015.

46 GAP Photos: Nicola Stocken.

47 GAP Photos: FhF Greenmedia (r).

48-49 The Garden Collection: Nicola Stocken.

49 The Garden Collection: Nicola Stocken (3); **Harpur Garden Library:** Marcus Harpur/Design: Gertrude Jekyll, Owners: Sir Robert and Lady Clark, Munstead Wood, Surrey (b); **MMGI:** Marianne

Majerus/Bryan's Ground, Herefordshire (2).

50 GAP Photos: Nicola Stocken (c). **Clive Nichols:** Clive Nichols/Design: Alasdair Cameron (tr).

51 GAP Photos: Joanna Kossak/ Design: Tony Woods/Garden Club London (tl); Caroline Mardon/ Design: Karen Rogers www. krgardendesign.com (br).

52 GAP Photos: John Glover/ Design: Penelope Hobhouse (tr); Jerry Harpur/Design: Britte Schoenaic (br); **Harpur Garden Library:** Jerry Harpur/Design: Christopher Lloyd, Great Dixter (cla).

52-53 Andrew Lawson: Design: Arabella Lennox-Boyd.

53 The Garden Collection: Andrew Lawson/Design: Oehme van Sweden (tr); **Harpur Garden Library:** Jerry Harpur/Design: Piet Oudolf (r).

54 The Garden Collection: Liz Eddison/Design: Gabriella Pape & Isabelle Van Groeningen, RHS Chelsea 2007 (br); **Clive Nichols:** (4); **Photolibrary:** Kit Young (1); Tracey Rich (6).

55 Nicola Browne: Design: Jinny Blom (t).

56 GAP Photos: Jo Whitworth (6); **The Garden Collection:** Jane Sebire/Design: Nigel Dunnett (br) (4).

57 The Garden Collection: Gary Rogers/Design: Rendel & Dr James Bartons (t) (6); **MMGI:** Marianne Majerus (1).

58-59 Clive Nichols: Clive Nichols/ Design: Matt Keightley.

60 GAP Photos: Hanneke Reijbroek.

61 MMGI: Marianne Majerus/Claire Mee Designs (cra); Marianne Majerus/Design: Lynne Marcus (crb).

62 DK Images: Design: Franzisca Harman, RHS Chelsea 2008 (3); Design: Paul Stone Gardens, RHS Hampton Court 2007 (6); **MMGI:** Marianne Majerus/Claire Mee Designs (1); **TopFoto.co.uk:** (fcl).

63 Steve Gunther: Design and installation: Chuck Stopherd of Hidden Garden Inc. of CA.

64 DK Images: www.jcgardens.com (t); **Harpur Garden Library:** Jerry Harpur/Design: Ryl Nowell (bl); **MMGI:** Marianne Majerus/Design: Lucy Sommers (tl); Marianne Majerus/Design: David Rosewarne (br).

64-65 Steve Gunther: Design: Sandy Koepke, LA (c).

65 Harpur Garden Library: Jerry Harpur/Design: Bunny Guinness (b); **Ian Smith:** Design: Acres Wild (t); **Steve Gunther:** Design: Mia Lehrer, Malibu CA (cr).

66 GAP Photos: (tl).

66-67 GAP Photos: GAP Photos/ Garden Design: Cube 1994 (c); Rachel Warne (tc).

67 GAP Photos: Annie Green-Armytage (tr).

68 DK Images: Brian North/Design: Catherine MacDonald, RHS Hampton Court 2012

69 Roger Foley: Design: Maggie Judycki for Green Themes, Inc. (br) (3) (6).

70 Richard Bloom: Richard Bloom/ Design: Jane Brockbank.

71 MMGI: Marianne Majerus/Claire Mee Designs (tl) (tr).

72- 73 The RHS Images Collection: RHS/Tim Sandall, design: Nick Buss & Clare Olof, RHS Hampton Court 2012.

74 The RHS Images Collection: RHS/Neil Hepworth, design: Cleve West, RHS Chelsea 2016.

75 GAP Photos: Jonathan Buckley/ Design: Christopher Lloyd, Great Dixter (a); **The Garden Collection:** Liz Eddison/Design: Daniel Lloyd Morgan, RHS Hampton Court 2001 (b).

76 DK Images: Design: Teresa Davies, Steve Putnam, Samantha Hawkins, RHS Chelsea 2007 (1); **Harpur Garden Library:** Jerry Harpur/Design: Rosemary Weisse, West Park, Munich, Germany (l).

76-77 DK Images: Design: Stephen Hall, RHS Chelsea 2005.

77 DK Images: Design: Kate Frey, RHS Chelsea 2007 (3); Design:

English Heritage Gardens (4).

78 GAP Photos: Jerry Harpur (t).

78-79 Helen Fickling: Design: Andy Sturgeon.

79 DK Images: Steven Wooster (2) (4); **GAP Photos:** Jerry Harpur/ Pashley Manor (3); S & O (6).

80 Clive Nichols: Clive Nichols/ Design: Harry Holding (t, bl).

80-81 GAP Photos: Annie Green-Armytage/Designers: Tom Massey and Sarah Mead (c).

81 Clive Nichols (br).

82 Richard Bloom: Richard Bloom/ Design: Helen Elks-Smith (c); **GAP Photos:** Andrea Jones (t).

83 GAP Photos: Jenny Lilly (t, bl); Howard Rice, 26 St Barnabas Road, Cambridge (cr).

84 DK Images: Peter Anderson/ Design: Jo Thompson, RHS Chelsea 2009.

85 Richard Bloom: Richard Bloom/ Design: Jane Brockbank.

86-87 DK Images: Peter Anderson/ Design: Cleve West, RHS Chelsea 2011.

88 GAP Photos: Richard Bloom.

89 MMGI: Marianne Majerus/ Design: Paul Cooper (cra); **GAP Photos:** Richard Bloom/Design: Katharina Nikl Landscapes (crb).

90-91 Harpur Garden Library: Jerry Harpur/Design: Philip Nixon.

91 GAP Photos: Clive Nichols/ Design: Amir Schlezinger My Landscapes (3); Jerry Harpur/ Design: Fiona Lawrenson & Chris Moss (4); Jerry Harpur/Design: Luciano Giubbilei (1); **MMGI:** Marianne Majerus www.finnstone. com (2); Marianne Majerus/Design: Lucy Sommers (5).

92 GAP Photos: Friedrich Strauss (tl).

92-93 GAP Photos: Richard Bloom/ Design: John Davies Landscape (tc); Joanna Kossak/Design: Tony Woods (cb).

93 GAP Photos: Nicola Stocken (tr); **MMGI:** Marianne Majerus/Design: Jane Brockbank (b); **Clive Nichols:**

Clive Nichols/Design: Matt Keightley (tc).

94 GAP Photos: Matteo Carassale/ Design: Cristina Mazzucchelli (tl); John Glover (bl); **Clive Nichols:** Clive Nichols/Design: Alasdair Cameron (t).

94-95 MMGI: Marianne Majerus/ Design: Charlotte Rowe.

95 MMGI: Marianne Majerus/ Design: Sara Jane Rothwell (t); **DK Images:** Design: Mark Gregory, RHS Chelsea 2008 (b).

96 GAP Photos: Suzie Gibbons (tl); **MMGI:** Marianne Majerus/Design: Sara Jane Rothwell (bl).

96-97 Marion Brenner: Design: Joseph Bellomo Architects, Palo Alto CA.

97 Henk Dijkman: www.puurgroen. nl (bc); **Harpur Garden Library:** Jerry Harpur/Design: Christopher Bradley-Hole (c) (r).

98 Harpur Garden Library: Jerry Harpur/Design: Vladimir Djurovic, Lebanon.

99 Nicola Browne: Design: Pocket Wilson (t) (1); **GAP Photos:** Richard Bloom (3/c); **Charles Hawes** (5/c); **GAP Photos:** Clive Nichols/Design: Nigel Dunnett & The Landscape Agency (b).

100-101 Clive Nichols: Clive Nichols/Design: Alasdair Cameron.

101 Clive Nichols: Clive Nichols/ Design: Alasdair Cameron (br).

102 GAP Photos: John Glover/ Design: Rosemary Verey.

103 GAP Photos: Mark Bolton (tr); Joanna Kossak/Design: Tracy Foster, Sponsor: Just Retirement Ltd (br).

104-105 GAP Photos: Elke Borkowski.

105 GAP Photos: Elke Borkowski (tl); **DK Images:** Peter Anderson/ RHS Hampton Court 2014 (5).

106 GAP Photos: Maddie Thornhill (cl); **Clive Nichols** (tr, cr, b).

107 Richard Bloom: Richard Bloom/Design: Jane Brockbank (tl); **GAP Photos:** (tr); Jenny Lilly (br); **Clive Nichols** (cl).

108 GAP Photos: Friedrich Strauss (l).

108-109 DK Images: Peter Anderson/Design: Heather Culpan and Nicola Reed, RHS Hampton Court 2011.

109 GAP Photos: Elke Borkowski (c); **Red Cover:** Ron Evans (t); **DK Images:** Peter Anderson/Design: Bunny Guinness, RHS Hampton Court 2011 (b).

110 Clive Nichols.

111 The Garden Collection: Jonathan Buckley/Design: Bunny Guinness (t) (4); **Photolibrary:** Mark Winwood (3/c); **GAP Photos:** J. S. Sira/Design: Ron Carter (cb).

112 GAP Photos: Nicola Stocken.

113 GAP Photos: Stephen Studd/Design: Andy Bending.

114-115 GAP Photos: Brian North/Design: Nick Williams-Ellis.

116 The RHS Images Collection: RHS/Sarah Cuttle, design: Ruth Willmott, RHS Chelsea 2015.

117 GAP Photos: Richard Bloom (ar); **MMGI:** Andrew Lawson/Design: Philip Nash, RHS Chelsea 2008 (br).

118 Michael Schultz Landscape Design (br).

118-119 Harpur Garden Library: Jerry Harpur/Design: Steve Martino.

119 DK Images: Design: Matthew Rideout, RHS Hampton Court 2008 (1); Design: Paul Cooper, RHS Chelsea 2008 (3); **GAP Photos:** Fiona McLeod/Design: Cleve West, RHS Chelsea 2006 (5); **The Garden Collection:** Liz Eddison/Design: Reaseheath College, RHS Tatton Park 2007 (6); **Harpur Garden Library:** Jerry Harpur/Design: Sonny Garcia (4).

120 Helen Fickling: Design: Marie-Andrée Fortier, Art & Jardins, International Flora, Montreal, Canada (b); **Harpur Garden Library:** Jerry Harpur/Design: Vladimir Sitta (c).

120-121 Helen Fickling: Architect: Claude Cormier, International Flora, Montreal, Canada (t).

121 Marion Brenner: Design: Andrea Cochran Landscape Architect, San Francisco (c); **Harpur Garden Library:** Jerry Harpur/Design: Steve Martino (cr); **Steve Gunther:** Architect: Ricardo Legorreta/Landscape Architect: Mia Lehrer & Associates, LA (br); **Harpur Garden Library:** Jerry Harpur/Design: Peter Latz & Associates, Chaumont Festival, France (bl).

122 GAP Photos: Andrea Jones/Design: Adam Frost, Sponsor: Homebase (bl); **Clive Nichols:** Clive Nichols/Design: Wynniat-Husey Clarke (cl) (br).

123 Alamy Stock Photo: Ellen Rooney (t); **MMGI:** Marianne Majerus/Design: Nic Howard, *Aeon* sculpture: David Harber (bl); Marianne Majerus/Design: Nic Howard, sculpture: David Harber (br).

124 DK Images: Peter Anderson/Design: Robert Myers, RHS Chelsea 2011.

125 Richard Bloom: Richard Bloom/Design: Colm Joseph Gardens.

126 Alamy Stock Photo: Guy Bell/Alamy Live News/Design: Sarah Eberle.

127 GAP Photos: Paul Debois/Design: Antony Watkins.

128-129 The RHS Images Collection: RHS/Neil Hepworth, design: Andy Sturgeon, RHS Chelsea 2016.

130-131 GAP Photos: Joanna Kossak/Design: Chris Beardshaw.

132 Charles Mann.

133 MMGI: Marianne Majerus/Design: Sally Hull (crb).

136 MMGI: Marianne Majerus/Design: Julie Toll (bl).

137 DK Images: Design: Kate Frey, RHS Chelsea 2007 (t); **MMGI:** Marianne Majerus/Design: Wendy Booth & Leslie Howell (b).

138 MMGI: Marianne Majerus/Design: James Lee (l); Marianne Majerus/P & M Hargreaves, Grafton Cottage, Staffs (c); **GAP Photos:** Robert Mabic/Design: Tom Massey (r).

139 DK Images: Design: Jason Lock & Chris Deakin, RHS Chelsea 2008 (fbl); **GAP Photos:** Jerry Harpur/Design: Roberto Silva (cla); **The Garden Collection:** Derek St Romaine/Glen Chantry, Essex (fbr); Nicola Stocken (tr); **MMGI:** Marianne Majerus (cb); Marianne Majerus/Design: Charlotte Rowe (clb); **Photolibrary:** Ron Evans (crb).

140 The Garden Collection: Nicola Stocken (cl); **MMGI:** Marianne Majerus/Design: Anthony Paul Landscape Design (bl).

141 Nicola Browne: Design: Jinny Blom (c); **Jason Liske:** www.redwooddesign.com/Design: Bernard Trainor (bc); **Photolibrary:** Jerry Pavia (t).

142 GAP Photos: Nicola Stocken/Design: Andy Sturgeon.

143 GAP Photos: Jerry Harpur/Design: Scenic Blue, RHS Chelsea 2007 (cra).

144 GAP Photos: Mark Bolton, The Wild Kitchen Garden/Design: Ann Treneman (tr); Rob Whitworth/Design: Kate Gould, Sponsors: Kate Gould Gardens Ltd (br) (tl, bl).

145 GAP Photos: Maxine Adcock (tl); Thomas Alamy (bl); Jenny Lilly (tc); **GAP Photos:** Design: Luke Heydon, Sponsor: Thetford businesses and residents (bc); Anna Omiotek-Tott/Design: Andy Clayden, Dr Ross Cameron (tr) (br).

146 GAP Photos: Carole Drake/Design: Andrea Newill (tr, br); Clare Forbes/Design: Matthew Wilson, Sponsor: Royal Bank of Canada (c); Joanna Kossak/Design: Rosemary Coldstream (bl).

147 GAP Photos: Paul Debois/Design: Caro Garden Design (br); Rachel Warne (t, bl).

148 Alamy Images: CW Images (tl); **DK Images:** Alex Robinson (tr); **GAP Photos:** John Glover (cl); **DK Images:** Peter Anderson/Design: Kati Crome and Maggie Hughes, RHS Chelsea 2013 (cfr); **DK Images:** Jon Spaull (bl); **MMGI:** Marianne Majerus/Kingstone Cottages (br).

149 Jason Liske: www.redwooddesign.com/Design: Bernard Trainor (tr); **GAP Photos:** Elke Borkowski/Design: Adam Woolcott (cr); Clive Nichols (cl); **MMGI:** Marianne

Majerus/Claire Mee Designs (fbr); Marianne Majerus/Design: Bunny Guinness (b).

150-151 The Garden Collection: Jonathan Buckley/Design: Diarmuid Gavin.

151 Design: Amanda Yorwerth.

152 The Garden Collection: Derek St Romaine/Design: Phil Nash (r); **MMGI:** Marianne Majerus/Design: Laara Copley-Smith (c); Marianne Majerus/Palazzo Cappello, Malipiero, Barnabo, Venice (l).

153 DK Images: Design: Sarah Eberle, RHS Chelsea 2007 (tl); **MMGI:** Marianne Majerus/Design: Lynne Marcus (cl).

154-155 Case study: Design: Fran Coulter, Owners: Jo & Paul Kelly.

155 The Garden Collection: Liz Eddison/Design: Kay Yamada, RHS Chelsea 2003 (br); **Harpur Garden Library:** Marcus Harpur/Design: Justin Greer (fbr); **MMGI:** Marianne Majerus/Design: Jessica Duncan (cr); Marianne Majerus/Design: Wendy Booth, Leslie Howell (ftr).

156 MMGI: Marianne Majerus/Claire Mee Design (t); Marianne Majerus/Design: Lynne Marcus, John Hall (b).

156-157 Marion Brenner: Design: Andrea Cochran Landscape Architecture.

157 Jason Liske: www.redwooddesign.com/Design: Bernard Trainor (tr).

158 Nicola Browne: Design: Jinny Blom (br); **DK Images:** Design: Graduates of the Pickard School of Garden Design (cl).

158-159 Harpur Garden Library: Jerry Harpur/Architect: Piet Boon, Planting Design: Piet Oudolf.

159 DK Images: Design: Paul Williams (bl); **The Garden Collection:** Gary Rogers/Chatsworth House (br); **Charles Hawes:** Designed & created by Tony Ridler, The Ridler Garden, Swansea, ammonite sculpture: Darren Yeadon (ca).

160 MMGI: Bennet Smith/Design: Ian Dexter, RHS Chelsea 2008 (c);

Marianne Majerus/Design: Anthony Tuite (b).

160-161 The Garden Collection: Nicola Stocken.

161 GAP Photos: Nicola Stocken (tl); **MMGI:** Bennet Smith/Design: Thomas Hoblyn (br).

162 Garden Exposures Photo Library: Andrea Jones/Design: Dan Pearson & Steve Bradley (cl); **The Garden Collection:** Liz Eddison/Design: Alan Sargent, RHS Chelsea 1999 (bl).

162-163 The Garden Collection: Jonathan Buckley/Design: Joe Swift & Sam Joyce for the Plant Room.

163 Roger Foley: Scott Brinitzer Design Associates (br); **MMGI:** Marianne Majerus/Design: Paul Cooper (bc).

164 MMGI: Marianne Majerus/Design: Sara Jane Rothwell.

165 GAP Photos: Lynn Keddie (ca); Nicola Stocken (bl); **MMGI:** Marianne Majerus/Design: Charlotte Rowe (tl); Marianne Majerus/Design: Nicola Gammon, www.shootgardening.co.uk (tr); Marianne Majerus/Design: Fiona Lawrenson & Chris Moss (fbr); **Derek St Romaine:** Design: Koji Ninomiya, RHS Chelsea 2008 (br).

166 DK Images: Peter Anderson/RHS Hampton Court 2014 (tr); **MMGI:** Marianne Majerus/Fiveways Cottage (cla); Marianne Majerus/Design: Paul Dracott (bl); **B & P Perdereau:** Design: Yves Gosse de Gorre (crb).

167 The Garden Collection: Jonathan Buckley/Design: Diarmuid Gavin (bl); **MMGI:** Marianne Majerus/Design: Lynne Marcus (tl); Marianne Majerus/Design: Arabella Lennox-Boyd, RHS Chelsea 2008 (cra); Marianne Majerus/Design: Chris Perry, Claire Stuckey, Jill Crooks, & Roger Price, RHS Chelsea 2005 (br).

168 Harpur Garden Library: Jerry Harpur/Design: Made Wijaya & Priti Paul (bc); **Photolibrary:** Peter Anderson/Design: Martha Schwartz (br).

169 DK Images: Design: Marcus

Barnett & Philip Nixon, RHS Chelsea 2007 (t); **The Garden Collection:** Derek Harris (c); **MMGI:** Marianne Majerus/Leonards Lee Gardens, West Sussex (b).

170 GAP Photos: Richard Bloom (cr); **MMGI:** Marianne Majerus/Design: Ali Ward (bc); **Photolibrary:** David Dixon (bl).

171 Peter Anderson (t); **GAP Photos:** Clive Nichols/Chenies Manor, Bucks (cl); **MMGI:** Andrew Lawson/Sticky Wicket, Dorset (bc); Marianne Majerus (bl) (br).

172 Helen Fickling: International Flora, Montreal (tr); **Harpur Garden Library:** Jerry Harpur/Design: Jimi Blake, Hunting Brook Gardens (cl); **MMGI:** Marianne Majerus/Design: Julie Toll (bl).

173 GAP Photos: J. S. Sira/Chenies Manor, Bucks (bc); **MMGI:** Andrew Lawson/Design: Philip Nash, RHS Chelsea 2008 (fbr); Bennet Smith/Paul Hensey with Knoll Garden, RHS Chelsea 2008 (tl); Marianne Majerus/Design: Piet Oudolf (cra); Marianne Majerus/Les Métiers du Paysage dans toute leur Excellence Jardins, Jardins aux Tuileries 2008, Christian Fournet (bl); **Clive Nichols:** Design: Wendy Smith & Fern Alder, RHS Hampton Court 2004 (cr); **Photolibrary:** Mark Bolton (tc).

174 (left to right): **DK Images; Clive Nichols:** Design: Fiona Lawrenson; **The Garden Collection:** Jonathan Buckley; **Forest Garden Ltd:** tel: 0844 248 9801 www.forestgarden.co.uk; **The Garden Collection:** Jonathan Buckley; **Photolibrary:** Roger Foley/Design: Raymond Jungles Landscape Architect (bc); **The Garden Collection:** Derek St Romaine/Design: Philip Nash (br); **Photolibrary:** Marie O'Hara/Design: Andrew Duff (bl).

175 GAP Photos: Rob Whitworth/Design: Mandy Buckland (Greencube Garden and Landscape Design), RHS Hampton Court 2010.

176 GAP Photos: Annie Green-Armytage/Design: Anna Dabrowska-Jaudi (c); Jacqui Hurst/Design: Tom Massey (tr); Joanna Kossak/Design: Tony Woods, Garden Club London

(bl); Stephen Studd/Design: Kate Durr Garden Design (br).

177 GAP Photos: Leigh Clapp/Design: Tom Massey (bl); Caroline Mardon/Design: Karen Rogers www.krgardendesign.com (t); Nicola Stocken (cl); Suzie Gibbons/Design: Patricia Thirion & Janet Honour (cr); Anna Omiotek-Tott/Design: Anne Keenan (br).

178 GAP Photos: Richard Bloom/Design: Belderbos Landscapes Ltd (tr); Andrea Jones (l); Anna Omiotek-Tott/Design: Kate Gould (br).

179 GAP Photos: Thomas Alamy (br); J. S. Sira/Design: Jill Foxley, A Matter of Urgency, Hampton Court 2011 (tr); Jonathan Buckley/Design: Sarah Raven (tl); Leigh Clapp/Design: Acres Wild (bl); Richard Bloom (c).

180 GAP Photos: Clive Nichols/Design: Tony Heywood Conceptual Gardens.

181 The Garden Collection: Nicola Stocken (t).

182 The Garden Collection: Nicola Stocken (l); **MMGI:** Marianne Majerus/Design: Sara Jane Rothwell (t).

190-191 123RF.com: Dara-on Thongnoi (illo x 4).

191 TurboSquid: Agnes B. Jones (bc, crb).

192 DK Images: Design: Heidi Harvey & Fern Adler, RHS Hampton Court 2007 (bc); **MMGI:** Marianne Majerus/Leonardslee Gardens, West Sussex (br).

193 GAP Photos: Elke Borkowski (c); **MMGI:** Marianne Majerus/Coworth Garden Design (br).

194 DK Images: Design: Robert Myers, RHS Chelsea 2008 (tr); **The Garden Collection:** Nicola Stocken (b); **Charles Mann:** Sally Shoemaker, Phoenix AZ (cr); **MMGI:** Marianne Majerus/Scampston Hall, Yorks/Design: Piet Oudolf (tc); Marianne Majerus/Rectory Farm House, Orwell/Peter Reynolds (c).

195 DK Images: Design: Cleve West, RHS Chelsea 2008 (l).

196 DK Images: Design: Fran Coulter, Owners: Bob & Pat Ring (br); **GAP Photos:** Dave Zubraski (7); Sarah Cuttle (2); **Clive Nichols** (4).

197 DK Images: Design: Paul Williams (t); Design: Adam Frost (b); **GAP Photos:** Adrian Bloom (1/t); Richard Bloom (5/t) (5/b).

198 DK Images: Peter Anderson/Design: Adele Ford and Susan Willmott, RHS Hampton Court 2013.

199 GAP Photos: John Glover (crb).

200 GAP Photos: Jerry Harpur (tl); **MMGI:** Marianne Majerus (tc).

201 Brian North: (br); **Photolibrary:** Howard Rice/Cambridge Botanic Garden (cr).

202 GAP Photos: Elke Borkowski (bc); Jerry Harpur/Design: Julian & Isabel Bannerman (tr); **The Garden Collection:** Derek Harris (tc); **MMGI:** Marianne Majerus/Design: Bunny Guinness (cl).

203 Marion Brenner: Design: Mosaic Gardens, Eugene, Oregon.

204 The Garden Collection: Andrew Lawson (tc); Nicola Stocken (tr); **MMGI:** Marianne Majerus/Design: Susan Collier (bl); Marianne Majerus/RHS Wisley/Piet Oudolf (br).

205 The Garden Collection: Andrew Lawson (b); Derek St Romaine/Glen Chantry, Essex (cl); **MMGI:** Marianne Majerus/Woodpeckers, Warks (tr).

206 GAP Photos: Clive Nichols/Design: Duncan Heather (br); **MMGI:** Marianne Majerus (bc); Marianne Majerus/Design: Jill Billington & Barbara Hunt, "Flow" Garden, Weir House, Hants (bl).

207 DK Images: Steven Wooster/Design: Rebecca Phillips, Maria Ornberg, & Rebecca Heard ,"Flow Glow" Garden, RHS Chelsea 2002 (r); **GAP Photos:** Elke Borkowski (l).

208 GAP Photos: Elke Borkowski (bl); John Glover (r).

209 DK Images: Design: Tom Stuart-Smith, RHS Chelsea 2008 (tr); **GAP Photos:** Elke Borkowski (br) (tl); J. S. Sira (cl); S & O (bc).

210 GAP Photos: Geoff du Feu (bl);

Jerry Harpur/Design: Isabelle Van Groeningen & Gabriella Pape, RHS Chelsea 2007 (tc); **Clive Nichols:** RHS Wisley (tr).

210-211 GAP Photos: Mark Bolton.

211 GAP Photos: Elke Borkowski (tc) (cr); **Harpur Garden Library:** Jerry Harpur/Design: Beth Chatto (tr); Marcus Harpur/Writtle College (br).

212 GAP Photos: Jonathan Buckley/ Design: John Massey, Ashwood Nurseries (cl); **MMGI:** Marianne Majerus/Mere House, Kent (tr); Marianne Majerus/Ashlie, Suffolk (bl).

213 GAP Photos: Clive Nichols (cl); Elke Borkowski (tl); Jonathan Buckley/Design: Wol & Sue Staines (panel right); **The Garden Collection:** Jonathan Buckley (bc).

215 MMGI: Marianne Majerus/ Design: Declan Buckley (tl); Marianne Majerus/Design: Philip Nash, RHS Chelsea 2008 (tc); Marianne Majerus/Tanglefoot (bl); **Photolibrary:** Howard Rice (tr).

216 Alamy Stock Photo: Niall McDiarmid (tr); **Dorling Kindersley:** RHS Wisley (cb); **Dreamstime.com:** Jon Benito Iza (clb); Marinodenisenko (bc); **Getty Images/iStock:** annrapeepan (cla); **Shutterstock.com:** Peter Turner Photography (crb).

217 Dorling Kindersley: Mark Winwood/Downderry Nursery (ca); **Dreamstime.com:** Barmalini (tr); Makoto Hasegawa (cra); Wiertn (cb); Natalia Pavlova (bl); Iva Vagnerova (br); **Getty Images/iStock:** 2ndLookGraphics (clb).

218 Dreamstime.com: Alfotokunst (tr); Shihina (cla); Mykhailo Pavlenko (bc); **GAP Photos:** Visions (cra); **Getty Images/iStock:** ChamilleWhite (crb).

219 Alamy Stock Photo: blickwinkel/McPHOTO/HRM (cb); Marcus Harrison, plants (clb); **Dreamstime.com:** By Daphnusia (tr); Yavor Yanev (cra); Unique93 (ca); **Shutterstock.com:** Lesub (bl).

220 Alamy Stock Photo: Tim Gainey (tr); **Dreamstime.com:** John Caley (clb); Sielan (cra); Kamilpetran (bl); Tom Meaker (cb);

Getty Images: Stockbyte/Maria Mosolova (crb); **Shutterstock.com:** jamesptrharris (cla).

221 Alamy Stock Photo: Botany vision (bl); John Richmond (tr); **Dreamstime.com:** Macsstock (crb); Michal Paulus (cla); Snowboy234 (cra); Seramo (cb).

222 DK Images: Peter Anderson/ Design: Joe Swift, RHS Chelsea 2012.

223 DK Images: Design: Heidi Harvey & Fern Adler, RHS Hampton Court 2007 (cra); **GAP Photos:** J. S. Sira/Kent Design (crb).

224 Alamy Images: Mark Summerfield (bl); **DK Images:** Design: Phillippa Probert, RHS Tatton Park 2008 (br); **Harpur Garden Library:** Jerry Harpur/ Design: University College Falmouth Students, RHS Chelsea 2007 (t); Jerry Harpur/East Ruston Old Vicarage, Norfolk (bc).

225 Harpur Garden Library: Jerry Harpur/Design: Julian & Isabel Bannerman (cl); Marcus Harpur/ Design: Kate Gould, RHS Chelsea 2007 (cr); **MMGI:** Marianne Majerus (bl); Marianne Majerus/Design: Lynne Marcus & John Hall (bc); Marianne Majerus/Design: Michele Osborne (ca); **Photolibrary:** John Glover (tc); Stephen Wooster (cb).

226 Marion Brenner: Design: Shirley Watts, Alameda CA www.sawattsdesign.com (br); **GAP Photos:** Michael King/Ashwood Nurseries (bl); **MMGI:** Marianne Majerus/Design: Jonathan Baillie (bc); Anna Omiotek-Tott/Design: Joe Perkins (cr); **Clive Nichols:** Wingwell Nursery, Rutland (tr); **DK Images:** Design: Adam Frost, RHS Chelsea 2007 (c).

227 The Garden Collection: Jonathan Buckley/Design: Diarmuid Gavin (bc); **MMGI:** Marianne Majerus/Gardens of Gothenburg, Sweden 2008 (tr); **Photolibrary:** Botanica (br); Howard Rice (bl); **GAP Photos:** J. S. Sira, location: HCFS 2005/ Design: Paul Hensey (cr).

228 DK Images: Design: Bob Latham, RHS Chelsea 2008 (bl); Design: Del Buono Gazerwitz, RHS

Chelsea 2008 (br); Peter Anderson/ Design: Harry & David Rich, RHS Chelsea 2013 (tl); **Harpur Garden Library:** Jerry Harpur/Design: Sam Martin, London (cr).

229 GAP Photos: Rob Whitworth/ Design: Angela Potter & Ann Robinson (bc); **Harpur Garden Library:** Jerry Harpur/Design: Philip Nixon (tl); Marcus Harpur/Design: Growing Ambitions, RHS Chelsea 2008 (tr); **MMGI:** Marianne Majerus/Design: Jilayne Rickards (bl); Marianne Majerus/The Lyde Garden, The Manor House, Bledlow, Bucks (br).

230 DK Images: Design: Paul Dyer, RHS Tatton Park 2008 (br); **MMGI:** Marianne Majerus/Design: Peter Chan & Brenda Sacoor (cr).

232 DK Images: Design: Helen Derrrin, RHS Hampton Court 2008 (t); www.indian-ocean.co.uk (c); www.outer-eden.co.uk (b).

232-233 The RHS Images Collection: RHS/Neil Hepworth, design: Charlie Albone, RHS Chelsea 2016.

233 Nicola Browne: Design: Craig Bergman (tc); **GAP Photos:** Elke Borkowski (cr); **MMGI:** Marianne Majerus/Design: Diana Yakeley (br); www.wmstudio.co.uk (cl).

234 DK Images: Design: Francesca Cleary & Ian Lawrence, RHS Hampton Court 2007 (tr); Design: Noel Duffy, RHS Hampton Court 2008 (bl); James Merrell (tl); **GAP Photos:** Richard Bloom/Design: Katharina Nikl Landscapes (br).

235 DK Images: Brian North/ Design: The Naturally Fashionable Garden Designer NDG+, RHS Chelsea 2010 (bl); Design: Philip Nash, RHS Chelsea 2008 (tc); **The Garden Collection:** Torie Chugg/ Design: Sue Tymon, RHS Hampton Court 2005 (c); **The Interior Archive:** Fritz von der Schulenburg (tr); **Red Cover:** www.dylon.co.uk (br); **MMGI:** Marianne Majerus/ Design: Sara Jane Rothwell, London Garden Designer (tl).

236 Nicola Browne: Design: Piet Oudolf (tr); **DK Images:** Design: Sadie May Stowell, RHS Hampton Court 2008 (tl); Design: Sim

Flemons & John Warland, RHS Hampton Court 2008 (br); **GAP Photos:** Heather Edwards/Design: Mark Draper, Graduate Gardeners Ltd (bl).

237 The RHS Images Collection: RHS/Neil Hepworth, design: Chris Beardshaw, RHS Chelsea 2016 (t); **Helen Fickling:** Design: May & Watts, Loire Valley Wines, RHS Hampton Court 2003 (c); **MMGI:** Marianne Majerus/Design: Lynne Marcus (bl).

238 The Garden Collection: Marie O'Hara (br); Nicola Stocken (bc); Steven Wooster/Design: Anthony Paul (tl); **MMGI:** Marianne Majerus/Design: Charlotte Rowe (bl); Marianne Majerus/Design: Lucy Sommers (tr); **Clive Nichols:** Design: Mark Laurence (tc).

239 Nicola Browne: Design: Kristof Swinnen (tl); **The Garden Collection:** Liz Eddison/Design: David MacQueen, Orangebleu, RHS Chelsea 2005 (bc); **Harpur Garden Library:** Marcus Harpur/Design: Charlotte Rowe (br); **Clive Nichols:** Spidergarden.com/RHS Chelsea 2000 (c); **Red Cover:** Kim Sayer (bl); Mike Daines (cra).

240 www.janinepattison.com.

241 (left to right): **Clive Nichols:** Design: Charlotte Rowe; **Helen Fickling:** Claire Mee Designs; **GAP Photos:** Design: Cube 1994; Graham Strong; **Photolibrary:** Botanica (bl); **Red Cover:** Ken Hayden (bc); **Shutterstock** (br).

242-243 GAP Photos: Fiona McLeod/Design: Matt Keightley.

244 DK Images: Design: Sam Joyce (bc); **The Garden Collection:** Gary Rogers (br); **Shutterstock.com:** Ingo Bartussek (cl).

246 Alamy Stock Photo: Dave Burton (t); **GAP Photos:** Dave Bevan (bl); John Glover (br).

247 Alamy Stock Photo: ACORN1 (bl); Clare Gainey (tr); Carolyn Jenkins (br); **GAP Photos:** Graham Strong (tl).

248 Alamy Stock Photo: Paul Briden (c); Curtseyes (br); **GAP Photos:** Thomas Alamy (tr); Mel Watson (bl).

by London Stone, www. londonstone.co.uk/Design & Build: Garden House Design, www. gardenhousedesign.co.uk: (tc); DK Images: Design: Martin Thornhill, RHS Tatton Park 2008 (cr); Forest Garden Ltd, tel: 0844 248 9801, www.forestgarden.co.uk (cl); Images supplied courtesy of Marshalls www.marshalls.co.uk/transform (bc); www.jcgardens.com (br).

353 DK Images: Design: Jane Hudson & Erik de Maejer, RHS Chelsea 2004 (tc); Design: Jon Tilley, RHS Tatton Park 2008 (bl); Design: Martin Thornhill, RHS Tatton Park 2008 (br); GAP Photos: J. S. Sira (cl); Howard Rice (bc); www.specialistaggregates.com (cr); Chris Young (bc).

354 DK Images: Steven Wooster/Design: Claire Whitehouse, RHS Chelsea 2005 (c); Design: Geoff Whitten (br); GAP Photos: Elke Borkowski (bl); www.bradstone.com/garden (bc); Images supplied courtesy of Marshalls www.marshalls.co.uk/transform (tc).

355 DK Images: Design: Paul Hensey with Knoll Gardens, RHS Chelsea 2008 (c); Design: Toby & Stephanie Hickish, RHS Tatton Park 2008 (bc); Design: Niki Ludlow-Monk, RHS Hampton Court 2008 (br); Design: Ruth Holmes, RHS Hampton Court 2008 (cr); GAP Photos: Leigh Clapp/Design: David Baptiste (bl).

356 DK Images: Design: Helen Williams, RHS Hampton Court 2008 (cr); www.grangefencing.co.uk (tl); www.jacksons-fencing.co.uk (tr); Forest Garden Ltd, tel: 0844 248 9801 www.forestgarden.co.uk (cl) (c); www.kdm.co.uk (bc).

357 GAP Photos: Leigh Clapp (bc); MMGI: Marianne Majerus/Design: Hans Carlier (tr); Forest Garden Ltd, tel: 0844 248 9801 www.forestgarden.co.uk (tc) (bl); www.stonemarket.co.uk (br).

358 DK Images: Brian North/RHS Hampton Court 2010 (tl); Design: Mark Sparrow & Mark Hargreaves, RHS Tatton Park 2008 (bl); Alamy Images: Francisco Martinez (tc); GAP Photos: Jerry Harpur (tr);

Photolibrary: John Glover/ Design: Jonathan Baillie (c); www.breezehouse.co.uk (cl); www.cuprinol.co.uk (bc).

359 DK Images: Design: Jackie Knight Landscapes, RHS Tatton Park 2008 (tc); Design: Mark Gregory, RHS Chelsea 2008 (bc); www.garpa.co.uk (br); MMGI: Marianne Majerus/Design: Earl Hyde, Susan Bennett (cl); Marianne Majerus/Elton Hall, Herefordshire (c); www.jcgardens.com (cr); www.cuprinol.co.uk (tl) (bl).

360 DK Images: Design: David Gibson, RHS Tatton Park 2008 (cl); Design: Cleve West, RHS Chelsea 2008 (bl); GAP Photos: Elke Borkowski (cr); Jo Whitworth/Design: Tom Stuart-Smith, RHS Chelsea 2006 (br).

361 DK Images: Design: Tim Sharples, RHS Hampton Court 2008; GAP Photos: Tim Gainey (bl); The Garden Collection: Nicola Stocken Tomkins (tr); www.hayesgardenworld.co.uk (cr).

362 GAP Photos: Richard Bloom (bl); Nicola Stocken (tl); Heather Edwards/Design: Cleve West, The Daily Telegraph Garden, Gold Medal Winner (tc); Heather Edwards/Design: Peter Reader, Sponsor: Living Landscapes (tr); Martin Staffler (cl); Jenny Lilly (c); Fiona Lea/Design: Alison Galer (cr); Heather Edwards (bc); Stephen Studd/Design: Adam Frost, Sponsor: Homebase (br).

363 GAP Photos: Richard Bloom/The Swimming Pond Company (cr); Zara Napier/Design: Allison Armour-Wilson (tl); Rob Whitworth (tc); Nova Photo Graphik (tr); Annaick Guitteny (c); Richard Bloom/Design: Craig Reynolds (bl); Andrea Jones (bc); Mark Bolton (br); MMGI: Bennet Smith/Design: Thomas Hoblyn (cl).

364 GAP Photos: Mark Bolton (cr); Elke Borkowski (tl); GAP Photos/Design: Cube 1994 (cl); Nova Photo Graphik (c); Heather Edwards/Martin Young, Sitting Spiritually (bl); Paul Debois (bc); Clive Nichols/Design: Trevyn McDowell and Paul Thompson (br); MMGI: Marianne Majerus/Sculpture design: David

Harber, Garden design: Nic Howard (tr); The Crop Candle Company: Duncan MacBrayne/Silver Cloud Photography (tc).

365 GAP Photos: Matteo Carassale/Design: Cristina Mazzucchelli (c); Anna Omiotek-Tott/Design: Will Williams (tl); Andrea Jones (tc); Nicola Stocken, Knolling with Daisies Garden/Design: Sue Kent (tr); Paul Debois (cl); Robert Mabic (cr); Joanna Kossak/Design: Tony Woods (bl); GAP Photos/Design: Cube 1994 (bc); Clive Nichols: Clive Nichols/Design: Wynniat-Husey Clarke (br).

366 Alamy Stock Photo: Cavan Images (br); guy harrop (cr); Paul Mogford (bc); GAP Photos: Richard Bloom/Design: Katharina Nikl Landscapes (cl); GAP Photos/Design: Rhiannon Williams, RHS Hampton Court 2018 (tl); Brent Wilson (tc); Howard Rice/Design: Cultivate Gardens, Cambridge (tr); Paul Debois (c); Clive Nichols: Clive Nichols/Design: Matt Keightley (bl).

367 Alamy Stock Photo: Tony Giammarino (t); GAP Photos: Elke Borkowski (cr); Joanna Kossak/Design: Tony Woods (tc); Nicola Stocken (c); Jerry Harpur (bl); J. S. Sira/Design: Martin Royer, Sponsors: Final5 (bc); Jenny Lilly (br); MMGI: Marianne Majerus/Design: Charlotte Rowe (tr); Marianne Majerus/Design: Dan Cooper (cl).

368-369 The RHS Images Collection: RHS/Neil Hepworth, design: Charlie Albone, RHS Chelsea 2016 (b).

Jacket Helen Elks-Smith

다른 모든 이미지들:
© Dorling Kindersley

정원 사진을 찍어 게재할 수 있게 허락해준 분들에게 감사드린다.

Zelda and Peter Blackadder, Jacqui Hobson, Jo and Paul Kelly, Bob and Pat Ring, Amanda Yorwerth.

이 프로젝트에 도움을 준 회사들에 감사드린다.

Blue Wave bluewave.dk

Brandon Hire brandonhirestation.com

Garpa garpa.co.uk

Marshalls marshalls.co.uk

Organicstone organicstone.com

Ormiston Wire ormiston-wire.co.uk

Stonemarket stonemarket.co.uk

편집에 도움을 준 Naorem Anuja, 일러스트레이션을 맡은 Nicola Powling, 교정을 맡은 John Friend, 찾아보기를 맡은 Vanessa Bird에게 감사드린다.

이 책의 초판을 만든 DK 직원들에게 감사드린다.

Senior Editor Zia Allaway
Senior Art Editor Joanne Doran
Airedale Publishing Ruth Prentice, David Murphy, Murdo Culver
Photographers Peter Anderson, Brian North
Illustrators Peter Bull Associates, Richard Lee, Peter Thomas
Plan Visualizers Joanne Doran, Vicky Read
Managing Editor Anna Kruger
Managing Art Editor Alison Donovan
Publisher Jonathan Metcalf
Associate Publisher Liz Wheeler
Art Director Bryn Walls

찾아보기

찾아보기에서 식물명은 속명에 따라
한 묶음으로 정리했습니다. 속명은 상위
색인어에, 과명과 품종명 등은 하위
색인어에 있습니다. (예) '산분꽃나무속'에
속하는 '백당나무'는 '산분꽃나무'의
하위에서 찾을 수 있습니다.

저자 소개

크리스 영(Chris Young, 편집장)

조경 디자이너, 원예 콘텐츠 전문가이자 정원 사업 컨설턴트이다. 영국왕립원예협회(RHS)의 전 편집장으로 책과 웹사이트, 잡지 출간 전반을 이끌었다. 영국 가든 디자이너 협회, 가든 미디어 길드의 심사위원이었고, 10년 동안 RHS 사진 대회 회장을 역임했다. 글로스터셔대학에서 조경학을 공부했고, 가든 미디어 길드상을 2회 수상했다. 『첼시의 집으로(Take Chelsea Home)』를 썼다.

필립 클레이턴(Philip Clayton)

원예 작가, 식물 전문가, 열정적인 정원사이다. 『RHS 매일매일을 위한 식물(RHS A Plant for Every Day of the Year)』을 썼는데, 이 책은 계절별 무수히 많은 식물들을 소개하고 있다. RHS 위슬리 가든에서 수련했고, 「RHS 가든 매거진」에서 10년 넘게 부편집장으로 일했다. 영국의 대표적인 식물 작가 중 한 명이다.

앤디 클레버리(Andi Clevely)

50여 년을 정원사로 일하고 있다. 베스트셀러 『할당 정원 가꾸기(The Allotment Book)』를 비롯해 스무 권 넘는 책을 썼으며, 잡지에도 글을 쓴다. 가든 미디어 길드의 프랙티컬 저널리스트상을 두 번 수상했다. 영국 웨일스에 살며 야생 정원과 할당 정원을 가꾸고 있다.

제니 헨디(Jenny Hendy)

식물학을 전공했으며 작가, 정원 디자이너, 교사, 강연자로 일하고 있다. 정원 디자인과 식재 기술, 토피어리 등 다양한 주제의 책을 출간했고, 미디어에도 기고하고 있다. BBC 지역 라디오를 위해 글을 쓰고, 영국 웨일스에서 정원 워크숍을 운영하고 있다.

리처드 스니즈비(Richard Sneesby)

영국 콘월 지역을 기반으로 조경 건축가, 정원 디자이너, 강연자로 일하고 있다. 개인 정원과 공공 정원을 위한 디자인을 25년 넘게 해왔다. 다수의 TV 프로그램에 출연했으며, 정원 미디어에 글을 쓰고 정원과 조경 디자이너를 위한 워크숍을 개최하고 있다.

폴 윌리엄스(Paul Williams)

식재 디자인을 하며 원예 분야에서 일생을 일했다. 퍼쇼대학에서 원예학을 공부하고, 원예 컨설팅과 디자인에 열정을 쏟고 있다. 식물과 정원 관련 도서를 여러 권 썼으며, 강의를 한다.

앤드류 윌슨(Andrew Wilson)

윌슨 맥윌리엄 스튜디오의 공동 대표이며, 런던칼리지에서 정원 디자인 연구를 이끌고 있다. 강연을 하고 글을 쓴다. 디자인 파트너인 개빈 맥윌리엄과 함께 쇼 가든을 디자인하여 영국뿐 아니라 해외에서도 여러 번 수상했다. 영국 가든 디자이너 협회의 회장을 지냈다.

번역 고은주

이화여자대학교 물리학과를 졸업하고 독일 프리드리히 알렉산더대학교에서 수학한 후, 충북대학교에서 심리학 석사학위를 취득했다. 현재 펍헙 번역그룹에서 전문 번역가로 활동하고 있다. 옮긴 책으로 『원소』, 『스팸요리 101』, 『고양이는 왜 이러는 걸까?』, 『원소 주기율표』, 『매드매드 사이언스북』, 『아주 특별한 수학 멘토링』 등이 있다.

Original Title: RHS Encyclopedia of Garden Design: Be Inspired to Plan, Build, and Plant Your Perfect Outdoor Space

Copyright © Dorling Kindersley Limited, 2023

A Penguin Random House Company

Korean translation copyright © LITTLEBKSHOP, 2023
Korean translation edition is published by arrangement with Dorling Kindersley Limited.

이 책의 한국어판 저작권은 Dorling Kindersley Limited와 독점 계약한 한뼘책방에 있습니다. 저작권법에 따라 한국 내에서 보호를 받는 저작물이므로 무단 전재와 복제를 금합니다.

www.dk.com

정원 디자인 대백과

초판 1쇄 발행 2023년 12월 30일
지은이 크리스 영 외 6인
옮긴이 고은주
한국어판 디자인 신병근, 선주리
펴낸곳 한뼘책방
등록 제25100-2016-000066호(2016년 8월 19일)
전화 02-6013-0525
팩스 0303-3445-0525
이메일 littlebkshop@gmail.com
인스타그램, 트위터, 페이스북 @littlebkshop
ISBN 979-11-90635-16-5 13520